生态文明示范区建设的理论与实践

张乃明　等编著

SHENGTAI WENMING SHIFANQU JIANSHE
DE LILUN YU SHIJIAN

化学工业出版社
·北京·

内容简介

建设生态文明事关人民福祉，关乎民族未来。生态文明建设不仅极具中国特色，而且已成为全球共识。本书以生态文明示范区建设为切入点，从理论与实践结合的视角，进行理论梳理与实证分析，内容包括生态文明与示范区创建的理论脉络，政府对生态文明的认识与行动，生态建设与环境保护的国际经验，生态文明示范区建设评价指标体系构建，生态文明示范区建设的实践探索，首批绿水青山就是金山银山“两山理论”实践创新基地的典型经验，生态文明排头兵建设的云南做法，生态创建中存在的共性问题与对策。

本书内容充实，理论联系实际，既可供生态环境、发展改革、农业农村、自然资源、林业草原、文化旅游等部门参考，也可供高等学校生态学、农业资源环境、森林旅游、环境科学等相关专业的师生阅读参考。

图书在版编目（CIP）数据

生态文明示范区建设的理论与实践/张乃明等编著．—北京：化学工业出版社，2021.9（2022.9重印）

ISBN 978-7-122-39855-0

Ⅰ.①生…　Ⅱ.①张…　Ⅲ.①生态环境建设-研究-中国　Ⅳ.①X321.2

中国版本图书馆CIP数据核字（2021）第182060号

责任编辑：卢萌萌　刘兴春　　文字编辑：丁海蓉
责任校对：王佳伟　　装帧设计：王晓宇

出版发行：化学工业出版社（北京市东城区青年湖南街13号　邮政编码100011）
印　　装：北京科印技术咨询服务有限公司数码印刷分部
787mm×1092mm　1/16　印张21　字数440千字　　2022年9月北京第1版第2次印刷

购书咨询：010-64518888　　售后服务：010-64518899
网　　址：http://www.cip.com.cn
凡购买本书，如有缺损质量问题，本社销售中心负责调换。

定　　价：138.00元

《生态文明示范区建设的理论与实践》

编著委员会

主　任： 张乃明

副主任： 包　立　苏友波　秦太峰　段永蕙

编著人员（按姓氏拼音排序）：

包　立　邓　洪　段红平　段永蕙　郭建芳

李阳升　李　洋　刘惠见　刘　娟　卢维宏

孟令宇　潘艳莲　秦太峰　苏友波　谭福民

仝　斌　王　凯　杨浩瑜　于　泓　张　丽

张　敏　张乃明　赵　宏

序言

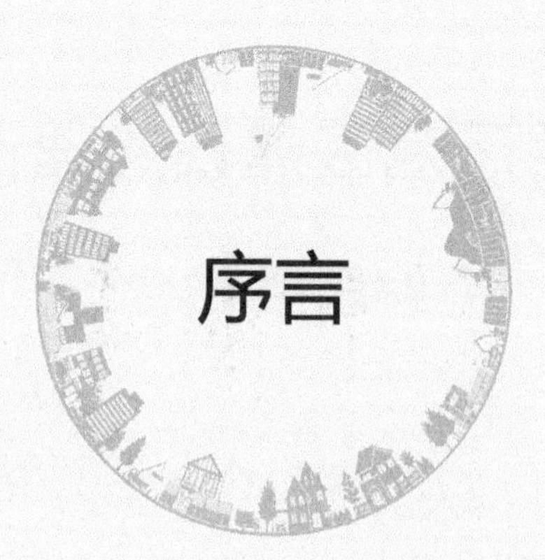

生态创建是生态文明建设的重要载体，从最初的生态示范区建设到后来的生态市县，再到现在的生态文明建设示范县市和“绿水青山就是金山银山”实践创新基地，虽然创建的名称和建设指标在不断变化和完善，但推动经济发展与环境保护相协调的初衷始终未变。今天，全国各地都把生态文明建设示范区创建作为践行习近平生态文明思想、建设美丽中国的重要载体。云南农业大学张乃明教授团队编著的《生态文明示范区建设的理论与实践》一书的确恰逢其时。张乃明教授长期从事生态环境保护领域的教学科研工作，不仅理论功底扎实，而且作为专家经常深入生态创建的一线调研指导，实践经验尤其丰富。

本书以生态文明示范区建设为切入点，从理论与实践结合的角度，进行理论梳理与实证分析，全书共分九章，内容包括生态文明与示范区创建的理论脉络、政府对生态文明的认识与行动、生态建设与环境保护的国际经验、生态文明示范区建设评价指标体系构建、生态文明示范区建设的实践探索、首批绿水青山就是金山银山“两山理论”实践创新基地的典型经验、生态文明排头兵建设的云南做法以及生态创建中存在的共性问题与对策。

本书体现了理论性、系统性与指导性的有机统一，是生态文明示范区创建领域难得的一本好书。希望该书的出版能为推动生态文明建设和美丽中国建设发挥积极作用。

王金南

中国工程院院士

生态环境部环境规划院院长

前言

从1866年德国动物学家海克尔最早提出生态学一词，至今已150多年，这期间生态学作为一门充满朝气的学科得到了突飞猛进的发展，经历了从名词到学说到学科再到目前泛生态社会的巨大变化。另一方面，从1972年人类环境会议至今，也已经过了将近半个世纪，保护人类赖以生存的地球环境、实施可持续发展战略已成为全球共识。在我国不仅把生态文明建设上升到“五位一体”的战略高度，而且写进了宪法和党章。作为一名长期从事与环境保护、生态建设相关的科研工作者，有幸作为专家经常参与环保部门生态创建工作的不同环节以及整个过程，包括各级生态创建规划评审，国家和省级生态文明州市县的技术评估和考核验收等工作。这期间生态创建的名称就经历了国家生态建设示范区、生态市县、生态文明建设示范市县的变化；其中，基层创建工作最早称之为环境优美乡镇，后来更名为国家级生态乡镇，再后来暂停了国家级生态乡镇的命名。作为生态文明建设工作的参与者和见证者，感觉有必要梳理生态文明创建的理论基础，总结各地开展生态创建的一些实践经验和成果，并在2015年牵头申报了“云南生态文明示范区建设理论与实践”项目，所幸得到云南省环境保护厅生态文明建设专项资金的资助。

虽然我从本科、硕士、博士所学专业都是土壤学，但对生态学、生态经济、环境经济、可持续发展的理论一直比较感兴趣，之前也从比较宏观的角度思考并编著出版过一些相关的著作，代表性的有《农业与环境协调发展》（1995），《农业可持续发展研究》（2000），《绿色农业知识读本》（2009），《农村环境保护知识读本》（2011），《农村环境保护与乡村旅游》（2012）。近年来在承担云南生态文明示范区建设理论与实践项目的过程中阅读了大量与生态文明建设相关的文献，受益良多，于是在撰写项目结题报告的过程中萌发了撰写一本与生态文明建设相关著作的想法，又经过反复思考初步定名为《生态文明示范区建设的理论与实践》。

本书以生态文明示范区建设为切入点，从理论与实践结合的视角，开展理论梳理与实证分析，内容包括生态文明与示范区创建的理论脉络，政府对生态文明的认识与行动，生态建设与环境保护的国际经验，生态文明示范区建设评价指标体系构建，生态文明示范区建设国内相关省市的实践探索，首批“两山理论”实践创新基地的典型经验，生态文明排头兵建设的云南做法，生态创建中存在的共性问题与对策。

本书从构思到提出编写大纲由张乃明完成，省内外相关专家都提了宝贵的意见和建议，项目组成员和参与的研究生付出了大量的劳动，化学工业出版社给予了全力支持，中国工程院王金南院士百忙中亲自为本书作序，更是对全体编著人员的鼓励。因此，可以说本书是集体智慧的结晶，在此衷心感谢本书的所有参与者和贡献者，特别要感谢云南省生态环境厅生态文明建设处给予的鼎力支持和帮助。

本书各章的分工如下：第 1 章由段红平、郭建芳编著，第 2 章由张乃明、苏友波、仝斌编著，第 3 章由包立编著，第 4 章由张乃明、秦太峰、段永蕙、张丽、卢维宏、赵宏、张敏编著，第 5 章由李阳升、赵宏、仝斌、潘艳莲编著，第 6 章由张乃明、于泓、杨浩瑜、李洋编著，第 7 章由张乃明、仝斌、李洋、杨浩瑜、谭福民、孟令宇编著，第 8 章由张乃明、仝斌、李阳升、刘惠见、邓洪、王凯编著，第 9 章由张乃明、段红平、苏友波、刘娟编著。全书各章的审阅和统稿定稿工作由张乃明教授负责完成。

可以说，人类的文明史就是一部人与自然的关系史，从这个意义上讲，生态文明建设永无止境，生态文明建设的理论也需要不断创新，总之生态文明是人类继农业文明、工业文明之后新的战略选择，也是全面建成小康社会的重要标志，希望本书的出版能够为推动美丽中国建设和云南努力成为生态文明建设的排头兵贡献力量。特别值得一提的是，今年恰逢联合国《生物多样性公约》第十五次缔约方大会在昆明召开，本书的出版也算是对本次大会的献礼。

本书的编著也只是抛砖引玉，期望有更多更好的生态文明论著出版。由于学识水平所限，书中欠妥之处在所难免，敬请广大读者批评指正。

张乃明

2021 年 2 月 23 日

于春城昆明

目录

附录 285

参考文献 316

第 1 章

生态文明与示范区创建的理论脉络

无论是生态文明建设还是生态文明示范区创建都需要全新的理论支撑，任何新的理论都经历了从概念到理论、从理论到行动的演变，以理论来指导实践应该成为生态文明示范区建设的基本要求。本章从生态学理论、可持续发展理论、人类社会形态发展演变的视角来阐述生态文明与示范区创建的理论脉络以及全球环境问题加剧催生了生态文明思想的历程。

1.1 从生态科学到生态文明

人类社会的发展与进步并非一帆风顺，而是在不断自我革新、自我修正的过程中不断完善。从原始的生态和谐到理性的科学思考、实践，从生态科学的研究探讨到生态文明的执着追求，可以说近些年是从生态科学走向生态文明的关键年份。

生态科学从定义上讲，是从科学的角度研究地球区域的生态环境变化和演化规律及其对人类社会发展的意义。而生态文明的形成则标志着人类社会发展到较为高级的阶段，人类认识水平提高到以遵循生态规律、维持生态平衡为主导的新层次，是人类社会发展的高度文明社会阶段。

1.1.1 自然科学发展与人类文明

自然科学是研究自然界物质形态、结构、性质和运动规律的知识体系，主要由无机自然界和有机自然界（包括人的生物属性在内）的各门科学所组成。自然科学本身是伴随着人类社会文明的出现而出现的，可以说，自然科学的发展促进了人类文明的不断进步。例如，原始人类为了生存和更好地认识世界而团结协作，在协作的过程中逐渐形成了使人类脱离野蛮状态的社会行为和自然行为，而这些行为构成的集合就是人类文明。在人类文明形成的过程中，团体协作促进了人类对改造自然的实践经验的思考和总结，这些思考和总结逐渐形成体系，而这个体系就是自然科学的萌芽。纵观人类文明的演进过程，自然科学发挥着不可替代的推动作用。

一般认为人类文明经历了以下四个阶段：

（1）原始文明阶段

人类主要以狩猎采集的方式进行生产劳动，凭借由此积累的实践经验和对实践经验的思考、总结，发明了原始的生产工具如弓箭、石器，以及生火技术，使人类获取生存资源的效率得到了提高。这时的自然科学尚处于萌芽状态，但它对人类文明的发展产生的推动作用已经显现。

（2）农业文明阶段

实际上是自然科学进一步发展，科技成果开始出现并用于生产生活中。如陶器、铁器、青铜器、造纸术、印刷术等的发明和使用；人类开始借助自然科学的力量，创造条件，选择性地控制某些物种的生长繁殖，并以此为食物；对自然能源的利用也由原始文明的单一人力扩展至水力、畜力等。生产力的提高使人类有了更多的时间进行精神世界的开拓。无论是物质方面还是精神方面，人类文明都得到了进一步的发展。在农业文明阶段，自然对人类文明的控制力有所减弱，但总体上人类文明与大自然仍然处于和谐共处状态。

（3）工业文明阶段

人类空前注重自然科学的发展，表现在教育、科研等各个领域，而自然科学的长足发展反过来促进人类文明的快速演进。人类开始凭借科技和生产力急剧发展带来的力量对自然进行控制和改造，从蒸汽机到内燃机，再到电话和现代的互联网，科技发展、突破所带来的“人化自然”的成果令人目不暇接，人类自身似乎逐渐摆脱了自然的约束，反而成为自然的控制者。这背后隐藏着人类自身发展的巨大危机。不可再生能源的过度使用、污染物质的过度排放等问题已逐步显现，人类文明的发展目标需要进一步演化为保持人类社会可持续发展。

（4）生态文明

生态文明是人类遵循自然科学的法则，是基于工业文明的实践经验而提出的人类文明发展的一个新阶段。它要求人类通过积极的科学实践活动，充分发挥自己的以理性为主的调节控制能力，预见自身活动所必然带来的自然影响和社会影响，随时对自身行为做出控制和调节，由单纯追求经济增长到自然和谐、可持续发展。从人类社会发展总体来看，人类与生存环境的共同进化就是生态文明，生态文明建设不再是纯粹的发展系统，而是一个和谐发展的社会系统，遵循的是可持续发展的思想。由于这样的系统是一个普遍的复杂复合系统，而且是进化的开放系统，自然科学在人类文明建设发展中已成为不可或缺的内容。

自然科学的发展伴随着人类文明的不断进步，并对人类文明的发展起到了不可替代的重要推进作用。由于人类对自然科学的认知系统尚不完善，对自身行为尚缺乏认识和控制，导致人类社会发展中与自然的矛盾日渐突出。为了解决这一矛盾，自然科学中的一门科学——生态学，越来越得到重视。

在观念形态方面，自然科学的影响也是非常显著的。随着自然科学的不断发展，人类越来越能够用科学解释许多现象，因此，过去为了解释自然界未知现象而产生的自然崇拜认知观受到了强烈的冲击，乃至逐渐被人类抛弃。同时，教育事业、通信行业的发展使得科学知识越来越渗透到人类的日常生活中，人类的生活观念在不知不觉中发生改变，人类的日常行为更多地以科学为依据。

历史上，自然科学在推动资本主义的形成与发展中，扮演着不可或缺的角色。马克思认为“日益发展的工业使一切传统的关系革命化，而这种革命又促使头脑革命化”。自然科学与生产结合，促成了工业革命，而工业革命使当地整个人类社会的社会关系和人们的生活观念发生重大的变化，这些变化迫使长久以来的封建社会的各个阶级改变自己以适应新时代，过去的生产方式及统治方式也发生巨变，经济形态也从封建社会经济形态过渡为资本主义经济形态。而科学也促进了当代资本主义的发展。科学技术的发展使地理和民族的隔阂逐步被弱化甚至打破，各种文明相互碰撞交流并进一步发展。资本主义的发展离不开以自然科学发展为前提的经济、军事和政治的发展。

自然科学对道德观念也有深远的影响，人类的道德观念逐步脱离蒙昧而趋向于科学化。现代生物学、医学和心理学等自然科学的发展，揭示了男女之间的心理和生理结构的异同，从科学的角度告诉人们男女之间应当是平等的。就中国来说，过去传统的男女地位不平等的现象在社会发展中也因此逐渐淡化，男女平等的观念被越来越多的新一代年轻人所接受并践行。另外，道德观念也对自然科学的运用产生影响。人们凭借自然科学知识制造出威力巨大且极其残酷的现代武器如原子弹、白磷弹，这些武器对整个人类的存在构成威胁，或是违背人道主义精神。此时，需要有道德观念对科学的运用发挥约束作用，使科学更多地发挥有利于人类文明进步的作用，而更少地产生对人类生存发展的威胁作用。

自然科学与艺术相结合，亦产生了许多美妙的反应。艺术借助科学的力量获得了更多可以表达其内容的形式，如自然科学的发展带来声、光、电等应用技术的发展，使得许多艺术形式如音乐、舞蹈、电影的表现力更加丰富和壮观，同时对同一个艺术主题的表现方式也更加多样化，使艺术不仅仅是娱乐的工具更是传播和教育的工具。人们在享受艺术的同时更是接受了教育。现代艺术反过来也对科学的发展提出了新的要求。如现在装饰艺术的发展，要求科学提供更优秀的材料，这些材料包括建筑材料、激光材料、通信材料等，客观上它们给科学的发展提供了动力。自然科学与艺术的结合体，已经超出了它们两者各自的范围，在人类文明的发展进程中发出璀璨的光芒，展示出永恒的魅力。

自然科学在人类文明的发展中，影响着人类社会的经济、政治、道德等各个方面，并反过来也受它们影响，成为推动人类社会文明发展不可或缺的作用力。我们中国在社会主义建设的事业中，经历了许多，也领悟了许多。我们认识到要依靠科技进步和大力发展生产力，也要尊重知识、尊重人才。正如邓小平理论的核心“科学技术是第一生产力”，力求以科学的态度认识和分析国内外的发展状况，破除旧观念的束缚，积极开展对外开放。在经济、政治方面保持与科学的协调发展，对国外先进的科学技术积极吸纳，科学地应用于社会主义建设的事业之中，只有这样，先进的科学技术才能成为创造社会主义文明成果的动力，更好地为全人类文明的发展做出贡献。

1.1.2 生态学理论指导下的人类行为

生态学的概念首先是由德国生物学家恩斯特·海克尔于 1866 年提出的，生态学是研究生物体与其周围环境（包括非生物环境和生物环境）相互关系的科学。从学科分类来看，生态学最早属于生物学一级学科下面的二级学科，随着环境污染与生态破坏问题的出现和加剧，国务院学位委员会在 2011 年将生态学从生物学中分出来上升为一级学科，代码为 0713，目前生态学一级学科下设植物生态学、动物生态学、微生物生态学、修复生态学、可持续生态学等二级学科。有学者将生态学的发展归纳为植物生态学、动物生态学、人类生态学、民族生态学四个阶段。植物生态学，在某种意义上只研究植物与其环境之间的关系，随着保护生态学发展，人们发现了其局限性，因为离开了动物，纯粹只考虑植物生态是毫无疑义的，动物可能瞬间就将其破坏。因此，就产生了第二个阶段动物生态学。然而人类的破坏力较动物破坏的幅度更大，于是就产生了人类生态学，也是首次将文理科结合起来进行研究。民族生态学是生态学发展的最高级阶段，是通过研究特定人群（以民族为单位）来研究不同民族的文化、风俗、信仰等影响生态环境的变革。民族生态学还把民族人口规律作为一个重要的因素来考虑，中心问题是探讨不同民族社会与自然环境统一体系的结构与功能，以及能量流、物质流、信息流的动态规律性。

生态学作为自然科学的一部分，是伴随着人类文明出现和共同发展的，并对人类行为有重要的指导作用。回顾历史，人类文明伊始，古人不断地从长期的农业、牧业、渔业、狩猎活动中，积累简单朴素的生态学知识。这些生态学知识主要涉及农作物的生长特性与自然环境如季节交替、土壤成分、水源供给的关系，动物的生长繁殖和习性与自然环境之间的关系等。公元前 4 世纪希腊学者亚里士多德曾粗略描述动物不同类型的栖居地，还按动物活动的环境类型将其分为陆栖和水栖两类，按其食性分为肉食、草食、杂食和特殊食性等。公元前后出现的介绍农牧渔猎知识的专著，如公元 1 世纪古罗马老普林尼的《博物志》、6 世纪中国农学家贾思勰的《齐民要术》等均记述了素朴的生态学观点。上述这些生态学方面的著作对劳动生产活动起了不可忽视的推动作用。如《齐民要术》，此书自出版后，长期受到中国历朝政府的重视，它作为农业生产的指导资料之一，长期为农业生产带来技术支撑。

随着生产力的发展，人类实践活动对生态科学知识的需求也不断增大，而生态学科也因此得到发展并进一步推动生产力的发展。在 19 世纪，为满足农业和畜牧业发展的需求，促使人们开展关于环境因素对农作物及家畜生长繁殖的影响的实验及研究。这是人类从实践经验中总结生态学知识到主动设置实验探究生态学方面知识的一个重要的转折点。这期间取得了许多意义重大的生态科学成果，例如：在这一时期中确定了 5℃为一般植物的发育起点温度；绘制了动物的温度发育曲线；提出了用光照时间与平均温度的乘积作为比较光化作用的“光时度”指标以及植物营养的最低量律和光谱结构对动植物发育的效应等。1851 年达尔文在《物种起源》一书中提出自然选择学说，强调生物进化是生物与环境交互作用的产物，引起了人们对生物与环境的相互关系的重视，更促进了生态学的发展。到 20 世纪 30 年代，已有不少生态学著作和教科书阐述了一些生态学的基本概念和论点，如食物链、生态位、生物量、生态系统等。至此，生态学已基本成为具有特定研究对象、研究方法和理论体系的独立学科。这些生态科学的研究成果为工业革命生产力大爆发带来了助力，并为农牧业生产力的提升提供了科学的理论依据。

20 世纪 50 年代以来，生态学吸收了数学、物理、化学工程技术科学的研究成果，向精确定量方向发展并形成了自己的理论体系，数理化方法、精密灵敏的仪器和电子计算机的应用，使生态学工作者有可能更广泛、深入地探索生物与环境之间相互作用的物质基础，对复杂的生态现象进行定量分析。整体概念的发展，产生出系统生态学等若干新分支，初步建立了生态学理论体系。生态科学的完善使人们能更加清醒地认识人与自然的关系，促使人们为可持续发展做出行动。我国在生态科学的指导下，结合国情而制定“计划生育、退耕还林、退耕还草”政策，充分显示了生态科学对人类活动的指导意义。

1.1.3　生态文明建设需要生态科学支撑

生态文明是人类遵循自然科学的法则，基于工业文明的实践经验而提出的人类文明发展的一个新阶段，是生态哲学、生态伦理学、生态经济学、生态现代化理论等生态思想和生态科学的升华与发展，是人类文化发展的重要成果。生态科学是生态文明的理论依据。因此，建设生态文明，需要生态科学支撑。

作为人类文明中工业文明之后的一种文明形态，生态文明以尊重和维护自然为前提，以人与人、人与自然和谐共生为宗旨，以建立可持续的生产方式和消费方式为内涵，以引导人们走上持续、和谐的发展道路为着眼点。按刘惊铎《生态体验论》的观点，生态文明是从自然生态、类生态和内生态之三重生态圆融互摄的意义上反思人类的生存发展过程，系统思考和建构人类的生存方式。生态文明强调人的自觉与自律，强调人与自然环境的相互依存、相互促进、共处共融，既追求人与生态的和谐，也追求人与人的和谐，而且人与人的和谐是人与自然和谐的前提。可以说，生态文明是人类对传统文明形态特别是工业文明进行深刻反思的成果，是人类文明形态和文明发展理念、道路、模式的重大进步。

生态文明的重要组成部分——生态哲学，是用生态系统的观点和方法研究人类社会与自然环境之间的相互关系及其普遍规律的科学。生态哲学的发展与自然科学的发展尤其是生态科学的发展有着千丝万缕的联系。从生态哲学的定义来看，生态哲学的立足点是“生态系统的观点和方法”，而系统化生态系统正是由于生态科学的出现和发展使人类对大自然有了系统且全面的认识而形成的概念。可以说，生态科学的发展给人类以启示，进而形成以生态系统的性质为理论来源的现代生态哲学。

生态伦理学是以“生态伦理”或“生态道德”为研究对象的应用伦理学，它打破了“人类中心主义”，要求人类将其道德关怀从社会延伸到自然存在物或自然环境。生态伦理学的形成和发展亦离不开自然科学的推动作用。自然科学的发展带来的一系列成果为生态伦理学的产生提供了理论基础。如自然科学的发展，使细胞结构和基因被发现，告诉人们所有的生物所依赖的生命基础结构是相同的，因而在基因乃至细胞的层面上，所有的生物是平等的。基于这个共同点，人类对动物道德关怀有了其物质基础。又如，过去人类普遍认为没有思想、没有生命的自然界中的物体乃至一些看起来没有价值的动物对人类社会是无足轻重的，可以任意处置。而生态科学的发展让人类认识到，整个自然世界是一个有机的整体，整体中部分对整体而言都有其存在的价值。在生态科学和其他自然科学发展的推动下，人类开始重视整个自然界，并开始赋予人与自然的关系以真正的道德意义和价值。

生态经济学（也被称为环境经济学）最早曾被称为污染经济学或公害经济学，是生态学和经济学融合而成的一门交叉学科。作为生态经济学形成的两大理论基础之一，生态科学为生态经济学从自然的角度来观察和研究客观世界提供了理论基础。社会经济发展要同其生态环境相适应，是一切社会和一切发展阶段所共有的经济规律。在生态科学的指导下，人类社会经济同自然生态环境的关系得到改善，生态经济学进一步发展并对现代化建设发挥着越来越重要的作用。

生态现代化理论是研究利用生态优势推进现代化进程，实现经济发展和环境保护双赢的理论。建设生态现代化，必须把经济增长与环境保护综合起来考虑，加快推进发展模式由先污染后治理型向生态亲和型转变，走可持续发展之路，决不能以牺牲环境为代价来换取一时的发展。环境保护的实现离不开生态科学。生态科学及其他相关的自然科学为人类提供从源头上减少污染物的产生，并且对已产生的污染物进行处理的可行方法，而经济学和政治学等社会科学指导人们对这些方法进行选择和有机结合，最终使生态现代化理论有了发展和现实意义。因此，生态科学对生态现代化理论而言是不可或缺的。

上述四项支持生态文明的学科理论，是生态学发展的高级阶段，即文理结合的自然科学与社会科学相结合的生态科学，是生态文明的理论基础。

总之，人类社会的可持续发展，必须强化生态文明的建设，生态文明建设的理论基础需要生态科学的不断发展作为支撑条件。

1.2 可持续发展理论推动生态文明

生态文明从理论走向实践的标志是可持续发展战略的形成及其在全球范围内的实施。20世纪下半叶在西方学者和公众的呼唤与推动下，联合国于1972年6月5日在瑞典斯德哥尔摩召开了第一次世界环境会议，拉开了生态文明时代的帷幕。1987年，世界环境和发展委员会发表了《我们共同的未来》，提出了生态文明时代的可持续发展战略。1992年5月，在巴西里约热内卢举行的环境问题首脑会议上发表了《21世纪议程》和《里约宣言》。至此，人类开始进入生态文明时代。

1.2.1 可持续发展理论的诞生

一般认为，可持续发展的理念和概念的讨论始于1962年。最初美国学者蕾切尔·卡逊《寂静的春天》一书的出版，引起人们对环境污染灾难性后果的关注。从1962年到1980年期间具有里程碑意义的事件有三个：一是《寂静的春天》一书的出版；二是《增长的极限》一书的发布；三是罗马俱乐部的成立。

(1) 可持续发展理论的酝酿

《寂静的春天》《增长的极限》的出版和罗马俱乐部的成立逐步酝酿了可持续发展理论。

①《寂静的春天》——唤醒人们对其行为的反思。1962年，蕾切尔·卡逊的《寂静的春天》一书在美国出版，书中列举了大量污染事实，轰动了欧美各国。书中指出：人类一方面在创造高度文明，另一方面又在毁灭自己的文明，环境问题不解决，人类将“生活在幸福的坟墓之中”。书中所述事件虽然使许多生产化学药品的商家对作者卡逊充满了敌意，但是许多公众还是接受了卡逊的观点，美国当时的总统肯尼迪也赞同卡逊的见解。《寂静的春天》在出版当天预售量就达4万多册，一位名叫格雷厄姆的记者还专门写了一本书《寂静的春天续篇》来捍卫卡逊的观点。这场风波使环境污染问题在20世纪60年代开始得到了人们的关注，并使20世纪60年代的西方公众开始思考生态文明世界观的基础及其伦理含义。

②《增长的极限》——对传统发展模式的批判。1972年3月美国麻省理工学院的丹尼斯·米都斯教授领导的一个17人小组向罗马俱乐部提交了一份耗资25万美元、标题

为《增长的极限》、副标题是《罗马俱乐部关于人类困境的报告》的研究成果。报告分为“指数增长的本质”“指数增长的极限”“世界系统中的增长”“技术增长的极限”“全球均衡状态”五章。他们选择了五种相互依赖的变量：环境污染、对不可再生资源的利用、投资、人口增长、粮食保障制度。

《增长的极限》这个报告，考察了全球关切的五大因素的变化趋势，即加速工业化、快速的人口增长、普遍的营养不良、不可再生资源耗尽、环境的加速恶化，以及它们在同一个系统里的相互作用。该报告认为：“地球是有限的，任何人类活动愈是接近地球支撑这种活动的能力限度，对不能同时兼顾的因素的权衡就变得更加明显和不可能解决。”由于五个因素之间存在着复杂的反馈作用，按照现在这个趋势发展下去，人口和工业这两个子系统的指数增长，最终会与不可再生的资源、环境污染和粮食生产的土地面积这三个有限度的子系统发生冲突，生态灾难有可能在 100 年内发生，人口和工业双方也会发生突然的不可遏止的衰退。

该报告考察了新技术对增长的影响，认为即使利用新技术造成一些新的变化，如核动力生产可以使能源翻番，资源利用技术使物质再循环，开采最深处的资源储量，抑制过多的污染物质，使耕地的粮食产量达到梦想不到的高度等，但是，由于地球上生产粮食的土地、可供开采的资源和容纳环境污染的能力有限，无法支撑无限的经济增长，如果今后仍然按照这种指数方式增长下去，有朝一日世界经济会因失去支撑而崩溃，按照系统动力学模型的推算，崩溃会在今后的一百年以内发生，而且，即使对进步所带来的利益作最乐观的评估，崩溃的出现也不会晚于 2100 年，也就是说，指数增长会把人类带向“世界末日”。最后，报告指出了一条建立全球均衡状态“零增长”的经济和生态模式来解决“人类困境”的出路。所谓“零增长”就是人口和资本的基本稳定，倾向于增加和减少它们的两种相互对立的力量也处于一种相对平衡状态。但是，均衡并不意味着停滞。

《增长的极限》这个研究报告在世界范围内敲响了人与自然关系危机的警钟，使西方社会长期以来流行的科学技术进步没有止境、物质财富增长没有限度的盲目乐观主义思潮受到极为强烈的震撼。

③ 罗马俱乐部的成立——开启了对未来社会发展模式的研究。1968 年，在意大利一位有远见的企业家、经济学家、社会活动家奥·佩切依博士的号召下，来自 10 个国家的科学家、教育家、经济学家、人类学家、企业家，以及国家和国际组织的文职人员约 30 人，在罗马开会讨论当今和未来人类的困境问题。从此，一个具有世界影响力的国际学术团体——罗马俱乐部宣告诞生了。罗马俱乐部的报告，主要从以下三个方面对生态文明理论的形成产生了直接影响。

第一，全球问题的提出和全球意识的确立。俱乐部就是基于全球问题的提出和探寻解决的方案、出路而建立的。罗马俱乐部创立者奥·佩切依指出：人类目前已进入“全球帝国时代”，人类所面临的问题“既是心理的，又是社会、经济、技术和政治方面的，它们彼此相互作用、盘根错节——造成全球性的疑难问题”。而罗马俱乐部的目的就是“要对世界实际问题追根寻源”，“我们所有人的命运和我们的子孙后代的命运最终都取决于如何解决整个世界总问题”。

第二，全球模拟方法的创立。它是运用系统动力学和计算机技术，把对全球影响具有决定性意义的参数定量化，建立社会生态系统仿真模型，动态模拟全球变化及预测人类未来的方法。运用这一方法，考察5个方面的全球增长趋势，以人口、粮食、资本、资源和污染为基本变量，首次构造出全球社会生态系统的逻辑仿真模型，向人们展示了12种不同的人类前景。罗马俱乐部以后的报告也都应用并发展了这一方法。

第三，对传统发展观的否定。由于传统发展观在摆脱贫困、增加财富、推进工业化进程方面的巨大成功，人们很少注意它所存在的弊端和带来的隐患。罗马俱乐部第一个站出来对它进行了批判：不惜一切代价，用倍增的速度去获取经济的增长，注定要在自然界和人类两个方面都达到极限，从而引起灾难性的冲击。为防止灾难发生，罗马俱乐部提出了“零经济发展观”。罗马俱乐部得出的“零经济发展观”结论虽然不可取，但它对传统发展观的批判却是有价值的。可持续发展理论正是吸取了罗马俱乐部的资源有限论、环境价值论而建立起可持续发展观的理念。

（2）可持续发展理论的形成

在学术界和社会公众的推动下，联合国于1972年6月5日在瑞典斯德哥尔摩召开了第一次世界性的人类环境会议，世界上133个国家的1300多名代表出席了这次会议。这是世界各国政府共同探讨当代环境问题，探讨保护全球环境战略的第一次国际会议，是人类环境保护史上的第一座里程碑。当时美国大约1500所高等院校、1000所中小学校举行了集会，有3000万人走上街头，进行反对污染、保护环境的宣传、游行、演讲。这是历史上规模最大、影响最广的一次“反污染、争生存”的呼唤生态文明的群众运动。周恩来总理派出了庞大的代表团出席了会议，但由于中国当时对西方世界的环境运动缺乏了解以及两个阵营的对抗，因而拒绝了在会议文件上签字。这次会议让中国人走出国门，睁开眼睛看了看世界，同时对中国也是一次意义深远的环境启蒙活动。

这次会议的主要成果集中在两个文件上：一是在58个国家152位成员组成的通信顾问委员会的协助下，为会议提供的一份非正式报告《只有一个地球》，这是第一本关于人类环境问题的最完整的报告，报告不仅论及污染问题，而且将污染问题与人口问题、资源问题、工艺技术影响、发展不平衡以及世界范围的城市化困境等联系起来，作为一个整体来探讨和研究。报告始终将环境与发展联系起来，特别指出“贫穷是一切污染中最坏的污染”。二是大会通过的《人类环境宣言》(简称《宣言》)。该《宣言》指出：“为了在自然界里取得自由，人类必须利用知识在同自然合作的情况下建设一个较好的环境。为了这一代和将来的世世代代，保护和改善人类环境已经成为人类一个紧迫的目标。这个目标将同争取和平和全世界的经济与社会发展这两个既定的基本目标共同和协调地实现。”《宣言》为保护和改善人类环境所规定的基本原则，为世界各国所采纳，成为世界各国制定环境法的重要根据和国际环境法的重要指导方针。会议以后，人类更加广泛和深入地开展了构建生态文明社会的探索。

1980年3月5日，联合国大会向全世界发出呼吁："必须研究自然的、社会的、生态的、经济的以及利用自然资源过程中的基本关系，以确保全球的可持续发展。"1983年11月，联合国成立了世界环境与发展委员会，挪威首相布伦特兰夫人任主席，各国科学、教育、经济部门及政治方面具有重要影响的22位代表为成员，其中14人来自发展中国家。联合国要求该组织以"持续发展"为基本纲领，制定"全球的变革过程"。1987年该委员会在提交给联合国大会的报告《我们共同的未来》中正式提出了一种崭新的理念——可持续发展的战略，对生态文明时代的发展模式作了勾画。报告指出，可持续发展是"既满足当代人的需求，又不损害子孙后代满足其需求能力的发展"。可以看出，可持续发展的内涵至少包括三个基本原则：①公平性原则，包括时间上的公平和空间上的公平。时间上的公平，又称代际公平，就是既要考虑当前发展的需要，又要考虑未来发展的需要，不以牺牲后代人的利益来满足当代人的需要。空间上的公平，又称代内公平，是指世界上不同的国家、同一国家的不同人们都应享有同样的发展权利和过上富裕生活的权利。②持续性原则。可持续发展的核心是发展，但这种发展必须是以不超过环境与资源的承载能力为前提，以提高人类生活质量为目标的发展。③共同性原则。由于历史、文化和发展水平的差异，世界各国可持续发展的具体目标、政策和实施过程不可能一样，但都应认识到我们的家园——地球的整体性和相互依存性。可持续发展作为全球发展的总目标，所体现的公平性原则和持续性原则应该是共同的。

1.2.2 环境与发展大会和《21世纪议程》

(1) 环境与发展大会的召开

联合国环境与发展大会是继1972年联合国人类环境大会后国际环境保护史上的又一个里程碑事件，于1992年6月3日至14日在巴西里约热内卢国际会议中心隆重召开。180多个国家派代表团出席了会议，103位国家元首或政府首脑亲自与会并讲话。它不仅确立了世界各国在可持续发展和国际合作方面的一般性原则，而且推动了全球可持续发展战略的实施。参加会议的还有联合国及其下属机构等70多个国际组织的代表，时任国务院总理的李鹏作为中国政府首脑也参加了这次会议。

会议讨论并通过了《里约环境与发展宣言》(又称《地球宪章》，简称《里约宣言》，规定国际环境与发展的27项基本原则)、《21世纪议程》(确定21世纪39项战略计划)和《关于森林问题的原则声明》，并签署了联合国《气候变化框架公约》(防治地球变暖)和《生物多样化公约》(制止动植物濒危和灭绝)两个公约。会议要求发达国家承担更多的义务，同时也照顾到发展中国家的特殊情况和需要。从全球可持续发展和国际合作角度看，大会取得的主要成果表现在以下几个方面：

① 进一步提高了环境意识。

会议期间，各国元首和首脑、政府代表、国际组织的代表以及非政府组织人士纷纷发表讲话和文章，从不同角度谈论环境，要求采取有效措施。环境问题进一步引起各国的关注。

② 环境和发展密不可分的道理被广泛接受。

传统工业文明的“高投入、高消耗、高污染”的生产和消费模式被否定，经济与环境协调的主张成为与会各国的共识和会议的基调。会议强调，必须依靠科技进步和提高资源的利用效率，尽量降低对自然资源的索取和生态的破坏，以保证人类社会的可持续发展。

③ 启动了停滞多年的南北对话。

长期以来，在债务危机、初级产品价格、发展资金等诸多问题上南北对立，实质性对话已停滞多年。经过联合国环境与发展大会两年多时间的南北对话，关于向发展中国家提供新的、额外的资金和转让环境有益技术的原则最终达成协议，在联合国环境与发展大会闭幕式上通过。南北双方在一些问题上表现出合作的意向，取得了一些积极的成果。

④ 维护了国家主权和经济发展权等重要原则。

全球环境保护不能成为干涉别国内政的借口，也不能因为强调环境保护而否定别国的经济发展权。《里约宣言》指出：“为了公平地满足今后世代在发展和环境方面的需要，求取发展的权利必须实现。”

⑤ 提出了“建立新的全球伙伴关系”的问题。

中国代表团团长宋健指出，新的全球伙伴关系应建立在平等、公正、互不干涉内政的基础上，以推动国际社会在维护地球生态系统和促进经济发展等方面的合作为目标，使整个国际社会都能积极有效地参与。要妥善处理各个领域的问题，特别是资金和技术转让问题。

可以看出，联合国环境与发展大会是联合国成立以来规模最大、级别最高、影响最深远的一个国际会议，是人类环境与发展史上的一次盛会。此次会议促进了全球环保意识的提高，深化了对可持续发展的认识。正如中国代表曲格平所指出的，在1972年的人类环境大会上，发达国家高喊环境问题的严重性，而发展中国家却大多未予响应，甚至说环境问题是发达国家的事，发展中国家面临的是发展问题。20年以后的里约会议，发达国家和发展中国家都认识到环境问题对人类生存和发展的严重威胁，认识到解决环境问题的迫切性。此次大会高举“可持续发展”这面旗帜，成功地把世界各国聚集在一起。可以看到，全球环境问题是一个可以超越东西、南北立场的差异，超越种族、宗教的不同，而且需要国际合作加以解决的课题。此次大会为南北在环境和发展领域的对话和合作提供了难得的机会，为全球可持续发展战略的实施创造了良好的条件。

(2)《21世纪议程》的意义

《21世纪议程》是1992年联合国环境与发展大会形成的一个重要文件，它反映了关于环境与发展的全球共识和最高级别的政治承诺。

《21 世纪议程》论述当前的紧迫问题，其目的也是促使全世界为下一世纪的挑战作好准备。圆满实施议程是各国政府首先要负起的责任。为实现议程的目标，各国的战略、计划、政策和程序至关重要。国际合作应该支持和辅助各国的努力。在这方面，联合国系统可以发挥关键作用，其他国际、区域和次区域组织也应该对此做出贡献。此外，还应该鼓励最广大的公众参与，鼓励非政府组织和其他团体积极参加工作。

从结构上看，《21 世纪议程》共分为四个重要部分。第一部分阐述可持续发展的社会和经济问题，内容涉及促进发展中国家可持续发展的国际合作、与贫困作斗争、改变消费方式和人口增长方式、保护和促进人类健康、将环境与发展问题纳入决策进程等。第二部分论述自然资源的保护和管理问题，诸如保护大气，与森林退化、荒漠化和干旱抗争，促进农业和乡村的可持续发展，保护生物多样性，保护海洋和淡水资源，对有毒化学品和危险废弃物进行管理。第三部分强调要加强一些主要团体，包括妇女、儿童、青年、土著居民、非政府组织、地方政府、工人、贸易组织、工商和科技团体对实施《21 世纪议程》的作用。第四部分阐述实施可持续发展的手段和方法，包括财政资源和机构、环境技术的传授、推动教育、公众参与和培训、国际执法手段和机构、制定决策的信息等。这四个部分包括了 110 多个项目方案，涵盖了当代全球环境与发展领域的绝大部分问题。

《21 世纪议程》的结构反映出 20 世纪末国际社会对环境问题认识的变化。以往环境问题往往以空气、水、森林、野生生物等污染和资源消耗等为主题，《21 世纪议程》不仅分析了造成环境问题的经济和社会因素，而且提出了资源养护和管理的具体范围，同时详细阐明了可持续发展的执行机制和参与主体。《21 世纪议程》阐述的可持续发展战略，不仅整合了环境与发展的不同需求，而且调和了发达国家与发展中国家的立场和利益。

显然，《21 世纪议程》是国际社会广泛参与及高度妥协的产物。值得强调的是，全球可持续发展战略的实施及其国际合作的成功在相当程度上依赖于资金问题的解决，因此《21 世纪议程》专门阐述了财政资源和机制问题。作为建立财政资源和机制的“行动依据”，《21 世纪议程》指出：经济增长、社会发展和消除贫困是发展中国家的首要优先事项，这些优先事项本身是实现可持续发展和全球可持续能力目标所不可或缺的。向发展中国家提供财政资源和技术等有效手段，可以满足发达国家和发展中国家以及全人类包括后代的共同利益。如果没有这些手段，发展中国家就很难全面履行他们的承诺。要实施《21 世纪议程》的大量可持续发展方案，就必须以包括赠款或减让条件为方式，并根据合理且公平的标准和指标，向发展中国家提供大量新的额外的财政资源，以支付这些国家为处理全球环境问题和加速可持续发展而采取行动所引起的增额成本。加强国际机构实施《21 世纪议程》的能力也需要财政资源。每个方案领域都列有对所需费用数额的指示性估计。这一估计尚需有关实施机构和组织加以审查和详细确定。

1.2.3 生态文明与可持续发展一脉相承

日益严重的环境危机必将导致人类价值取向的再度深刻转换，促使人类社会文明的发展超越工业文明，指向人与环境协调发展的新的文明形态——生态文明。相比较而言，生态文明将是一种互动性的自觉文明形态。可持续发展以自然资源的可持续利用和良好的生态环境为基础，以经济可持续发展为前提，以谋求社会的全面进步为目标。生态文明的理论来源于环境保护，又不仅仅局限于环境保护，还与可持续发展理论一脉相承。因此，未来的文明与可持续发展将以人与生态环境的协调发展为中心，保持资源、经济、社会同环境等的协调，方可实现人与自然的同步和谐发展。

(1) 生态文明的启示

文明的发展遵循着交替更迭的规律。文明一旦陈旧、腐朽、衰落，它就要被朝气蓬勃、充满生机的新文明无情地淘汰和取代。工业文明推动了人类社会的高速发展，但其产生的负面效应也是巨大的。过度的工业化不仅严重破坏了人类赖以生存的自然环境，也使人类自身的社会环境受到了伤害和冲击。现如今，辉煌了三百年之久的工业文明终于发现，大自然已经发出沉重的叹息，她已经伤痕累累，无力可支，再也无力养育多子多孙的人类。物质极度匮乏的人类将以何种姿态迎接未来呢？人类文明怎样才能永久地持续发展下去呢？这是现代人类所面临的一个后现代问题。

从农业文明到工业文明，再到生态文明，这将是人类社会文明发展的必然趋势。在价值观念上，要以真理为尺度，使人们树立正确的自然观念，增强人与自然和谐发展的意识，人类对自然的要求与满足，既不应是无限的，也不能是无条件的，改造自然要具有目的性的特点，要以不损害自然生态的整体稳定和其他生物物种的生存为条件；在生产方式上，要转变高生产、高消费、高污染的生产方式，使人类生产劳动沿着与生物圈相互协调的方向进化，使之具有净化环境、节约和综合利用自然资源的新机制，走上与生物圈协调互补的新轨道；在生活方式上，人们的追求应不再是对物质财富的过度享受，而是一种既满足自身需要又不损害自然生态的生活，使人过上真正的全面符合人类及社会道德的生活，人类生活不仅应是富足的，还应当是自然的。

当人类文明进程发展到从价值观念到生产方式、从科学技术到文化教育、从制度管理到日常行为都在发生深刻变革的时候，就标志着文明形态开始发生转变，我们目前所处的时代就是生态文明已露出曙光，需要人类共同努力，才能变成万道霞光的时代。从考察人与自然作用方式的转变和价值观念的不断更新中，透视人类文明的发展道路，预示人类社会的文明状态必将超越工业文明，指向人与自然之间、人与人之间相互协调的生态文明。

任何一个社会的既成文明状态都不仅是该社会发展程度的标志，同时也预示着该社会未来发展的定位和趋向。自改革开放以来，中国社会以令世人惊诧的速度走上了现代化即工业化的道路。然而，当我们终于冲破了传统农业文明的羁绊开始步入工业文明之时，早期实现工业文明的西方发达国家在向世人展示工业社会创造的无与伦比的物质成就的同时，却暴露出了工业化发展进程中的负面效应及消极意义。对于我们这样的发展中国家来说，西方工业社会发展的教训，无疑具有至关重要的警示意义。显然，要实现现代化，就必须面对工业化造成的环境问题的困扰，而环境的恶化又必然妨碍现代化的进程，这是一个两难抉择。

（2）我国的生态文明和可持续发展

从历史过程看，中国可持续发展实践特别是生态文明建设与全球层面的进程始终一致。从科学发展观到“资源节约型、环境友好型”的两型社会，再到生态文明建设，这些理念和战略一脉相承，与全球可持续发展在时间节点上相互呼应，都是要实现经济社会发展的绿色转型，推动可持续发展。

中国的可持续发展和生态文明建设与发达国家相比难度更大、任务更艰巨。中国面临的资源环境形势比发达国家更为复杂和严峻，实现可持续发展将是更为长期的过程。中国短期内还难以摆脱世界产业分工中的中低层地位，总体上仍将是产业转移和环境污染的输入国而非输出国，当前的国际环境也决定中国不能走发达国家产业转移和污染输出的老路，中国面临着经济发展绿色转型的巨大挑战。中国的区域间发展不均衡，区域环境问题、环境保护基础条件和环境管理能力存在很大差异，要结合中国不同区域经济发展阶段和资源环境问题特征，分区域、分阶段、分步骤推动可持续发展进程，这无疑大大增加了复杂性和难度。

实施可持续发展战略是中国现代化道路的必然抉择。这一抉择，既是全球的大趋势，又是国情的要求，更是我国现代化的内在要求。如果中国不选择可持续发展道路，那么对发展的制约将是快速和显而易见的。目前已经十分严峻的生态退化和环境污染问题将愈发严峻。如果森林不断减少、沙漠化加速蔓延、水土流失日趋严重、空气质量不断下降、水资源短缺而水质下降、固体废物得不到有效处理等等，那么总有一天，生态破坏到了生态环境系统的临界点而发出崩溃的信号，那时，中华民族的生存问题，中华文明的延续问题就可能是个现实的问题了。

中国现代化的实践给我们提出了一个亟待解决的历史性课题，即需要我们理智地选择可持续发展道路去实现现代化，探索一条适合中国国情的经济、人口、资源、环境协调发展道路，避免工业化所带来的严重弊端，朝着生态文明方向推进现代化进程。

中国政府已经调准了可持续发展前进的方向，现在已经实施的西部大开发战略充分强调经济建设与生态环境建设的协调发展，并且把生态建设作为西部开发的重点。中国生态文明建设以中国特色社会主义事业为重要内容，关系人民福祉，关乎民族未来，事关“两个一百年”奋斗目标和中华民族伟大复兴中国梦的实现。党中央、国务院高度重视生态文明建设，先后出台了一系列重大决策部署，并取得了重大进展和积极成效。我们可以看到，朝着生态文明方向推进的中国现代化建设正在一条科学、理性的道路上阔步前进。

1.3 生态文明内涵的演替

1.3.1 古代的生态哲学

生态哲学可追溯的历史较长，可分为两部分论述，即中国古代的生态哲学思想和西方古代的生态哲学思想。

(1) 中国古代的生态哲学思想

主要包括三个方面的内容：《周易》中的哲学思想、道家的生态哲学思想、儒家的生态哲学思想。

①《周易》中的哲学思想。《周易》向来被看作中国古代文化的一个源头，是中国传统思想文化中自然哲学与人文实践的理论根源，是古代汉民族思想、智慧的结晶。内容极其丰富，对中国几千年来的政治、经济、文化等各个领域都产生了极其深刻的影响。《周易》当中的生态思想现在是很多人所推崇的一个生态资源。

《周易》中，乾坤就是天地世界，是万物的来源，是大自然的一部分，天地与万物和谐共存，人与自然的关系高度一致。"至哉坤元，万物资生，乃顺承天"，顺应天意，从自然中诞生的人类万物，不能脱离自然而存在。"天地之大德曰生"，如果万物不存在，那么自然也就失去意义。即人和自然是统一的。《周易》还阐述了人与自然和谐统一的最理想的状态："夫大人者，与天地合其德，与日月合其明，与四时合其序，与鬼神合其吉凶。"人类应当顺应自然界本身固有的变化规律，对自然界进行改造和利用，而非按照自身的意愿和欲望随意行事，对自然造成破坏。

《周易》的思想有着重要的现实意义。它告诉人们在道德层面，人类应该对自然保持敬畏之心，因为自然是人类的父母，是人类存在的根本；对自然馈赠保持回报之心，因为自然从来都是无私的。它还影响着统治者的统治思想，在法律上对自然保持恭敬和敬畏。几千年来中国的大地上都保持着良好的生态环境，人与自然和谐共处。但相应的，人对自然的敬畏之心也阻碍了人类对自然的探索，导致科学技术的发展比较缓慢。

② 道家的生态哲学思想。中国道家思想的代表人物之一是老子，他提出的"道"和"无为"的思想表达出他所持的整体的宇宙观。

"道"是天地万物的来源和发展的动力。"有物混成，先天地生；寂兮寥兮，独立而不改"。老子所说的"道"是一种在宇宙存在前就存在的、构成宇宙的一种最高级别的自然实体的存在。它通过不断的运动分化改变形态，构成了整个世界。“道生一，一生二，二生三，三生万物”，老子认为世间万物与人类有着同一个本源，世间万物包括人类都是平等的，而且人不能脱离自然而存在。这个观点与《周易》中对人与自然之间关系的观点有着异曲同工之处。

“道”的运动和变化遵循自然规律，人的活动也要遵循自然规律。“人法地，地法天，天法道，道法自然”，老子认为自然的变化和发展的动力是规律，这个规律是固有的、不为人的意志所改变的。人类的生存依赖土地和土地承载的农业活动，人类的生存要遵循大地的规律；大地上万物的产生和发展要遵循天道即天的规律。其中天的规律指的是天象、节气等变化的客观规律。归根结底，人类的所有活动都要遵循天地自然的客观规律，人应该自觉按照自然规律去办事。

“小国寡民。使有什伯之器而不用；使民重死而不远徙；虽有舟舆，无所乘之；虽有甲兵，无所陈之。使民复结绳而用之。甘其食，美其服，安其居，乐其俗，邻国相望，鸡犬之声相闻，民至老死，不相往来”。老子表达了一种人与自然和谐相处的非常理想的状态。如果人就像自然界的其他生物一样，人口数量得到控制，没有大规模的战争，零零散散地，不会联合起来产生强大的支配自然的力量，人类就会像其他生物那样被自然支配。这种状态是以阻碍人类社会的发展为代价的，这显然不符合人类生存发展的大趋势。

“一切有形，皆含道性”。世间万物都按照各自的规律发展变化着，大自然可以解决自身的问题。人类应该顺从其规律，不应刻意地去要求自然，要留有足够的余地去让自然运行。这便是“无为而治”的思想。这种思想与可持续发展的观念不谋而合。它要求人类在利用自然的过程中要将自然的利益摆在首位，保证自然自我更新和自我调节的能力。

③ 儒家的生态哲学思想。儒家除了追求人与人之间的和谐关系外，也追求人与自然的和谐关系。儒家中道和谐思想认为“与天地合其德，与日月合其明，与四时合其序，与鬼神合其吉凶”（《周易》）乃是人生最高境界。这种思想虽不是正面阐释人与自然的和谐关系，但在譬喻勾连之间彰显出应该尊重自然，力求生态平衡的理念。进一步地，儒家的另外一个主张“取物不尽物”，更是一种可持续发展的思想。

儒家所秉持的“天地人”三才合一，是生态伦理思想的代表之一。天、地、人都是自然的一部分，三者有着共通之处，三者可以协调一致。人类即使有高度的智慧，但仍是自然万物的一个组成部分，应该与自然协同进化，在保护自然生态的前提下不断追求人类自身的发展。有别于道家的“无为”这一生态中心论的思想，儒家的生态哲学思想有着积极向上的意义。

“中庸”渗透在儒家的生态哲学思想中，对当代的社会建设有着非常重要的借鉴意义。“中庸”是找出相对立的两端中最和谐最合理的一个点，这个平衡点既不激进也不消极。在这个点上，天、地、人达到最和谐的平衡状态，并得到完美的统一，所以，中庸之道绝非机械的折中主义。而且，中庸指的平衡点是根据人类和自然发展的客观条件变化而不断变化的。如“取物不尽物”，即在获取自然资源的时候要达到生产与收获的平衡，儒家的生态哲学观处处体现着“中庸”的思想。在建立和谐社会的进程中，“中庸”促进人类社会成员之间、人类社会成员与大自然的和谐共处，也能促进国家之间和民族之间的和谐共处，这对生态环境有着非常积极的现实意义。中庸之道是走可持续发展道路所不可或缺的指导思想。

上述这些中国古代哲学思想，对当今的社会主义建设事业有着重要的参考意义，同时我们应当用理性的批判精神去分析。

中国古代哲学思想存在一些弊端。如中国古代生态哲学不具备系统性，它们或为哲学的核心思想服务，或仅仅是一些对生活经验的总结，是零散的思想的碎片。再如，中国古代生态哲学大多存在形而上学的问题，它们更多地仅仅是思辨所得，而非通过实践和总结所产生的。这就使得它们失去了现实基础，脱离了人类社会的发展状况。另外，许多理念未付诸实践也是其弊端之一。

中国古代生态哲学亦存在许多的启发性思想，即整体和谐观。有别于西方人与自然对立的主流思想，中国古代哲学思想把人类和自然社会看成是一个不可分割的整体，天地万物包括人类都在这个整体中有序地和谐地运行，这对可持续发展的建设有着重要的指导意义。其生态伦理观，要求人类不走人类中心主义的道路，处理好人与人、人与自然的和谐关系。这对当今改变人类对资源的过度夺取有警示意义。

综上所述，中国古代生态哲学是全人类的共同财富，对当今越来越紧迫的生态文明建设需求有着重要的指导意义。

（2）西方古代的生态哲学思想

相较于中国古代的生态哲学思想，西方古代生态哲学思想更多的是持人类中心主义观点。

西方最早出现的生态哲学，都认为人是自然界的一部分，人类要按照自然规律行事，不能违背上天。其中的代表思想是古希腊的生态哲学，其认为自然界是一个运动体，而其运动和发展的动力是其本身固有的活力或者“心灵”，“心灵”是起决定性作用的。它不仅为自然界的运动和发展提供秩序，也为人类社会的发展制定规则。古希腊人认为自然界是个有理智有“心灵”的活着的庞然巨物。这里所指的“心灵”实质上是对自然规律的朴素理解。这个阶段的西方生态哲学思想，与中国古代最早出现的生态哲学思想有着相似的观点，那就是人属于自然，人应当顺应自然。

然而公元前后，几大宗教的出现彻底改变了这一状态，使得人类中心主义的思想取代了人属于自然的思想，成为主流。主导西方文化的基督教认为，上帝凌驾于自然之上，上帝按照自己的形象创造出人类，因此，人类和自然并不是一体的。人作为世界的中心，应该统治自然界。“上帝对亚当说：‘我将遍地一切结种子的菜蔬和一切树上结有核的果子，全赐给你们作食物。至于地上的走兽和空中的飞鸟，以及各样爬在地上有生命的物，我将青菜赐给它们作食物。’”人是上帝最特别的创造物，上帝创造其他的生命和物体都是为了人。人天生就有主宰和统治万物的合理性。

西方人类中心主义的生态哲学思想客观上促进了人类征服自然的进程，为以后西方率先进入工业革命埋下了伏笔。

1.3.2 近代的生态意识

世界近代历史时期，从1640年英国资产阶级革命到1917年俄国十月社会主义革命这个阶段，中国的生态意识的发展因人类社会的剧变而发生改变，而西方的生态意识改变并不明显，总体上与古代生态哲学思想相一致。这是因为从1640年至鸦片战争的1840年，中国保持着稳定的封建农耕社会，人与自然关系的变化几近停滞，古代的生态哲学思想也几乎没有变化。鸦片战争之后，西方的洋枪大炮和先进科学技术直接导致了中国几千年自然经济的解体，中国人开始反思过去一直秉持的哲学思想的正确性。为了民族的生存，中国人开始如饥似渴地学习西方的先进科学技术，向征服自然的方向发展，在这种大趋势下，主流的生态哲学思想逐渐向人类中心主义偏移。

西方虽然有工业革命带来的对环境的巨大冲击，但由于自然的包容缓冲能力，人类的行为未对生态造成不得不面对的影响，人与自然的关系仍勉强维持原有状态，生态意识的变化主要体现在对过去人类中心主义思想的强化。而自然科学的发展带来的改造世界的巨大成功，使得人类征服自然的信心得到进一步加强。

1.3.3 现代的生态理念

进入20世纪，科学技术方面已经取得长足发展，人类借助其力量，似乎可以轻而易举地征服自然。然而，大自然的报复给人类敲响了警钟。20世纪中叶之后，生态问题给人类带来了前所未有的严峻考验，环境剧烈恶化、人口爆炸性增长、能源危机，每一个问题都是人类必须要面对的。在这样的大趋势下，一些发达的西方国家率先开始反思人类与自然的关系，并形成了一系列新的生态理念和科研成果，推动现代生态事业的发展。中国的生态反思相比之下要晚了一些，直到21世纪前后才开始认真反思我国的环境生态问题。亡羊补牢，犹未晚矣，如今在中国共产党的领导下，中国政府提出并践行生态文明建设，走可持续发展道路，并取得一系列辉煌的成果。西方发达国家，因其更早地进入工业革命，而更早地面临生态恶化的各种问题。有识之士率先提出自己对生态问题的见解，推动了一场新的社会运动——生态运动。

1962年在美国出版的蕾切尔·卡逊的著作《寂静的春天》，成为划时代的符号。在此之前，环境保护并不是一个存在于社会意识和科学讨论中的概念。书中描述人类可能将面临一个没有鸟、蜜蜂和蝴蝶的世界，唤醒人类对自然生态的重视和反思。1982年来自英国的R.沃德和来自美国的R.杜博斯向联合国人类环境会议提供了背景资料《只有一个地球——对一个小小行星的关怀和维护》。1972 年，“罗马俱乐部”推出丹尼斯·米都斯撰写的综合研究报告《增长的极限》，在世界范围内引起轰动，书中传达出了对人类前途的悲观主义态度。

生态运动从 20 世纪 60 年代末期 70 年代初期的西方国家开始，迅速地扩展至全世界，引起世界各国的广泛关注。1972 年，在斯德哥尔摩召开的联合国人类环境会议，探讨了生态保护全球战略的问题。这标志着人类开始将生态环境问题列入发展日程。1980 年 3 月，联合国大会第一次使用“可持续发展”这个名词。1983 年 11 月，联合国成立了世界环境与发展委员会。该委员会的基本纲领是“可持续发展”，它制定了“全球变革日程”并于 1987 年向联合国提交了一份论证报告——《我们共同的未来》。这份报告首次系统地提出了可持续发展战略，这意味着可持续发展观的正式诞生。1992 年 6 月，联合国在巴西里约热内卢召开的会议通过和签署了《里约热内卢环境与发展宣言》与《21 世纪议程》等有重要意义的文件，对工业革命带来的“消费高污染”以及“先污染后治理”的发展模式予以否定，大力推广了可持续发展的概念。指导这场如火如荼的生态运动的正是迅速发展变化的生态哲学思想。在生态哲学思想的变革中，代表性的新思想是对“人类中心主义”的批判、生态中心主义以及现代人类中心主义。

人类开始认识到“人类中心主义”的弊端，对其的批判之风渐起。威廉·莱易斯在《自然的控制》中谈到，“统治自然的观念起了一种意识形态的作用。这种意识形态所设定的目标是把全部自然当作满足人的永不知足的欲望的材料来占有，从而导致生产无限扩大，最终结果是人的自我毁灭”。越来越严重的生态问题让人类认识到人类肆意掠夺和占有自然资源，已经打破了人与自然之间均衡的现状。当代环境主义者批评“人类中心主义”为物种歧视主义。罗尔斯顿指出：“从人类社会的发展过程来看，道德进步的过程同时也是人类共同体范围不断拓展的过程，它起初表现出部落成员，随后又扩大到所有人类成员。而在当代，如果人类的道德共同体将自然排除在外，那么它将是一种不折不扣的‘主体偏向’。”人类开始将目光从人类转向自然界，包括动物、植物乃至整个生态系统。破而后立，在批判“人类中心主义”后，新的生态观“生态中心主义”被提出并且受到了广泛的重视和支持。在批判“人类中心主义”的大潮的推动下，以“动物权利论”和“生物中心论”为理论基础，形成了“生态中心主义”的思想。“动物权利论”提出：动物和人一样都是“生命主体”，都具有享受愉快和痛苦的能力。因此动物应该和人一样享受同等的道德价值和道德权利。人类要以一种尊重它们身上的天赋价值的方式来对待它们。“生物中心论”秉持的是敬畏生命的伦理观，它提出：值得敬畏的生命是所有具有生命的对象。只有把所有的生命都视为值得敬畏的对象，人类的行为才是有道德的行为。进一步地，价值和道德的主题应延伸至一切生命。只要是有生命的存在物，都有平等的价值，把所有生命当作道德关怀的对象，主张物种平等主义。显然，后者是对前者的继承和发展，把关注的对象从动物推广到所有生物上。

“生态中心主义”进一步地把价值、权利等方面的平等思想扩展到了整个自然界——人和所有生物、无生命的物质乃至整个生态系统。它关注的是整个生态共同体，而超越了关注个体的阶段。这一思想认为生态的整体价值地位要高于人类的价值。“生态中心主义”的提出，为人类构建人与自然和谐相处的社会、拯救日益深重的生态危机提供了重要的参考价值。

“现代人类中心主义”在“人类中心主义”和“生态中心主义”的基础上提出了新的看法。持这一观点的代表人物是格伦德曼，其认为：在脱离了狩猎和采集为生的原始社会后，人类社会对自然的“支配”在尊重自然规律的条件下，人类能够让自然为自己服务而非破坏自然。符合规律的、恰当的“支配”能够在满足人类需求的同时避免出现生态恶化。当今的生态问题恰恰是人类的“支配”能力不足而导致的。因此，为了避免生态危机，这种有意识的“支配”能力应当进一步加强。另一代表人物是佩珀，其认为：只要人对待自然的方式合理恰当，人和自然就能和谐共存，人类对自然也就没有伤害了。过去导致生态恶化的元凶是人类中心主义的资本主义形式，“人类中心主义”有别于“技术中心主义”的利益导向特性。“现代人类中心主义”既能借助于掌握自然实现生产力的增长，保证所有人的福利，又可以消除现代工业社会的人类对自然的伤害，是建立在社会与自然辩证法基础上的一种长期的集体的人类中心主义，反对资本主义制度以技术和个人为核心的人类中心主义。

“现代人类中心主义”在自然辩证法的哲学指导下，对“人类中心主义”和“生态中心主义”进行了扬弃，它主张人类和自然是一个和谐的整体，因而人类和自然协调地和谐地发展是切实可行的。抛弃了人对自然无节制控制的观念，着眼于人类的长远利益和整体利益的同时，也考虑自然的整体利益，为解决当今日益严重的生态危机指出了一条有着积极的现实意义的道路。

1.4 人类生态文明思想的孕育

人类社会的不断发展经历了农耕文明时代、工业文明时代，现在进入21世纪的高度文明建设新时代。每一个时代的进入都标志着文明发展的新水平。农耕文明时代环境问题总体尚不突出，人类主要是听天由命地发展生产；进入工业文明时代环境问题越来越突出，逼迫人们不得不思考人类文明发展是否出了问题，我们的行为方式、发展模式是否需要思考改变。这就是我们面对越来越多的环境问题所要解决的新方法的思考。

1.4.1 八大公害事件的警钟

20世纪是地球上工业革命的快速发展时期，环境问题越来越突出，最具有代表性的是八大公害事件。轰动世界的八大公害事件都是由环境污染造成的。这八大事件分别是：比利时马斯河谷事件、美国洛杉矶烟雾事件、美国多诺拉事件、英国伦敦烟雾事件、日本水俣病事件、日本四日市废气事件、日本爱知县米糠油事件、日本富山县痛痛病事件。

(1) 比利时马斯河谷事件

事件发生于 1930 年的比利时马斯河谷工业区。该工业区处于狭窄的河谷中，这一段中部低洼，两侧有百米的高山对峙，即马斯峡谷的列日镇和于伊镇之间，两侧山高约 90m。许多重型工厂分布在那里，包括炼焦、炼钢、电力、玻璃、炼锌、硫酸、化肥等工厂，还有石窑炉。

当年 12 月 1～5 日，时值隆冬，大雾笼罩了整个比利时大地。由于该工业区位于狭长的河谷地带，气温发生逆转，大雾像一层厚厚的棉被覆盖在整个工业区的上空，工厂排出的有害气体在近地层积累，无法扩散，二氧化硫的浓度也高得惊人。3 日这一天雾最大，加上工业区内人烟稠密，整个河谷地区的居民有几千人瞬间染病。一星期内，有 60 多人死亡，发病者包括不同年龄的男女，症状表现为流泪、喉痛、声嘶、咳嗽、呼吸短促、胸口窒闷、恶心、呕吐。咳嗽与呼吸短促是主要发病症状。死者大多是年老和有慢性心脏病或肺病的患者，为同期正常死亡人数的 10.5 倍。尸体解剖结果证实：刺激性化学物质损害呼吸道内壁是致死的原因，其他组织与器官没有毒物效应。与此同时，许多家畜也患了类似病症，死亡的也不少。

事件发生以后，虽然有关部门立即进行了调查，但一时不能确证致害物质。有人认为是氟化物，有人认为是硫的氧化物，其说法不一。之后，又对当地排入大气的各种气体和烟雾进行了研究分析，排除了氟化物致毒的可能性，认为硫的氧化物——二氧化硫气体和三氧化硫烟雾的混合物是主要的致害物质。

据推测，事件发生时工厂排出的有害气体在近地表层积累。费克特博士在 1931 年对这一事件所写的报告中，推测大气中二氧化硫的浓度约为 25～100mg/m^3。空气中存在的氧化氮和金属氧化物微粒等污染物会加速二氧化硫向三氧化硫转化，加剧对人体的刺激作用。而且一般认为是具有生理惰性的烟雾通过把刺激性气体带进肺部深处导致一定的致病作用。

在马斯河谷烟雾事件中，地形和气候扮演了重要角色。由于特殊的地理位置，马斯河谷上空出现了很强的逆温层。在这种逆温层和大雾的作用下，马斯河谷工业区内 13 个工厂排放的大量烟雾弥漫在河谷上空无法扩散，有害气体在大气层中越积越厚，其积存量接近危害健康的极限。通常，气流上升越高，气温越低。但当气候反常时，低层空气温度会比高层空气温度还低，发生“气温的逆转”现象，这种逆转的大气层叫作“逆转层”。逆转层会抑制烟雾的升腾，使大气中烟尘积存不散，在逆转层下积累，无法对流交换，造成大气污染现象。从地形上看，该地区是一狭窄的盆地，气候反常出现的持续逆温和大雾使得工业排放的污染物在河谷地区的大气中积累至有毒级的浓度。该地区过去有过类似的气候反常变化，但为时较短，后果不严重。如 1911 年的发病情况与此次相似，但没有造成死亡。

马斯河谷事件发生后的第二年即有人指出："如果这一现象在伦敦发生，伦敦公务局可能要对 3200 人的突然死亡负责。"这话得到验证，22 年后的伦敦果然发生了 4000 人死亡的严重烟雾事件。这也说明造成以后各次烟雾事件的某些因素是具有共同性的。

此次事件曾轰动一时，虽然日后类似这样的烟雾污染事件在世界很多地方都有发生，但马斯河谷烟雾事件却是 20 世纪最早记录下的大气污染惨案。

（2）美国洛杉矶烟雾事件

美国洛杉矶光化学烟雾事件是世界有名的公害事件之一，20 世纪 40 年代初期发生在美国洛杉矶市。光化学烟雾是大量烃类在阳光作用下，与空气中其他成分起化学作用而产生的。全市 250 多万辆汽车每天消耗汽油约 1600 万升，向大气排放大量烃类、氮氧化物和一氧化碳。

该市临海依山，处于 50km 长的盆地中，汽车排出的废气在日光作用下，形成以臭氧为主的光化学烟雾。这种烟雾中含有臭氧、氧化氮、乙醛和其他氧化剂，滞留市区久久不散。在 1952 年 12 月的一次光化学烟雾事件中，洛杉矶市 65 岁以上的老人死亡 400 多人。1955 年 9 月，由于大气污染和高温，短短两天之内，65 岁以上的老人又死亡 400 余人，许多人出现眼睛痛、头痛、呼吸困难等症状。直到 20 世纪 70 年代，洛杉矶市还被称为"美国的烟雾城"。

（3）美国多诺拉事件

事件发生于 1948 年 10 月 26～31 日的美国宾夕法尼亚州多诺拉镇，该镇处于河谷，10 月的最后一个星期大部分地区受反气旋和逆温控制，加上 26～30 日持续有雾，使大气污染物在近地层积累。二氧化硫及其氧化作用的产物与大气中尘粒结合是致害因素，发病者 5911 人，占全镇人口的 43%，症状表现为眼痛、喉痛、流鼻涕、干咳、头痛、肢体酸乏、呕吐、腹泻，死亡 17 人。

（4）英国伦敦烟雾事件

事件发生于 1952 年 12 月 4 日至 9 日。伦敦上空受高压系统控制，大量工厂生产和居民燃煤取暖排出的废气难以扩散，积聚在城市上空。伦敦城被黑暗的迷雾所笼罩，马路上几乎没有车，人们小心翼翼地沿着人行道摸索前进。大街上的电灯在烟雾中若明若暗，犹如黑暗中的点点星光。直至 12 月 10 日，强劲的西风吹散了笼罩在伦敦上空的恐怖烟雾。

当时，伦敦空气中的污染物浓度持续上升，许多人出现胸闷、窒息等不适感，发病率和死亡率急剧增加。在大雾持续的 5 天时间里，据英国官方的统计，丧生者达

5000多人，在大雾过去之后的两个月内有8000多人相继死亡。此次事件被称为“伦敦烟雾事件”。

据报道，5～8日英国几乎全境为浓雾覆盖，四天中死亡人数较常年同期约多4000人。45岁以上的死亡最多，约为平时的3倍；1岁以下死亡的，约为平时的2倍。事件发生的一周中因支气管炎死亡的是事件前一周同类人数的93倍。

(5) 日本水俣病事件

事件发生于1953～1956年日本熊本县的水俣镇，含甲基汞的工业废水污染水体，使水俣湾和不知火海的鱼中毒，人食用毒鱼后受害。1972年日本环境厅公布：水俣湾和新县阿贺野川下游有汞中毒者283人，其中60人死亡。

从1949年起，位于日本熊本县水俣镇的日本氮肥公司开始制造氯乙烯和醋酸乙烯。由于制造过程中要使用含汞（Hg）的催化剂，大量的汞便随着工厂未经处理的废水被排放到了水俣湾。1954年，水俣湾开始出现一种病因不明的怪病，叫“水俣病”，患病的是猫和人，症状表现为步态不稳、抽搐、手足变形、精神失常、身体弯弓高叫，直至死亡。经过近十年的分析，科学家才确认：工厂排放的废水中的汞是“水俣病”的起因。汞被水生生物食用后在体内转化成甲基汞，这种物质通过鱼虾进入人体和动物体内后，会侵害脑部和身体的其他部位，引起脑萎缩、小脑平衡系统被破坏等多种危害，毒性极大。在日本，食用了水俣湾中被甲基汞污染的鱼虾的人数达数十万。

(6) 日本四日市废气事件

日本的四日市，从1955年以来，该市石油冶炼和工业燃油产生的废气严重污染城市空气。重金属微粒与二氧化硫形成硫酸烟雾。1961年引发居民哮喘病发作，1967年一些患者不堪忍受病痛而自杀。1972年该市共确认哮喘病患者达817人，死亡10多人。

(7) 日本爱知县米糠油事件

1968年3月日本北九州市爱知县一带，生产米糠油用多氯联苯作脱臭工艺中的热载体，由于生产管理不善，混入米糠油，人们食用后中毒，患病者超过1400人，至七八月份患病者超过5000人，其中16人死亡，实际受害者约13000人。

(8) 日本富山县痛痛病事件

事件发生于1955～1972年日本富山县神通川流域，锌、铅冶炼厂等排放的含镉废水污染了神通川水体，两岸居民利用河水灌溉农田，使稻米和饮用水含镉，导致居民中毒。

19世纪80年代，日本富山县平原神通川上游的神冈矿山成为从事铅、锌矿的开采、精炼及硫酸生产的大型矿山企业。然而在采矿过程及堆积的矿渣中产生的含有镉等重金属的废水却直接长期流入周围的环境中，在当地的水田土壤、河流底泥中产生了镉等重金属的沉淀堆积。镉通过稻米进入人体，首先引起肾脏障碍，逐渐导致软骨症，在妇女妊娠、哺乳、内分泌不协调、营养性钙不足等诱发原因存在的情况下，使妇女得上一种浑身剧烈疼痛的病，叫“痛痛病”，也叫“骨痛病”，重者全身多处骨折，在痛苦中死亡。从1931年到1968年，神通川平原地区被确诊患此病的人数为258人，其中死亡128人，至1977年12月又死亡79人。

1.4.2 斯德哥尔摩人类环境会议

为保护和改善环境，1972年6月5～16日在瑞典首都斯德哥尔摩召开了由各国政府首脑及政府代表团、联合国机构和国际组织代表参加讨论当代环境问题的第一次国际会议。会议通过了著名的《人类环境宣言》(通称《斯德哥尔摩宣言》)、《人类环境行动计划》和其他若干建议和决议，呼吁各国政府和人民为维护和改善人类环境，造福全人类，造福后代而共同努力。强调指出：“保护和改善人类环境是关系全世界各国人民的幸福和经济发展的主要问题，也是全世界各国人民的迫切希望和各国政府的责任。”

会议的目的是要促使人们和各国政府注意人类的活动正在破坏自然环境，并给人们的生存和发展造成了严重的威胁，号召各国政府和人民为保护和改善环境而奋斗。此次会议开创了人类社会环境保护事业的新纪元，这是人类环境保护史上的第一座里程碑。同年的第27届联合国大会把每年的6月5日定为“世界环境日”。

《人类环境宣言》主要包括两个部分：①宣布对与环境保护有关的7项原则的共同认识；②公布了26项指导人类环境保护的原则。

其中第21项原则对国际环境法的发展产生了重要影响。该项原则首先肯定了各国开发自己资源的主权，但是同时也强调各国有责任保证在他们管辖或控制范围内的活动不会损害其他国家或国家管辖范围以外地区的环境。

该宣言本身不具有法律约束力，属于“软法”的范畴，但是由于它反映了国际社会的共同信念，对国际环境法的发展产生了深远的影响，主要表现在以下几个方面：

① 宣言第一次概括了国际环境法的原则和规则，其中某些原则和规则成为后来国际环境条约中有约束力的原则和规则。

② 尽管这些原则和规则没有法律约束力，但是它们为国际环境保护提供了政治和道义上所应遵守的规范。

③ 为各国制定和发展本国国内环境法提供了可资遵循和借鉴的原则和规则。

会议形成的七点共同看法的要点是：

① 由于科学技术的迅速发展，人类能在空前规模上改造和利用环境。人类环境的两个方面，即天然和人为的两个方面，对于人类的幸福和享受基本人权，甚至生存权利本身，都是必不可少的。

② 保护和改善人类环境是关系到全世界各国人民的幸福和经济发展的重要问题，也是全世界各国人民的迫切希望和各国政府的责任。

③ 在现代，如果人类明智地改造环境，可以给各国人民带来利益和提高生活质量；如果使用不当，就会给人类和人类环境造成无法估量的损害。

④ 在发展中国家，环境问题大半是由发展不足造成的，因此，必须致力于发展工作；在工业化的国家里，环境问题一般是同工业化和技术发展有关。

⑤ 人口的自然增长不断给环境保护带来一些问题，但采用适当的政策和措施，可以解决。

⑥ 我们在开展世界各地的行动时，必须更审慎地考虑它们对环境产生的后果。为现代人和子孙后代保护和改善人类环境，已成为人类一个紧迫的目标。这个目标将同争取和平和全世界的经济与社会发展两个基本目标共同和协调地实现。

⑦ 为实现这一环境目标，要求人民和团体以及企业和各级机关承担责任，大家平等地进行共同的努力。各级政府应承担最大的责任。国与国之间应进行广泛合作，国际组织应采取行动，以谋求共同的利益。会议呼吁各国政府和人民为全体人民和他们的子孙后代的利益做出共同的努力。

以这些共同的观点为基础的26项原则包括：人的环境权利和保护环境的义务；保护和合理利用各种自然资源；防治污染；促进经济和社会发展，使发展同保护和改善环境协调一致；筹集资金，援助发展中国家；对发展和保护环境进行计划和规划；实行适当的人口政策；发展环境科学、技术和教育；销毁核武器和其他一切大规模毁灭手段；加强国家对环境的管理；加强国际合作等。

此外，《人类环境宣言》警告说：在现代，人类改造其环境的能力，如果明智地加以使用的话，就可以给各国人民带来开发的利益和提高生活质量的机会。如果使用不当或轻率地使用，这种能力就会给人类和人类环境造成无法估量的损害。《人类环境宣言》还向全世界呼吁："为了在自然界里取得自由，人类必须利用知识同自然合作的情况下，建设一个较好的环境；为了这一代和将来的世世代代，保护和改善人类环境已经成为人类的一个紧迫的目标，这个目标将同争取和平和全世界的经济与社会发展这两个既定的基本目标共同和协调地实现，这一宣言已成为世界各国制定环境保护法的主要根据和国际环境保护的主要指导原则。"

1.4.3　保护生态环境的全球共识

这里还要探讨人口增长和人类环境保护的关系问题。世间一切事物中，人是最可贵的，人民群众有无穷无尽的创造力。发展社会生产靠人，创造社会财富靠人，而改善人类环境也要靠人。人类历史发展过程证明，生产和科学技术的发展速度总是超过人口的增长速度。人类对自然资源的开发利用是不断发展的。随着科学技术的发展，人类利用自然资源的广度和深度将日益扩大。人类能够创造越来越多的财富，来满足自己生存和发展的需要。人类改造环境的能力，也将随社会的进步和科学技术的发展不断增强。我们中国的情况可以说明这一点，我国人口增长的速度是比较快的。1949 年全国人口 5 亿多；到 1970 年，全国人口超过了 7 亿。但由于我们国家赶走了帝国主义掠夺者，推翻了剥削制度，虽然人口增长较快，但生活水平不仅没有下降，反而逐步提高了，国家不是贫困了，而是一步步地走向繁荣昌盛，人民生活的环境不是变坏了，而是逐步在得到改善。当然，这绝不意味我们赞成人口的盲目增长。我国政府 20 世纪 70 年代主张实行计划生育，经过多年来的宣传教育和采取必要的措施，已经收到一些成效。那种认为人口的增长会带来环境的污染和破坏，会造成贫穷落后的观点，是毫无根据的。

总而言之，人类总是不断进步的，自然界也总是不断发展变化的，永远不会停止在一个水平上。因此，人类总得不断地总结经验，有所发现，有所发明，有所创造，有所前进。任何悲观的论点，停止的论点，无所作为的论点，都是错误的。在人类环境的问题上，任何消极的观点都是毫无根据的。我们应该坚信，随着社会的进步和科学技术的发展，只要各国政府为人民的利益着想，为子孙后代着想，依靠群众，充分发挥群众的作用，就一定能够更好地开发和利用自然资源，也完全可以有效地解决环境污染问题，为人类发展创造美好的环境。

第 2 章

生态文明建设与生态创建的政府行动

人类的文明史就是一部人与自然关系的发展史，本章重点从新中国成立以来，生态文明理论的萌芽开始，简要回顾了我国生态文明建设的发展历程，深入分析了生态文明与绿色发展的内在联系，全面梳理了国家有关职能部门［涉及生态环境部、国家发展和改革委员会（简称国家发展改革委、国家发改委）、科技部、农业农村部、原国家旅游局］开展与生态文明建设相关工作所采取的行动与举措。

2.1 我国生态文明建设的历程

自古以来中国极为重视生态环境建设。西周时期的人们已认识到保护山野薮泽是富国强民的保证；战国时荀子根据生物资源消长规律，提出了保护生态资源的理论措施；汉代的淮南王刘安发展了先秦的生态保护思想，提出农林牧渔协调发展的思想等。不仅如此，古代还有许多朝代设立了初具规模的环保机构。据《周礼》记载，先秦时期有山虞、泽虞、川衡、林衡，其中山虞负责制定保护山林资源的政令，林衡为山虞的下级机构，负责巡视山林，执行禁令，泽虞与山虞相类似，川衡与林衡相类似，只不过一个管山林草木，另一个管川泽鱼鳖而已，秦汉以后，山林川泽都归少府管理，具体由林官、湖官、苑官等分管，至唐宋时期，虞衡又兼管其他事务。到明朝以后，虞衡管山泽采捕、陶冶等事宜。自新中国成立（1949 年）以来，我国的环境保护与生态文明建设经历了五个发展阶段。

2.1.1 新中国成立以来生态文明理论萌芽

新中国成立以后，由长期的战争造成的生态破坏问题显得尤为突出。以毛泽东为核心的第一代党中央领导集体在解决中国社会发展的重大问题时，将人与自然的关系联系起来探讨，这些观点和理念对后来的环境保护与生态文明建设起到积极的借鉴作用。

（1）重视林业发展

毛泽东的生态文明思想萌芽在20世纪初，主要发展阶段是在新中国成立后。新中国成立初，我国关于生态文明建设的思想主要体现在以林业为主。毛泽东主席非常重视植树造林和发展林业，并认为林业能够为国家带来巨大财富，积极发展和保护林业资源能够促进我国农业和工业生产的发展。1955年，毛泽东曾在《征询对农业十七条的意见》中提出在12年内利用一切可利用的荒山荒地按照规格种起树木。随后，提出“实行大地园林化”的任务。同时，党中央也在这方面做了许多工作。1950年5月党中央颁布了《关于林业工作的指示》，1963年5月发布了《森林保护条例》，1967年9月颁布了《关于加强山林保护管理、制止破坏山林、树木的通知》，1973年11月发布了《关于保护和改善环境的若干规定（试行草案）》等。这些法令的颁布加强了对森林资源的保护和管理，对以后保护森林资源发挥了积极作用。

（2）修建水利工程

新中国成立后面临连年水利失修、水旱灾害频发的严峻形势，根治水患成为以毛泽东为代表的党中央思考的一个重要问题。这些洪涝灾害带来的危害极大地触动了中央领导集体，也坚定了治水兴农的决心。在毛泽东的正确指导下，新中国的水利事业取得了巨大的成就。新中国成立初期，实施了治淮、荆江分洪、引黄济卫等大型水利工程；20世纪50年代后期到70年代，修建了黄河三门峡水库、红旗渠、江都水利枢纽工程等一些大型水利工程，另外提出了南水北调的设想。这些水利设施在促进农业发展和抵御自然灾害方面发挥了巨大作用。

2.1.2 改革开放初期国家生态建设的探索与实践

十一届三中全会以后，党中央领导集体在领导全国人民进行社会主义现代化建设过程中，对生态文明的建设也进行了不懈的探索。

（1）重视人与自然、经济间的协调发展

人类如果不改造自然就不能生存，而改造自然又破坏了人类生存的环境，这就是

“生存悖论”，特别体现在自然资源的有限和人口自然增长的无限上，这个矛盾不解决，势必影响人类社会的正常发展。邓小平十分了解人口同资源、环境的密切关系，主张积极控制人口增长。

一方面，以经济建设为中心，协调经济发展与生态环境之间的关系。邓小平依据我国生产力水平低、经济力量薄弱这一基本国情，从经济发展与资源供给之间矛盾突出的状况出发，合理有效地制定了适合我国国情的长远规划和发展战略。党的十二大确定20世纪的发展战略目标后，他又指出：“要聚精会神把长远规划搞好，长远规划的关键，是前十年为后十年做好准备。”他提出，在重点发展经济的同时要“讲求经济效益和总的社会效益”。这实际上是利用科学的长远规划来协调经济发展与人口、环境的关系。另一方面，控制人口，使人口增长与经济发展、生态环境相协调。在协调经济发展与生态环境的同时，邓小平也正确处理人口增长与经济发展、生态环境的关系。我国作为世界第一人口大国，人口问题始终是一个沉重的负担，严重制约着经济与社会的发展。同时，人口数量的不断增长导致对资源的需求不断增多，从而使人类生活需求的无限性与自然生态承受力的有限性的矛盾越来越突出。实行计划生育，有计划地控制人口增长，意义重大。早在1953年第一次人口普查后，邓小平就提出节制生育的主张。他认为，人多是中国最大的难题，“人多有好的一面，也有不利的一面。在生产还不够发展的条件下，吃饭、教育和就业就都成为严重的问题”。十一届三中全会以后，作为党的第二代中央领导集体的核心，邓小平对计划生育更为关注，并强调“我们要大力加强计划生育工作”，应当立法，限制人口增长，并逐步从人口、环境、经济发展相互关系的高度来认识控制人口的重要性。党的十二大正式把实行计划生育政策确定为我国的一项基本国策。

（2）生态环境保护建设方面

针对改革开放初期，经济增长以粗放型为主，必然带来对环境的污染破坏，邓小平同志明确提出要高度重视环境保护和治理，多次强调要合理利用资源，保护自然环境，号召全国人民开展植树活动，提出“植树造林，绿化祖国，造福后代”。由于我国西北、华北、东北风沙危害和水土流失严重，1978年党中央和国务院做出了建设三北防护林体系工程的战略决策，使森林覆盖率不断增加，取得了举世瞩目的成就。

1981年，在邓小平同志的率先倡导下，全国亿万民众投入这场绿化祖国的伟大行动中去。第五届全国人民代表大会（简称全国人大）做出了《关于开展全民义务植树的决定》，中国政府也把每年3月12日定为植树节。1982年2月国务院颁布《国务院关于开展全民义务植树运动的实施办法》，使植树造林、绿化祖国成为公民的法定义务，开展全民植树活动，使中国的国土绿化面积不断提高。与污染治理相比，植树造林是主动对生态的补偿和优化。

(3) 生态环境法制化管理

在环境保护治理中，制定法律法规起到十分重要的作用。尤其是我国公民环保意识不够强，法律、法规的制定和执行很有必要。1978 年 3 月 5 日，五届人大一次会议通过了《中华人民共和国宪法》，环境保护首次写入宪法，宪法第 11 条明确规定："国家保护环境和自然资源，防治污染和其他公害。"这为我国环境保护法制建设奠定了基础。1979 年 9 月 13 日，第五届全国人民代表大会常务委员会（简称人大常委会）第十一次会议通过了我国第一部环境保护的基本法律——《中华人民共和国环境保护法（试行)》，标志着我国环境保护开始走上法制化轨道。到 1982 年 2 月，国务院据此发布了《征收排污费暂行办法》，同年 12 月五届人大第五次会议进一步增加了环境保护内容，有利于环境保护事业的开展。到 1989 年 12 月七届人大常委会第十一次会议通过了《中华人民共和国环境保护法》。在中共中央重视下，为推进生态环境建设方面的法制化工作，以环境保护法为基础，先后制定和颁布了森林法、草原法、环境保护法、水法、大气污染防治法等与环境有关的 7 部环境保护实体法律，初步形成了我国环境保护法律体系的基本框架。

(4) 生态环境保护依靠科学技术

保护和改善生态环境，一方面要推动科技进步，促进环保事业的发展。20 世纪 80 年代，我国加快建设科学院系统、高等院校系统、国务院各部门系统、环境保护管理系统四大环境科学研究体系，在全国范围内已形成初具规模、学科配套的环境科研系统。环境科研的一些重大课题被列入国家科技发展的"六五"和"七五"计划中，取得了重要突破。1988 年，邓小平在会见捷克斯洛伐克总统胡萨克时提出"科学技术是第一生产力"。另一方面要发展教育，使教育事业同国民经济发展的要求相适应。改革开放新时期，我国教育工作的指导方针是"教育要面向现代化，面向世界，面向未来"。在进行社会主义现代化建设时，邓小平强调物质文明和精神建设"两手抓"，教育国民有思想、有纪律、有道德、有文化，其中就包括生态文明思想教育，提高国民生态文明意识、环保意识，从而有效保护生态环境。对于世界各国的先进生态文明成果也要吸收借鉴，包括科技知识、环保措施和可持续发展的经验。充分发挥我国人才优势，进行科学研究，掌握并运用科技手段来促进我国生态文明的发展。

2.1.3 1992 年以来我国的生态建设与环境保护战略

党中央在领导全党推进社会主义现代化建设过程中，始终重视人口、资源、环境工作，坚持走可持续发展道路。时任总书记的江泽民同志虽然没有明确提出"生态文明"的概念，但是在他的讲话和报告中，大量使用"生态环境""生态保护""生态工程"

“生态建设”“生态安全”“生态意识”“生态农业”“生态环境良性循环”“生态良好的文明发展道路”等概念。

(1) 实施可持续发展战略

1992 年 6 月，在巴西里约热内卢召开的联合国环境与发展大会上通过了《里约环境与发展宣言》《21 世纪议程》等重要文件，体现了当今人类社会可持续发展的新思想，反映了关于环境与发展领域合作的全球共识和最高级别的政治承诺。《21 世纪议程》要求各国制订和组织实施相应的可持续发展战略、计划和政策，迎接人类社会面临的共同挑战。按照这一要求，我国政府于 1994 年通过了《中国 21 世纪议程——中国 21 世纪人口、环境与发展白皮书》。书中指出，走可持续发展之路是中国在未来和下一世纪发展的自身需要和必然选择。这标志着党和政府正式确立了可持续发展的观念。

20 世纪 90 年代以来，党和国家在生态环境建设策略方面提出了一系列实事求是的方法和手段。随着社会主义市场经济建设的深入，充分运用经济手段促进保护资源和环境，实现资源可持续利用成为主要目标。

(2) 实施西部大开发战略

西部大开发是党中央关于我国现代化建设“两个大局”战略思想、面向新世纪做出的重大战略决策，是全面推进社会主义现代化建设的一个重大战略部署。在实施西部大开发战略过程中，西部的环境保护不仅是区域的问题，而且是关系到全国生态建设的问题，甚至是关系到中华民族前途和命运的大问题。由于中国西部地区地处长江和黄河的上游，是长江和黄河流域生态环境的重要保障，其生态环境质量对两大江河的中下游地区有极其重大的影响。所以，国家在实施西部大开发战略的过程中，要将生态环境建设和保护列为重点，搞好生态环境建设是西部大开发的必要前提和首要任务。1998 年夏季，我国长江流域出现特大洪灾，国务院采取行动，全面停止长江中上游和黄河上游的天然林采伐，大规模封山育林，有计划、有步骤地退耕还湖、还林、还草。在实施西部大开发过程中，国家非常重视生态保护工作，反复强调要把环境保护作为西部大开发的首要课题，一定要解决好，它直接关系到西部大开发战略实施的成败。

(3) 生态环境保护法律体系进一步深化与完善

20 世纪 90 年代，国家把依法保护环境作为依法治国、建设社会主义法治国家的主要内容，环境法制建设逐步完善，执法力度不断加大，环境保护法律体系在执法实践中不断补充和完善。国务院先后制定《自然保护区管理条例》《排污费征收管理条例》等 30 多部环境保护行政法规，以及 70 多部环境保护部门规章。党中央和国务院十分重视环境方面的立法、执法工作，强调生态环境保护要纳入依法治理的轨道，对那些破坏生态环境的人要加以严惩。

2.1.4 党的十六大以来的科学发展共识

2003年，由于“非典”疫情的爆发，无数中国人逐渐开始意识到个人在发展过程中的角色和意义，深刻反省人与自然的关系，对经济发展中唯GDP（国内生产总值）衡量标准进行反思，对不加节制的生产生活方式的消费观进行反省，使发展观的深刻变革成为大势所趋。因此，党和政府统揽全局，深入思考如何促进生态文明建设工作的全面开展，做出全面部署。生态文明观念得以确立，中国特色社会主义生态文明建设与实践也不断深入。

（1）提出科学发展观战略思想

党的十七大报告提出了“中国特色社会主义理论体系”的科学概念，把科学发展观等重大战略思想与邓小平理论、“三个代表”重要思想一道作为中国特色社会主义理论体系的重要组成部分，并把科学发展观正式写入党章。党的十七大报告精辟概括了科学发展观的科学内涵和精神实质，报告指出，科学发展观的第一要义是发展，核心是以人为本，基本要求是全面协调可持续，根本方法是统筹兼顾。从新中国成立之初的“综合平衡”到“可持续发展”，再到“全面协调可持续”的科学发展观，在新的时期赋予了中国共产党关于生态环境建设的理论和实践基础，从而把生态环境建设提高到新的战略地位。

（2）生态环境建设法制化得到深入发展

法律法规进一步完善，制定和修订了《防沙治沙法》《环境影响评价法》《水污染防治法》等。2003年1月，国家《清洁生产促进法》开始实行，国家发展和改革委员会又会同有关方面制定了一系列配套法规。这一时期，国家出台了大量的技术规范和标准，生态法制化越来越细化。2003年颁布了《造纸工业水污染排放标准》，2004年颁布了《水泥工业大气污染物排放标准》，2005年颁布了《啤酒工业污染物排放标准》，2006年颁布了《煤炭工业污染物排放标准》，2008年颁布了《生活垃圾填埋场污染控制标准》等。国家进一步深化和完善环境保护法制化建设。

（3）生态环境建设国际合作与交流取得巨大成就

2002年8月，在南非约翰内斯堡举行了联合国可持续发展世界首脑会议，通过了《可持续发展世界首脑会议执行计划》和《约翰内斯堡可持续发展承诺》，总结过去十年可持续发展走过的道路，明确了保护地球生态环境、消除贫困、促进繁荣的行动蓝图，为今后发展增加新的动力。2007年我国公布《中国应对气候变化国家方案》，郑重向国内外提出中期减排目标。2008年我国又发表了《中国应对气候变化的政策行动》，全面介绍中国减排缓和气候变化的政策与行动。2009年，中国政府公布“落实巴厘岛路线图”的文件，阐述中国的立场和主张，并且十一届全国人大常委会通过了《可再生能源法》和《循环经济促进法》，积极响应气候变化的决议。2011 年 11 月 28 日至 12 月 11 日，在南非德班召开联合国气候变化框架公约第 17 次缔约方会议，德班谈判结束后，各国决定实施《京都议定书》第二承诺期并启动绿色气候基金。正处于重工业化阶段的中国选择加入《京都议定书》既有好处，又有挑战。好处不仅在于这有利于树立中国负责任国家的形象，更在于能借此契机推动中国经济增长模式的升级与转变，因为我们不应该重走西方工业国家“先污染后治理”的老路；而挑战在于这对一些中国企业提出了更高的环保要求。

2.1.5 十八大以来习近平生态文明思想的形成

党的十八大以来，以习近平同志为核心的党中央领导站在战略和全局的高度，对生态环境保护和生态文明建设提出了一系列新思想、新论断、新要求，为努力建设美丽中国，实现中华民族可持续发展，走向社会主义生态文明新时代，指明了前进方向和实现路径。

习近平同志指出，建设生态文明，关系人民福祉，关乎民族未来。他强调，生态环境保护是当代刻不容缓应解决的事业。要清醒地认识到保护生态环境、治理环境污染的紧迫性和艰巨性，清醒认识到加强生态文明建设的重要性和必要性，怀抱对人民群众、对子孙后代高度负责的责任和态度，决心将环境污染治理好、把生态环境建设好。这些重要论断，深刻阐释了推进生态文明建设的重大意义，表明了我们党加强生态文明建设的坚定意志和坚强信念。生态文明建设是经济可持续健康发展的重要保障；是民意所在，民心所向；是党提高执政能力的重要体现。

2015 年 4 月，中共中央、国务院发布“关于加快推进生态文明建设的意见”。该意见指出，生态文明建设是中国特色社会主义事业的重要内容，关系人民福祉，关乎民族未来，事关“两个一百年”奋斗目标和中华民族伟大复兴中国梦的实现。要以邓小平理论、“三个代表”重要思想和科学发展观为指导，坚持把节约优先、保护优先、自然恢复为主作为基本方针，争取到 2020 年资源节约型、环境友好型社会的建设取得重大的进展。

(1) 国土空间开发格局进一步优化

为了使人口、资源和环境均衡发展，经济效益、社会效益和生态效益相统一，应合理调控开发力度，适当调节空间结构，使人口经济布局均衡发展。构建合理的城市格局，加快城市主体功能区战略的实施，促进各城市地区能够按照主体功能定位来发展，有效地控制城市规模格局。调整陆海空间开发强度，提高海洋资源开发能力，坚决维护国家海洋权益，建设海洋强国。

(2) 资源利用更加高效

据调查显示，近几年国内生产总值中二氧化碳的排放强度相较 2005 年大幅下降，能源的消耗力度也在随之降低，同时，资源利用率在不断地提高。要加强用水总量的管理并加强水源地保护，用水总量控制在一定范围以内，农田灌溉用水有效系数逐渐提高。发展循环经济，促进生产、流通、消费过程的再利用、减量化、资源化。

(3) 生态环境质量总体改善

争取持续减少国内主要污染物排放总量，改善大气环境以及近海水域环境质量，提高重要江河湖泊功能区水质达标率，不断提高饮用水质量安全保障，强化水、大气、土壤环境质量，增加森林、草原综合覆盖率，湿地面积保持在 8 亿亩（1 亩＝667m^2）以上，自然岸线保有率不低于 35%，基本控制生物多样性丧失速度，全国的生态系统逐渐趋于稳定。

(4) 生态文明重大制度基本确立

在经济社会发展体系中列入资源消耗、环境污染和生态效益评估，基本形成源头预防、过程控制、损害赔偿、责任追究的生态文明制度体系，自然资源以及生态保护管理等一系列制度的建设取得重要成果。加强生态文明思想的宣传教育活动，鼓励全民养成良好的节约意识、环保意识和生态意识，养成良好的消费观，提高社会风尚，营造良好的生态环保风气。

(5) 习近平总书记生态文明思想

① 习近平生态文明思想形成过程。

党的十八大以来，习近平总书记在重要会议、考察调研、访问交流等场合，越来越强调建设生态文明、维护生态安全，有关生态文明的讲话、论述、批示超过 70 多次。在他的领导下，2012 年，党的十八大首提“美丽中国”，将生态文明纳入“五位一体”总体布局，而后又提出“创新、协调、绿色、开放、共享”的五大发展理念。2015 年不到半年的时间里，中共中央、国务院下发了《关于加快推进生态文明建设的意见》，出台了《生态文明体制改革总体方案》，成为中国共产党带领全国人民迈向生态文明建设新时代的里程碑。习近平总书记的生态文明思想贯穿了科学处理经济发展和生态保护的关系这条红线，他科学阐述了破解发展与保护这一世界性难题的有效路径，形成了“绿水青山就是金山银山”的生态思想体系。

习近平总书记在党的十九大报告中，首次将“树立和践行绿水青山就是金山银山的理念”写入了中国共产党的党代会报告，且在表述中与“坚持节约资源和保护环境的基本国策”一并成为新时代中国特色社会主义生态文明建设的思想和基本方略。同时，党的十九大通过的《中国共产党章程（修正案）》，强化和凸显了“增强绿水青山就是金山银山的意识”的表述。这既有利于全党全社会牢固树立社会主义生态文明观、同心同德建设美丽中国、开创社会主义生态文明新时代，更表明党和国家在全面决胜小康社会的历史性时刻，对生态文明建设做出了根本性、全局性和历史性的战略部署。生态文明建设要为实现富强、民主、文明、和谐、美丽的社会主义现代化强国做出自己的独特贡献。

习近平总书记多次强调“绿水青山就是金山银山”。这不仅仅体现在党的十八大以来习近平总书记关于生态文明建设的重要论述中，也体现在党的十八大以前习近平总书记主政地方时期的有关论述中，体系非常完善，主线非常明确，相关文献很丰富。习近平总书记关于“绿水青山就是金山银山”的这些表述，在理论界及其他不同场合、社会各界，概括形成涵盖“绿水青山”和“金山银山”两个基本范畴的“两山理论”、工业文明转向生态文明“条件论”“实现论”的著名科学论断。系统完整地阐释这一科学论断，是生态文明建设理论工作者的重大责任和光荣使命。走向社会主义生态文明新时代，结合习近平新时代中国特色社会主义思想的全貌，我们深切地意识到，习近平总书记的“两山理论”，有时代性，有历史性，更有哲学性；任何一项特性，又无不充满着“发展与保护”观、“生态与文明”观、“人道主义与自然主义”观等马克思主义经典思想。将生态文明建设的时代应然性、历史必然性加以哲学思考，可以得出结论：“绿水青山就是金山银山”的“两山理论”，是习近平新时代生态文明建设思想的核心价值观，是习近平赋予当代中国和世界生态文明建设的自然辩证法，为从根本上科学认知生态文明、践行生态文明提供了价值遵循和实践范式。

习近平总书记“保护生态环境就是保护生产力、改善生态环境就是发展生产力”这一极其重要的科学论断，深刻揭示了自然生态作为生产力内在属性的重要地位，饱含尊重自然、谋求人与自然和谐发展的生态文明唯物辩证观范畴的基本价值理念，即是：解放生产力，一定是解放生态生产力；发展生产力，一定是发展绿色生产力。只有解放生态生产力和发展绿色生产力，作为人类更高发展阶段的生态文明建设，才能够体现到底在何种程度上为建设人与自然和谐的现代化、实现富强民主文明和谐美丽的社会主义现代化强国做出了历史贡献。

生态文明遵循自然辩证法：绿水青山就是金山银山。自然辩证法是马克思主义自然观和自然科学观的反映。习近平总书记在纪念马克思诞辰 200 周年大会上的重要讲话指出，学习马克思，就要学习和实践马克思主义关于人与自然关系的思想。在马克思主义世界里，人类和世界的整体历史，“可以把它划分为自然史和人类史。但这两方面是不可分割的，只要有人存在，自然史和人类史就彼此相互制约”。习近平总书记以其享誉四海的“绿水青山就是金山银山”科学论断，形象而生动地指出：“我们既要绿水青山，也要金山银山。宁要绿水青山，不要金山银山，而且绿水青山就是金山银山。”这之所以能够成为一个独立的命题并成为生态文明建设的自然辩证法，是因为其本身超越了机械生态中心主义，扬弃了人类中心主义，既揭示人与自然、社会与自然的辩证关系，又蕴涵了人类社会发展进程中“金山银山”的“人为美”、“绿水青山”的“生态美”和“绿水青山就是金山银山”的“转型美”三层要素，为人类走向天人合一的生态文明社会指明了方向。

简而言之，“两山理论”在逻辑上又是既独立又浑然一体的“三段论”。

一，既要绿水青山，也要金山银山，重心在发展。当代中国经济社会发展所取得的举世瞩目的成就，无不昭示发展仍然是社会主义初级阶段的核心任务、立足点和实现社会主义现代化的前提。

二，宁要绿水青山，不要金山银山，重心在保护。诚如习近平总书记所指出：“对人的生存来说，金山银山固然重要，但绿水青山是人民幸福生活的重要内容，是金钱不能代替的。”“生态环境是关系党的使命宗旨的重大政治问题，也是关系民生的重大社会问题。”

三，绿水青山就是金山银山，重心在统筹。我们热烈地期盼生态文明社会的到来，彼时，人同自然界完成了本质的统一，人类实现了自然主义，自然界实现了人道主义。

习近平生态文明思想是人类生态文明建设思想史上的伟大革命。无论其广度还是深度，无论其国内性还是全球性，无论其民族性还是世界性，都是人类社会及其文明发展史上的一次重大理念变革、发展洞见和科学预见。它适应走向社会主义生态文明新时代新的历史发展，向前发展了马克思主义人与自然关系，为马克思主义补充了面向 21 世纪新原则，开辟了马克思主义人与自然观新的理论和实践境界，为作为人类社会崭新文明形态的生态文明建设首次确立了科学的世界观、价值观、实践论和方法论，是标志中华民族伟大复兴美丽中国梦的重要旗帜，是建设人类共有生态系统命运共同体的“中国方案”。

在以习近平同志为核心的党中央领导下，中国迈向了生态文明新时代。中国在生态文明建设中，不但彰显了中国智慧，构建了中国方案，而且落实到了中国行动。中国的生态文明建设，为世界提供了中国经验，也将继续为全世界生态环境改善做出更大的贡献。

② 习近平生态文明思想核心内容。

这一思想集中体现为“生态兴则文明兴”的深邃历史观、“人与自然和谐共生”的科学自然观、“绿水青山就是金山银山”的绿色发展观、“良好生态环境是最普惠的民生福祉”的基本民生观、“山水林田湖草是生命共同体”的整体系统观、“实行最严格生态环境保护制度”的严密法治观、“共同建设美丽中国”的全民行动观、“共谋全球生态文明建设之路”的共赢全球观。

2.2 生态文明与绿色发展一脉相承

推进生态文明建设是中国共产党坚持以人为本、执政为民，维护广大人民群众根本利益特别是环境权益的集中体现，是中国特色社会主义不可或缺的内容。而绿色发展则是建设生态文明的必经之路，绿色发展是一项重大战略。党的十七大提出了生态文明理念，十八大以后，生态文明理念上升为生态文明战略，并纳入“五位一体”总布局。这种调整，是中国共产党对人类历史命运的理性思考、对现实国情的深刻把握和对未来人民福祉的责任担当。建设生态文明，实施绿色发展战略已成为全党共识，是我国经济社会可持续发展的内在要求和必然选择。

2.2.1 绿色发展理念的定义

绿色发展理念是关于经济发展的一种正确的价值观，它反映出来的是经济发展与自然生态、经济发展与社会、当代利益与未来利益之间相互关系的一种内在精神，体现出来的是以人为本、全面、协调、可持续的发展观。绿色发展理念既来源于生态文明，同时又高于生态文明，是生态文明建设“五位一体”和“五化同步”基础上的时代创新。通过绿色发展理念引领当前和今后生态文明建设，就是科学认识自然，实现人与自然和谐的价值目标，全面确立生态环境质量总体改善的新任务要求。在价值观念、生产方式、生活方式等领域实现全方位、系统性的绿色变革。绿色发展的本质是处理好发展中人与自然的关系。

2.2.2 绿色发展理念分类

习近平总书记曾在 2013 年指出：“走向生态文明新时代，建设美丽中国，是实现中华民族伟大复兴的中国梦的重要内容。”且自从党的十八届五中全会把“绿色发展”作为五大发展理念之一以来，深入推进生态文明建设有了新目标。在党的十八届五中全会中审议通过《中共中央关于制定国民经济和社会发展第十三个五年规划的建议》首次提出了“创新、协调、绿色、开放、共享”的发展新理念。把“绿色发展”上升为国家发展理念，将绿色发展变成全面建成小康社会的重要任务，融入小康社会建设具体要求之中。极大提升了生态文明建设的时代地位，凸显了生态文明建设的极端重要性，实践化更具有可操作性。之前，国家也倡导要实现绿色发展、低碳发展。但总体来说还缺乏具体的实践路径和任务牵引，所以绿色发展上升为国家发展理念是一项突破性的创举。正如总书记所指出的那样，生态文明不仅关系到当代人的福祉，更关系到民族的未来，所以从这个意义上来说，绿色发展就是最广大人民根本利益的重要组成部分。如今“绿色发展”是当今世界的时代潮流，遵循绿色发展理念、建立美好新中国是我们每个中华儿女的责任和义务。绿色发展新理念包括绿色经济发展理念、绿色环境发展理念、绿色政治生态理念和绿色文化发展理念和绿色社会发展理念五大方面。

（1）绿色经济发展理念

绿色发展理念中的绿色经济发展理念是指基于可持续发展的思想产生的关于经济的新型发展理念，主要是为了提高人们的生活水平和社会公平。准确地说“绿色经济发展”是“绿色发展”的物质基础，绿色经济发展主要包括两个方面的内容：一方面，经济环保化，就是任何经济行为都必须以保护环境和生态健康为最基本的前提，这就要求人们的任何经济活动不能以牺牲环境为代价，而且还需要有利于环境的保护和维持生态健康。另一方面，环保经济化，就是从进行保护环境的活动中获取经济效益，将维系生态健康作为新的目标，同时确立为经济的增长点，实现在环保过程中获得黄金，即在绿色建设中获取经济效益。那么我们就必须把培育生态文化作为重要的支撑点，并且加强推进新型工业化、城镇化、信息化、农业现代化和绿色化，牢固树立习总书记说的“绿水青山就是金山银山”的理念，同时确立一个基本的指导方针，把节约优先、保护优先、自然恢复坚持到底，以绿色发展、低碳发展、循环发展作为基本的途径。习近平总书记早在2005年就曾指出，如果我们能将“生态环境优势转化为生态农业、生态工业、生态旅游等生态经济的优势，那么绿水青山也就变成了金山银山”，所以每个公民都应该为之而努力。在发展绿色经济过程中需要着重强调“科技含量高、资源消耗低、环境污染少的生产方式”，强调“勤俭节约、绿色低碳、文明健康的消费生活方式”。2015年8月21日，在中南海召开的党外人士座谈会上，习近平指出：“‘十三五’时期，我国发展面临许多新情况新问题，最主要的就是经济发展进入新常态。在新常态下，我国发展的环境、条件、任务、要求等都发生了新的变化。适应新常态、把握新常态、引领新常态，保持经济社会持续健康发展，必须坚持正确的发展理念。十三五规划建议稿分析了全面建成小康社会决胜阶段的形势和任务，提出并阐述了创新、协调、绿色、开放、共享的发展理念，强调落实这些发展理念是关系我国发展全局的一场深刻变革。发展理念是发展行动的先导，是发展思路、发展方向、发展着力点的集中体现。要直接奔着当下的问题去，体现出鲜明的问题导向，以发展理念转变引领发展方式转变，以发展方式转变推动发展质量和效益提升，为‘十三五’时期我国经济社会发展指好道、领好航。”

通过绿色发展实现生产力水平的提高和经济的快速发展，使广大民众拥有更加富裕的物质生活，不能像以前一样进行“黑色发展”，不能是以追求“物”的最大化为目标，忽视人的需求和主体地位，甚至以牺牲人的环境权益为代价的那种畸形发展状态，改变这种“黑色发展”，实现以人为本、人与自然和谐的“绿色发展”。通过以人为本，在追求“物”的增长的同时，确保人们的环境权益得到保护，让百姓在分享经济建设成果的同时，也要分享绿色发展的成果。

（2）绿色环境发展理念

绿色环境发展理念则是指通过我们合理地利用现有的自然资源，防止自然环境与人文环境的污染和破坏，保护自然环境和地球生物，改善人类社会环境的生存状态，保持和发展生态平衡，协调人类与自然环境的关系，以保证自然环境与人类社会的共同发展。习近平指出：“建设生态文明，关系人民福祉，关乎民族未来。”“良好的生态环境是最公平的公共产品，是最普惠的民生福祉。”2015年1月20日，习近平在云南考察工作时指出："新农村建设一定要走符合农村实际的路子，遵循乡村自身发展规律，充分体现农村特点，注意乡土味道，保留乡村风貌，要让百姓'望得见山、看得见水、记得住乡愁'。经济要发展，但不能以破坏生态环境为代价。生态环境保护是一个长期任务，要久久为功。一定要把洱海保护好，让'苍山不墨千秋画，洱海无弦万古琴'的自然美景永驻人间。"2015 年 5 月 25 日，习近平在浙江舟山农家乐小院考察调研时表示："这里是一个天然大氧吧，是'美丽经济'，印证了绿水青山就是金山银山的道理。"2015 年 5 月 27 日，习近平在浙江召开华东 7 省市党委主要负责同志座谈会时指出："协调发展、绿色发展既是理念又是举措，务必政策到位、落实到位。要科学布局生产空间、生活空间、生态空间，扎实推进生态环境保护，让良好生态环境成为人民生活质量的增长点，成为展现我国良好形象的发力点。"

近年来自然灾害频繁发生，比如台风、暴雨、洪水、泥石流、干旱，还有沙尘暴、雾、霾等等，这些自然灾害每年都给国家带来巨大的财产损失，同时损害了人民群众的生命财产安全。根据统计，我国是受全球气候变化影响受灾人口最多的国家，每年自然灾害受灾人数占全世界受灾人数的一半左右。全球气候变化有自然界的因素，更值得我们关注的是人类活动方式对气候的影响。在温室气体的制造和排放方面，我们必须真正认识到，下决心减排、遵循绿色环境发展理念是维护人民的核心利益而必须采取的重大举措。这些重要论述说明，绿色环境发展理念是组成人民幸福生活的重要内容，是建设富强中国的内在要求。

（3）绿色政治生态理念

绿色政治生态理念是指政治生态清明，从政环境优良。绿色政治生态理念是富强中国发展的核心要求，是不可缺少的条件。习近平指出："自然生态要山清水秀，政治生态也要山清水秀。严惩腐败分子是保持政治生态山清水秀的必然要求。党内如果有腐败分子藏身之地，政治生态必然会受到污染。"第十八届五中全会《公报》指出："要坚持全面从严治党、依规治党，深入推进党风廉政建设和反腐败斗争，巩固反腐败斗争成果，健全改进作风长效机制，着力构建不敢腐、不能腐、不想腐的体制机制，着力解决一些干部不作为、乱作为等问题，积极营造风清气正的政治生态，形成敢于担当、奋发有为的精神状态，努力实现干部清正、政府清廉、政治清明，为经济社会发展提供坚强政治保证。"在中国共产党建党 93 周年纪念日前夕，习近平总书记在第十八届中央政治局第十六次集体学习时首次提出"要有一个好的政治生态"，并在此后多个场合强调要净化政治生态。2013 年 1 月 22 日，习近平在第十八届中央纪律检查委员会第二次全体会议上的讲话指出："工作作风上的问题绝对不是小事，如果不坚决纠正不良风气，任其发展下去，就会像一座无形的墙把我们党和人民群众隔开，我们党就会失去根基、失去血脉、失去力量。改进工作作风，就是要净化政治生态，营造廉洁从政的良好环境。"营造绿色政治生态，要抓好领导干部这个关键少数。2015 年 3 月习近平参加十二届全国人大三次会议吉林代表团的审议时强调："做好各方面工作，必须有一个良好政治生态。政治生态污浊，从政环境就恶劣；政治生态清明，从政环境就优良。政治生态和自然生态一样，稍不注意，就很容易受到污染，一旦出现问题，再想恢复就要付出很大代价。要突出领导干部这个关键，教育引导各级领导干部立正身、讲原则、守纪律、拒腐蚀，形成一级带一级、一级抓一级的示范效应，积极营造风清气正的从政环境。”讲绿色生态也是生产力，绿色政治生态同样能够极大促进社会生产力的发展，最终实现绿色政治生态的巨大效能。这是一个系统的循序渐进的过程，需要统筹推进，脚踏实地地去落实，最终才能达到党和人民所期待的效果。我们必须从政治的高度来深刻地认识绿色发展的重大意义，坚决拥护党中央的领导，用绿色新思想新战略指导自己的一切工作，下决心走绿色发展之路，为建设一个美丽、富强的绿色中国，实现中华民族永续绿色发展，做出身为当代共产党人应有的贡献。

建设生态文明，关系人民福祉，关乎民族未来。生态环境一方面连着人民群众的生活质量，另一方面则是连着社会的和谐稳定。我们全党坚持维护最广大人民根本利益，秉承多谋民生之利，多解民生之忧的理念。保证我们党的一切工作，都是为了满足人民群众日益增长的物质和文化需要，为了不断地提高人民的幸福指数和生活质量。幸福感是多种元素构成的，幸福感的评价体系有许多种，但是无论是哪种评价体系，无论是评价哪个时代，最基本的幸福指数永远是安全指数。只有在绿色发展的方式下，环境安全、饮水安全与食品安全得到保证，人民群众的安全指数才会更高，人民才会拥有更多的幸福感，从而才能实现中华民族的复兴之梦。

（4）绿色文化发展理念

绿色文化，作为一种文化现象，是与环保意识、生态意识、生命意识等绿色理念相关的一种理念，以绿色行为为表象，体现了人类与自然和谐相处、共进共荣共发展的生活方式、行为规范、思维方式以及价值观念等文化现象的总和。绿色文化是绿色发展的灵魂。作为一种观念、意识和价值取向，绿色文化不是游离于其他系统之外，而是自始至终地渗透贯穿并深刻影响着绿色发展的方方面面，并在其中起到灵魂的作用。进一步弘扬绿色文化，让绿色价值观深入人心，对于我国顺利完成经济结构调整和发展方式转变、促进绿色发展、建设美丽中国具有重要的实践指导意义。第十八届五中全会《公报》指出：“全面节约和高效利用资源，树立节约集约循环利用的资源观，建立健全用能权、用水权、排污权、碳排放权初始分配制度，推动形成勤俭节约的社会风尚。”这些观点都是绿色发展所不可或缺的。要推动绿色文化繁荣发展，政府和广大人民必须同心协力，在共产党的领导下，人民群众积极拥护，在传承好华夏文化精髓的同时开拓创新，在东方大地上建立起一座绿色文化城堡。首先，我们需要树立绿色的世界观、价值观文化。习近平指出：“像保护眼睛一样保护生态环境，像对待生命一样对待生态环境”。其次，我们要树立绿色生活方式、绿色消费的文化，做到“用之有节，取之有时”。再次，我们要树立绿色 GDP 文化，不能再如以前一样把 GDP 作为衡量经济发展的唯一指标。习近平指出：“单纯依靠刺激政策和政府对经济大规模直接干预的增长，只治标、不治本，而建立在大量资源消耗、环境污染基础上的增长则更难以持久。要提高经济增长质量和效益，避免单纯以国内生产总值增长率论英雄。各地要通过积极的结构改革激发市场活力，增强经济竞争力。”最后，必须要树立绿色法律文化。新修订的《环境保护法》，集中体现了党和国家对加强环境保护法治、努力破解环境污染难题、大力推动生态文明建设的坚定决心，有助于树立绿色法律文化，形成全面、完善、长效的环境治理机制体系，为调整经济结构和转变发展方式保驾护航。

只有遵循了绿色文化发展理念，才有国家富强、民族复兴、人民幸福。正如习近平总书记所指出的那样：我国的文化环境有一个历史积累的漫长过程，它不是一蹴而就的，同时也有好有坏，我们要传承中华民族的文化精髓，去其糟粕部分，将中华文化以绿色文化的发展方式传播向世界各地。

（5）绿色社会发展理念

绿色社会成为一种极具时代特征的历史阶段，辐射渗入经济社会的不同范畴和各个领域，引领着 21 世纪的时代潮流。绿色蕴涵着经济与生态的良性循环，意味着人与自然的和谐平衡，寄予着人类未来的美好愿景。绿色是大自然的特征颜色，是生机活力和生命健康的体现，是稳定安宁和平的心理象征，是社会文明的现代标志。《国家新型城镇化规划（2014—2020 年）》提出，要加快绿色城市建设，将生态文明理念全面融入城市发展，构建绿色生产方式、生活方式和消费模式。第十八届五中全会《公报》提出：要“促进人与自然和谐共生，构建科学合理的城市化格局”。这些观点的提出意味着，城镇化要着力推进绿色发展、低碳发展、循环发展，做到节约集约利用土地、水等资源，同时强化环境保护和被污染地方的生态修复，减少对大自然的干扰和损害，推动形成绿色低碳的生产生活方式和城市建设运营模式。通过遵循绿色社会发展理念、建立绿色社会国度，为广大人民群众提供更多清新空气、无污染水、安全绿色食品等生活资源，从而满足广大群众对良好生态的时代需求。我们坚持绿色富国、绿色惠民的指导理念，形成一种适合绿色社会发展的环境氛围，建立绿色生产和生活方式，实现真正意义上的“绿色惠民”。

2.2.3　绿色发展的意义

总而言之，遵循绿色发展新理念，必须以绿色化的生产方式和生活方式作为实践要求、以绿色发展理念引领当前的生态文明建设，必须树立和坚持正确的价值观、发展观和政绩观，实现人与自然相和谐的价值目标。

绿色发展是坚持人民主体地位的具体体现。习近平在中央政治局第六次集体学习时指出：“生态环境保护是功在当代、利在千秋的事业。要清醒认识保护生态环境、治理环境污染的紧迫性和艰巨性，清醒认识加强生态文明建设的重要性和必要性，以对人民群众、对子孙后代高度负责的态度和责任，为人民创造良好生产生活环境。”绿色发展，保护生态，势在必行。绿色发展是实现富强中国的重要途径。生态环境质量总体改善是第十八届五中全会提出的全面建成小康社会新的目标要求的重要内容。习近平主席指出："我们已进入新的发展阶段，现在的发展不仅仅是为了解决温饱，而是为了加快全面建设小康社会、提前基本实现现代化；不能光追求速度，而应该追求速度、质量、效益的统一；不能盲目发展，污染环境，给后人留下沉重负担，而要按照统筹人与自然和谐发展的要求，做好人口、资源、环境工作。"绿色发展是实施可持续发展战略的具体行动。生态环境是经济社会发展的基础。要实现发展，那就必须是经济社会整体上的全面发展、空间上的协调发展、时间上的持续发展，这是主要要求。要增强国家综合实力和国际竞争力的必由之路是绿色发展。因为生态环境已成为一个国家和地区综合竞争力的重要组成部分。习近平主席强调："中国将继续承担应尽的国际义务，同世界各国深入开展生态文明领域的交流合作，推动成果分享，携手共建生态良好的地球美好家园。"

贯彻落实绿色发展的新理念，完成绿色发展的时代新任务，开启全面建设小康社会生态文明建设的新征程。绿色发展的新理念，是引领中国走向永续发展、文明发展的新道路。坚持节约资源和保护环境的基本国策，坚持节约优先、保护优先、自然恢复为主的方针，着力推进绿色发展、循环发展、低碳发展。在全面建成小康社会目标中强调绿色发展，实现生态文明建设理论和实践的统一。

建立生态文明，政府一直在行动，从党中央领导班子到各地方单位人员，都在致力于为绿色富强新中国而奋斗，欲建立生态文明必先培养绿色发展理念，营造绿色发展的环境。首先我们需要强化生态教育，运用多种教育手段和大众传媒工具，大力倡导节能环保、爱护生态、崇尚自然，倡导适度消费、绿色消费，形成节约环保光荣、浪费污染可耻的社会风尚，营造有利于生态文明建设的社会氛围。强化资源忧患意识，增强节约资源、保护环境的责任感和紧迫感。其次是需要强化政府调控。综合运用经济、法律、行政、规划等手段和产业政策，严格按照绿色发展理念的要求，把生态安全作为区域、行业、企业发展的评价条件，协调好经济社会发展与生态安全间的矛盾，走绿色可持续发展之路。最后是需要建立完善管理制度。建立健全激励约束机制和生态环境保护绩效评价体系，将生态目标纳入各行业成绩考核体系，对生态资源进行统一保护、调度，形成合力，提高生态资源利用率，确保生态资源收益的最大化、配置市场化，促进我国生态文明协调快速发展。

2.3 生态创建工作的政府行动与举措

虽然生态创建工作主要由环保部门在抓，但与生态创建相关的工作不同的主管部门都从各自的职能出发，进行了多样性的实践与探索，具有代表性的包括生态环境部、国家发展改革委、科技部、农业农村部和国家文旅部。

2.3.1　生态示范区与生态文明建设示范区

环保部门是我国开展生态创建工作最早、持续时间最长的机构，从国家环保总局、环境保护部到现在的生态环境部，虽然机构名称几经变化，但生态创建工作从未间断，最早是生态示范区，后来是生态省、生态市县，目前是生态文明建设示范市县以及“绿水青山就是金山银山”（“两山理论”）实践创新基地，这期间名称与指标体系在不断变化，但宗旨却都是促进经济发展与环境保护相协调，建设资源节约、环境友好型社会，最终推动经济社会可持续发展。

2.3.1.1　国家级生态示范区

（1）生态示范区创建与命名

国家级生态示范区创建始于1995年，设立国家生态示范区的目的既是实施可持续发展战略的重要举措，也是解决当时我国农村生态环境问题、实现区域经济社会与环境保护协调发展的有效途径。1995年以来，全国先后建立了154个省、地、县级规模的生态示范区建设试点。通过生态示范区建设，一些试点地区积极调整产业结构，寓环境保护于经济社会发展之中，发展适应市场经济的生态产业，探索建立了多样化的现代生态经济模式，取得了良好的经济社会和环境效益，推动了环境保护基本国策的贯彻落实，初步实现了经济、社会、生态的良性循环和协调发展。

1999年，在各省、自治区、直辖市环境保护局初审的基础上，国家环境保护总局组织对申报验收的33个试点地区进行了现场考核。结果表明，参加验收的试点地区工作成绩显著，示范效果明显，达到了预期的建设目标。经研究，国家环境保护总局决定对通过验收的试点地区进行命名。

首批命名的生态示范区（33个）

北京市　　延庆县

内蒙古自治区　　敖汉旗

辽宁省　　盘锦市、盘山县、新宾县、大连市金州区、沈阳市苏家屯区

吉林省　　东辽县、和龙市

黑龙江省　　拜泉县、虎林市、庆安县、省农垦总局291农场

江苏省　　扬中市、大丰市、姜堰市、江都市、宝应县

浙江省　　绍兴县、磐安县、临安市

安徽省　　池州地区、砀山县

江西省　　共青城
山东省　　五莲县
河南省　　内乡县
湖北省　　当阳市、钟祥市
湖南省　　江永县
广东省　　珠海市
海南省　　三亚市
宁夏回族自治区　　广夏征沙渠种植基地
新疆维吾尔自治区　　乌鲁木齐市沙依巴克区

之后又先后命名了6批，其中第二批命名49个，第三批命名84个，第四批命名67个，第五批命名87个，第六批命名69个，第七批命名139个。

(2) 国家生态示范区考核指标

生态示范区考核指标体系包括22项考核指标和4项参考指标，指标标准限值分为三类，其中社会经济发展6项指标，区域生态环境保护5项指标，农村环境保护6项指标，城镇环境保护5项指标，参考指标4项，详见表2-1。从指标体系的设置就可以看出环保部门关注的重点。

表2-1　生态区考核指标

指标			三类	二类	一类
考核指标					
社会经济发展	(1)农民年人均纯收入/元		1600	2700	4000
	(2)城镇单位GDP能耗/(t/万元)	北方	1.5～1.6	1.4～1.5	1.3～1.4
		南方	1.4～1.5	1.3～1.4	1.2～1.3
	(3)人口自然增长率/‰		符合当地政策	符合当地政策	符合当地政策
	(4)村镇饮用水卫生合格率/%		≥60	≥80	≥90
	(5)环保投资占GDP比例/%		1.00	1.10	1.20
	(6)单位GDP耗水/(m^3/万元)		<600	<400	<200
区域生态环境保护	(7)森林覆盖率	平原绿化	达到国家有关标准	达到国家有关标准	达到国家有关标准
		草原超载率/%	达到全国平原绿化先进县标准	达到全国平原绿化先进县标准	达到全国平原绿化先进县标准
	(8)退化土地治理率/%		<10	<5	0
	(9)灌溉定额/(m^3/亩) (降水量小于400mm的地区执行) 水分生产率/(kg/m^3)		>60 旱地<300 水田<500 0.9	>70 <250 <400 1.2	>80 <200 <300 >1.5
	(10)受保护地区面积/%		>10	>10	>10
	(11)矿山土地复垦率/%		>30	>40	>50

续表

指标		三类	二类	一类
考核指标				
农村环境保护	(12)秸秆综合利用率/%	>70	>80	>90
	(13)畜禽粪便处理(资源化)率/%	>80(30)	>90(40)	100(50)
	(14)化肥施用强度(折纯)/(kg/hm^2)	<280	<280	<280
	(15)农林病虫害综合防治率/% 农药施用强度(折纯)/(kg/hm^2)	>30 <3.0	>50 <3.0	>70 <3.0
	(16)农用薄膜回收率/%	>80	>85	>90
	(17)受保护基本农田面积/%	>80	>85	>90
城镇环境保护	(18)城镇大气环境质量	达到功能区标准	达到功能区标准	达到功能区标准
	(19)水环境质量 近岸海域水环境质量	达到功能区标准 达到功能区标准	达到功能区标准 达到功能区标准	达到功能区标准 达到功能区标准
	(20)城镇噪声环境质量	达到功能区标准	达到功能区标准	达到功能区标准
	(21)城镇固体废物处理率/%	分别达到国家有关标准	分别达到国家有关标准	分别达到国家有关标准
	(22)城镇人均公共绿地面积/m^2	>7	>8	>10
参考指标				
	(23)卫生厕所普及率/%	>35	>50	>70
	(24)城市气化率/%	>50	>75	>90
	(25)城市污水处理率/%	>30	>40	>50
	(26)旅游环境达标率/%	>80	>90	100

2.3.1.2 生态省、生态市县

2003 年原国家环境保护总局为进一步深化生态示范区建设，推动全面建设小康社会战略任务和奋斗目标的实现，发文（环发〔2003〕91 号）明确生态县、生态市、生态省建设是生态示范区建设的继续和发展，是生态示范区建设的最终目标。通知要求各地开展生态县、生态市、生态省的创建，要坚持国家指导、地方自愿的原则。拟开展生态县、生态市、生态省建设的地区，应成立由当地政府领导牵头、有关职能部门组成的生态县（市、省）建设领导小组，并设立办公室，负责日常的组织、协调和监督工作。

(1) 基本概念

① 生态县：生态县（含县级市）是社会经济和生态环境协调发展，各个领域基本符合可持续发展要求的县级行政区域。生态县是县级规模生态示范区建设发展的最终目标。

② 生态市：生态市（含地级行政区）是社会经济和生态环境协调发展，各个领域基本符合可持续发展要求的地市级行政区域。生态市是地市级规模生态示范区建设的最终目标。

③ 生态省：生态省是社会经济和生态环境协调发展，各个领域基本符合可持续发

展要求的省级行政区域。生态省建设的具体内涵是运用可持续发展理论和生态学与生态经济学原理，以促进经济增长方式的转变和改善环境质量为前提，抓住产业结构调整这一重要环节，充分发挥区域生态与资源优势，统筹规划和实施环境保护、社会发展与经济建设，基本实现区域社会经济的可持续发展。

（2）建设指标

① 生态县建设指标。生态县建设指标包括经济发展、环境保护和社会进步三类，共 35 项，详见表 2-2。

表 2-2 生态县建设指标

	序号	名称		单位	指标
经济发展	1	人均国内生产总值	经济欠发达地区	元/人	≥33000
			经济发达地区		≥25000
	2	年人均财政收入	经济发达地区	元/人	≥5000
			经济欠发达地区		≥3800
	3	农民人均纯收入	经济发达地区	元/人	≥11000
			经济欠发达地区		≥8000
	4	城镇居民年人均可支配收入	经济发达地区	元/人	≥24000
			经济欠发达地区		≥18000
	5	单位 GDP 能耗		吨标煤/万元	≤1.2
	6	单位 GDP 水耗		m^3/万元	≤150
	7	主要农产品中有机及绿色产品的比重		%	≥20
环境保护	8	森林覆盖率	山区	%	≥75
			丘陵区		≥45
			平原地区		≥18
	9	受保护地区占国土面积比例	山区及丘陵区	%	≥20
			平原地区		≥15
	10	退化土地恢复率		%	≥90
	11	空气环境质量		达到功能区标准	
	12	水环境质量 近岸海域水环境质量			
	13	噪声环境质量			
	14	化学需氧量(COD)排放强度		kg/万元(GDP)	<4.5 且不超过国家总量控制指标
	15	城镇生活污水集中处理率		%	≥60
		工业用水重复率			≥40
	16	城镇生活垃圾无害的处理率		%	100
		工业固体废物处置利用率			≥80 无危险废物排放
	17	城镇人均公共绿地面积		m^2	≥12

续表

	序号	名称		单位	指标
环境保护	18	旅游区环境达标率		%	100
	19	农村生活用能中新能源所占比例		%	≥30
	20	秸秆综合利用率		%	≥90
	21	农用塑料薄膜回收率		%	≥90
	22	农林病虫害综合防治率		%	≥80
	23	化肥施用强度(折纯)		kg/hm^2	<250
	24	集中式饮用水源水质达标率 村镇饮用水卫生合格率		%	100
	25	农村卫生厕所普及率		%	100
	26	农村污灌达标率		%	100
	27	农村生产系统抗灾能力(受灾损失率)		%	<10
社会进步	28	人口自然增长率		%	符合国家或当地政策
	29	初中教育普及率		%	≥99
	30	城市化水平		%	≥50
	31	恩格尔系数		%	<40
	32	贫困人口比例	经济发达地区	%	<0.2
			经济欠发达地区		<3
	33	基尼系数			0.3～0.4
	34	环境保护宣传教育普及率		%	>85
	35	公众对环境的满意率		%	>95

② 生态市建设指标。生态市建设指标也是包括经济发展、环境保护和社会进步三大类，共28项，与生态县建设指标相比指标数量有所减少，特别是前4项经济指标分经济发达地区和经济欠发达地区，好处是分类指导、区别对待，但目前全国哪些省区市是经济发达地区，哪些是经济欠发达地区没有明确的界限与标准，特别西部经济欠发达的省区也有经济发达的州市和县区。生态市建设指标详见表2-3。

表2-3　生态市建设指标

	序号	名称		单位	指标
经济发展	1	人均国内生产总值	经济发达地区	元/人	≥33000
			经济欠发达地区		≥25000
	2	年人均财政收入	经济发达地区	%	≥5000
			经济欠发达地区		≥3800
	3	农民年人均收入	经济发达地区	元/人	≥11000
			经济欠发达地区		≥8000
	4	城镇居民年人均可支配收入	经济发达地区	元/人	≥24000
			经济欠发达地区		≥18000

续表

	序号	名称		单位	指标
经济发展	5	第三产业占 GDP 比例		%	≥45
	6	单位 GDP 能耗		吨标煤/万元	≤1.4
	7	单位 GDP 水耗		m^3/万元	≤150
	8	应当实施清洁生产企业的比例		%	100
		规模化企业通过 ISO-14000 认证比率			≥20
环境保护	9	森林覆盖率	山区	%	≥70
			丘陵区		>40
			平原地区		≥15
	10	受保护地区占国土面积比例		%	≥17
	11	退化土地恢复率		%	≥90
	12	城市空气质量	南方地区	好于或等于 2 级标准的天数/年	≥330
			北方地区		≥280
	13	城市水功能区水质达标率 近岸海城水环境质量达标率		%	100，且城市无超 4 类水体
	14	主要污染物排放强度	二氧化硫	kg/万元(GDP)	<5.0
			COD		<5.0（不超过国家主要污染物排放总量控制指标）
	15	集中式饮用水源水质达标率		%	100
		城镇生活污水集中处理率			≥70
		工业用水重复率			≥50
	16	噪声达标区覆盖率		%	≥95
	17	城镇生活垃圾无害化处理率		%	100
		工业固体废物处置利用率			≥80（无危险废物排放）
	18	城镇人均公共绿地面积		m^2/人	≥11
	19	旅游区环境达标率		%	100
社会进步	20	城市生命线系统完好率		%	≥80
	21	城市化水平		%	≥55
	22	城市气化率		%	≥90
	23	城市集中供热率		%	≥50
	24	恩格尔系数		%	<40
	25	基尼系数			0.3～0.4
	26	高等教育入学率		%	≥30
	27	环境保护宣传教育普及率		%	>85
	28	公众对环境的满意率		%	>90

生态省包括 5 项基本条件和 22 项建设指标，建设指标包括经济发展、环境保护和社会进步三类，其中经济发展指标细分为西部和东中部，详见表 2-4。

表 2-4 生态省建设指标

	序号	名称		单位	指标
经济发展	1	人均国内生产总值	东中部地区	元/人	≥33000
			西部地区		≥25000
	2	年人均财政收入	东中部地区	元/人	≥5000
			西部地区		≥3800
	3	农民年人均纯收入	东中部地区	元/人	≥11000
			西部地区		≥8000
	4	城镇居民年人均可支配收入	东中部地区	元/人	≥24000
			西部地区		≥18000
	5	环保产业比重		%	≥10
	6	第三产业占 GDP 比重		%	≥40
环境保护	7	森林覆盖率	山区	%	＞65
			丘陵区		≥35
			平原地区		≥12
	8	受保护地区占国土面积比例		%	≥15
	9	退化土地修复率		%	≥90
	10	物种多样性指数		%	≥0.9
		珍稀濒危物种保护率			100
	11	主要河流年水消耗量	省内河流	＜40%	
			跨省河流	不超过国家分配的水资源量	
	12	地下水超采率		%	0
	13	主要污染物排放强度	二氧化硫	kg/万元(GDP)	＜6.0
			COD		＜5.5(不超过国家主要污染物排放总量控制指标)
	14	降水 pH 年均值		pH	≥5.0
		酸雨频率		%	＜30
	15	空气环境质量		达到功能区标准	
	16	水环境质量 近岸海域水环境质量			
	17	旅游区环境达标率		%	100
社会进步	18	人口自然增长率		‰	符合国家或当地政策
	19	城市化水平		%	≥50
	20	恩格尔系数		%	＜40
	21	基尼系数			0.3～0.4
	22	环境保护宣传教育普及率		%	≥90

2.3.1.3 生态文明建设示范市县

(1) 提出背景

国家生态文明建设示范市、县是以全面构建生态文化体系、生态经济体系、生态目标责任体系、生态文明制度体系、生态安全体系为重点，统筹推进“五位一体”总体布局，落实五大发展理念的示范样板。

为贯彻落实党中央、国务院关于加快推进生态文明建设的决策部署，指导和推动各地以市、县为重点全面推进生态文明建设，2016 年 1 月 28 日，环境保护部正式印发《国家生态文明建设示范县、市指标（试行）》（以下简称《指标》），打造区域生态文明建设“升级版”。《指标》从生态空间、生态经济、生态环境、生态生活、生态制度、生态文化六个方面，分别设置 34 项（示范县）和 37 项（示范市）建设指标，是衡量一个地区是否达到国家生态文明建设示范县、市标准的依据。

2019 年 9 月 11 日，为了深入践行习近平生态文明思想，贯彻落实党中央、国务院关于加快推进生态文明建设有关决策部署和全国生态环境保护大会有关要求，充分发挥生态文明建设示范市县和“绿水青山就是金山银山”实践创新基地的平台载体和典型引领作用，生态环境部修订了《国家生态文明建设示范市县建设指标》《国家生态文明建设示范市县管理规程》，制定了《“绿水青山就是金山银山”实践创新基地建设管理规程（试行）》。

(2) 指标体系

自 2000 年国务院印发的《全国生态环境保护纲要》提出生态省建设以来，环境保护部大力推动，各地积极响应，生态示范建设已经成为各地改善区域生态环境质量、促进区域经济社会协调发展的重要载体。2007 年，原国家环境保护总局印发《生态县、生态市、生态省建设指标（修订稿）》，各地按照指标要求，积极开展创建，目前全国已有福建、浙江等 16 个省（区、市）正在开展生态省建设，超过 1000 多个市、县、区大力开展生态市县建设。114 个地区取得生态市县的阶段性成果、获得命名，涌现了一批经济社会与资源环境协调发展的先进典型。

随着生态文明建设日益深入和各地工作的深入开展，原有指标体系与目前工作现状已不太适应，不能完全有效指导各地工作深入开展，迫切需要按照中央关于生态文明建设的最新要求进行提档升级。在指标修订过程中，充分考虑了科学性、系统性、可操作性、可达性和前瞻性。

一是强化顶层设计。《指标》以国家生态县、市建设指标为基础，充分考虑发展阶段和地区差异，围绕优化国土空间开发格局、全面促进资源节约、加大自然生态系统和环境保护力度、加强生态文明制度建设等重点任务，以促进形成绿色发展方式和绿色生活方式、改善生态环境为导向，从生态空间、生态经济、生态环境、生态生活、生态制度、生态文化六个方面，分别设置34项（示范县）和37项（示范市）建设指标，全面反映了生态文明建设的核心理念、基本内涵和主要任务，为加快推进生态文明建设发挥积极作用。

二是体现提档升级。国家生态文明建设示范县、市是国家生态县、市的“升级版”，是推进市、县生态文明建设的有效载体。《指标》相对于之前的国家生态县、市建设指标保留了单位GDP能耗、受保护地区占国土面积比例等14项（示范市为12项）建设指标和部分基本条件，增加（或单列）了生态保护红线、耕地红线等24项（示范市为23项）指标。这些指标的设定，既体现了生态文明示范创建的提档升级，也有机结合了生态文明建设的新形式和新要求。

三是考虑区域差异。《指标》兼顾先进性和可达性，充分考虑区域差异性，加强分区分类指导。依据我国东、中、西部地区发展阶段不尽相同的国情，对部分指标，如万元GDP用水量、单位工业用地工业增加值等，采用不同地理区位设置不同目标值的方式进行分区考核；依据我国幅员辽阔，地貌类型多样的特点，对森林覆盖率、受保护地区占国土面积比例等指标，采用按照平原、山地、丘陵等不同地貌类型的方式进行分类考核。这些分区分类的考核设置，是充分考虑了地方发展阶段和地区差异的具体体现。

同时，《指标》充分考虑我国当前社会、经济、资源、环境统计体系，并与已开展的专项考核相衔接；指标设计考虑了数据的可获得、可统计、可比对，从便于分解落实和监督管理的角度出发，多采用了相对性指标（如比例性指标）；指标体系既包括政府性统计指标，也包括抽样调查性指标；指标体系是生态文明建设示范区考核验收的量化要求，其属性分约束性和参考性两个类别。这些设置，有利于地方依据现有统计体系，开展生态文明示范创建，加快推进区域生态文明建设。最新的生态文明建设示范市、县指标见表2-5。

表2-5 国家生态文明建设示范市、县建设指标（修订版）

领域	任务	序号	指标名称	单位	指标值	指标属性	适用范围
生态制度	（一）目标责任体系与制度建设	1	生态文明建设规划	—	制定实施	约束性	市县
		2	党委政府对生态文明建设重大目标任务研究部署情况	—	有效开展	约束性	市县
		3	生态文明建设工作占党政实绩考核的比例	%	≥20	约束性	市县
		4	河长制	—	全面实施	约束性	市县
		5	生态环境信息公开率	%	100	约束性	市县
		6	依法开展规划环境影响评价	% —	市:100 县:开展	市:约束性 县:参考性	市县

续表

领域	任务	序号	指标名称		单位	指标值	指标属性	适用范围
生态安全	(二)环境质量改善	7	环境空气质量 优良天数比例 $PM_{2.5}$ 浓度下降幅度		%	完成上级规定的考核任务;已达标地区保持稳定,未达标地区持续改善	约束性	市县
		8	水环境质量 水质达到或优于Ⅲ类比例提高幅度 劣Ⅴ类水体比例下降幅度 黑臭水体消除比例		%	完成上级规定的考核任务;已达标地区保持稳定,未达标地区持续改善	约束性	市县
		9	近岸海域水质优良(一、二类)比例		%	完成上级规定的考核任务;已达标地区保持稳定,未达标地区持续改善	约束性	市
	(三)生态系统保护	10	生态环境状况指数	干旱半干旱地区 其他地区	%	≥35 ≥60	约束性	市县
		11	林草覆盖率	山区 丘陵地区 平原地区 干旱半干旱地区 青藏高原地区	%	≥60 ≥40 ≥18 ≥35 ≥70	参考性	市县
		12	生物多样性保护	国家重点保护野生动植物保护率 外来物种入侵 特有性或指示性水生物种保持率	% — %	≥95 不明显 不降低	参考性	市县
		13	海岸生态修复	自然岸线修复长度 滨海湿地修复面积	km hm^2	完成上级管控目标	参考性	市县
	(四)环境风险防范	14	危险废物利用处置率		%	100	约束性	市县
		15	建设用地土壤污染风险管控和修复名录制度		—	建立	参考性	市县
		16	突发生态环境事件应急管理机制		—	建立	约束性	市县
生态空间	(五)空间格局优化	17	自然生态空间 生态保护红线 自然保护地		—	面积不减少,性质不改变,功能不降低	约束性	市县
		18	自然岸线保有率		%	完成上级管控目标	约束性	市县
		19	河湖岸线保护率		%	完成上级管控目标	参考性	市县
生态经济	(六)资源节约与利用	20	单位地区生产总值能耗		—	完成上级规定的目标任务;保持稳定或持续改善	约束性	市县
		21	单位地区生产总值用水量		—	完成上级规定的目标任务;保持稳定或持续改善	约束性	市县

续表

领域	任务	序号	指标名称		单位	指标值	指标属性	适用范围
生态经济	（六）资源节约与利用	22	单位国内生产总值建设用地使用面积下降率		%	≥4.5	参考性	市县
		23	碳排放强度下降率		%	完成年度目标任务	约束性	市
		24	应当实施强制性清洁生产企业通过审核的比例		%	完成年度审核计划	参考性	市
	（七）产业循环发展	25	农业废弃物综合利用率	秸秆综合利用率 畜禽粪污综合利用率 农膜回收利用率	%	≥90 ≥75 ≥80	参考性	县
		26	一般工业固体废物综合利用率		%	≥80	参考性	市县
生态生活	（八）人居环境改善	27	集中式饮用水水源地水质优良比例		%	100	约束性	市县
		28	村镇饮用水卫生合格率		%	100	约束性	县
		29	城镇污水处理率		%	市≥95 县（区）≥85	约束性	市县
		30	城镇生活垃圾无害化处理率		%	市≥95 县（区）≥80	约束性	市县
		31	城镇人均公园绿地面积		m^2/人	≥15	参考性	市
		32	农村无害化卫生厕所普及率		%	完成上级规定的目标任务	约束性	县
	（九）生活方式绿色化	33	城镇新建绿色建筑比例		%	≥50	参考性	市县
		34	公共交通出行分担率		%	超、特大城市≥70 大城市≥60 中小城市≥50	参考性	市
		35	生活废弃物综合利用 城镇生活垃圾分类减量化行动 农村生活垃圾集中收集储运		—	实施	参考性	市县
		36	绿色产品市场占有率	节能家电市场占有率 在售用水器具中节水型器具占比 一次性消费品使用率	%	≥50 100 逐步下降	参考性	市
		37	政府绿色采购比例		%	≥80	约束性	市县
生态文化	（十）观念意识普及	38	党政领导干部参加生态文明培训的人数比例		%	100	参考性	市县
		39	公众对生态文明建设的满意度		%	≥80	参考性	市县
		40	公众对生态文明建设的参与度		%	≥80	参考性	市县

（3）建设进展

自国家生态文明建设示范市、县建设指标颁布以来，全国各地为贯彻落实党中央、国务院关于加快推进生态文明建设的决策部署，积极开展创建国家生态文明建设示范市、县工作，环保部（现生态环境部）大力推进生态文明示范建设，全国各地踊跃申报国家生态文明建设示范市、县。经审核，北京市延庆区等 46 个市、县达到考核要求，决定授予其第一批国家生态文明建设示范市、县称号。

第一批国家生态文明建设示范市、县名单（46 个）

北京市　延庆区
山西省　右玉县
辽宁省　盘锦市大洼区
吉林省　通化县
黑龙江省　虎林市
江苏省　苏州市，无锡市，南京市江宁区，泰州市姜堰区，金湖县
浙江省　湖州市，杭州市临安区，象山县，新昌县，浦江县
安徽省　宣城市，金寨县，绩溪县
福建省　永泰县，厦门市海沧区，泰宁县，德化县，长汀县
江西省　靖安县，资溪县，婺源县
山东省　曲阜市，荣成市
河南省　栾川县
湖北省　京山县
湖南省　江华瑶族自治县
广东省　珠海市，惠州市，深圳市盐田区
广西壮族自治区　上林县
重庆市　璧山区
四川省　蒲江县
贵州省　贵阳市观山湖区，遵义市汇川区
云南省　西双版纳傣族自治州，石林彝族自治县
西藏自治区　林芝市巴宜区
陕西省　凤县
甘肃省　平凉市
青海省　湟源县
新疆维吾尔自治区　昭苏县

2018 年生态环境部授予第二批国家生态文明建设示范市、县称号。

第二批国家生态文明建设示范市、县名单（45 个）

山西省　芮城县
内蒙古自治区　阿尔山市
吉林省　集安市
江苏省　南京市高淳区、建湖县、溧阳市、泗阳县
浙江省　安吉县、嘉善县、开化县、仙居县、遂昌县、嵊泗县
安徽省　芜湖县、岳西县
福建省　厦门市思明区、永春县、将乐县、武夷山市、柘荣县
江西省　井冈山市、崇义县、浮梁县
河南省　新县
湖北省　保康县、鹤峰县
湖南省　张家界市武陵源区
广东省　深圳市罗湖区、深圳市坪山区、深圳市大鹏新区、佛山市顺德区、龙门县
广西壮族自治区　蒙山县、凌云县
四川省　成都市温江区、金堂县、南江县、洪雅县
贵州省　仁怀市
云南省　保山市、华宁县
西藏自治区　林芝市、亚东县
陕西省　西乡县
甘肃省　两当县

2019 年 11 月 14 日，生态环境部印发第三批国家生态文明建设示范市、县名单。

第三批国家生态文明建设示范市、县名单（84 个）

北京市　密云区
天津市　西青区
河北省　兴隆县
山西省　沁源县、沁水县
内蒙古自治区　鄂尔多斯市康巴什区、根河市、乌兰浩特市
辽宁省　盘锦市双台子区、盘山县
吉林省　通化市、梅河口市
黑龙江省　黑河市爱辉区
江苏省　南京市溧水区、盐城市盐都区、无锡市锡山区、连云港市赣榆区、扬州市邗江区、泰州市海陵区、沛县
浙江省　杭州市西湖区、宁波市北仑区、舟山市普陀区、泰顺县、德清县、义乌市、磐安县、天台县
安徽省　宣城市宣州区、当涂县、潜山市

福建省　泉州市鲤城区、明溪县、光泽县、松溪县、上杭县、寿宁县
江西省　景德镇市、南昌市湾里区、奉新县、宜丰县、莲花县
山东省　威海市、商河县、诸城市
河南省　新密市、兰考县、泌阳县
湖北省　十堰市、恩施土家族苗族自治州、五峰土家族自治县、赤壁市、恩施市、咸丰县
湖南省　长沙市望城区、永州市零陵区、桃源县、石门县
广东省　深圳市福田区、佛山市高明区、江门市新会区
广西壮族自治区　三江侗族自治县、桂平市、昭平县
重庆市　北碚区、渝北区
四川省　成都市金牛区、大邑县、北川羌族自治县、宝兴县
贵州省　贵阳市花溪区、正安县
云南省　盐津县、洱源县、屏边苗族自治县
西藏自治区　昌都市、当雄县
陕西省　陇县、宜君县、黄龙县
甘肃省　张掖市
青海省　贵德县
新疆维吾尔自治区　巩留县、布尔津县

以上三批授予国家生态文明建设示范市、县称号的市、县共175个，这些市、县覆盖全国31个省、市、自治区，起到很好的示范带动作用。

2.3.1.4　国家生态文明试验区

（1）提出背景

习近平总书记就生态文明建设提出了一系列新理论、新思想、新战略，为当前和今后一个时期我国生态文明建设工作指明了方向。由于历史等多方面原因，当前我国生态文明建设水平仍滞后于经济社会发展，特别是制度体系尚不健全，体制机制瓶颈亟待突破，迫切需要加强顶层设计与地方实践相结合，开展改革创新试验，探索适合我国国情和各地发展阶段的生态文明制度模式，正是在这样的大背景下国家提出在省级层面设立并开展国家生态文明试验区的探索。

（2）重要意义

设立并开展国家生态文明试验区工作意义重大，主要表现在以下三个方面。

第一，贯彻落实中央决策部署。设立国家生态文明试验区，就是要把中央关于生态文明体制改革的决策部署落地，选择部分地区先行先试、大胆探索，开展重大改革举措

的创新试验，探索可复制、可推广的制度成果和有效模式，引领带动全国生态文明建设和体制改革。

第二，充分发挥地方首创精神。实践证明，改革开放中很多的重大政策出台和体制改革，都是从地方的实践上升为国家大政方针的。试验区建设将注重发挥地方的主动性、积极性和创造性，把中央决策部署与各地实际相结合，鼓励地方多出实招。

第三，凝聚形成改革合力。将各地、各部门根据中央部署开展的以及结合本地实际自行开展的生态文明建设领域的试点示范规范整合，具备条件的，统一放到试验区这个平台上来试，集中改革资源，凝聚改革合力，实现重点突破。

(3) 主要任务

试验区是承担国家生态文明体制改革创新试验的综合性平台，综合考虑各地现有生态文明改革实践基础、区域差异性和发展阶段等因素，首批选择生态基础较好、资源环境承载能力较强的福建省、江西省和贵州省作为试验区，国家首先在福建省、江西省和贵州省设立试验区，主要原因包括：一是三省均为生态环境基础较好、省委省政府高度重视的地区；二是三省经济社会发展水平不同，具有一定的代表性，有利于探索不同发展阶段的生态文明建设的制度模式。上述省份多年来持之以恒推进生态文明建设，在保持经济快速发展的同时留住了山清水秀，试验区就是要当好“试验田”，将生态优势转化为发展优势，实现绿色发展、绿色富省、绿色惠民。试验区不搞评比授牌、不搞政策洼地，数量将从严控制，务求改革实效。

福建省、江西省和贵州省三个试验区，建设任务和重点内容各有侧重。

① 福建省。福建省早在2002年8月，经原国家环保总局批准，已经成为全国首批生态省建设试点之一，2014年4月，国务院正式确定福建省成为首个生态文明先行示范区。2004年底，福建出台《福建生态省建设总体规划纲要》，提出要在20年内，完成以生态农业、生态效益型工业、生态旅游和绿色消费为基础的生态效益型经济等六大体系建设。2010年，福建探索环保监管由督企向督政转变，率先推行环保“一岗双责”，将环保在地方官员绩效考核中的比重提升至10%。2014年起，福建取消了对全省34个县的GDP考核，而是由考核生态等一系列措施让作为全国首个生态文明先行示范区的福建，在生态文明方面取得了成绩并形成了生态文明建设的经验。

福建省在生态文明试验区实施方案中明确了建设国家生态文明试验区将要实现的主要目标是：

a. 在试验区建设方面，力争到2017年，试验区建设初见成效，在部分重点领域形成一批可复制、可推广的改革成果。到2020年，试验区建设取得重大进展，为全国生态文明体制改革创造出一批典型经验，在推进生态文明领域治理体系和治理能力现代化方面走在全国前列，国土空间开发保护制度趋于完善，基本形成生产空间集约高效、生活空间宜居适度、生态空间山清水秀的省域国土空间体系；多元化的生态保护补偿机制基本健全，归属清晰、权责明确、监管有效的自然资源资产产权制度基本建立，生态产品价值得到充分实现；生态环境监管能力显著增强，城乡一体、陆海统筹的环境治理体系基本形成；激励约束并重、系统完整的生态文明绩效评价考核和责任追究制度得到普遍施行，资源节约和环境友好的绿色发展导向牢固树立。

b. 通过试验区建设，生态环境质量持续改善，到 2020 年，主要水系水质优良比例总体达 90%以上，重要江河湖泊水功能区水质达标率达到 86%以上，近岸海域达到或优于二类水质标准的面积比例达到 81%以上，23 个城市空气质量优良天数比例达到 90%以上，森林覆盖率达到 66%以上，福建的天更蓝、地更绿、水更净、环境更好，人民群众获得感进一步增强，生态文明建设水平与全面建成小康社会相适应，形成人与自然和谐发展的现代化建设新格局。

② 贵州省。贵州是长江和珠江“两江”上游重要生态屏障，生态环境良好但仍比较脆弱，同时也是全国贫困人口最多、减贫任务最重的省份。支持贵州探索出一条欠发达省份经济和生态“双赢”的路子，对于全国而言具有重要意义。此次贵州入选首批国家生态文明试验区，标志着贵州省成为我国西部首个国家生态文明试验区，将为完善生态文明制度体系探索路径、积累经验。目前贵州已经开展的工作包括以下 6 个方面：

a. 2015 年，贵州省出台了《贵州省林业生态红线保护党政领导干部问责暂行办法》和《贵州省生态环境损害党政领导干部问责暂行办法》，明确了问责对象、情形、方式等内容，构建了问责制度的基本框架，贵州“生态问责”将领导干部作为责任追究的重点对象。

b. 贵州省在全国率先建立了职能集约、功能完善、衔接紧密、运转高效的生态环境保护执法司法体系，司法力量强力介入生态领域。在全国省级层面率先成立公、检、法、司配套的生态环境保护司法专门机构。贵州省高级人民法院、贵州省人民检察院和贵州省公安厅成立专门机构，集中管辖处理全省生态环境保护案件。

c. 大力发展现代山地特色高效农业、天然饮用水和生态旅游等生态产业，推动传统产业绿色化发展，创建国家级循环经济示范试点 20 个，节能环保产业总产值超过 500 亿元，新能源发电装机容量达 370 万千瓦。“十二五”期间，贵州地区生产总值增速连续五年居全国前三位，年均增长 12.5%。到 2015 年底，贵州在西部地区率先实现县县通高速公路，全省森林覆盖率达到 50%，生态环境持续改善，饮用水源地水质达标 100%，空气质量优良天数比例达 98.9%。

d. 举办生态文明贵阳国际论坛，作为我国唯一一个以生态文明为主题的国家级国际性论坛，生态文明贵阳国际论坛发出了中国积极参与生态文明国际交流合作的声音，展现我国各地推进生态文明建设的实际行动，展示了生态文明建设的成果。

e. 2009 年发布《贵阳共识》作出承诺，贵州贵阳致力于探索生态文明发展道路。

f. 贵州省推出《贵阳市推进“千园之城”建设行动计划（2015—2020）》，到 2020 年，全市新增公园面积 1.7 万公顷，人均公园绿地面积提升到 $17m^2$，实现中心城区市民出行“300 米见绿、500 米见园”。

③ 江西省。江西省自然环境优势明显，2015年江西省设区市城区空气质量优良率达90.1%、地表水Ⅰ～Ⅲ类水质断面达标率达81%，均明显高于全国平均水平。森林覆盖率稳定在63.1%，居全国第2位；万元GDP能耗同比下降3.5%左右，主要污染物减排提前完成“十二五”目标任务，生态环境质量位居全国前列。目前全省拥有国家级湿地公园28处、省级56处，湿地保有量91万公顷，占全省土地面积的5.45%。这为江西省成为首批国家生态文明试验区奠定了坚实的基础。

江西省提出生态文明试验区的目标是：到2020年国家生态文明试验区改革任务全面完成，中央部署的38项重点改革全面出台，收获15项可供全国复制推广的改革成果，具有江西特色、系统完整的生态文明制度体系基本建成；生态环境质量稳步提升，森林覆盖率稳定在63.1%，水、空气质量优于国家考核目标，主要污染物排放量进一步降低，生态环境质量继续保持全国前列；绿色发展水平进一步提高，高新技术产业、战略性新兴产业增加值占规模以上工业比重分别达到37%和22%，服务业占GDP比重达到48.5%，单位GDP能耗、水耗分别下降1%和3.7%。

江西省大力推进生态文明体制改革，已经开展如下工作：

a.江西省环保厅下发了《2016年度省环保厅绩效管理指标体系》，在本年度将实施一系列环保举措，健全党政领导干部生态环境损害责任追究制度。此次绩效管理分为十个方面，分别涉及污染防治、环境执法、生态修复、设施改造、大气监测预警、生态文明体制改革等。

b.根据国家《土壤污染行动计划》，编制江西省土壤污染防治工作方案初稿。江西省将在2016年下半年进一步完善土壤监测体系，开展国控点布设，对布设的监测点位开展监测，12月底前对相关市县政府开展环保综合督察，组织开展重点行业环境保护专项执法检查行动。

c.江西省将实施鄱阳湖流域清洁水系工程，完成地级城市饮用水水源评估工作。

d.2016年下半年，江西省将加强重金属污染治理，编制完成江西省重金属污染防治十三五规划（初稿），做好涉重企业基本情况信息表更新。

e.完善生态红线管理制度，拟订《关于严守生态空间保护红线的若干意见》。

f.健全生态文明考核和责任追究制度，加快建立领导干部任期生态文明建设责任制、生态环境损害责任追究制，拟订《江西省党政领导干部生态环境损害责任追究实施细则（试行）》。

g.江西省将推进环境信息公开，在省环保厅网站上公开主要城市空气质量，集中式生活饮用水水源水质状况，建设项目环评受理、审批和验收以及辐射环境监管等信息。

④ 海南省。2019年中共中央办公厅、国务院办公厅印发了《国家生态文明试验区（海南）实施方案》，这是继福建省、江西省和贵州省设立国家生态文明试验区之后，中

央根据海南省的实际，提出的重大战略部署。

a.海南试验区的战略定位。

ⅰ.生态文明体制改革样板区。健全生态环境资源监管体系，着力提升生态环境治理能力，构建起以巩固提升生态环境质量为重点、与自由贸易试验区和中国特色自由贸易港定位相适应的生态文明制度体系，为海南持续巩固保持优良生态环境质量、努力向国际生态环境质量标杆地区看齐提供制度保障。

ⅱ.陆海统筹保护发展实践区。坚持统筹陆海空间，重视以海定陆，协调匹配好陆海主体功能定位、空间格局划定和用途管控，建立陆海统筹的生态系统保护修复和污染防治区域联动机制，促进陆海一体化保护和发展。深化省域“多规合一”改革，构建高效统一的规划管理体系，健全国土空间开发保护制度。

ⅲ.生态价值实现机制试验区。探索生态产品价值实现机制，增强自我造血功能和发展能力，实现生态文明建设、生态产业化、脱贫攻坚、乡村振兴协同推进，努力把绿水青山所蕴含的生态产品价值转化为金山银山。

ⅳ.清洁能源优先发展示范区。建设“清洁能源岛”，大幅提高新能源比重，实行能源消费总量和强度双控，提高能源利用效率，优化调整能源结构，构建安全、绿色、集约、高效的清洁能源供应体系。实施碳排放控制，积极应对气候变化。

b.海南试验区的主要目标。通过试验区建设，确保海南省生态环境质量只能更好、不能变差，人民群众对优良生态环境的获得感进一步增强。到2020年，试验区建设取得重大进展，以海定陆、陆海统筹的国土空间保护开发制度基本建立，国土空间开发格局进一步优化；突出生态环境问题得到基本解决，生态环境治理长效保障机制初步建立，生态环境质量持续保持全国一流水平；生态文明制度体系建设取得显著进展，在推进生态文明领域治理体系和治理能力现代化方面走在全国前列；优质生态产品供给、生态价值实现、绿色发展成果共享的生态经济模式初具雏形，经济发展质量和效益显著提高；绿色、环保、节约的文明消费模式和生活方式得到普遍推行。城镇空气质量优良天数比例保持在98%以上，细颗粒物（$PM_{2.5}$）年均浓度不高于$18\mu g/m^3$并力争进一步下降；基本消除劣Ⅴ类水体，主要河流湖库水质优良率在95%以上，近岸海域水生态环境质量优良率在98%以上；土壤生态环境质量总体保持稳定；水土流失率控制在5%以内，森林覆盖率稳定在62%以上，守住909万亩永久基本农田，湿地面积不低于480万亩，海南岛自然岸线保有率不低于60%；单位国内生产总值能耗比2015年下降10%，单位地区生产总值二氧化碳排放比2015年下降12%，清洁能源装机比重提高到50%以上。

到2025年，生态文明制度更加完善，生态文明领域治理体系和治理能力现代化水平明显提高，生态环境质量继续保持全国领先水平。

到2035年，生态环境质量和资源利用效率居于世界领先水平，海南成为展示美丽中国建设的靓丽名片。

2.3.2 生态文明先行示范区与美丽中国建设

2.3.2.1 生态文明先行示范区

(1) 提出背景

为认真贯彻党的十八大关于大力推进生态文明建设的战略部署，积极落实十八届三中全会关于加快生态文明制度建设的精神，根据《国务院关于加快发展节能环保产业的意见》(国发〔2013〕30 号) 中关于在全国范围内选择有代表性的 100 个地区开展国家生态文明先行示范区建设，探索符合我国国情的生态文明建设模式的要求，2013 年 12 月国家发展改革委联合财政部、国土资源部、水利部、农业部、国家林业局制定了《国家生态文明先行示范区建设方案（试行）》。

(2) 总体要求

把生态文明建设放在突出的战略地位，按照“五位一体”总布局要求，推动生态文明建设与经济、政治、文化、社会建设紧密结合、高度融合，以推动绿色、循环、低碳发展为基本途径，以体制机制创新激发内生动力，以培育弘扬生态文化提供有力支撑，结合自身定位推进新型工业化、新型城镇化和农业现代化，调整优化空间布局，全面促进资源节约，加大自然生态系统和环境保护力度，加快建立系统完整的生态文明制度体系，形成节约资源和保护环境的空间格局、产业结构、生产方式、生活方式，提高发展的质量和效益，促进生态文明建设水平明显提升。

(3) 主要目标

通过 5 年左右的努力，先行示范地区基本形成符合主体功能定位的开发格局，资源循环利用体系初步建立，节能减排和碳强度指标下降幅度超过上级政府下达的约束性指标，资源产出率、单位建设用地生产总值、万元工业增加值用水量、农业灌溉水有效利用系数、城镇（乡）生活污水处理率、生活垃圾无害化处理率等处于全国或本省（市）前列，城镇供水水源地全面达标，森林、草原、湖泊、湿地等面积逐步增加、质量逐步提高，水土流失和沙化、荒漠化、石漠化土地面积明显减少，耕地质量稳步提高，物种得到有效保护，覆盖全社会的生态文化体系基本建立，绿色生活方式普遍推行，最严格的耕地保护制度、水资源管理制度、环境保护制度得到有效落实，生态文明制度建设取得重大突破，形成可复制、可推广的生态文明建设典型模式。

(4) 重点任务

生态文明先行示范区建设包括八项重点任务：

① 科学谋划空间开发格局；
② 调整优化产业结构；
③ 着力推动绿色循环低碳发展；
④ 节约集约利用资源；
⑤ 加大生态系统和环境保护力度；
⑥ 建立生态文化体系；
⑦ 创新体制机制；
⑧ 加强基础能力建设。

(5) 国家生态文明先行示范区建设目标体系

国家生态文明先行示范区建设目标体系见表 2-6。

表 2-6　国家生态文明先行示范区建设目标体系

类别	指标名称		单位
经济发展质量	1	人均 GDP	万元
	2	城乡居民收入比例	—
	3	三次产业增加值比例	—
	4	战略性新兴产业增加值占 GDP 比重	%
	5	农产品中无公害、绿色、有机农产品种植面积比例	%
资源能源节约利用	6	国土开发强度	%
	7	耕地保有量	万公顷
	8	单位建设用地生产总值	亿元/km^2
	9	用水总量	亿立方米
	10	水资源开发利用率	%
	11	万元工业增加值用水量	t
	12	农业灌溉水有效利用系数	—
	13	非常规水资源利用率	%
	14	GDP 能耗	吨标煤/万元
	15	GDP 二氧化碳排放量	t/万元
	16	非化石能源占一次能源消费比重	%
	17	能源消费总量	万吨标煤
	18	资源产出率	万元/t
	19	矿产资源三率(开采回采、选矿回收、综合利用)	%
	20	绿色矿山比例	%
	21	工业固体废物综合利用率	%
	22	新建绿色建筑比例	%
	23	农作物秸秆综合利用率	%
	24	主要再生资源回收利用率	%

续表

类别		指标名称	单位
生态建设与环境保护	25	林地保有量	万公顷
	26	森林覆盖率	%
	27	森林蓄积量	万立方米
	28	草原植被综合覆盖率	%
	29	湿地保有量	万公顷
	30	禁止开发区域面积	万公顷
	31	水土流失面积	万公顷
	32	新增沙化土地治理面积	万公顷
	33	自然岸线保有率	%
	34	人均公共绿地面积	%
	35	主要污染物排放总量	%
	36	空气质量指数(AQI)达到优良天数占比	%
	37	水功能区水质达标率	%
	38	城镇(乡)供水水源地水质达标率	%
	39	城镇(乡)污水集中处理率	%
	40	城镇(乡)生活垃圾无害化处理率	%
生态文化培育	41	生态文明知识普及率	%
	42	党政干部参加生态文明培训的比例	%
	43	公共交通出行比例	%
	44	二级及以上能效家电产品市场占有率	%
	45	节水器具普及率	%
	46	城区居住小区生活垃圾分类达标率	%
	47	有关产品政府绿色采购比例	%
体制机制建设	48	生态文明建设占党政绩效考核的比重	%
	49	资源节约和生态环保投入占财政支出比例	%
	50	研究与试验发展经费占 GDP 比重	%
	51	环境信息公开率	%

注：1. 建设地区可结合本地区实际和主体功能定位要求，适当增减指标，可以有申报地区的特色指标。
2. 人均 GDP 指标不适用于限制开发区、禁止开发区。

(6) 国家生态文明先行示范区建设名单

根据《国务院关于加快发展节能环保产业的意见》（国发〔2013〕30 号）中“在全国选择有代表性的 100 个地区开展生态文明先行示范区建设”的要求，2013 年 12 月，国家发展改革委、财政部、国土资源部、水利部、农业部、国家林业局等六部门联合下发了《关于印发国家生态文明先行示范区建设方案（试行）的通知》（发改环资〔2013〕2420 号），启动了生态文明先行示范区建设。2014 年，六部门委托中国循环经济协会从相关领域选取专家组成专家组，对申报地区的《生态文明先行示范区建设实施方案》进行了集中论证和复核把关。根据论证和复核结果，拟将北京市密云县等55个地区作为生态文明先行示范区建设地区（第一批），名单如下。

生态文明先行示范区建设名单（第一批）

1. 北京市密云县
2. 北京市延庆县
3. 天津市武清区
4. 河北省承德市
5. 河北省张家口市
6. 山西省芮城县
7. 山西省娄烦县
8. 内蒙古自治区鄂尔多斯市
9. 内蒙古自治区巴彦淖尔市
10. 辽宁省辽河流域
11. 辽宁省抚顺大伙房水源保护区
12. 吉林省延边朝鲜族自治州
13. 吉林省四平市
14. 黑龙江省伊春市
15. 黑龙江省五常市
16. 上海市闵行区
17. 上海市崇明县
18. 江苏省镇江市
19. 江苏省淮河流域重点区域
20. 浙江省杭州市
21. 浙江省丽水市
22. 安徽省巢湖流域
23. 安徽省黄山市
24. 江西省
25. 山东省临沂市
26. 山东省淄博市
27. 河南省郑州市
28. 河南省南阳市
29. 湖北省十堰市
30. 湖北省宜昌市
31. 湖南省湘江源头区域

32. 湖南省武陵山片区
33. 广东省梅州市
34. 广东省韶关市
35. 广西壮族自治区玉林市
36. 广西壮族自治区富川瑶族自治县
37. 海南省万宁市
38. 海南省琼海市
39. 重庆市渝东南武陵山区
40. 重庆市渝东北三峡库区
41. 四川省成都市
42. 四川省雅安市
43. 贵州省
44. 云南省
45. 西藏自治区山南地区
46. 西藏自治区林芝地区
47. 陕西省西咸新区
48. 陕西省延安市
49. 甘肃省甘南藏族自治州
50. 甘肃省定西市
51. 青海省
52. 宁夏回族自治区永宁县
53. 宁夏回族自治区吴忠市利通区
54. 新疆维吾尔自治区昌吉州玛纳斯县
55. 新疆维吾尔自治区伊犁州特克斯县

其中，云南、贵州、青海、江西全省整体为生态文明先行示范区。

2015 年六部委又组织有关专家，对第二批申报地区的《生态文明先行示范区建设实施方案》（以下简称《方案》）进行了集中论证、复核把关，并向社会公示。同意北京市怀柔区等 45 个地区开展生态文明先行示范区建设工作，名单如下。

第二批生态文明先行示范区建设名单

1. 北京市怀柔区
2. 天津市静海区
3. 河北省秦皇岛市
4. 京津冀协同共建地区（北京平谷、天津蓟县、河北廊坊北三县）
5. 山西省朔州市平鲁区

6. 山西省孝义市
7. 内蒙古自治区包头市
8. 内蒙古自治区乌海市
9. 辽宁省大连市
10. 辽宁省本溪满族自治县
11. 吉林省吉林市
12. 吉林省白城市
13. 黑龙江省牡丹江市
14. 黑龙江省齐齐哈尔市
15. 上海市青浦区
16. 江苏省南京市
17. 江苏省南通市
18. 浙江省宁波市
19. 安徽省宣城市
20. 安徽省蚌埠市
21. 山东省济南市
22. 山东省青岛红岛经济区
23. 河南省许昌市
24. 河南省濮阳市
25. 湖北省黄石市
26. 湖北省荆州市
27. 湖南省衡阳市
28. 湖南省宁乡县
29. 广东省东莞市
30. 广东省深圳东部湾区（盐田区、大鹏新区）
31. 广西壮族自治区桂林市
32. 广西壮族自治区马山县
33. 海南省儋州市
34. 重庆市大娄山生态屏障（重庆片区）
35. 四川省川西北地区
36. 四川省嘉陵江流域
37. 西藏自治区日喀则市
38. 陕西省西安浐灞生态区
39. 陕西省神木县
40. 甘肃省兰州市
41. 甘肃省酒泉市
42. 宁夏回族自治区石嘴山市

43. 新疆维吾尔自治区昭苏县
44. 新疆维吾尔自治区哈巴河县
45. 新疆生产建设兵团第一师阿拉尔市

2.3.2.2　循环经济发展

（1）循环经济发展指标体系提出背景

发展循环经济是我国经济社会发展的一项重大战略，是加快转变经济发展方式、建设生态文明、推动绿色发展的主要依靠路径。党的十八大做出了建设生态文明的战略部署，要求着力推进绿色发展、循环发展、低碳发展。《国民经济和社会发展第十三个五年规划纲要》提出要“大力发展循环经济”“实施循环发展引领计划，推行循环型生产方式，构建绿色低碳循环的产业体系”。

发展循环经济涉及面广、综合性强。为了科学评价循环经济发展进展和成效，建立一套科学、合理、操作性强的循环经济评价指标体系非常必要。《循环经济促进法》明确要求，国务院循环经济发展综合管理部门会同国务院统计、环境保护等有关主管部门建立和完善循环经济评价指标体系，同时提出，上级人民政府要根据主要评价指标，对下级政府发展循环经济的状况定期进行考核，并将主要评价指标完成情况作为对地方人民政府及其负责人考核评价的内容。中共中央、国务院印发的《关于加快推进生态文明建设的意见》也提出建立循环经济统计指标体系。

为贯彻落实《循环经济促进法》和《关于加快推进生态文明建设的意见》的要求，科学评价循环经济发展状况，推动实施循环发展引领行动，国家发展改革委会同有关部门完善了循环经济发展评价指标体系，2016 年 12 月 26 日，国家发改委联合财政部、环保部和国家统计局共同发布了《循环经济发展评价指标体系（2017 年版）》。该指标体系自 2017 年 1 月 1 日起施行。

（2）循环经济发展评价指标体系主要内容

循环经济发展评价指标体系分综合指标、专项指标、参考指标三大类，其中综合指标包括两项：

① 主要资源产出率（元/t）；

② 主要废弃物循环利用率（%）。

专项指标共有 11 项，具体包括：

① 能源产出率（万元/吨标煤）；

② 水资源产出率（元/t）；

③ 建设用地产出率（万元/hm^2）；

④ 农作物秸秆综合利用率（%）；
⑤ 一般工业固体废物综合利用率（%）；
⑥ 规模以上工业企业重复用水率（%）；
⑦ 主要再生资源回收率（%）；
⑧ 城市餐厨废弃物资源化处理率（%）；
⑨ 城市建筑垃圾资源化处理率（%）；
⑩ 城市再生水利用率（%）；
⑪ 资源循环利用产业总产值（亿元）。
参考指标有 4 项，包括：
① 工业固体废物处置量（亿吨）；
② 工业废水排放量（亿吨）；
③ 城镇生活垃圾填埋处理量（亿吨）；
④ 重点污染物排放量（万吨），每种污染物需要分别计算。

2.3.2.3 参考指标

根据中共中央办公厅、国务院办公厅关于印发《生态文明建设目标评价考核办法》的通知（〔2016〕45 号）要求，国家发展改革委、国家统计局、环境保护部、中央组织部制定了《绿色发展指标体系》和《生态文明建设考核目标体系》，并于 2016 年 12 月 2 日正式印发，作为各地开展生态文明建设评价考核的依据。生态文明建设年度评价按照《绿色发展指标体系》实施，绿色发展指数采用综合指数法进行测算。绿色发展指标体系包括资源利用、环境治理、环境质量、生态保护、增长质量、绿色生活和公众满意程度等 7 个方面，共 56 项评价指标。其中，前 6 个方面的 55 项评价指标纳入绿色发展指数的计算，公众满意程度调查结果进行单独评价与分析。绿色发展指标体系包括 5 个一级指标和 48 个二级指标，详见表 2-7。

表 2-7　绿色发展指标体系

一级指标	序号	二级指标	计量单位	指标类型	权数/%	数据来源
一、资源利用(权数=29.3%)	1	能源消费总量	万吨标煤	◆	1.83	国家统计局、国家发展改革委
	2	单位 GDP 能源消耗降低	%	★	2.75	国家统计局、国家发展改革委
	3	单位 GDP 二氧化碳排放降低	%	★	2.75	国家发展改革委、国家统计局
	4	非化石能源占一次能源消费比重	%	★	2.75	国家统计局、国家能源局
	5	用水总量	亿立方米	◆	1.83	水利部
	6	万元 GDP 用水量下降	%	★	2.75	水利部、国家统计局

续表

一级指标	序号	二级指标	计量单位	指标类型	权数/%	数据来源
一、资源利用(权数=29.3%)	7	单位工业增加值用水量降低率	%	◆	1.83	水利部、国家统计局
	8	农田灌溉水有效利用系数	—	◆	1.83	水利部
	9	耕地保有量	亿亩	★	2.75	国土资源部
	10	新增建设用地规模	万亩	★	2.75	国土资源部
	11	单位GDP建设用地面积降低率	%	◆	1.83	国土资源部、国家统计局
	12	资源产出率	万元/t	◆	1.83	国家统计局、国家发展改革委
	13	一般工业固体废物综合利用率	%	△	0.92	环境保护部、工业和信息化部
	14	农作物秸秆综合利用率	%	△	0.92	农业部
二、环境治理(权数=16.5%)	15	化学需氧量排放总量减少	%	★	2.75	环境保护部
	16	全氮排放总量减少	%	★	2.75	环境保护部
	17	二氧化硫排放总量减少	%	★	2.75	环境保护部
	18	氮氧化物排放总量减少	%	★	2.75	环境保护部
	19	危险废物处置利用率	%	△	0.92	环境保护部
	20	生活垃圾无害化处理率	%	◆	1.83	住房和城乡建设部(以下简称住房城乡建设部)
	21	污水集中处理率	%	◆	1.83	住房城乡建设部
	22	环境污染治理投资占GDP比重	%	△	0.92	住房城乡建设部、环境保护部、国家统计局
三、环境质量(权数=19.3%)	23	地级及以上城市空气质量优良天数比率	%	★	2.75	环境保护部
	24	细颗粒物($PM_{2.5}$)未达标地级及以上城市浓度下降	%	★	2.75	环境保护部

续表

一级指标	序号	二级指标	计量单位	指标类型	权数/%	数据来源
三、环境质量(权数=19.3%)	25	地表水达到或好于Ⅲ类水体比例	%	★	2.75	环境保护部、水利部
	26	地表水劣Ⅴ类水体比例	%	★	2.75	环境保护部、水利部
	27	重要江河湖泊水功能区水质达标率	%	◆	1.83	水利部
	28	地级及以上城市集中式饮水水源水质达到或优于Ⅲ类比例	%	◆	1.83	环境保护部、水利部
	29	近岸海域水质优良(一、二类)比例	%	◆	1.83	国家海洋局、环境保护部
	30	受污染耕地安全利用率	%	△	0.92	农业部
	31	单位耕地面积化肥使用量	kg/hm^2	△	0.92	国家统计局
	32	单位耕地面积农药使用量	kg/hm^2	O	0.92	国家统计局
	33	森林覆盖率	%	★	2.75	国家林业局
	34	森林蓄积量	亿立方米	★	2.75	国家林业局
四、生态保护(权数=16.5%)	35	草原综合植被覆盖率	%	◆	1.83	农业部
	36	自然岸线保有率	%	◆	1.83	国家海洋局
	37	湿地保护率	%	◆	1.83	国家林业局、国家海洋局
	38	陆域自然保护区面积	万公顷	△	0.92	环境保护部、国家林业局
	39	海洋保护区面积	万公顷	△	0.92	国家海洋局
	40	新增水土流失治理面积	万公顷	△	0.92	水利部
	41	可治理沙化土地治理率	%	◆	1.83	国家林业局
	42	新增矿山恢复治理面积	hm^2	△	0.92	国土资源部
五、增长质量(权数=9.2%)	43	人均 GDP 增长率	%	◆	1.83	国家统计局
	44	居民人均可支配收入	元/人	◆	1.83	国家统计局
	45	第三产业增加值占 GDP 比重	%	◆	1.83	国家统计局
	46	战略性新兴产业增加值占 CDP 比重	%	◆	1.83	国家统计局
	47	研究与试验发展经费支出占 GDP 比重	%	◆	1.83	国家统计局
	48	公共机构人均能耗降低率	%	△	0.92	国家机关事务管理局(以下简称国管局)

2.3.2.4 美丽中国建设

(1) 提出背景

为贯彻落实习近平新时代中国特色社会主义思想，推动实现党的十九大提出的美丽中国目标，发挥评估工作对美丽中国建设的引导推动作用，国家发展改革委于2020年牵头制定了美丽中国建设评估指标体系及实施方案，并于2020年2月28日发布“国家发展改革委关于印发《美丽中国建设评估指标体系及实施方案》的通知”，通知要求：请中国科学院组建专门工作团队，研究评估技术方法，制定评估工作方案，建立与有关部门的工作沟通机制，按方案要求开展美丽中国建设进程评估；请自然资源部、生态环境部、住房城乡建设部、水利部、农业农村部、国家林草局根据职责研究提出相关评估指标2025、2030、2035年目标值，近期聚焦“十四五”目标任务，抓紧研究确定2025年目标值，初步提出2030、2035年预期目标值。

(2) 总体思路

深入践行习近平生态文明思想，按照习近平总书记“努力打造青山常在、绿水长流、空气常新的美丽中国”的重要指示精神，根据“五位一体”总体布局和建成富强、民主、文明、和谐、美丽的社会主义现代化强国的奋斗目标，面向2035年“美丽中国目标基本实现”的愿景，按照体现通用性、阶段性、不同区域特性的要求，聚焦生态环境良好、人居环境整洁等方面，构建评估指标体系，结合实际分阶段提出全国及各地区预期目标，由第三方机构开展美丽中国建设进程评估，引导各地区加快推进美丽中国建设。

(3) 指标体系

美丽中国是生态文明建设成果的集中体现。美丽中国建设评估指标体系包括空气清新、水体洁净、土壤安全、生态良好和人居整洁5类指标。按照突出重点、群众关切、数据可得的原则，注重美丽中国建设进程结果性评估，分类细化提出22项具体指标，详见表2-8。

表2-8 美丽中国建设评估指标体系

评估指标	序号	具体指标	数据来源
空气清新	1	地级及以上城市细颗粒物($PM_{2.5}$)浓度/($\mu g/m^3$)	生态环境部
	2	地级及以上城市可吸入颗粒物(PM_{10})浓度/($\mu g/m^3$)	
	3	地级及以上城市空气质量优良天数比例/%	
水体洁净	4	地表水水质优良(达到或好于Ⅲ类)比例/%	生态环境部
	5	地表水劣Ⅴ类水体比例/%	
	6	地级及以上城市集中式饮用水水源地水质达标率/%	

续表

评估指标	序号	具体指标	数据来源
土壤安全	7	受污染耕地安全利用率/%	农业农村部、生态环境部
	8	污染地块安全利用率/%	生态环境部、自然资源部
	9	农膜回收率/%	农业农村部
	10	化肥利用率/%	
	11	农药利用率/%	
生态良好	12	森林覆盖率/%	国家林草局、自然资源部
	13	湿地保护率/%	
	14	水土保持率/%	水利部
	15	自然保护地面积占陆域国土面积比例/%	国家林草局、自然资源部
	16	重点生物物种种数保护率/%	生态环境部
人居整洁	17	城镇生活污水集中收集率/%	住房城乡建设部
	18	城镇生活垃圾无害化处理率/%	
	19	农村生活污水处理和综合利用率/%	生态环境部
	20	农村生活垃圾无害化处理率/%	住房城乡建设部
	21	城市公园绿地500m服务半径覆盖率/%	
	22	农村卫生厕所普及率/%	农业农村部

空气清新包括地级及以上城市细颗粒物（$PM_{2.5}$）浓度、地级及以上城市可吸入颗粒物（PM_{10}）浓度、地级及以上城市空气质量优良天数比例3个指标。

水体洁净包括地表水水质优良（达到或好于Ⅲ类）比例、地表水劣Ⅴ类水体比例、地级及以上城市集中式饮用水水源地水质达标率3个指标。

土壤安全包括受污染耕地安全利用率、污染地块安全利用率、农膜回收率、化肥利用率、农药利用率5个指标。

生态良好包括森林覆盖率、湿地保护率、水土保持率、自然保护地面积占陆域国土面积比例、重点生物物种种数保护率5个指标。

人居整洁包括城镇生活污水集中收集率、城镇生活垃圾无害化处理率、农村生活污水处理和综合利用率、农村生活垃圾无害化处理率、城市公园绿地500m服务半径覆盖率、农村卫生厕所普及率6个指标。

2.3.3 可持续发展实验区与创新示范区

2.3.3.1 国家可持续发展实验区

(1) 提出背景

国家可持续发展实验区是从1986年开始，由科技部、国家发改委等20个国务院部门和地方政府共同推动的一项地方可持续发展实验试点工作。20 世纪 80 年代中期，我国很多地区在经济快速发展的同时，出现了社会事业滞后、环境污染严重等问题。针对这种状况，1986 年，国家科学技术委员会（以下简称国家科委）和国务院有关部委在江苏省常州市和锡山市华庄镇开始了城镇社会发展综合示范试点工作。1992 年 5 月，国家科委和国家体改委共同发出了《关于建立社会发展综合实验区的若干意见》，并由 23 个国务院有关部门和团体共同组成了实验区协调领导小组（随后又增加了 5 个部门），成立了社会发展综合实验区管理办公室。1994 年 3 月后，实验区工作中心转向可持续发展，并要求各实验区率先建成实施《中国 21 世纪议程》和可持续发展战略的基地。1997 年 12 月，“社会发展综合实验区”更名为“国家可持续发展实验区”。

经过 30 余年持之以恒地推进，实验区按照可持续发展的要求，在大城市改造、小城镇建设、社区管理、环境保护及资源可持续利用、资源型城市发展、旅游资源的可持续开发与保护等方面积累了丰富的经验。实验区在实践中依靠科技创新开展实验示范，探索不同类型地区的经济、社会和资源环境协调发展的机制和模式，为不同类型地区实施可持续发展提供示范样板和引领带动作用，为推进国家可持续发展战略实施提供了积极而有益的尝试，也为推动《中国 21 世纪议程》积累了重要的经验。截至 2014 年 3 月，中国已经建立起国家可持续发展实验区 189 个，遍及全国 90％以上的省、市和自治区。

为全面贯彻落实科学发展观，实施“科教兴国”和“可持续发展”战略，推进我国区域经济、社会协调发展，进一步加强国家可持续发展实验区工作，为国家全面建设小康社会和构建社会主义和谐社会提供综合实验示范，在总结多年来实验区工作经验的基础上，科技部牵头制定了国家可持续发展实验区管理办法。

(2) 国家可持续发展先进示范区

为认真落实“以人为本，全面、协调可持续”的科学发展观，构建社会主义和谐社会，实现全面建设小康社会的总体目标，在国家可持续发展实验区建设的基础上，创建国家可持续发展先进示范区。示范区是在实验区建设基础上进一步深化的可持续发展示范试点，是实施国家可持续发展、科教兴国、人才强国战略的载体，是践行科学发展观的基地。

国家可持续发展先进示范区的目标是探索并形成区域经济建设与社会发展相互促进，人口、资源、环境和谐统一的可持续发展模式和机制；逐步建立和完善依靠科技进步和体制创新、政府主导、市场推动的区域可持续发展支撑体系；培养具有可持续发展理念和管理创新能力的干部队伍，将示范区建设成构建社会主义和谐社会和实现全面建设小康社会目标的示范基地。

国家可持续发展先进示范区的主要任务是围绕经济建设与结构调整、资源节约与合理利用、生态建设与环境保护、城镇化与城市发展、公共服务与社会保障、人口健康、公共安全等领域的重点、关键问题，开展创新性实践与示范。

(3) 建设指标

国家可持续发展实验区建设涉及面广，指标包括人口、生态、资源、环境、经济、社会、科技教育 7 个大的领域 30 项指标，详见表 2-9。

表 2-9 国家可持续发展实验区统计指标

类别	年度指标	2020 年	2021 年	2022 年
人口	总人口/人			
	1. 计划生育率/%			
	2. 人口自然增长率/‰			
生态	3. 人均公共绿地面积/m^2			
	4. 森林覆盖率/%			
资源	5. 人均耕地面积/亩			
	6. 每万元产值能源消费总量/吨标煤			
	7. 每万元产值水耗/t			
环境	8. 工业废水排放达标率/%			
	9. 生活污水处理率/%			
	10. 工业废气排放达标率/%			
	11. 工业固体废弃物综合利用率/%			
	12. 生活垃圾处理率/%			
经济	13. GDP 年均增长幅度/%			
	14. 人均 GDP/万元			
	15. 地方财政收入增长率/%			
	16. 第三产业增加值占 GDP 比重/%			
社会	17. 城镇居民家庭人均可支配收入/元			
	18. 农村居民家庭人均纯收入/元			
	19. 城镇登记失业率/%			
	20. 自来水普及率/%			
	21. 城镇职工养老保险覆盖率/%			
	22. 农民社会养老保险覆盖率/%			
	23. 每千人口卫生技术人员数/人			
	24. 有线电视人口覆盖率/%			
	25. 新生儿死亡率/‰			
	26. 刑事案件发案率/‱			
科技教育	27. 科技三项费占本级财政支出比重/%			
	28. 每万人口大专学历以上人口比重/%			
	29. 教育经费占本级财政支出比重/%			
	30. 青壮年文盲率/‰			

2.3.3.2　国家可持续发展创新示范区

(1) 提出背景

2015 年 9 月，习近平主席出席联合国发展峰会并郑重承诺以落实 2030 年可持续发展议程为己任，团结协作，推动全球发展事业不断向前。中国高度重视落实 2030 年可持续发展议程。李克强总理在出席第 71 届联大期间发布《中国落实 2030 年可持续发展议程国别方案》，提出了包括建立落实 2030 年可持续发展议程创新示范区在内的一揽子落实举措。2016 年 12 月，国务院印发《中国落实 2030 年可持续发展议程创新示范区建设方案》，明确提出结合 2030 年可持续发展议程的落实，以国家可持续发展实验区工作为基础，在 2020 年前建设 10 个左右创新示范区。

创新示范区建设以习近平新时代中国特色社会主义思想为指导，深入贯彻党的十九大和十九届二中、三中、四中全会精神，坚持稳中求进工作总基调，坚持新发展理念，坚持推动高质量发展，统筹推进“五位一体”总体布局，协调推进“四个全面”战略布局，按照“创新理念、问题导向、多元参与、开放共享”的原则，探索以科技为核心的可持续发展问题系统解决方案，为中国破解新时代社会主要矛盾、落实新时代发展任务做出示范并发挥带动作用，为全球可持续发展提供中国经验。

(2) 指导思想

全面贯彻党的十八大和十八届三中、四中、五中、六中全会精神，深入贯彻习近平总书记系列重要讲话精神，认真落实党中央、国务院决策部署，按照“五位一体”总体布局和“四个全面”战略布局，牢固树立创新、协调、绿色、开放、共享的发展理念，紧密结合落实 2030 年可持续发展议程，以实施创新驱动发展战略为主线，以推动科技创新与社会发展深度融合为目标，以破解制约我国可持续发展的关键瓶颈问题为着力点，集成各类创新资源，加强科技成果转化，探索完善体制机制，提供系统解决方案，促进经济建设与社会事业协调发展，打造一批可复制、可推广的可持续发展现实样板。

(3) 主要任务

① 制定可持续发展规划。参照 2030 年可持续发展议程确定的重点领域，推动地方结合当地特色禀赋和现实需求，本着“一个区域一套方案”的原则，制定本地区可持续发展规划，加强同地方国民经济与社会发展规划的有效衔接，形成同一蓝图、同一目标，协同推进。

② 破解制约可持续发展瓶颈问题。围绕重大疾病与传染病防治、健康养老、精准扶贫、废弃物综合利用、土地整治和土壤污染治理、清洁能源、水源地保护与水污染治理、特色生态资源保护等领域，加强问题诊断和技术筛选，明确技术路线，加大集成力度，促进科技成果转移转化和推广应用，支持各类创新主体开发新技术新产品，在产业

链高端打造新业态新模式，形成成熟有效的系统解决方案。

③ 探索科技创新与社会事业融合发展新机制。围绕加快社会事业发展，积极深化科技体制改革，加大科技对供给侧结构性改革的支撑力度，建设惠民科技孵化中心与技术转移中心，搭建技术集成应用载体，形成更多新兴产业创新集群，增强地方整合汇聚创新资源、促进经济社会协调发展能力，健全需求牵引、政府引导、市场配置资源、各利益攸关方共同参与的良性机制。

④ 分享科技创新服务可持续发展经验。在国家可持续发展议程创新示范区建设取得实际成效基础上，通过组织开展考察、学习、培训等活动，积极向国内同类地区推广实践经验和系统解决方案，对其他区域形成辐射带动作用。结合落实“一带一路”建设等国家战略，搭建以科技创新驱动可持续发展为主题的交流合作平台，向世界提供可持续发展的中国方案。

（4）建设进展

国务院于2016年12月3日以国发〔2016〕69号文件印发关于《中国落实2030年可持续发展议程创新示范区建设方案》的通知，提出了“十三五”期间的主要目标：创建10个左右国家可持续发展议程创新示范区，科技创新对社会事业发展的支撑引领作用不断增强，经济与社会协同发展程度明显提升。2018年2月，国务院批准太原、桂林和深圳三个城市为首批创新示范区。其中，太原以资源型城市转型升级为主题，重点针对水污染与大气污染等问题探索系统解决方案。桂林以景观资源可持续利用为主题，重点针对喀斯特石漠化地区生态修复和环境保护等问题探索系统解决方案。深圳以创新引领超大型城市可持续发展为主题，重点针对资源环境承载力和社会治理支撑力相对不足等问题探索系统解决方案。

2019年5月，国务院批准郴州、临沧、承德为第二批创新示范区。其中，郴州市提出的建设主题是“水资源可持续利用与绿色发展”，拟围绕重金属污染防治、水资源高效利用不足等问题探索系统解决方案。临沧市提出的创建主题是“边疆多民族欠发达地区创新驱动发展”，拟围绕特色资源转化能力弱等瓶颈问题探索系统解决方案。承德市提出的建设主题是“城市群水源涵养功能区可持续发展”，拟围绕水源涵养功能不稳固、精准稳定脱贫难度大两大瓶颈问题探索系统解决方案。

创新示范区建设采取政府、社会等多个利益攸关方共同参与的机制。在组织机制上，成立了科技部牵头，外交部、国家发展改革委、生态环境部等20个部门组成的部际联席会议机制，负责对创新示范区建设的指导和管理，并结合自身职责，围绕创新示范区建设主题，在科技支撑、政策先行先试等方面支持创新示范区建设。太原、桂林、深圳以及郴州、承德、临沧市政府作为创新示范区建设的主体，均成立了由分管省领导牵头，相关省直部门负责人、示范区所在地政府主要负责同志任成员的示范区建设领导小组，形成了上下联动、协同推进的工作格局。社会参与方面，包括联合国开发计划署、联合国工业发展组织、亚洲开发银行以及中国科学院、清华大学、同济大学、中国可持续发展研究会等许多国际组织、科研院所、高校、企业、非政府组织等积极参与创新示范区建设，多元参与的局面初步形成。

2.3.4　农业可持续发展试验示范区

（1）提出背景

2017 年 9 月中共中央办公厅、国务院办公厅印发了《关于创新体制机制推进农业绿色发展的意见》（以下简称《意见》），《意见》强调推进农业绿色发展，是贯彻新发展理念、推进农业供给侧结构性改革的必然要求，是加快农业现代化、促进农业可持续发展的重大举措，是守住绿水青山、建设美丽中国的时代担当，对保障国家食物安全、资源安全和生态安全，维系当代人福祉和保障子孙后代永续发展具有重大意义。国家农业可持续发展试验示范区是国家推进农业可持续发展的综合性试验示范平台，是农业绿色发展的先行区。

农业可持续发展试验示范区是在各地申报的基础上，经农业农村部、国家发展改革委、科技部、财政部、自然资源部、生态环境部、水利部、国家林业和草原局等 8 部门组织遴选产生。

（2）主要任务

国家农业可持续发展试验示范区要坚持“绿水青山就是金山银山”理念，立足当地资源禀赋、区域特点和突出问题，明确农业绿色发展和可持续发展目标定位，探索符合区域特点和地方特色的绿色发展模式，率先推进资源节约、环境保护、生态稳定，努力实现生产、生活、生态协调发展。试验区建设的主要任务包括以下 5 个方面：

① 严格保护耕地数量、提升耕地质量，积极推进轮作休耕制度化、常态化实施，实现种地养地结合，节约利用水资源，严格控制超采地下水，确保水土资源节约和永续利用。

② 科学使用化肥农药、兽药，推行有机肥替代化肥、统防统治和绿色防控，推进农业投入品减量增效，实现化肥农药、兽药使用量零增长负增长。

③ 着力发展循环农业，实行种养结合，着力推进畜禽粪污、秸秆、农膜等农业废弃物资源化利用和水产健康养殖，实现农产品产地生态环境优美清洁。

④ 提升农产品质量，打造农产品品牌，确保绿色优质农产品供给。

⑤ 大力宣传绿色发展理念，倡导绿色消费，开展“光盘行动”，推动形成良好的绿色生活方式。

（3）指标体系

国家农业可持续发展试验示范区（农业绿色发展先行区）考核指标体系（试行），包括定量考核指标和定性考核指标两类，详见表 2-10 和表 2-11。

表 2-10　国家农业可持续发展试验示范区定量指标考核表

一级指标	二级指标	权重/%								属性
		东北区	黄淮海区	长江中下游区	华南区	西北及长城沿线区	西南区	青藏区	纯牧区	
农业生产	高标准农田面积比重/多年生人工草地保有率①	13.8	13.8	13.8	13.8	13.2	13.2	10.6	17	正向
	畜禽规模养殖比重	4.6	4.6	4.6	4.6	4.6	4.4	3.7	—	正向
	水产标准化健康养殖比重	4.6	4.6	4.6	4.6	4.6	4.4	3.7	—	正向
	绿色、有机、地理标志农产品比重	2.5	2.5	2.5	2.5	2.5	2.5	2.5	5	正向
农业资源	耕地保有率	8	8	8	8	8	8	8	12	正向
	土壤有机质含量	6	6	6	6	6	6	6	8	正向
	农田灌溉水有效利用系数	6	6	6	6	6	6	6	—	正向
农业环境	化肥施用强度(折纯量)	6.3	6.3	6.3	6.3	6.3	6.3	6.3	—	逆向
	农药施用强度(折纯量)	6.3	6.3	6.3	6.3	6.3	6.3	6.3	—	逆向
	秸秆综合利用率	3.3	3.3	3.3	3.3	3.3	3.3	3.3	7	正向
	农膜回收利用率	3.3	3.3	3.3	3.3	3.3	3.3	3.3	7	正向
	畜禽粪污综合利用率	3.3	3.3	3.3	3.3	3.3	3.3	3.3	7	正向
农业生态	菜单指标（选2个指标）：草原综合植被覆盖度	两指标的权重各为7.00	两指标的权重各为7.00	两指标的权重各为7.00	两指标的权重各为7.00	两指标的权重各为7.30	两指标的权重各为7.50	两指标的权重各为9.50	两指标的权重各为9.50	正向
	天然草原草畜平衡率									正向
	农田林网控制率									正向
	森林覆盖率									正向
	湿地率									正向
农民生活	农村居民人均可支配收入年增长率	10	10	10	10	10	10	10	10	正向
	农村生活垃圾处理率	4	4	4	4	4	4	4	4	正向
	农村生活污水处理率	4	4	4	4	4	4	4	4	正向
总计		100	100	100	100	100	100	100	100	—

①仅纯牧区用“多年生人工草地保有率”代替“高标准农田面积比重”。

表 2-11　国家农业可持续发展试验示范区定性指标考核表

一级指标	二级指标	权重/%	考核要点	得分
组织保障	1. 先行先试工作部署与任务落实情况	9	试验示范区所在地人民政府高度重视农业绿色发展，成立专门的工作领导小组和组织协调机构，各部门的职责、人员组成、运行机制明确	
			建立试验示范区部门间分工协调机制，部署召开部门联席会议，出台完善、规范的政策性文件，支持农业绿色发展先行先试	
			结合试验示范区建设工作方案，明确目标任务和职责分工，有清晰合理的路线图和时间表，细化各项任务推进措施，分解到各部门、市县或乡镇	

续表

一级指标	二级指标	权重/%	考核要点	得分
组织保障	2. 政策支持情况	12	针对农业绿色发展，制定出台资金补贴、土地流转、用电用地用水优惠等方面的支持政策	
	3. 农业绿色发展考核制度建设情况	8	制定农业绿色发展考核制度，纳入领导干部任期生态文明建设责任制内容	
			细化量化实化农业绿色发展绩效考核指标，并开展考核	
制度建设	4. 构建农业资源环境生态监测体系	8	建立农业资源环境生态监测体系	
			监测体系覆盖耕地、草原、渔业水域、生物资源、产地环境等方面	
			使用监测体系开展实时监测与评价预警	
	5. 建立重要农业资源台账制度	9	建立重要农业资源台账制度	
			水、土、气、生物资源等重要农业资源底数清晰，实现动态监测	
			定期发布农业资源报告和农业资源承载力预警报告	
	6. 建立农业产业准入负面清单制度	10	以县为单位，建立农业产业准入负面清单制度，强化资源环境管控	
			坚持农业生产与资源环境承载力相匹配，完成禁养区划定以及禁养区内畜禽养殖场改造或搬迁，限制其他影响资源环境的生产行为	
任务推进情况	7. 优化农业主体功能区与空间布局	8	立足水土资源匹配性，合理划定优化发展区、适度发展区和保护发展区，各分区发展定位清晰明确，符合区域资源环境特点	
			合理划定粮食生产功能区、重要农产品生产保护区，明确区域生产功能	
	8. 突出环境问题治理情况	10	针对区域突出环境问题（如耕地重金属污染、地下水超采、地膜污染等）制定相应措施和方案，筹措专项资金治理农业资源环境突出问题	
	9. 农业绿色发展全民行动	11	加强新闻宣传、科学普及，在生产方面推行畜禽粪污资源化利用、有机肥替代化肥、测土配方施肥、绿色防控替代化学防治、秸秆综合利用、农膜回收、投入品绿色生产、加工流通绿色循环等绿色生产方式，在消费方面持续开展“光盘行动”，推动形成绿色生活方式	
	10. 技术模式提炼推广与农产品质量品牌提升	15	组建由科研单位、推广机构、新型农业经营主体构成的农业绿色技术研发与推广体系，支撑区域农业绿色发展	
			形成符合区域农业资源环境特征的农业绿色发展技术模式，实际运行效果良好，且积极宣传推广	
			提升农产品质量，打造一批特色优质农产品品牌，努力推动绿色农产品优质优价	

(4)《农业绿色发展技术导则》的目标

落实《农业绿色发展技术导则》(以下简称《导则》)是对国家农业可持续发展试验示范区的基本要求,《导则》的发展目标是:围绕实施乡村振兴战略和可持续发展战略,加快支撑农业绿色发展的科技创新步伐,提高绿色农业投入品和技术等成果供给能力,按照"农业资源环境保护、要素投入精准环保、生产技术集约高效、产业模式生态循环、质量标准规范完备"的要求,到2030年,全面构建以绿色为导向的农业技术体系,在稳步提高农业土地产出率的同时,大幅度提高农业劳动生产率、资源利用率和全要素生产率,引领我国农业走上一条产出高效、产品安全、资源节约、环境友好的农业现代化道路,打造促进农业绿色发展的强大引擎。

① 绿色投入品创制步伐加快。选育和推广一批高效优质多抗的农作物、牧草和畜禽水产新品种,显著提高农产品的生产效率和优质化率。研发一批绿色高效的功能性肥料、生物肥料、新型土壤调理剂,低风险农药、施药助剂和理化诱控等绿色防控品,绿色高效饲料添加剂、低毒低耐药性兽药、高效安全疫苗等新型产品,突破我国农业生产中减量、安全、高效等方面瓶颈问题。创制一批节能低耗智能机械装备,提升农业生产过程信息化、机械化、智能化水平。肥料、饲料、农药等投入品的有效利用率显著提高。

② 绿色技术供给能力显著提升。研发一批土壤改良培肥、雨养和节水灌溉、精准施肥、有害生物绿色防控、畜禽水产健康养殖和废弃物循环利用、面源污染治理和农业生态修复、轻简节本高效机械化作业、农产品收储运和加工等农业绿色生产技术,实现农田灌溉用水有效利用系数提高到0.6以上,主要作物化肥、农药利用率显著提高,农业源氮、磷污染物排放强度和负荷分别削减30%和40%以上,养殖节水源头减排20%以上,畜禽饲料转化率、水产养殖精准投喂水平较目前分别提升10%以上,农产品加工单位产值能耗较目前降低20%以上。

③ 绿色发展制度与低碳模式基本建立。形成一批主要作物绿色增产增效、种养加循环、区域低碳循环、田园综合体等农业绿色发展模式,技术模式的单位农业增加值温室气体排放强度和能耗降低30%以上,构建绿色轻简机械化种植、规模化养殖工艺模式,基本实现农业生产全程机械化、清洁化,农业废弃物全循环,农业生态服务功能大幅增强。

④ 绿色标准体系建立健全。制定完善与产地环境质量、农业投入品质量、农业产中产后安全控制、作业机器系统与工程设施配备、农产品质量等相关的农业绿色发展环境基准和技术标准,主要农产品标准化生产覆盖率达到60%以上。

2.3.5 国家生态旅游示范区

(1) 提出背景

随着环保观念日益深入人心和可持续发展战略的实施,生态旅游在我国获得了长足的发展。和谐社会需要和谐产业，生态文明呼唤生态旅游。发展生态旅游存在时代必然性、市场可行性及工作紧迫性，已经成为我国经济社会可持续发展战略和基本国策的重要组成部分，为保护生态环境，推动旅游业的可持续发展，促进各地经济、社会、环境、文化的协调进步，原国家旅游局制定了国家生态旅游示范区建设与运营规范。该标准旨在引导和规范我国生态旅游区的规划、建设、经营管理与服务，促进生态旅游业健康发展。因此，国家生态旅游示范区以可持续发展的基本国策为依据，对一定区域内的生态旅游资源进行全面规划，优化配置，实现区域内生态环境和旅游产业的协调发展。

（2）国家生态旅游示范区的概念与分类

① 概念。国家生态旅游示范区，是指管理规范、具有示范效应的典型，经过相关标准确定的评定程序后，具有明确地域界线的生态旅游区。同时也是全国生态示范区的类型或组成部分之一。

国家生态旅游示范区是指以可持续发展为理念，以保护生态环境为前提，以统筹人与自然和谐为准则，并依托良好的自然生态环境和独特的人文生态系统，采取生态友好方式，开展的生态体验、生态教育、生态认知并获得身心愉悦的旅游方式。

② 分类。根据资源类型，结合旅游活动，将生态旅游区分为以下七种类型。

a. 山地型。以山地环境为主而建设的生态旅游区，适于开展科考、登山、探险、攀岩、观光、漂流、滑雪等活动。

b. 森林型。以森林植被及其生境为主而建设的生态旅游区，也包括大面积竹林（竹海）等区域。这类区域适于开展科考、野营、度假、温泉、疗养、科普、徒步等活动。

c. 草原型。以草原植被及其生境为主而建设的生态旅游区，也包括草甸类型。这类区域适于开展体育娱乐、民族风情活动等。

d. 湿地型。以水生和陆栖生物及其生境共同形成的湿地为主而建设的生态旅游区，主要指内陆湿地和水域生态系统，也包括江河出海口。这类区域适于开展科考、观鸟、垂钓、水面活动等。

e. 海洋型。以海洋、海岸生物及其生境为主而建设的生态旅游区，包括海滨、海岛。这类区域适于开展海洋度假、海上运动、潜水观光活动等。

f. 沙漠戈壁型。以沙漠或戈壁和其生物及其生境为主而建设的生态旅游区。这类区域适于开展观光、探险和科考等活动。

g. 人文生态型。以突出的历史文化等特色形成的人文生态及其生境为主建设的生态旅游区。这类区域主要适于历史、文化、社会学、人类学等学科的综合研究，以及适当的特种旅游项目及活动。

（3）建设运营

国家生态旅游示范区由国家旅游局与环保部按照《国家生态旅游示范区建设与运营

规范》（GB/T 26362—2010）共同推进。2013 年国家旅游局和环境保护部依照《国家生态旅游示范区管理规程》和《国家生态旅游示范区建设与运营规范实施细则》，经相关省级旅游部门和环保部门联合技术评审与推荐、专家审核，同意黄山风景区等 39 家单位为首批国家生态旅游示范区。具体名单如下。

首批国家生态旅游示范区（39 家）

北京市：南宫国家生态旅游示范区、野鸭湖国家生态旅游示范区

天津市：盘山国家生态旅游示范区

上海市：明珠湖·西沙湿地国家生态旅游示范区、东滩湿地国家生态旅游示范区

重庆市：天生三桥·仙女山国家生态旅游示范区

内蒙古自治区：（兴安盟）阿尔山国家生态旅游示范区

辽宁省：（大连市）西郊森林公园国家生态旅游示范区

吉林省：（长春市）莲花山国家生态旅游示范区

黑龙江省：（伊春市）汤旺河林海奇石国家生态旅游示范区、（哈尔滨市）松花江避暑城国家生态旅游示范区

江苏省：（泰州市）溱湖湿地国家生态旅游示范区、（常州市）天目湖国家生态旅游示范区

浙江省：（衢州市）钱江源国家生态旅游示范区、（宁波市）滕头国家生态旅游示范区

安徽省：（黄山市）黄山国家生态旅游示范区

福建省：（南平市）武夷山国家生态旅游示范区、（龙岩市）梅花山国家生态旅游示范区

江西省：（上饶市）婺源国家生态旅游示范区、（吉安市）井冈山国家生态旅游示范区

山东省：（烟台市）昆嵛山国家生态旅游示范区

河南省：（焦作市）云台山国家生态旅游示范区、（平顶山市）尧山·大佛国家生态旅游示范区

湖北省：（十堰市）神农架国家生态旅游示范区

湖南省：（长沙市）大围山国家生态旅游示范区、（郴州市）东江湖国家生态旅游示范区

广东省：（韶关市）丹霞山国家生态旅游示范区

广西壮族自治区：（贺州市）姑婆山国家生态旅游示范区

四川省：（西昌市）邛海国家生态旅游示范区、（巴中市）南江光雾山国家生态旅游示范区

贵州省：（黔南州）樟江国家生态旅游示范区、（毕节市）百里杜鹃国家生态旅游示范区

云南省：（西双版纳州）野象谷国家生态旅游示范区、（玉溪市）玉溪庄园国家生态旅游示范区

陕西省：（西安市）世博园国家生态旅游示范区

甘肃省：（甘南州）当周草原国家生态旅游示范区、（兰州市）兴隆山国家生态旅游示范区园

宁夏回族自治区：（中卫市）沙坡头国家生态旅游示范区

新疆建设兵团：五家渠青湖国家生态旅游示范区

从2013年开始至2015年全国共确定了国家生态旅游示范区110家。根据标准要求，生态旅游示范区作为一项旅游产品，要求申报单位具有独立管理区域，县、市域不宜作为主体开展申报工作。

第 3 章 生态建设与环境保护的国际经验

生态文明是指人类遵循人、自然、社会和谐发展这一客观规律而取得的物质与精神成果的总和。是以人与自然、人与人、人与社会和谐共生、良性循环、全面发展、持续繁荣为基本宗旨的文化伦理形态。生态文明是基于人类对于长期以来主导人类社会的物质文明的反思。生态文明不仅是伦理价值观的转变，也是生产和生活方式的转变。生态文明建设不仅仅是生态恢复和环境治理，更是涉及物质文明、精神文明和政治文明的整个社会文明形态的变革。20 世纪 60 年代以来，欧洲、北美、日韩等地区和国家积累了许多生态文明建设的成功经验，对于当前我国的生态文明建设具有重要的借鉴意义。

3.1 欧洲国家的经验

3.1.1 莱茵河污染治理的启示

莱茵河发源于瑞士山区的融雪和冰川，流域涉及 9 个国家，是一条典型的国际河流，流经奥地利、德国、法国和卢森堡，进入荷兰的三角洲地区后分为几条支流进入北海。莱茵河治理国际合作始于 20 世纪 50 年代，水污染问题是当时下游国家（尤其是荷兰）最为关心的，他们倡导成立了莱茵河保护国际委员会（ICPR），提出了防治化学污染以及其他水污染的对策。但是，真正意义上成功的合作始于一次重大的事件。

事件发生在 1986 年 11 月 1 日，位于瑞士巴塞尔附近施韦策哈勒（Schweizerhalle）的山德士（Sandoz）股份公司仓库发生火灾，在救火过程中，约有 1 万立方米被有毒物料污染的消防水流入莱茵河，这些污水顺河而下，莱茵河中的污染水波于 11 月 1 日清晨抵达法国边界，11 月 9 日抵达荷兰边界。Sandoz 火灾严重破坏了莱茵河生态系统，并在较长时间内对莱茵河生态系统产生了不良影响。

在污染水波流入北海之前，有关国家于 11 月 12 日在苏黎世召开了一次关于 Sandoz 火灾及其对莱茵河水质影响的部长级特别会议。苏黎世会议旨在促进瑞士有关当局与莱茵河沿岸国家之间的信息交流，并明确在预防事故方面的漏洞和不足。其次，要从 Sandoz 火灾中总结教训。为消除所发现的不足，会议从国家层面上提出了一些建议，其后的一系列会议和行动计划对改善莱茵河水质和加强国际合作发挥了积极作用，沿岸国家从这次事故中认识到保护河流的重要性，并采取相应防治和处理事故的策略。

莱茵河流域的治理、保护和合作已经取得了明显的效果。莱茵河从过去被严重污染，一度成为欧洲的下水道，到现如今又重现了清澈的健康生命之河景象，常年水质保持Ⅲ类水。

(1) 污染事件的过程与影响

① 水污染。1986 年 11 月 1 日 Sandoz 股份公司仓库起火爆炸后，消防水流入莱茵河的地方，莱茵河水剧烈变红，同时污染使鱼类大量死亡，尤其是鳗鱼。11 月 3 日 Sandoz 股份公司公布了可能有毒并会污染莱茵河的化学品及其储量清单，主要为杀虫剂（磷酸酯）、杀真菌剂（其中包括有机汞化物）和除草剂。数量最多的污染物料为磷酸酯（乙拌磷和甲基乙拌磷），其浓度值在莱茵河水中最高。根据莱茵河水中浓度随时间的变化曲线推算，流入莱茵河的污染物总量约为 10～30t。火灾发生 24h 后仍流入莱茵河的污染消防水造成 40～70km 长的有毒水波，并在 11 月的前几个星期流向下游。

乙拌磷为泄入莱茵河最多的磷酸酯，其浓度测量值从莱茵河 173km 处（污染物泄入点下游 14km 处）的 600μg/L 到德荷边界洛比特附近（污染物泄入点下游约 700km 处）变为 5.31μg/L。浓度峰值大幅度减小，主要是支流河水和流入河流的地下水纵向扩散和稀释所致。

② 泥沙污染。在受影响的莱茵河河段对河底有毒物质的情况调查表明，在流动河段不存在有毒物质沉淀现象，而在下游壅水区则证实在消防水泄入点下游附近有泥沙污染，泄入的有毒物质使面积约为 700m^2 的莱茵河底遭受了极为严重的污染。通过抽吸河底从莱茵河中清除了大约 1t 的农用化学品（大部分是农药），并同时对约 4000m^2 的面积进行了净化处理。

1986 年 11 月 18 日开始对施韦策哈勒附近的莱茵河底进行净化处理。在第一阶段约一个星期的时间里，清除了河床中的主要污染物。将抽吸出的污染混合物暂时存放起来，以后再进行无害化处理。利用活性炭对同时抽出的水进行过滤和净化，然后再送回莱茵河。在第二阶段，即至 1986 年 12 月 19 日，对其余污染较轻的区域进行了净化处理。

实施净化行动期间，在瑞士比尔斯费尔登（Birsfelden）电站和法国维拉日讷夫（Village-Neuf）附近对莱茵河进行了分析和监测。监测结果表明，莱茵河水中未出现污染物增多的现象。

③ 生态影响。泄入莱茵河的污染物使莱茵河水生态系统遭到严重破坏。主要反映在以下两个方面：

a. 鱼类：在巴塞尔下游出现了各种鱼类大量死亡的现象，莱茵河 560km 处（污染点下游 401km 的罗累莱）河段中的鳗鱼首当其冲。污染水波经过时在科布伦茨和杜塞尔多夫进行的鱼类试验未发现有重要影响。

b. 供鱼食用的动物：根据在有利水位条件下拍摄的录像，可见供鱼食用的动物同样受到影响，在巴塞尔至布赖萨赫地区也发现了严重的污染破坏。在大约至美因兹的上莱茵河地区，栖息的小动物（如蜗牛、蚌、蠕虫、小虾）数量明显减少，直到摩泽尔河都证实有污染动物的伤害。在下莱茵河也发现零星伤害的现象。

④ 对取水的影响。巴塞尔下游附近莱茵河有十多个取水口，这些取水口总的最大取水量为 $70m^3/s$。由于警报延误，没有及时地关闭取水口，因此污染侵入由莱茵河供水的运河系统（于南格运河、哈尔特灌溉系统、科尔马运河、莱茵河-罗讷河运河），并影响地下水水质。公共饮用水的几个给水井也受到影响。

莱茵河流域的德国自来水厂和供水企业都尽可能在有毒水波流经之前和期间以及之后足够长的时间（最多达 20 天）内及时关闭取水口或进行适当调整，使污染的莱茵河水不会渗入地下。尽管如此，在德国莱茵兰-普法尔茨州近岸水井中还是发现有随消防水泄入莱茵河的污染物的踪迹。

虽然对取水有各种限制，但通过企业内部所采取的措施可以维持符合规定的供水，并保证了供水数量。而部分地区不得不用槽车确保几天的供水。

荷兰采取相关措施的目的在于将污染水流尽快排入北海，为此开启了下莱茵河和莱克河大坝的水闸。

（2）事件发生后采取的行动

① 快速反应。在污染水波流入北海之前，于 1986 年 11 月 12 日在苏黎世召开了一次关于 Sandoz 火灾及其对莱茵河水质影响的部长级特别会议，会议通过了部长联合声明。

在声明中，部长们并没有将这次会议理解为一场事故的终结，而是将其作为今后工作的起点，提出了保护莱茵河国际委员会面临的新任务：

a. 保护莱茵河国际委员会要针对事故对莱茵河的影响进行调查，确定一个强化的监测计划，并对包括资金筹措在内的恢复计划提出建议。

b. 自动装置应能及早发现火情并迅速灭火。应当制定相应的消防预案，该预案应在灭火的同时对存储的货物加以考虑。保护莱茵河国际委员会一方面应对莱茵河沿岸国家有关事故的技术和法律规定进行调查研究，另一方面则要弄清在哪些方面还需要加以协调。

c. 在保护莱茵河国际委员会专家工作框架内，考虑将欧共体的信息系统用作莱茵河沿岸国家合作控制化学事故影响可能采用的模型。

d. 瑞士政府愿意为迅速、公正地解决赔偿问题继续进行会谈，并坚信可以心平气和地解决有关赔偿和恢复事件前莱茵河状态等问题。为保护莱茵河国际委员会协助提供必要的依据。

e. 此外部长们要着眼于各国警报系统对莱茵河预警和警报计划进行检查，必要时要确保瑞士所建议的严重事故情况下政府级特别通信网络可供使用。

② 后续任务。保护莱茵河国际委员会各相关工作小组对这些问题进行了研究。这些工作小组提交了详细报告和改进建议，供 1986 年 12 月 19 日在鹿特丹召开的莱茵河沿岸国家第七次部长级国际会议讨论。鹿特丹部长级会议更加明确了保护莱茵河国际委员会增添的新任务：

a. 瑞士应当对 Sandoz 事故进行深入调查，并在调查结束后将结果公布于众。

b. 必须确保莱茵河恢复事件前的生态状况，并加以改进。

c. 必须采取有效措施消除 Sandoz 事故造成的破坏或予以补偿。

d. 继续加强预防措施，防止工业事故造成河流污染，同时必须重视最新技术研究和应用。

e. 流域内所有储存或产生大量水污染物的工厂和仓库必须保证在任何情况下防止造成水体污染。

f. 必须严格执行具有跨国界影响的事故警告规定，并加以改进。

g. 必须保证莱茵河继续作为饮用水源。

h. 必须进一步减轻污染物造成的莱茵河污染，共同目标是减少含污染物河流泥沙的污染，即可将泥沙继续作为陆地充填材料或将其排入大海。

③ 工业措施。为防止工业设施事故造成污染和控制事故影响，必须采取以下有针对性的措施：

a. 一般技术措施，如：装卸区的安全措施（回收池，密封装置）；产品存储和转移条件的改善（合适的地板面层，管道破裂时的自动密封装置）；水量的减少与控制（封闭循环）；集水网络的构建；大规模污水处理装置的建造；企业内部自动警报系统装置的安装等。

b. 防止火灾或控制其扩散及影响的特殊技术措施，如：储量限制；隔离存储；合适的电气设备和静电保护装置；防火墙；火灾早期识别装置；自动灭火装置；救护队通道；排烟散热装置；选用合适的灭火剂；建造足够的消防水回收池等。

c. 组织措施，即必要时在工厂内根据所使用的危险品种类采取适当的措施，如：人员培训，包括厂内、外救护队；工业设备的监测和维修，尤其是安全设备；安全分析（包括保护莱茵河免受严重事故破坏的防护措施分析）及在主管部门备案；警报系统以及防危险和防灾计划；最新和完整的仓库清单，并包括有关物质生态毒性的说明；防御设施及预防措施；及时向主管部门报告事故等。

④ 预警系统。部长级会议要求各国政府负责通过对国家和国际警报中心人员的培训和明确指示，确保莱茵河国际预警和警报系统能够持续有效运行。另外，还要确保为所有警报中心增添相应设备，以保证所有警报中心能够通过电传传递和接受信息，并建立联系。

各国立即采取一切必要的措施，确保尽早掌握发生在其领土上的具有跨国界影响的事故，以便将有关信息通过国家警报系统输入莱茵河国际预警和警报系统。

发生灾难性事故时，各国部长将立即建立彼此间的联系，并与欧共体委员会保持联系，同时决定采取必要的技术和组织防范措施。

⑤ 事件调查。事故发生后不久，立即启动了关于事故影响的短、中、长期调查计划，这些调查计划最重要的部分包括：a. 生物调查，即在莱茵河底和选定的支流河岸进行大型底栖动物调查，在莱茵河和选定的支流对鱼类生存状况及其有毒化学物质生物体内积累的调查，对其他生物体进行调查。b. 生物试验方法。c. 对莱茵河水流和泥沙的化学-物理分析。d. 在有地下水取水设施的地方对与莱茵河相关联的地下水进行化学-物理分析。

（3）莱茵河行动计划

为了改善莱茵河生态系统，力争在 2000 年左右使现已消失但以前曾有过的较高级物种（如鲑鱼）能够重返欧洲大河——莱茵河。欧洲各成员国部长会议于 1987 年 10 月 11 日正式通过《莱茵河行动计划》，计划主要目标：珍贵鱼类重返莱茵河（以“鲑鱼 2000”作为本目标实现的标志），保证莱茵河可作为饮用水水源供水，以持续减少沉积物污染，达到改善北海生态状况的目的（1989 年补充）。

《莱茵河行动计划》标志着人类在国际水管理方面迈出了重要的一步。人们首次作出明确承诺：要拓宽合作范围，而不仅仅限于水质方面的合作；生态系统目标的确立，更为莱茵河综合水管理打下了基础。所以，不仅要防治莱茵河污染，而且要恢复整个莱茵河生态系统。

“鲑鱼 2000”并不是限于单一鱼种的单个目标，而应总体上当作莱茵河生态系统恢复的标志和措施。为了实现这个目标，ICPR 在很短时期内采取了一系列措施。其中包括减少污水排放、改善水质，确保这条河原生鱼种成功重返。为了让鲑鱼重返产卵地，还开发和实施了更多的项目，如：在莱茵河及其支流的许多大坝上大量投资修建鱼道；采取相关措施改善许多支流上的栖息地以恢复产卵地；为了重新培养莱茵河鲑鱼，有关部门在苏格兰和法国西南部购买鲑鱼卵，将它们放在特别孵化器里孵化，上千尾鲑鱼苗被放入莱茵河，并且开发了一套监测鲑鱼生长状况的软件。

“鲑鱼 2000”是西北欧成功实施综合水管理的标志。在政策制定和实施过程中，实行生态保护与水质改善相结合，是河流管理成功的前提。该计划的实施实质性地改善了莱茵河生态状况，实际上已经超过了预期目标。1990 年就有鲑鱼和鳟鱼从大西洋返回莱茵河及其水系的支流中，1992 年就有记录表明鲑鱼和鳟鱼能够自然繁殖，1995 年在法国斯特拉斯堡附近 Iffezheim 大坝（德国境内）下捕到 9 尾鲑鱼，这说明鲑鱼实际上可以从大西洋向莱茵河溯游 700 多千米。

（4）对我国水污染事件处理和河流保护的启示

莱茵河水污染事件发生后，莱茵河沿岸国家立即采取的紧急措施和行动计划，为莱茵河的治理和保护提供了契机。虽然火灾事故的发生加重了莱茵河的污染，破坏了原本脆弱的生态与环境，然而，正是因为这次事件，才使得莱茵河保护与合作上升到了新的高度。由于灾害引发善后处理与面向未来的战略措施，特别是以下几个方面，对我们今后处理好中国的水污染事件具有启示和借鉴作用。

① 高度重视事件发生后的协调与合作。Sandoz 事故在莱茵河周边所有国家激起了一阵保护莱茵河的宣传热浪，也引起了政治警惕，在很短时间里召开了 3 次以上部长级会议，讨论了莱茵河污染问题，并最终形成了对莱茵河具有历史意义的《莱茵河行动计划》。

② 提升生态与环境问题到从未有过的高度。《莱茵河行动计划》标志着人类在国际水管理方面迈出了重要的一步。人们首次拓宽合作范围，而不仅仅限于水质方面，并就此作出明确承诺。生态系统目标的确立，不仅从防治莱茵河污染，而且从恢复整个生态系统，为莱茵河综合水管理打下了基础。

③ 亡羊补牢，建立预防机制。莱茵河流域的一些工厂发生事故，就有可能造成大量的莱茵河水污染。Sandoz 事故之后，ICPR 清查了所有工厂，各国有关责任部门定期检查这些工厂的设备安全标准和安装情况，ICPR 的综合报告《防止事故污染和工厂安全》，对工业安全进行了全面的概括。

④ 加强监测，建立有效的信息通报和预警机制。沿河的水文监测，除了常规的水文监测外，更重要的是监测水质变化，并实时在网上公布，供各界查询。当上游发生突发性污染事故时，及时通报，下游沿河国家的监测站能够在第一时间采取预警措施。完善的检测体系成为执法的重要依据，莱茵河流域的水污染防治措施取得了明显的成效。

无论是莱茵河还是中国的水污染事件都是灾难性的，引发的不仅仅是财产损失、人员伤亡，同时给沿岸人民和河流的生态安全带来了难以估量的损失。莱茵河的 Sandoz 火灾事故，加速了河流治理和保护的步伐，沿岸国家和人民认识到共享同一条河流和共同保护同一条河流的重要性，也使得莱茵河开始走上了全面保护与合作的道路。莱茵河行动计划的有效实施，使人们又重新看到了清清莱茵河。35 年前在莱茵河所发生的一切，就像一面镜子，给我们以启示。在避免悲剧重演的同时，我们还需更加关注如何做好河流的代言人，建立人与自然和谐的环境。2016 年 12 月 13 日，我们国家推行行政官员河长制管理的责任方式，这是一项新的生态环境保护的措施。

3.1.2 英国泰晤士河治理经验

世界上的主要城市大都依水而建，河流是城市的灵魂，泰晤士河便是英国伦敦的灵魂。泰晤士河发源于英格兰中部格洛斯特郡莱赫拉特附近的森林地区，全长 346km。泰丁顿水坝（Teddington weir）以下直到北海入海口的 90km 河段，是泰晤士河的下游，因受到海潮的影响，又称为感潮河段。在这一河段的两岸，分布着人口稠密、经济发达的大伦敦区，居民达到 700 万。

泰晤士河是伦敦的母亲河，近代以来，泰晤士河不但供应了伦敦两岸居民的生活生产用水和丰盛的水产品，同时其宽阔舒缓的河水还承载着成千上万的远洋船舶，给英国人运来了东方的丝绸茶叶和新大陆的蔗糖金银。泰晤士河孕育了伦敦的繁华，但随着工业化时代的到来、人口的急剧增长和人们生活方式的改变，大量未经任何处理的生活污水和工业废水直接排入河中，导致了泰晤士河的严重污染，昔日优雅的“母亲河”变成了肮脏邋遢的“泰晤士老爹”。伦敦两岸的人们污染了泰晤士河，同时也饱尝河流污染的恶果。作为伦敦地区主要的水源地，泰晤士河的水质直接影响着伦敦数百万居民的健康和生命。长期饮用受污染的河水，导致霍乱频发，1832 年的霍乱死亡 5275 人，1848 年到 1849 年的霍乱死亡 14789 人，1853 年到 1854 年的霍乱死亡 11661 人。1858 年夏季泰晤士河“恶臭”大爆发，使在河边工作的英国议会和政府感受了污染的危害，议员们因受不了河面飘来的恶臭而逃离议会，各项工作停滞。

受污染的泰晤士河的疯狂报复让英国政府开始认真考虑河流污染治理问题。1858 年 8 月 2 日，英国议会通过法令，要求负责伦敦市政工程建设的“都市工务局”，尽快采取一切有效措施，改进大都市的下水排污系统，以最大限度地防止都市地区的污水排入泰晤士河中。从此，英国对泰晤士河的水污染治理工程正式启动。

从 19 世纪中期开始，英国政府和伦敦市政当局对泰晤士河的污染治理基本可以分为三大阶段。1852 年至 1891 年是泰晤士河污染治理的第一阶段，修建了两大排污下水道系统，基本确定了河流污染治理的规划。1955 年至 1975 年进行了第二次治理，这是对泰晤士河进行全流域治理的时期，隔离排污和集中处理污水的效果明显，基本修复了泰晤士河的生态系统。1975 年至今是泰晤士河治理的巩固阶段。

1858 年的伦敦大恶臭促使英国政府将泰晤士河的污染治理提上日程，具体措施则由 1855 年成立的“都市工务局”（the Metropolitan Board of Works）负责。总工程师约瑟夫·巴扎尔基特（Joseph Bazalgette）制定了一项全市污水排放规划，根据这项规划，将在泰晤士河南北两岸建造两套庞大的隔离式排污下水道管网，以汇总两岸的污水，北岸排污干渠在贝肯顿（Beckton）附近注入泰晤士河，南岸排污干渠在克罗斯内斯（Crossness）附近注入泰晤士河，这两地距泰晤士河入海口约 25km，离当时的伦敦主城区较远。按照规划将在两地建造巨大的污水库以蓄存污水，在退潮时刻开启闸门，让污水排入北海。

巴扎尔基特的工程规划虽然引发诸多争议，但其建造独立的拦截式排污下水道，避免污染河道主体的设想获得了英国社会的普遍认同，引发争议的焦点仅仅是排污干渠与河道交汇点的选址问题。

两条干渠长达 161km、支线长达 1650km 的拦截式排污下水道管网和配套的蓄水池于 1864 年完工并启用，污水经市区污水排放管网及排水沟汇入两条排污干渠，将污水送到位于泰晤士河下游排污口的污水库中。

这种做法，在一段时间内暂时缓解了泰晤士河伦敦主城区河段的严重污染状况。但是，巴扎尔基特规划的投机性和功利性很强，从本质上看是一种“以邻为壑”的做法，通过隔离下水道将污水转移到河口和海洋，而没有采取任何污水处理设施对其进行净化处理。

很快，巴扎尔基特规划的弊端便显现出来，泰晤士河从排污口到入海口的 25km 河段臭气熏天，漂满各种垃圾，由于河道淡水径流量小于涨潮时的内涌海水量，大量污水随潮水上溯，对伦敦城区的河道水质造成威胁。此时一起突发事故引发全社会对巴扎尔基特规划弊端的关注。

1878 年，“爱丽丝公主号”游艇在贝肯顿下水道出口处沉没，死亡 640 人。据官方调查透露，许多人并非溺死，而是因为污水中毒而丧命的。沉船事件促使伦敦工务局修订巴扎尔基特规划，在两大蓄污池附近建造了两家大型污水处理厂，采用化学沉降法处理污水。同时将污水中的固态垃圾分离后用专门的船只运至北海倾卸。这些做法取得了一定效果，泰晤士河的水质有所改善。

英国政府于 1955 年至 1975 年进行了第二次泰晤士河治理，这一时期，英国水资源经历了从地方分散管理到流域统一管理的历史演变。20 世纪 60 年代起，英国对河段实施统一管理，把泰晤士河划分成 10 个区域，合并了 200 多个管水单位，而建成一个新的水务管理局——泰晤士河水务管理局。

同时这次治理秉承全流域治理的理念，对伦敦原有下水设施进行了大刀阔斧的改造。大伦敦地区的 180 个污水处理厂缩减合并为十几个较大的污水处理厂，各类下水和污水处理设施重新布局使之分布得更加合理，同时对原有设施进行了升级改造，革新污水处理技术。20 世纪 60 年代，英国政府投资 5000 多万美元，对位于两大下水系统末端的克罗斯内斯和贝肯顿污水处理厂进行现代化的改造，升级改造后的贝肯顿污水处理厂是当时欧洲最大的污水处理厂，所处理的废水量与泰晤士河最大的支流麦德威河径流量相当，日处理量可达 273 万立方米。两家污水处理厂每天所处理的污水占到当时大伦敦区 700 万人口所排放污水的一半以上。同时，每年由专门的船队从两大蓄污池运走五百万吨以上的污泥倒入北海。

1975 年后，泰晤士河的治理进入了巩固阶段。泰晤士河水资源全流域管理的方法不仅解决了泰晤士河污染治理资金不足的难题，而且促进了城市经济的发展。英国政府一方面不断投资对污水处理设施进行技术改造，近年来对污水的处理已采用超声波监测控制污泥密度和包膜电极监测溶氧等新技术，遥测技术也已在使用中。同时严格控制工业污水的排放，对沿河两岸的工矿企业严加监督，规定除了经过净化处理的水以外，工矿企业将任何东西排进泰晤士河都是非法的。当然，近年来随着英国产业的升级改造和大伦敦区的经济模式转换，原本对泰晤士河造成巨大污染的煤气厂、造船厂、炼油厂等工业企业相继关闭，代之以各类文化和服务机构，从而大大缓解了泰晤士河的污染压力。

今天泰晤士河已经重现昔日碧水青波，正如一家英国杂志《水》所报道的那样："这一条工业河流曾经遭受到极其严重的污染以至于已被人们视为死河。然而，今天它已经恢复到接近未受污染前的那种自然状态。在世界上这是前所未有的。"

2011 年冬季伦敦泰晤士河上呈现"沙鸥翔集，锦鳞游泳"的自然和谐美景。不可否认，由于长期忽视对发达国家环境治理经验、教训的借鉴，我们重走了西方发达国家"先污染后治理"的老路。问题在于，当中国的经济已经发展到一定程度以后，我们的政府应及时注意到环境问题，汲取发达国家在治理环境污染上的丰富经验，投入资金与精力去治理污染，改善环境，建设人类与自然良性互动的和谐社会。希望英国政府在治理泰晤士河污染上的一些做法，能给我们提供有益的启示和借鉴。

3.1.3 荷兰绿色发展的经验

荷兰是一个小国，但也是当今世界上最富裕、人类发展指数最高（2011 年居全球第三）的国家之一。荷兰全国人口总量 1670 万，国土面积 41500km^2，是一个人口密度高和土地资源相对稀缺的国家，这使得荷兰人对每一寸土地都需要精打细算地规划，进行长远考虑、系统设计来满足城乡持续发展的需要。"规划"或者说"计划性"（planning）是荷兰社会文化的核心，荷兰不允许存在没有经过规划而利用的土地（无论是城镇，还是乡村、自然保护区等），对每一寸土地都要长远规划以"保持荷兰的形状"（keep the Netherlands in shape）。因此，荷兰又被称为"规划的国家"（planned country）。

（1）荷兰绿色发展传统的内在"基因"

在许多方面，荷兰的绿色发展有其独特之处，甚至可以说有其内在的、深刻的文化基因。

① 荷兰人具有尊重和利用绿色生态环境的长期传统。

荷兰的国土面积中有 20％是靠填海造田而来的，约有 27％的土地低于海平面，55％的国土面临被淹没的风险（联合国气候报告，2010），这些原因使荷兰人长期以来不得不与海洋和水患争夺土地。因此，荷兰规划中极为强调对城乡土地利用与空间规划、自然环境之间的融合，在尊重自然的基础上达到人与自然的积极互动，以实现城乡建设与环境的可持续协调发展。如今，绿色可持续的发展理念与路径已经贯穿了荷兰绿色发展的各个方面，包括土地的混合利用、紧凑的空间规划、绿色的交通出行方式和社会的多元融合等等，荷兰在诸多方面都成为了欧洲国家乃至世界规划的典范。

② 荷兰社会具有协商合作的文化基因。

在长期抵御自然与洪涝灾害的斗争中，荷兰人形成了依靠集体合作而不是过于强调个人能力的社会文化传统，协商与合作也因而成为荷兰特有的规划基因。除了规划编制本身注重集体的协商和合作外，在规划过程中也通过不断地谈判、协商以达到各个主体需求的协调。荷兰空间规划得以成功的关键，也是因为各部门之间的协调。由于荷兰政府为中央、省、市三级政府，在与上级政府的政策和立法不相冲突的情况下，各级政府在空间规划方面的决策和立法都是独立的，因此，协调各层面的政策与法律成为荷兰空间规划的重点。

值得关注的是，与中国相似，荷兰市一级地方政府在规划实施中，也可以充当项目开发商的角色（世界上只有少数国家地方政府在编制规划的同时，也参与土地经营和房地产开发）。但是在协商合作的前提下，政府与市场之间的关系既不是“放任市场”，也不是“政府包办”，而是将所涉及的各利益主体和公众参与都纳入进来，进行多方的积极互动，从规划编制到项目实施都兼顾了经济发展和人文关怀。当然，荷兰这种协商规划的传统使得从规划编制到多方协商，再到项目实施，往往要经历十年甚至更久的时间，似乎效率很低下。但是，荷兰学者的解释是：规划实施一旦形成，其影响和实施效应可能是数十年甚至上百年的，因此，只有通过严谨的集体讨论和规划过程才可能实现规划的远见和达到预期的结果。这种规划的远见无处不在地体现于荷兰具体的建设实施过程中，以阿姆斯特丹为例，其规划早在400年前的17世纪初就已形成：通过环状放射的道路交通配以平行的运河水上交通形成整个城市的骨架，数百年来，阿姆斯特丹一直贯彻并有效地推进实施上述规划内容。

③ 荷兰的福利国家性质也使得社会高度关注可持续发展的绿色发展理念。

这一方面是源自荷兰原有的宗教传统；另一方面，长期执政的社会民主党是福利主义的倡导者，使得荷兰不断增强对弱势群体福利的关注。荷兰实行“高税收、高福利”政策，特别是在二十世纪六七十年代，荷兰平均年经济增长率维持在11%左右，在社会财富总量快速增加后，财富的分配公平则是通过高税收、高福利来实现对弱势群体的倾斜。这种政策思想在绿色发展领域可谓无所不在，例如：在交通规划中行人与自行车的路权优先于小汽车，对公交出行者给予交通补贴；建立有效的社会住房保障体系，社会住房规划往往更接近公共交通站点，对低收入社会住房租赁者给予住房补贴；避免绝对的居住空间分异，而是考虑不同种族、收入人群之间的社会空间融合等等。

（2）绿色发展的组织原则

以上我们简要总结了荷兰本身具有的独特自然环境、社会文化及历史传统对绿色发展的影响，我们将之称为支撑荷兰绿色、可持续规划的内在“基因”。此外，荷兰政府也通过积极主动的政策引导来保障规划后的城乡空间发展可持续性。自荷兰政府在1960年发布首份《关于空间规划的国家政策文件》以来，政府政策科学委员会

（Wetenschappelijke Raadvoor het Regeringsbeleid，WRR，1998）在一项针对国家政府政策的分析中提出，在空间规划国家政策中可以辨识出五大“基本原则”，这些原则以政府政策引导的形式一直以来渗透到了各个层面的绿色发展之中，对荷兰现代绿色发展的产生和发展起到了重要的影响，主要包括以下几个方面。

① 城市化的集中原则（concentration of urbanization）。

城市发展应发生于现有城镇与城市的内部或周边的集中地区，以此来保护广阔的乡村与农业用地，使城镇与城市能够维持优质服务与公共交通，并减少流动性，避免城市蔓延。

② 空间融合原则（spatial coherence）。

同一地区城乡的各种活动之间应该具有良好的地理关系和空间利用的混合，住房应该相应配套建设有商店、学校、就业、休闲娱乐等设施，通过混合功能来避免大规模的单功能区域发展，使人们能在家庭与学校、商店、工作单位等之间方便运作。

③ 空间差异化原则（spatial differentiation）。

不同区域间的历史差异性应该得到重视与保护，而且应该注意创造新的差异性，避免城乡景观的千篇一律与单调，使乡村与城市、城市与城市之间相互区别。

④ 空间等级原则（hierarchy）。

在城乡之间建立差异有序的空间等级体系，创造和维持一系列城市中心，并使最大的中心具有最高等级的设施，以保持城镇与城市的活力，并实现空间的差异化与服务的持续保障性。

⑤ 空间公平性原则（spatial justice）。

人们居住在荷兰国土上的任何地方，都可以享受到良好的设施与服务，实现可达性的机会均等。如果出现因设施缺乏或破损而使居民环境处于不利状况的话，土地利用政策应负责进行必要和及时的弥补。

这些务实的城乡空间组织原则，保证了荷兰在不同的区域空间层面上、城乡结构与聚落体系上有着密切的关系，并形成等级有序的差别和鲜明的特色，充分保障了城镇与乡村的共同发展。关于这一点，可以从荷兰高度城镇化的兰斯塔德地区得到深刻的感受——这里是荷兰人口最密集、经济最具活力的地区，但是长期以来一直坚持实行对农业绿色地区的严格保护策略。在城镇空间层面，可以看到荷兰几乎所有的大小城市、城镇都能够做到特色鲜明，土地利用呈现混合多样、集中发展的格局，处处可以看到“紧凑城市”发展理念的现实体现；在乡村地区，乡村融经济活力、文化魅力、景观特色于一体，没有任何城乡二元壁垒，城乡居民实现了享受公共设施服务机会的均等性。

(3) 绿色发展的启示

由于荷兰的绿色发展具有鲜明的传统特色、行之有效的管控方式，遵循了当今世界有关绿色发展、紧凑发展、城乡融合发展等经典的规划理念和“愿景”，所以，国内业界长期关注荷兰的城乡发展模式和规划举措。《国际城市规划》曾分别于 2009 年第 2 期和 2011 年第 3 期做了两期专刊来介绍荷兰的规划，前者以“团结与共生的艺术”为主题，从区域规划、大型项目设计等方面介绍荷兰的规划经验；后者则以城市开发管理为重点，介绍了荷兰高铁车站、港口及大型盛事等各类型的城市项目开发管理实践案例。这两期专刊最大的不同是定位于“绿色与可持续绿色发展”这一主题，这是最能体现荷兰绿色发展核心价值观与特色所在的方面：一方面，荷兰具有人与自然主动和谐、绿色生态自然环境与城乡发展相协调的丰富规划经验，并具有欧洲乃至全球的典范意义，这对中国有着非常重要的借鉴价值；另一方面，党的十八大报告中提出了“全面协调可持续”的新内涵，其中包括了经济、政治、文化、社会和生态建设等五个方面的内容，使得可持续发展的内涵更加全面、包容（既包括生态与自然环境方面，也包括经济与社会方面）。因此，准确地了解荷兰绿色发展的内在机制，辩证地吸收借鉴荷兰等国家的城乡发展与规划经验，结合自身的国情探索中国绿色与可持续城乡发展之路，将成为中国规划界的新时代使命。

虽然我国在资源环境短缺、政府经营土地、规划编制层级等方面与荷兰有一定的相似之处，但是在发展背景和过程、文化理念和传统、政治背景和条件等方面与荷兰还是有着非常大的差异，这些也都构成了影响我国绿色发展实践与规划政策的“基因”。因此，绿色与可持续城乡发展不是仅凭向国外简单地学习就能实现，也不单是靠规划师通过空间规划就可以全部解决的。这需要统筹各方资源，协调各方利益，根据国情进行积极的制度与方法创新，走中国绿色可持续的城乡发展之路，从而实现“绿色发展”的目标。

3.1.4 北欧国家发展经验

众所周知，无论是经济发展水平还是生态建设水平，北欧城市都处于世界领先地位，而纵观世界能将两者有机统一的地区更是屈指可数。在绿色、低碳理念逐渐被人们重视的今天，北欧各国的城市发展有着独特之处。

（1）斯德哥尔摩生态新城

素有“北方威尼斯”之称的斯德哥尔摩是瑞典的首都，在过去的 60 多年里，斯德哥尔摩已经从第二次世界大战（以下简称二战）前的单中心城市转变成了战后的以地铁为骨架的多中心大都市，城市的土地使用形态也与地铁线网紧密结合，随着生态、绿色城市理论的逐步提出，其新城的建设更成为了一大亮点。

在斯德哥尔摩的众多新城中，哈马碧无疑是最吸引人眼球的一个。在发展绿色经济、实现可持续发展方面，瑞典走在世界的前列，而哈马碧又走在了瑞典的最前端。

哈马碧原本只是斯德哥尔摩城市边缘的一处普通的小型工业区和码头。为申办 2004 年奥运会，斯德哥尔摩政府对这片地区进行了重新规划，并制定了生态可持续发展蓝图，虽未成功申奥，但生态可持续的规划却被保留并实施。

作为斯德哥尔摩市低碳住区项目的试点，哈马碧滨水新城自开发起就设立了一个较高的低碳环保目标，包括：每户公寓都应有不低于 15m^2 的绿地；到 2010 年前 80％的居民出行使用公共交通工具，步行或骑自行车；新城内的能源供应均来自太阳能、沼气、垃圾；人均用水较斯德哥尔摩平均水平降低 1/3；污水全部得到循环使用等。

哈马碧的建设者还设计了被称为“循环链”的一系列解决方案。例如：居民生活垃圾被要求分类放在不同的回收箱中；通过地下的垃圾抽吸系统，可燃烧垃圾被运往热电厂用于供电；有机垃圾则到了肥料厂转化为田间肥料。这样，除电池、化学品等需特殊处理的危险废物外，其他垃圾都在新城内得到了再利用，构成“垃圾循环链”。而“垃圾循环链”又与“供水排水循环链”“能源循环链”等相互整合，最终形成了哈马碧地区整体上的“环境-能源循环链”。

哈马碧虽然很小，却并不仅仅是斯德哥尔摩的住宅区，而是具有完善的城市功能的新城。这里有小尺度的住宅，也有多层公寓加沿街店铺和办公空间，还有学校、医院等各种公共服务设施且建筑的外形符合功能，具有较强的辨识度。此外其建筑尽量采用可持续的材料，如木头、玻璃、石材等。所有剩余建筑垃圾，都会在场地附近分类收集，然后进行再利用或处理。景观设计与雨水收集、净化、处理等过程有机地结合在一起。据有关人士介绍，哈马碧生态城的建设成本比斯德哥尔摩市其他地方的建筑成本高 2％到 4％，但环境影响却比原来降低了 50％。

(2)“手指”间的低碳城市

北欧的另一大城市哥本哈根位于“童话的故乡”——丹麦东部的西兰岛上。除了是丹麦的首都外，这里同时也是其商业、工业和文化中心。此外，哥本哈根还曾被评为全球“最适合居住的城市”与“最佳设计城市”，这一切都与其独特的城市规划密不可分。

二战以后，为确保哥本哈根区域的发展符合国家利益，丹麦政府一直在指导实施区域规划。“手指形态规划”（以下简称“指形规划”）及其以后不断演变的修正方案是哥本哈根城市协调发展的指南针。“指形规划”原则最早提出于 1947 年，5 根手指从哥本哈根中心分别向北、西、南方向伸出，形成一个手形的区域，手指之间的地区被森林、农田和开放休闲空间组成的绿楔分割。在半个多世纪的时间内，哥本哈根的城市规划始终坚持这一规划原则。2007 年哥本哈根正式制定“指形规划”并指出城市发展要集中在轨道交通沿线，完善公共交通设施，使居住地向交通走廊沿线分布。将一个放射形的轨道交通系统与根据总体规划修建的郊区有效地整合起来是其主要特色。

与其他发散式的城市规划不同，“指形规划”的核心是城市通过沿已确定手指走廊的线状发展，以保证区域内相当比例的就业人口能够使用轨道公共交通上下班。分布在绿楔中的“手指”，可以实现有效的、放射状的向心通勤，同时也有助于维持一个合适规模的中心城区。多年以来，“指形规划”已经成了该区域的标志，并体现出它独有的权威性。

据了解，基于“指形规划”而建的哥本哈根市区及周边交通网络四通八达，覆盖面广，由区域铁路干线、城际列车和地铁组成的轨道交通网络具有良好的衔接性和通达性。7 条地面轨道交通干线将哥本哈根市中心与郊区相连，是哥本哈根公共交通的核心。机场地铁线到市中心只需 14min，为本来就不拥堵的哥本哈根城市交通进一步提供了便利。此外，哥本哈根的公共交通均提供详细具体、实时更新的时刻表和电子信息发布，列车运行预报精确到每分钟，并设有专门的网站供顾客查询最佳出行线路，减少交通拥堵。

除了轨道交通外，为有效减少碳排放量，哥本哈根政府还大力提倡市民使用自行车出行。哥本哈根市政府特意为骑车出行的市民建造了一条宽阔的自行车“高速路”。该车道经过特别设计，尽可能减少中途的停靠，使用特别的交通信号系统，可以让骑车族免遇红灯，并且中途还设有自行车充气站、修理站和停泊站，可以使骑车人更快、更安全地抵达目的地。据哥本哈根市市长介绍，新建成的自行车“高速路”可以让哥本哈根市每年减少 7000t 的二氧化碳排放，并且骑自行车出行还改善了骑车族的健康状况，为政府每年节省下相当于 3 亿元人民币的医疗支出。越来越多的哥本哈根市民把自行车作为出行的首选交通工具。现今，哥本哈根已被冠以“自行车城”的称号。哥本哈根的目标是到 2025 年，至少 3/4 的出行要通过骑车、步行或公共交通来实现。

在大力提倡公共交通和自行车出行的同时，丹麦政府还通过提高与汽车相关税费的方式来控制汽车总量以减少碳排放总量。据了解，在丹麦购买一辆新车，除了要缴纳牌照税、25％的消费税外，其价值在 7.9 万丹麦克朗以下的部分还需缴纳 105％的注册税，以上的部分则征税 180％。过高的汽车购置税使得消费者在丹麦境内购买一辆新车，通常要付出比在其他欧盟国家高出两倍的价格。除了购买环节外，丹麦还在汽车使用过程中征收各种税费，主要有环保税、能源税，此外还有车灯税、润滑油消费税、电池税等。

3.1.5　德国的循环经济

到过德国的人，大概都会因它的干净而留下深刻的印象。到处可以看到擦得亮晶晶的玻璃，一尘不染的店铺和几乎看不到纸屑的街道。德国人会以羊皮擦拭玻璃，将用过的抹布洗净后加以烫平、折叠。当然，德国的干净环境，除了要归功于其民族爱干净的天性外，德国的垃圾处理制度亦是功不可没。

德国是国际上公认的垃圾资源化水平很高、垃圾管理体系先进的国家。德国在全国普遍实行垃圾分类制度，其一丝不苟的民族天性在执行这一制度时体现得淋漓尽致。对于有可能污染环境的垃圾，德国人的神经最为敏感。他们规定：凡可能污染环境的物品，如电池、化学品等，用毕或过期后必须交回商店，或丢弃于特别设置的垃圾箱，以集中特别处理，不可随意丢弃。否则，马上就会被人纠察，甚至被处以罚金。

德国的垃圾站为 40 多种垃圾分别建造了不同的收集库，并编了号码。这些收集库井然有序地排成一圈，例如：1 号是玻璃瓶子；2 号是纸或纸板；5 号是混合板或木料；

6 号是建筑垃圾；12 号是电视或电脑显示屏；35 号是灯泡、电池、药品或化学物品等危险物。所有到站的垃圾被迅速分入各个收集库中。其中有些垃圾如电脑废料、塑料垃圾等混合了几种不同的材料，则需要经过人工分拣，再按类别放置。

分拣处理后的垃圾将分别送到各个加工厂，无法再利用的垃圾就要送到焚烧厂焚烧发电。目前，德国通过垃圾焚烧得到的电能已经占了城市供电相当重要的比例。以科隆为例，该市利用垃圾发电可解决全市 15%人口的用电，垃圾焚烧后的余灰则全部用于铺路等工程。在垃圾填埋方面，则对有机质的填埋比例进行了严格限制。

20 世纪 80 年代以来，德国开始了可持续的垃圾管理实践，把发展循环经济作为化解环境危机、实现可持续发展的重要途径。循环经济是一种按自然生态、物质循环方式运行的经济发展模式，倡导人类经济系统与环境和谐发展，目标是最佳生产，最适消费，最少废弃。区别于传统经济活动的资源—产品—垃圾的单向线性流程，循环经济模式下的经济活动是一个资源—产品—再生资源的闭环型流程，以资源闭路循环和能量多级利用为特征，以减量化（reduce）、再利用（reuse）和再循环（recycle）为原则。

德国垃圾处理科技发达，已经发展为一个重要的产业部门，为 20 万人提供了就业机会，每年的营业额达到 500 亿欧元。目前德国的垃圾再生利用率居世界首位。城市生活垃圾和工业垃圾再生利用率达 50%以上，其中某些垃圾种类的再生利用率更高，如包装物（77%）、电池（72%）、书写纸（87%）。德国绿点组织 DSD 创建的绿点标志已经在 22 个欧洲国家使用，以 DSD 为核心组建的“欧洲包装物再生利用组织”（PRO EUROPE），在实施欧盟包装物法规、消除成员国贸易障碍方面日益发挥举足轻重的作用。德国的环境政策在欧盟国家中素以严格、强硬闻名，面对欧盟其他成员国不断的“贸易保护”指控，德国依然坚定不移地实施强制性的回收利用目标、一次性饮料包装押金等制度。

20 世纪 70 年代早期，约 5 万个垃圾场遍布德国，多数是位于城郊的未经管理和控制的生活垃圾和商业垃圾的倾倒地点。由于垃圾渗漏对作为饮用水源的地下水的严重污染，政府不得不考虑政策调整，1972 年制定了《垃圾处理法》，主要目的是关闭无人管理的垃圾场，代之以集中的地方政府严密监管的垃圾场，此举成功地把垃圾填埋场压缩到 300 个。

19 世纪末，始于欧洲的垃圾焚烧有效地解决了大城市的环境卫生和填埋空间缺乏问题。在第一次能源危机到来的 1973 年，利用垃圾焚烧发电和供热在德国一度极为盛行，以节约昂贵的一次性燃料。但大型垃圾处理厂运行产生的废气、废水，尤其是垃圾长途运输造成的污染，也带来了环境损害。汹涌而来的废弃物堆积成山，使已有设施的处理能力告急，政府急于扩建新的垃圾处理厂。但是，随着公众环境意识的不断增长，垃圾的焚烧、填埋和新建处理厂都受到民意强有力的抵制。在舆论重压下，政府不得不扭转环境政策，从建设更多的填埋和焚烧厂、扩大垃圾处理能力，转向注重源头削减垃圾的产生量、进行循环利用。相应地在立法中确立了垃圾预防和再生利用优先于垃圾处理的原则；首次规定了石油企业向消费者回收废油并以环境友好的方式处理的义务，这是著名的“延伸生产者责任”（EPR）的雏形。

1990年，德国政府制定了一个针对一次性聚乙烯饮料瓶的押金法。因为多数的德国饮料包装都是可重复充填的（refillable，相当于可续杯），所以该法主要影响的是进口产品制造商的利益，因此欧洲国家的几个商家联合向欧盟委员会投诉押金法构成隐蔽的贸易壁垒。欧盟委员会支持了外国制造商，裁定德国针对单一产品和材料使用押金制是违法的。陷于被动的德国政府，迫切感到进行综合性包装物管理的必要性。

1991年6月12日生效的《包装垃圾条例》，设定了雄心勃勃的包装物强制性循环利用的系列目标，分两个阶段实施：第一阶段，计划到1994年1月回收全部包装废料的50%；第二阶段，计划到1995年6月回收80%的包装废料，必须对被收集回的大部分材料进行循环利用。

该条例最显著的特征，是要求把包装投入市场流通的制造者、包装者、经销者承担回收和循环利用责任，从而大大减轻了地方政府处理垃圾的负担。条例把包装分为三类：运输包装、销售包装和次级包装。1992年以来，供应方一直被要求收回运输包装和次级包装。1993年开始，要求供应方必须收回所有销售包装。消费者可以把包装物留在零售点或其他收集点，由供应方负责运费，零售商负责将包装材料送回供应方。供应方应当在技术可行、经济合理的情况下重复使用或循环利用回收的包装材料。

该条例还授权制造商和经销商委托第三方，替代履行回收利用义务，允许成立生产者责任组织（PRO），以统一收集、利用，替代个别履行。它直接促成德国双重体制DSD和绿点标志的诞生。同时，《包装垃圾条例》的诸多理念更新的立法尝试，为此后综合性垃圾管理法《资源闭合循环和垃圾管理法》的制定铺平了道路，也为以后的《电池条例》《报废汽车条例》《废电子电器设备法》以及欧盟包装物法规的制定引领了方向。

该条例1998年的修正案，为处理包装垃圾设定了严格的先后顺序要求。首先和最重要的是预防并减少包装垃圾产生；其次是旧包装应当通过退回生产的闭路循环而重复使用或再生利用，只有不能预防、重复利用和再生利用的包装垃圾才可以填埋和焚烧处理；最后进一步提升包装物回收利用和循环利用指标。

该条例第三次修正案于2005年5月28日生效，明确对环境不友好的一次性饮料包装实行强制押金制度，目的是使可重复充填的饮料包装和生态友好的一次性包装，占据全部市场份额的80%。

20世纪90年代早期，德国政府也曾尝试通过向生产者收费的经济手段来解决垃圾处理问题。德国拟将各种垃圾根据有害性分不同等级，然后依不同等级，从量计征费用，能循环利用的则免除收费，目的是增加末端治理的成本，抑制垃圾产生量和鼓励循环利用。但是该法案遭到产业界特别是产生大量垃圾从而可能需要支付巨额费用的利益集团的强烈抵制。最终，德国政府还是被迫放弃了这一做法，尽管类似的收费在欧洲国家非常普遍。

经济手段的失败成为德国走向循环经济之路的一个诱因。1992年在里约热内卢举行的世界环境与发展大会，加快了德国转向循环经济的步伐。受大会提出的可持续发展战略的启示，德国环境部长 Klaus T pfer 选择资源节约作为垃圾管理的新突破点，并且创造了资源闭合循环（closed substance cycle）的概念。根据这一概念，资源历经生产、销售、消费环节后作为二次原料继续利用，始终处于闭合的经济循环中，以替代主要的原生资源消耗。

1994 年德国颁布了垃圾管理的综合性立法《资源闭合循环和垃圾管理法》，该法经过两年的过渡期后于 1996 年生效。该法作为垃圾管理的综合性立法，只规定了资源闭合型循环的垃圾管理的一般原则和要求，并授权联邦行政机关制定条例将产品责任、与环境协调的回收和再生利用义务、垃圾处置义务进一步具体化。相关专业领域的立法除了《包装垃圾条例》外，还有《商业垃圾条例》《报废汽车条例》《污水污泥条例》《废木材条例》《电池条例》《废电子、电器设备法》《居住区垃圾存储和生物垃圾处理设施条例》《垃圾填埋条例》等，它们共同构成德国垃圾管理法律制度。

近几十年来，大规模生产的廉价商品增多，助长了人们浪费和一次性使用的价值观和消费心理。随着劳动力成本的上涨，修理成本往往高于购买新产品，人们不再追求产品的经久耐用和节俭消费。发达国家和发展中国家因此都遭遇了汹涌而来的垃圾潮。建设资源闭合型循环经济社会，首先必须彻底改变“用过就丢弃”（throw-away）的毫无节制的消费至上理念。在德国垃圾管理的立法和实践中，处处体现崇尚环境友好、生态有益、可持续消费的制度定位。例如，《资源闭合循环和垃圾管理法》第一条就开宗明义指出，立法的目的是追求循环经济、资源保护和与环境协调的垃圾处理。并设定垃圾管理严格的先后顺序：防止产生—再利用—处置（avoid—recover—disposal）。垃圾管理的原则、要求及其变通都是以最小化对环境和生态的影响为依据。比如，垃圾的循环利用一般优先于处置，但是如果处置方式是对环境最安全、有利的，则免于适用此优先。另外，在循环利用时，物质循环和能量回收两种方式何者优先，也取决于何者更与环境协调。

德国政府认为，减量（reduce）不仅意味着最小化垃圾产生量，还意味着经由安全有效的垃圾管理，最小化不利的环境影响。垃圾管理的政策选择不以生产、消费、处理过程垃圾产生量的多寡为唯一标准，同时应考虑垃圾的环境影响。基于垃圾不同的材质，或许有的垃圾如塑料，体积小、重量轻，但不易再生利用，有些垃圾如钢铁、玻璃，体积重量较大，但再生利用时，更具技术可行性和经济合理性。

关于再利用（reuse），欧盟的《废电子电器设备指令》和《报废汽车指令》都没有确定 reuse 的具体目标，而德国在《包装垃圾条例》里，明确规定了对可重复填充使用的（refillable）饮料包装的市场份额目标，明确了 reuse 优先于 recycle 的位阶。

再循环（recycle）利用不仅包括让可再生物质返回经济循环（substance recycling），还包括垃圾作为替代燃料的能源化利用（energy recovery），从生态和气候保护的观点看，垃圾作为替代的能量载体，可能更高效和经济。

1990 年，瑞典环境部把“延伸生产者责任”（EPR）定义为为达成降低产品总体环境影响的环境目标的一种环境保护战略，使生产者对产品的整个生命周期特别是产品的回收、循环利用和处置负责。在短短十年左右的时间，EPR 的概念迅速传遍欧洲和亚洲，并悄然改变着许多世界大公司的行为。许多国家也把它写入立法，全球的大公司都争先恐后地建立了自己的回收项目，以避免惹上麻烦。

EPR 的内容主要有三个方面：①采用环境安全的产品设计，关注使用后的垃圾处理；②生产者在物质上和经济上承担产品垃圾管理责任；③设定垃圾减量和循环利用的比例和期限。

德国最早在垃圾管理上实践了 EPR，卓有成效地将综合性的 EPR 概念融入它的《包装垃圾条例》中，并以产品责任（product responsibility）概括之。传统的产品责任（product liability）是指缺陷产品致人损害时生产者、销售者承担的损害赔偿责任，解决的是在消费者、零售商和生产者之间有效分摊产品故障及伤害的风险。而德国垃圾管理中的产品责任，不同于传统的产品责任，主要关注产品环境风险的负担。

德国法律中有关产品责任的具体内容有：①设计、制造、销售的产品必须满足可重复使用、经久耐用、使用后能够安全地再生利用或以环境安全的方式处理的要求。②在产品制造过程中优先使用再生废料或二级原材料。③标明产品包含的污染物。④通过产品标签告知重复使用、再生利用的接收、押金支付安排等信息。⑤接受回收的物品和使用后的残余垃圾，并对它们进行再生利用或处理。另外在《包装垃圾条例》《报废汽车条例》《废电子、电器设备法》中也规定了产品责任。

EPR 的理论依据首先在于符合风险预防、污染者负担、合作原则等环境法的基本原则。风险预防要求对自然世界的损害应当事先根据机会和可能性避免之。产品的生产者、经营者有义务事先考虑贯穿产品整个生命周期及处置阶段的所有可能的环境风险，并与有关各方（其他生产者、消费者、处理和循环利用机构、政府机构）合作，创立一个最小化环境不利影响、最大化资源再生利用的机制。

其次，生产者最有能力了解和控制产品的环境风险和分摊成本。生产者掌握资金、相关技术资源和销售网络，是先进技术的开发者和再生原料、循环利用技术的主要使用者。生产者采用环境友好、安全的产品设计可以有效地避免、降低环境风险，并且可以方便地将成本计入产品价格，由最终消费者负担。

最后，以生产者责任替代税收支持下的被动的政府环境治理，建立必要的激励机制，有利于从根本上扭转不可持续的生产、消费方式，减少垃圾的产生和环境损害。

德国政府对垃圾循环的全过程实施监管，确保消费者便利地送回垃圾；政府提供信息咨询服务，并通过政府采购，引领符合循环经济要求的产品和再生材料消费行为；鼓励企业开发创新性的替代包装材料以及分类、循环利用废料的先进技术，推进循环经济发展；市政当局负责清理住家垃圾，费用由纳税人承担。

消费者的责任是协助收集和循环利用垃圾，送回而不能随意丢弃垃圾。此外，还包括通过购买产品而承担包含在价格中的回收利用成本。德国鼓励消费者选择环境友好产品，为资源闭合循环创造需求，从而影响生产者行为。

德国的教训是，初期设定目标时没有考虑不同废料再生利用可能的差异，以及国内垃圾处理能力的限度。《包装垃圾条例》颁布伊始，公众支持异乎寻常地热烈，收集来的垃圾很快堆积成山，超出国内循环利用和处理能力，多数垃圾只能输出到法国、东欧和亚洲国家（包括中国）。这种垃圾越境转移直到1997年才停止，引发了德国与邻国及第三世界国家的紧张关系。

1990年9月28日，来自包装材料和快速消费产业的95个公司组成了德国的生产者责任组织——包装垃圾收集利用的环境服务公司DSD。DSD的基本定位是代为履行EPR，与项目中的所有参与者——生产者、销售者、垃圾管理产业、地方政府公平合作，减少资源的消耗和坚持生态标准。

DSD拥有绿点（green dot）标志。希望加入DSD项目的生产者、经销商通过付费取得在其包装材料上使用绿点标志的许可。经由绿点系统组织回收和再生利用包装垃圾，从而免除个别企业需履行的义务。绿点的费用结构形成了制造商减少产品包装数量的激励，因为使用绿点标记的费用取决于包装材料的类型和重量。一般越重、越难以再生利用的包装，许可费越高。塑料收费最高，天然材料和玻璃收费最低。DSD主要收集玻璃，纸，纸板，轻质材料如聚苯乙烯、塑料，混合材料制成的复合包装物，铝，马口铁等。

DSD运用两种收集方法。第一种是应用最广泛的路边收集，由消费者分类投放包装物。另一种可供选择的方法是拿来系统。消费者把所有的废包装带到中心收集站，由DSD的雇员分类后运往再生利用设施。DSD并不建立自己的分类和再生利用企业，而是通过与专业的垃圾收集、循环利用、处理企业订立合同，委托代为履行回收、循环利用和处理义务。目前DSD的合作伙伴已达到700多家。

德国政府对DSD的运营实施监管，设定了某些条件限制。包括要求设立全国性的赔偿基金；收集箱的位置要便于消费者利用；设定常规的收集明细表，使收集计划与州和地方的公共垃圾收集体系一体化，强制达到法定的包装物收集和循环利用目标等。

自创立以来，DSD的再生利用率一直高于《包装垃圾条例》（以下简称《条例》）设定的目标。2003年，DSD收集的玻璃、纸、马口铁、铝、复合材料、塑料的再生利用率分别高达99%、161%、121%、128%、74%、97%，全面超越了《条例》的目标。这一方面表明DSD的成功运作；另一方面，超过100%的再生利用率也表明DSD收集处理了大量混入收集系统的未获准使用绿点标志的包装垃圾。如何有效制止消费者、生产者的搭便车行为，一直是令DSD头疼的一个难题。一些公司冒用绿点标志而不付费，甚至一度导致DSD发生财务危机。1997年德国政府授权DSD将未经许可使用绿点标志的企业诉上法庭，管制的加强使DSD系统得以维持良性运转。

联合国环境规划署在《2000年全球环境展望概览》中预言，下个世纪对决策者的挑战是制定适当政策鼓励经济生产部门以更有效、更合理、更负责任的方式使用自然资源，鼓励消费者支持和要求这种改革，这样全世界人民就能更公平地使用资源。21世纪，政府和民间社会之间亟待建立一种互动的新型合作关系，提升环境管理的效能，公平分担环境费用及分享其惠益，促进经济、社会、环境的可持续发展。

3.2 北美国家的经验

3.2.1 美国经验

(1) 美国对生态环境保护认识的历程

第一阶段：20 世纪 60 年代前，美国的环保理念主要是资源保护主义和自然保护主义。它以一些知识分子的理论为先导，依托环境保护组织和民间力量，以零星、成文的国家法律法规为保障，走的是一条自下而上的环境保护路线。这一阶段，美国先后出现了具有浪漫主义色彩、超功利性质、功利性质以及生态主义色彩的环境保护意识，虽然并没有解决美国生态环境恶化的现实，但对生态环境保护的认识却从空想过渡到实际。

第二阶段：20 世纪 60 年代至 90 年代，美国现代生态环保运动已经具有广泛的社会基础，不同种族的人开始接受生态环保思想，成为生态环保运动的重要推动者。二战后，美国居民收入增加，开始注意改善生活环境，政府积极推动对生态环境保护教育事业的发展，把关注点集中放在污染和健康问题上。同时，非政府生态环保组织的成立种类多样，关注点也有所不同，生态环保运动表现出多样化和包容性的特点。这一阶段，虽然出现反生态环保运动，但总体上仍是继续发展，基层环保组织队伍壮大，拥有雄厚的群众基础，反映了美国生态环保运动的壮大。

第三阶段：进入 21 世纪，可持续发展成为美国生态环境保护的主导理念。为了进一步推动生态环境保护的建设，美国推行的政策及措施工具更加灵活和多样化，综合利用政治、法律法规、经济和社会等手段解决生态环境问题。联邦政府还扩大了有关生态环境保护的范围，如环境教育、环境技术开发和应用、弱势群体的生态环境利益等。近年来，随着全球生态环境危机的不断加深，联邦政府采用“绿色新政”、推动循环经济、大力发展低碳经济等，美国国内生态环境保护又重新呈现出蓬勃发展的态势。

(2) 美国生态环境保护的政策措施及对中国生态文明建设的启示

① 以立法形式进行生态环保，严格执法。美国有关生态环境保护的法律法规体系是从 20 世纪 60 年代末才开始逐步完善起来的，在此之前，政府颁布的法律法规不够健全，成文法律法规较少；70 年代，美国政府颁布了许多单行法律；80 年代开始，美国进一步加强了能源、资源和废弃物处置方面的立法；90 年代后，美国开始注重清洁能源的使用，鼓励使用新能源，推进新技术开发和利用；进入 21 世纪，美国开始实行“绿色新政”，颁布《美国复苏与再投资法案》，进一步推动清洁能源的使用，以保护生

态环境。

美国法律法规体系的构建及完善，离不开各界的努力和配合。如政府实行“双轨制”的生态执法模式，由中央联邦环保局统一授权，各州设环境质量委员会以及被予以授权的环保执法部门，规定生态执法的信息必须公开、透明，接受各行各界的监督和制约；立法人员依据科学实验，得出精准的法律法规数据；在生态环境执法过程中，必须有受过高等教育的执法官员、律师及各方面的技术专家同时参与，以应对执法对象的不真实性，保障执法的权威性。美国生态环境保护法律法规体系的实施和健全过程，都可以给我国生态文明建设提供宝贵的经验。

② 实施综合性策略，保护生态环境。美国在科学环境保护和生态建设道路上走在世界前列，采用税收、收费和政府采购等政策措施来鼓励各行各界保护生态环境。在税收及优惠政策方面，会征收新鲜材料税；在控制二氧化碳排放量时，会征收碳税以及碳结合税；在促进绿色节能时，政府鼓励新建节能住宅、节能设备等，实行减免税收政策。在政府采购政策方面，对于再生材料的产品，各州政府几乎都制定了优先购买的相关政策和法规，对未按规定购买的行为处以罚金。同时，美国还制定了一些奖励政策，如设立国家级“总统绿色化学挑战奖”，旨在奖励那些已经或者将要通过绿色化学显著提高人类健康水平和环境质量的先驱们。

③ 依靠科技，提高保护生态环境水平。美国政府积极鼓励有关技术创新，开创新领域，扩大技术应用范围。美国国家环境保护局每年投资近百亿美元，主要用于生态环境保护、基础设施建设以及有关信贷投资。政府还拨专款用于减少煤电环境污染技术的开发，并设立有关奖项鼓励对降低资源消耗、防治污染有实用价值的新工艺新方法的研究开发，依靠科学技术推动环境和经济的协调发展。

④ 促进经济发展方式转型升级。美国很早就开始着手解决生态环境问题，转变经济发展模式，取得了举世瞩目的成绩。循环经济模式以“3R”为操作原则，在美国主要作为化解生态环境危机、提高经济效益的有效途径，推动废弃物资源的回收利用，发展可再生资源。“绿色新政”中，主要包括应对气候变化、开发新能源、节能减排、提高资源利用率等多个方面。

⑤ 重视非政府组织力量，提高公众环保意识。加大推进生态环境保护力度，离不开非政府组织和公众的参与，在发达国家已经成为行政手段和经济、技术手段之外的重要组成部分，受到各国政府的大力支持和积极鼓励。美国民间生态环保组织已经成为保护生态环境的一支重要队伍，发挥着政府和企业难以发挥的作用。美国环保教育作为教育的重要组成部分，形式多样，内容丰富，从多方位角度来提高公众环保意识。

（3）总结及启示

首先，美国的生态环境保护是一场自下而上的全民运动，民间组织和公众是主力军，有法律法规的保障，对政府的不作为可以提起诉讼，而政府的作用主要是立法、执法以及投资等。而我国的生态文明建设可以说是一场自上而下的政治运动，人们普遍认为生态文明建设是政府的职责，与自身无关，法律对公众参与环保的要求少，大多是对各级政府提出环保要求。

其次，美国民间环保组织规模大，拥有雄厚的群众基础，资金筹集多，如美国环保协会，目前有近百万注册会员，每年可筹集资金近百亿元。对生态环境造成污染的企业，政府可以进行严厉处罚。如美国《综合环境反应、赔偿与责任法》规定，企业对特定场所造成污染的，必须无限追溯其责任。而在我国，民间自发组成的环保组织所占比例不足 10%，规模小、资金筹集量少、群众参与民间组织的人数少。另外，我国在处理企业污染环境的事件中，大多并没有真正处罚到位，只是以少量的罚款告终，而且没有一套严格的环境污染和安全责任追究制度。

最后，美国还特别注重生态环保教育，从小学就开始上环保课，让孩子们在环保活动中学习，认识到保护环境的重要性。我国在这方面与之还有着不小的差距，因此，在推动我国生态文明建设过程中，应该充分吸取有益的经验，加强生态文明法律法规体系的建设，综合运用环境、经济政策杠杆机制，加强对公众的生态环保教育，提高其环保意识。

3.2.2 加拿大经验

加拿大系北美洲发达国家，地域辽阔，物产丰富，人居环境优美。境内植被覆盖率高，水资源丰富。中国作为世界上最大的发展中国家，如今在生态环保领域正面临着水土流失严重和荒漠化扩张等一系列环境问题的严峻考验。加拿大先进的生态环保理念、发达的节能环保科技以及完善的法律制度体系等诸多领域值得借鉴。

（1）林草植被的保护

地处太平洋沿岸的加拿大不列颠哥伦比亚省常年受来自太平洋暖湿气流的影响，气候温和湿润，降水丰沛，植物资源丰富。该省植被覆盖率极高，植被类型以常绿针叶林为主，树干坚实粗壮，丰富的木材资源使得木材的加工与制造产业成为该省的支柱产业之一。虽然享有得天独厚的自然资源，但在当地的经济发展过程中，并没有一味地为谋求利润而大肆毁坏砍伐森林。相反，受当地政策和法律法规的影响，砍伐森林需要经过严格的法律审批程序，并严格限制砍伐的区域，砍伐过后还需要遵照相关的法律规定予以恢复或生态补偿。

不列颠哥伦比亚省东部的落基山区是动植物和矿产资源最为丰富的地区。山上松树、白杨树等森林延展至海拔 1800m 左右，海拔更高处可看到高山性、次高山性的花草及灌木。谷底、湖沼周边生长着湿地性植物。由于山区植被具有垂直分异的特点，垂直带图谱受制于高度、纬度和坡向，如森林带的上界自南向北逐渐降低，下界湿润的西坡较低于干旱的东坡。黄松、道格拉斯黄杉、帐篷松、落叶松、云杉等针叶树种的分布也较广泛。为了充分保护该区的生态环境，当地政府出台了一系列的法律措施，划拨专款，投资建设自然保护区，通过开发旅游业来减少对矿产等不可再生资源的经济依赖，但更重要的是可有效起到保护山地动植物资源的作用，从而有益于社会的可持续发展。

中国是世界上最大的发展中国家，目前正处于社会高速发展的时期，土地利用需求量大，林草植被的破坏程度较为严重，法律体系还不够完善。如地处黄河中游的黄土高原是水土流失最为严重的地区，由于当地黄土土质疏松，垂直节理发育，植被遭到破坏，再加上暴雨多集中在夏季七八月份，因此土壤侵蚀严重，土地肥力下降，经济发展滞后。流经此地的母亲河——黄河，也成为世界上含沙量最大的河流，给下游人民的生产生活带来隐患。近年来，随着人们环保意识的增强，并在政府有关政策的引导和扶持下，通过相关的经济补偿，实施退耕还林还草，恢复植被，有效减轻了水土流失的危害。由此可见，植被对于生态环境的保护具有极其重要的意义，而且随着时间的推移和社会的发展，中国政府会不断加大对生态环境的保护力度，不断完善法律法规体系，使林地资源得到更加合理的开发和利用。

（2）节能建筑的开发利用

加拿大非常重视再生材料的应用。如 UBC（英属哥伦比亚大学）的亚洲文化研究中心是一座精心打造的节能环保型建筑。建筑的窗体宽大，屋顶倾斜，打造有利用天然降雨和太阳能的水处理发电系统。由于该建筑没有安装空调制冷系统，所以每当屋内温度升高时，只要开一下窗户，微风就可以通过窗户从树林中迎面吹来，庞大的通风系统起到了制冷和调节室内空气温度的作用，树林也是由原先所在的停车场改建而来。楼房的建造结构全是由一块块的水泥砖垒成的，由于这些水泥砖来源于温哥华市中心的街道，所以该建筑的建筑材料也完全是建筑垃圾的回收利用。建筑的屋顶透明且倾斜角度较大，因此十分有利于通过安装太阳能光伏发电系统进行发电，所以整栋建筑的供电就是通过屋顶的太阳能光伏发电系统来完成的。与此同时，屋顶的倾斜也使得该建筑有利于雨水的收集，收集的雨水流经水处理装置，经过净水处理，就可以用作部分生活用水，从而大大提高了水资源的利用效率。此外，整栋建筑的厕所采用的是堆肥式马桶，排泄物的分解是由细菌和真菌的分解作用来完成的，整个分解过程通过氧气的催化而大大加快，排泄物经过氧化分解后可以转化成肥料作为建筑物外植物生长的营养来源。由此可见，能够巧妙地将建筑同园林生态原理相结合，打破传统，建造节能环保型建筑，充分利用自然界的可再生资源，减少对木材和水泥、石材等的利用依赖，必将有利于资源的可持续利用。UBC 亚洲文化研究中心的设计构造堪称典范，同时也为新时期节能环保建筑的构造设计提供了新的设计理念。

（3）水资源的节约和保护

加拿大水资源丰富，公民的节水意识较强，重视对生活用水进行分类处理、循环使用，工业用水和厕所用水同日常饮用水分开进行净化循环处理，而且由于环境保护良好，自来水可以直接饮用。除了公民的节水意识强之外，加拿大的水生态建设也堪称典范。在城市建设过程中，公园多环水而建，草地覆盖面积大，广阔的水域面积不仅可以调节城市温度，改善局部气候，而且有助于城市环境的绿化和美观，同时也为居民的休闲纳凉提供场所。在工业方面，由于水处理净化设备设施先进，工业用水总量较发展中国家大大减少，并基本实现了零排放。加拿大中部平原面积较大，农业种植面积广大，由于喷灌和滴灌等先进灌溉技术的推广与利用，水资源利用率高，因此在农业用水方面水资源需求量也大大减少。而当今中国，随着社会经济的高速发展，对水资源的需求量也与日俱增。但不可否认的是，中国的水资源总量丰富，人均却不足，而且由于废水处理技术的落后、工业废水的排放，以及生活垃圾的乱堆乱放等等，水环境污染严重。虽然这一问题早已得到政府的高度重视，近年来国家又通过“南水北调”等跨流域调水工程缓解了水资源时空分布的不均衡，并出台一系列政策法规遏制废水的排放和生活垃圾的随意倾倒，但仍旧任重道远。目前，我国城市建设已经逐步形成了“打造水生态文明城市”的建设理念，农村也正逐步进行城镇化建设，但由于起步较晚，仍旧需要大量科学技术人才来研究，通过进行试点，逐渐加以实施和推行。

中国作为当今世界上最大的发展中国家，在环境保护和生态文明的建设方面同欧美等世界强国相比还有一定差距。目前，我国因大规模的开发建设，许多地区生态环境遭到严重破坏，导致山体裸露、土地资源破坏、水土流失严重、土壤肥力下降和生态平衡失调等一系列环境问题。近年来，随着国家经济的快速发展和社会的不断进步，生态环境日益恶化这一事关人类生存与发展的重大问题也受到了国家的高度重视，且国家新出台了一系列法规政策来约束人们的生产开发行为，并积极推进水土保持、生物工程等相关治理措施，推行退耕还林还草的生态补偿政策，不断提高植被覆盖率，生态环境治理也取得了初步成效。但学习借鉴欧美等发达国家在生态环保领域中的优势理念，走可持续发展的道路，促进经济的持续稳定发展也是刻不容缓之举。

3.3 大洋洲国家的经验

3.3.1 澳大利亚经验

（1）澳大利亚生态保护概述

① 国民良好的环境生态意识。澳大利亚是世界上生态保护做得相对较好的国家之一。在澳大利亚，政府和一些志愿者经常组织一些生态保护活动，如“挑战温室效应计划”及“土地管理和生态保护行动计划”等等，许多公民都参加过各种类型的环境运动或自然资源保护活动。澳大利亚人具有较为先进的环境理念。他们很早就摆脱了传统的“人类中心主义”的陈腐观念，树立了以可持续发展为目标的“生态中心主义”价值理

念。这一点在澳大利亚国徽的设计中体现得淋漓尽致。国徽是一个国家最基本的标志，是一个国家的象征，是一个国家人文精神和价值追求的集中体现。与当今世界上其他国家的国徽相比，澳大利亚的国徽可以说是别具特色，该国徽的左边是一只袋鼠，右边是一只鸸鹋，而这两种动物，目前只有澳大利亚才是其生长地。将特有动物作为本国的标志、作为本国价值追求和人文精神的体现，这在全世界并不多见。澳大利亚国徽的这种独特设计充分反映了澳大利亚人民对生态环境的高度重视，体现了其关注环境、热爱自然的良好环境伦理观。

不仅如此，澳大利亚还极为重视对环境道德的倡导和强化。澳大利亚学校教育的每一个重要阶段都设有专门的环境与资源保护课程，以提高学生的环境道德感，增强其生态保护意识，而且包括从报纸到电台的种种评论也已越来越多地涉足环境道德领域。培养正确的环境生态意识，树立正确的环境道德，已成为澳大利亚环境建设的一个重要方面，并渗透到了政府决策、企业策划和个人行为等方方面面。从这一点来说，澳大利亚在本国的生态保护问题上似乎更倾向于“道德治理”。在澳大利亚，由于政府的正确引导，人们已经建立了一套恰当的环境道德规范，对环境与资源的认识也相应上升到了一个新的高度。这一高度已使澳大利亚人对环境与资源的保护成为一种国民素质和人文精神，从而极大地推动了澳大利亚的生态保护。

② 多样化的生态保护主体。生态保护的主体即生态保护的参与者。一般来讲，生态保护的主体主要是政府，包括中央及地方两级政府，狭义上的生态保护就是专指政府以管理者的身份对生态环境所进行的保护。但随着环境问题的日益严重及人们对环境问题的日渐重视，生态保护的主体事实上已逐渐突破了传统范围的藩篱，在许多国家，个人及其他组织也已成为生态保护的主体之一。澳大利亚就是一个极明显的例子。澳大利亚是一个典型的联邦制国家，在行政机构上，它有两套政府班子，即联邦政府和地方政府。无论是在联邦一级，还是在地方一级，生态保护都是政府的一项基本职能。据统计，除了联邦政府以外，澳大利亚目前共有 900 多个大小不同的地方政府，最大的如布里斯班市议会，统辖 70 多万人，最小的如西澳大利亚州的一个郡，只有 100 多人。地方政府的主要职责之一是保护本地方的环境。如地方政府有权不同意在风景区建造高楼以防止对环境造成不利影响；地方政府可以通过经济刺激手段间接影响本地区企业的生产活动；城市基础设施和土地使用的控制一般要经过州长和有关部门批准等等。联邦政府的主要环境监管职责是对各州的环境与资源保护事宜进行总体规划和协调，并对国际国内的环境问题承担责任。

除了各级政府实体之外，企业、生态保护组织及个人也已是本国生态保护的重要主体，他们在本国生态保护中正发挥着越来越大的影响。澳大利亚有许多专门的环境工业公司，它们是本国生态保护的积极参与者。除此之外，澳大利亚的普通企业也对生态保护投入了较大的热情，他们对有关生态保护的许多活动都给予了各种形式的物质或精神支持。

③ 对环境与资源的全面保护。澳大利亚是一个极为重视生态保护的国家，其生态

保护的范围相当广泛，从自然资源到环境污染防治再到生态区域的维护，凡涉及环境的各个方面几乎都在其环保的范围之内。在澳大利亚，对动植物的保护是其生态保护的一个亮点。澳大利亚具有丰富的植物资源，但出于良好的生态责任感，澳大利亚人很少砍伐本国的森林，他们无论是在房屋的建造方面，还是在家具的用材方面，都尽量避免用木质产品。不仅如此，澳大利亚还大量引进包括中国的银杏在内的许多植物品种，以增强本国植物物种的多样性。澳大利亚政府还通过立法严厉禁止并惩罚滥捕滥杀动物尤其是珍稀野生动物的行为，并规定由各州和地区政府来具体承担对动物的主要保护责任，联邦政府则主要负责联邦管辖领地上的特有动物，并控制动植物的进出口，签订有关保护自然的国际条约或公约等。

澳大利亚对本国境内的生态区域也给予了强有力的保护。澳大利亚是“世界遗产会议”的代表，并作为南半球仅有的四个代表国之一，成为自公约签署以来一直担任代表的国家。目前，澳大利亚共有卡卡杜国家公园、乌鲁鲁国家公园和澳大利亚哺乳动物化石区等 11 处特殊区域被列入《世界文化和自然遗产名录》，这些区域都得到了澳大利亚政府及人民的强有力保护。不仅如此，对于臭氧层的保护，澳大利亚也给予了极高的重视和积极的参与。澳大利亚政府较早地在国内颁布了《臭氧层保护法》，依据该法规，凡是破坏臭氧层物质的产品的生产都一概被明令禁止。

在污染的防治方面，澳大利亚也给予了充分的重视。以对固体废物污染的防治为例，澳大利亚的每个城市都建立起了较为完整且科学的固体废物处理系统，并实行专门的垃圾收集制度。澳大利亚政府以及各个地方政府都很重视市民在固体废物污染环境方面的参与，提倡市民自觉收集垃圾以减轻政府的管理负担。许多地方政府在其工业政策中都言明协助与固体废物再利用有关的工业，并对这些工业给予了包括资金、税收、技术或信息等方面的各类方便，有些地区甚至为这种工业开辟了专门的企业特区。同时，为了从来源上根除固体废物，澳大利亚政府和传媒还通过各种渠道，竭力规劝市民养成正确的消费观，以减少各种极易污染环境的“一次性”产品及难以为环境所自然降解的包装袋的使用，从而尽可能地防止产生不必要的垃圾。

（2）澳大利亚生态保护对我国的启示

环境与资源保护是一项复杂的社会系统工程，要建造好这一工程需要多方面的条件，而首要的一条就是要立足于我国的现实国情，这也是环境问题的区域性特点所决定的。为此，我们以为，在我国的环境与资源保护过程中需要做好以下几个方面的工作：

① 要正视我国环境与资源的多样性与复杂性，重视生态保护的区域性原则。环境问题具有明显的区域性，这一特点决定了环境与资源保护必须遵循区域性原则。澳大利亚在本国环境与资源保护问题上，就较好地遵循了区域性原则。在澳大利亚，环境污染防治及资源保护和生态保护工作主要由各州政府负责，联邦政府仅在各州之间就相应事务进行协调，某些具体的环境与资源事务则直接由政府授权某些委员会进行管理。这充分考虑了环境与资源问题的区域性，且有利于各州政府更好地对本地区内的环境与资源

进行管理。我国幅员辽阔，地理环境复杂，各地区的经济发展水平、资源分布、人口密度等都存在较大差别，这一状况决定了我国环境与资源保护更应该根据不同地区的不同情况，因地制宜地采取不同措施。为此，在进行环境与资源管理时应做到以下几点：首先，环境政策和环境标准的制定和实施要尽可能地考虑各地区的差异性；其次，要针对自然资源在各地区分布的不同特点和环境污染程度在各地的差异性，采取力度不同的保护或治理措施，对那些环境污染状况较轻而自然资源又相对较多的地区更应加大保护的力度；最后，要注意发挥地方管理机构的作用，以地方为主进行环境与资源保护，例如，在我国已设立了长江水源保护办公室、黄河水利委员会的情况下，国家除在某些重大事务上进行必要的指导、规划和协调外，不宜对这些地区的环境与资源保护过多地进行干预。

② 在环境与资源保护问题上要充分注重环境道德建设。澳大利亚是一个法制化的国家，法律在澳大利亚人的日常生活中具有重要的地位，在环境与资源保护问题上，其环境与资源立法无疑发挥了巨大作用。然而，我们也必须看到，在对环境与资源的保护上，澳大利亚更多的还是倾向并依赖于道德规范，这一点很值得我们深思。我国自古就是一个极其重视道德的国家，而道德在我国古代社会中，也确实在社会生活的方方面面发挥了其应有的作用。但近年来，随着人们法制观念的增强，人们的道德观念却在逐步淡化，对道德也已越发漠视。这一状况已影响到了我国社会生活中的许多领域，包括环境与资源保护。实践证明，缺乏道德的支持，环境与资源保护就会缺乏应有的价值底蕴，其运作就会缺乏力度。因此，在我国今后的环境与资源保护过程中，应当充分注重公民的环境道德建设，强化环境道德在我国环境与资源保护中的地位，并通过进行各种不同类型的道德教育使人们真正重视环境与资源保护。

③ 生态保护机构的设置与这些机构之间的职权分工应充分考虑本国生态保护的具体特点。保护生态环境和自然资源需要政府部门给予高度重视，但仅有重视显然是远远不够的，还必须有政府各环保行政机构的合理设置与恰当分工。在澳大利亚，生态保护的职责由各管理部门共同承担。在联邦一级，主管环境与资源保护工作的主要是内务部和环境部以及其他具有这方面法定职权的行政机构，如澳大利亚国家公园和野生生物管理处、自然保护部长委员会、澳大利亚自然财富委员会等，而具体事务则由环境部下属的生态保护委员会进行协调和处理。与此同时，联邦政府与地方各级政府之间在生态保护方面的职权也做了明确的法律分工。另外，针对环保实践中各机构之间及联邦和地方两级政府之间就环保事宜方面的管辖权冲突，立法上也不断进行修改，以保障各机构切实发挥环境监管作用。应当说，在澳大利亚地广人稀、环境区域性较强的情况下，联邦的这一套管理系统还是相对有力和有效的，多年来，该系统已在澳大利亚生态保护的实践中发挥了较为明显的作用。与澳大利亚相比，我国在生态保护机构的设置及其职权分工上显然逊色了许多。目前，我国在生态保护上实行的是“环保行政主管机关统一监管和各部门分工负责相结合”监管体制，尽管这一体制总的来说较为适应我国的现实国情，但其弊端也是显而易见的。如上文所述，在该体制下，环境执法部门之间及环境执

法部门内部职责不清，因而经常发生环境执法权的冲突，已严重影响了我国生态保护的质量和效率。因此，应通过修改相应环境立法的方式来对这一体制进行革新。具体来说，就是要强化我国生态保护行政主管机关的职权，将环境监管的职责最大限度地加以集中，并及时通过相应的立法加以保障。

3.3.2 新西兰经验

新西兰的环境质量在世界上名列前茅。客观上是因为地广人稀，环境自净能力很强，环境容量很大；主观上是因为政府、企业、公民的环境保护意识很强，政府非常重视生态环境保护和建设，管理体制有序高效。

(1) 新西兰环境保护工作简介

①“碧水蓝天”——新西兰政府的综合协调与环保决心。新西兰政府十分重视环保工作的综合协调，一方面协调有关部门的行动，另一方面协调社会公众的行动。协调环保有关部门的行动，是新西兰政府综合协调环保工作的基本层次。在新西兰，三级政府都有好几个部门涉及生态环境保护和建设事务，为了避免推诿，减少摩擦，各级政府通过法律和跨部门机构来协调。协调公众的环境行为，是新西兰政府综合协调环保工作的重要方面。在公众场合尤其是旅游胜地，导游都要向游客介绍政府的环保规定，提醒游客严格执行，做到“除了脚印，什么都不留下；除了杂物，什么都不带走”。

把环境保护融入社会发展之中，是新西兰政府综合协调、多方共赢的成功经验。这方面的典型案例是湿地建设。在新西兰奥克兰市的玛努考海湾地区，废水治理、湿地建设、水源净化、候鸟繁栖地的培育与房地产开发被有机地结合起来，在政府的投资导向和协调下，一举五得，多方受益。正是政府这种持之以恒地对环境保护的坚持，才换来了新西兰的碧水蓝天。也正是政府不厌其烦地进行环保引导，才使环境保护的观念深入每一位新西兰人的心中。

②“绿色标签”——新西兰的循环经济与环保政策。虽然新西兰地广人稀、自然资源丰富，但仍十分重视生态环境保护，坚持走可持续发展之路，特别是注重发展循环经济带来的更广阔的发展前景。

现在，绿色经济、生态经济已经成了新西兰新经济的标签，是否是可持续、可循环也已成为经济结构成败的标准之一。新西兰的可持续发展战略在住宅建设之中也有体现。在新西兰，经过节能星级评定，符合住宅节能等级评定的住宅，夏季室内温度比普通住宅低5℃，减少能源消耗40%，由此减少温室气体的排放，为下一代提供更好的环境。住宅节能等级分为6档，从零星级到五星级，分别代表了住宅在取暖和制冷方面的能源效率情况。低级别意味着高能耗住宅，或者是冬天冷夏天热，室内舒适度较差的住宅。四星、五星等高级别的住宅性能好，耗费的取暖费用和制冷费用却不多，因此对购房者和开发商均具有吸引力。新西兰大力宣传购买和使用“节能之星”标志住宅在经济和环境上的益处；对购买具有“节能之星”标志住宅的消费者提供协助和支持；用退税、现金或贷款支持等方式鼓励生产、研发、销售具有“节能之星”标志住宅的开发商，大力推进住房建筑市场的绿色可持续发展战略。

③“斑尾塍鹬的回归”——新西兰的可持续发展与环保基建。20 世纪 70 年代，新西兰经济飞速发展期间，大量污水排入了奥克兰的玛努考海湾，造成该地区湿地严重破坏，海湾中的鱼、虾基本消失，原本大量栖息此地的斑尾塍鹬也随之离开了奥克兰。进入 80 年代后，奥克兰地方政府开始重视研究玛努考海湾的污染问题，投入了大量的人力、物力，试图恢复该地区的生态环境。位于该地的沃特凯尔公司因地制宜，把这个被污染的巨大港湾改造成了一个面积超过 $500km^2$ 的氧化池，在海湾直接曝气进行污水处理。经过前后约 6 年的修复治理，原本严重污染的玛努考海湾又恢复了昔日的风采，消失了多年的斑尾塍鹬又重新回到了这个栖息地，玛努考海湾也成了一个生态旅游景点，每年吸引成千上万的游客，有力地带动了当地的经济发展。玛努考海湾的建设是一个典型的个案，也是最近 30 年来新西兰环保基础建设发展的一个缩影。新西兰在发展初期，主要环保措施就是完善环境基础设施。经过政府多年的投入和发展，目前的新西兰，主要着眼点已经不是污染物的“处置”问题了，而是如何将“污染物”再利用的问题。将垃圾、污水、被污染的湿地改造成可以创造价值、促进经济发展的旅游资源，真正体现了循环经济的发展理念和环保上的可持续发展。

④“清洁卫士”——新西兰的非政府组织与环保推动力。新西兰政府制定的环境保护发展规划、环境保护目标，主要实施者包括政府环保机构、非政府环境保护组织、各种企业联合组织、民间组织及行业协会等。新西兰有许许多多的环保组织、行业协会，他们在具体的环保行动实施中发挥着巨大的作用。他们一方面是政府环保工作的监督者，积极要求政府及行业管理部门在制定各项政策时充分体现环境保护，比如：金融机构及工商业非政府组织都将环境影响评价纳入经济发展评估体系；很多大型企业或金融机构采用环境会计审计制度，对新建、已建企业进行评估，将其资源消耗情况、环境污染状况纳入企业经济发展评估体系，以促使企业调整管理和生产工艺，尽可能减少企业的环境污染和资源消耗。另一方面，他们又是环保事业最有力的推动者。他们利用各种实践机会，主动宣传环境保护的重要意义及紧迫性，要求人们保护和爱惜自然资源及生态环境。

⑤“环保娃娃”——新西兰的环保教育与生活方式。新西兰全民参与生态建设的意识来自他们的国民环保教育。新西兰的环保教育伴随人的一生，从幼儿到成人，无处不在，无时不有。在奥克兰，当地政府有很多鼓励环保的措施，例如：政府鼓励汽车使用天然气，汽车油改气的设备费用由政府出资；对使用太阳能板发电的用户，政府除了将太阳能所产生的剩余电量以优惠的价格收购外，还承担太阳能发电设备购置、安装等全部费用的 1/3。此外，政府还大力推广各种节水措施，比如，自来水只能用于饮用，如果将自来水用于洗车、浇花等项目即被认为是违法，举报者可获得 100 新元的奖励。因此，奥克兰市所有家庭的屋顶都建有一个专门用来接雨水的水槽，由政府承担修水槽的

一半费用。所接雨水专门用于浇花草、洗车等。这些措施一方面贯彻了政府保护环境的要求，另一方面也使居民享受到了环境保护带来的实惠，有效地宣传了环保观念，使环境保护的理念进一步深入人心。

3. 4　亚洲国家的经验

3. 4. 1　日本经验

日本不仅是世界上经济最发达的国家之一，也是生态环境保护最成功的国家之一。日本在生态环境保护方面的探索与实践，很值得中国借鉴和效仿。

(1) 政府动用各种社会资源宣传环保

日本是一个国土面积狭小、资源贫乏的岛国。日本民族的忧患意识深深地烙入一代代国民的思想中，他们对谋求海外发展和掠夺海外资源的执着与贪婪，以及对本国资源的爱惜，都与忧患意识相关联。在日本，政府动用各种社会资源宣传环境保护，如成立儿童环保俱乐部、民间环保志愿者组织，倡导绿色消费等，均取得了显著成效。

日本在环境保护、公害治理、污染防治以及环境意识教育等方面，特别是国民的“热爱地球，与地球环境共存”的宣言以及为全球环境保护所做的努力，值得我们借鉴和学习。

去过日本的中国人都会感慨日本的清洁。日本尽管人口密度很高，却很难看到成堆的垃圾，他们是如何避免“垃圾围城”的呢？在日本，垃圾分类非常详细，各个地方政府制定的垃圾分类标准也有所不同，地区政府会在政府网站上公布详细的垃圾分类方法、丢弃方法以及政府收集各种垃圾的时间表。每个月还把这些资料发放到每一个住户的信箱。

日本的生活垃圾分类主要按照一般垃圾、有害垃圾、大型垃圾和资源垃圾分类。资源垃圾一般是指玻璃瓶、易拉罐、纸类、金属类、饮料瓶、纤维类、塑料等。丢弃家具等大型垃圾和电器产品是要付费的，尤其是冰箱、空调、洗衣机、电视机是要支付处理费的，比如丢弃一台冰箱要支付 1 万日元左右，大约相当于 700 元人民币。

除了政府的规定外，日本民间的环保意识也非常强，民众都自觉地服从政府的垃圾回收管理。比如纸类的回收，还分为报纸、杂志、饮料包装纸类、纸箱等，各户居民都会把这些纸类分类装袋后丢弃到指定地点，常年如此。

日本的很多超市、便利店门口、高速路休息站等处都按照资源垃圾的分类摆放着回收箱，方便人们在不是回收这些垃圾的日子丢弃资源垃圾。那么，日本政府对回收的这些垃圾都采用哪些方式来处理呢？

日本对垃圾的处理有着严格的规定。一般来说，垃圾在回收后会运到垃圾处理厂。在工厂进行再生垃圾的分类、可燃垃圾的焚烧处理、残渣的无害化处理等等，有些工厂还有专门把有机垃圾处理成肥料的生产设备。现在日本政府也在积极推广有机垃圾处理机，因为这样可以把蔬菜等有机垃圾处理成生物肥料或者二氧化碳和水，可以大大减少垃圾的环境污染。燃烧过的垃圾的灰烬也是要进行掩埋的。

(2) 日本环境保护的三大特点

进入 20 世纪 80 年代，日本社会在完成工业化和城市化的基础上，步入后工业化时代。在新的社会经济发展阶段，日本的环保工作也由以治为主转入以防为主。

① 环境保护的市场化和产业化趋势。随着社会经济规模的不断扩大和市场化水平的提高，环保法律法规的健全和完善，社会对环保支撑力度的增强，环境保护越来越趋于市场化和产业化。环保事业的市场化和产业化，主要包括两个方面的内容。一是将污染的防治工作从原来谁污染谁治理的企业个体行为，转变为市场经济条件下的社会分工和供求关系，形成社会上的专业化环保企业甚至环保行业，向污染责任者提供商业性环保服务，即污染防治活动的市场化和产业化。日本的污水处理和垃圾处理产业已达到相当大的规模，基本做到了日产日清。二是环保事业所需的资料、咨询、监测、人才、技术、设备、资金等各项资源供给的市场化和产业化。日本环保设备制造业以及与环保有关的服务业，产值已在国内生产总值中占有较高的比例。环保设备的制造业已发展成国民经济和出口贸易的支柱产业。

② 环境保护意识的社会化和全民化。这方面的突出例子是，不断扩大产品设计和生产的绿色化程度及范围，与垃圾的分类利用处理相配套，垃圾产出者有义务进行垃圾分装，提高资源的综合利用率，倡导生产和生活的零排放，以及对资源的循环使用等。

③ 环境保护措施的生活化和日常化。通过国家立法、学校教育，以及传播媒介和舆论的宣传、监督等，使爱护自然、保护环境、维护生态平衡成为人们生活追求的目标和重要内容，从而使爱护环境、维护生态平衡成为人们一切活动的基本准则。

(3) 环境和生态保护立法完善具体

二十世纪五六十年代，日本由环境污染导致的公害事件频发，当时的东京因取暖排放黑烟，导致“白昼难见太阳”的情景，一些核心工业地带的空气、水体、土壤都受到不同程度的污染。因此，日本政府早在 1958 年就制定了《公共水域水质保全法》和《工厂排污规制法》，1962 年制定了《烟尘排放规制法》等，正式拉开了日本全国性环境保护的序幕。1967 年随着《公害对策基本法》的制定，有关空气污染物排放者责任认定、行政职责认定等基本明确。1970 年国会对《空气污染防治法》修订后，对污染公害标准、污染惩罚制度等又进一步明确。之后的立法工作愈加细致完善，陆续制定了有关恶臭、汽车尾气、二噁英等污染物排放的法律法规，形成完善的环境法律体系，为治理环境问题打下了坚实的法律基础。

日本立法机构制定的污染物排放标准非常具体。环保机构陆续对大气中248种成分进行了测试，对其中明确有害的成分制定了严格的排放标准，如挥发性有机化合物、石棉、颗粒物质 $PM_{2.5}$ 等。对烟尘等有害气体，分别针对干燥炉、金属加热炉、金属溶解炉、废弃物焚化炉等进行详细测试和规定，使得监测、处罚、治理有详细而具体的依据，不仅让企业难以浑水摸鱼，也便于公众、媒体等进行监督。对日本特有的石棉污染也制定了具体而详细的建筑物拆除、石棉粉尘等处理操作规程，使企业有明确的操作依据。

日本还陆续在全国建立了1503个空气环境监测站和429个汽车尾气排放监测站，对空气污染和汽车尾气污染状况定点、实时监测，公开发布。对某些气体的超标状况及时发布警告信息。

环保措施以引导、监督、扶持为主。日本多数地方政府都先于中央政府推出治污对策。东京40多年前就提出了“从东京改变日本”的口号。20世纪60年代末首先从工厂、发电厂尾气为切入点，东京都政府与东京电力公司于1968年签订了《发电厂公害管理协议》，东京电力公司同意将火电厂的硫化物排放总量减少近一半。在东京都政府的推动下，1971年开始限制在工厂或指定的作业场所使用的重油含硫量，东京市区内排放的硫氧化物开始减少。东京都政府在立法基础上要求机动车企业安装废气处理设备、推广低公害柴油汽车、对不达标的柴油汽车限制行驶，以减少空气中颗粒物的排放。与此同时，东京都政府对中小企业实施装备资助政策，安装设备所需的费用一半由政府补助。此外，东京都政府环保部门对空气污染的监测细致、实时、公开，所有监测点污染物状况一目了然，便于公众知晓污染、了解污染、监督污染。

东京都政府的治污举措是日本环境保护历程的一个缩影，在解决环境问题的过程中，日本政府时常通过公布全社会污染控制的总目标对企业加以引导，辅以使用能源价格等调控手段规范企业环保行为。工业污染来源主要是工厂排放的废气、废水、废渣等，主要处罚措施为在法律法规的基础上采用谁污染谁治理的手段。虽然政府很少对污染企业进行罚款，但根据谁污染谁治理的原则，造成污染的企业很可能由于必须承担治理污染的巨额投入而破产。对于工厂在环保科研和设备方面的投入，政府给予一定的补贴，企业根据生产情况提出环保课题，并且由企业自己组织科研人员，或与院校、社会科研单位进行合作研究解决。同时政府及时公开污染监测数据，便于民众和媒体对企业进行监督。

(4) 企业努力探索生态环保技术

政府采取各种举措加强环境治理和保护的同时，日本企业也在努力探索减少使用资源、减轻环境负担、开发新能源、增进生活幸福感的生态环保发展之路。

以有120多年历史的日本日化企业花王公司为例，在为消费者提供高品质日化用品的同时，把环保理念融入产品生产研发的各个环节。在原料采购环节，花王公司积极采用生物材料，旗下日化用品主要以易于种植的椰子等植物为原材料。在产品生产环节，严格执行工厂废弃物最终填埋处理率低于0.1%的“零排放”标准，如将生产过程中产生的塑料边角料作为资源循环利用，使用高标准的废水处理装置彻底净化工厂用水，生产垃圾则作为燃料用于发电供暖等。在新产品开发环节，以2009年上市的高浓缩洗衣液“洁霸瞬清”为例，该产品使用了新研发的洗涤成分，发挥出高效洗净力的同时，漂洗一次即可，实现了大幅节水。在商品使用后的废弃环节，为减少消费者家中废弃物的产生，花王早在20多年前就推出了替换装产品，并于此后反复改良，不断开发出更便于使用且对环境产生更少负荷的产品，目前开发出的补充装、替换装产品高达170多个品种。

又如，日本安川电机公司自创立以来始终致力于开展保护人类与地球的尖端技术研发工作。该公司并不直接制造环保产品，而是制造节能产品的零部件。其中，针对亟须改善的全球气候变暖问题，安川电机开发了能够有效利用自然能源发电的电力高效运用系统，包括大型风类发电的转换产品零部件。

(5) 民众环保意识强烈且理念先进

日本大多数民众具有强烈的环保意识，把环境保护视为个人不可推卸的责任。日本的大街小巷都很整洁，但很少看到垃圾桶。一般民众常常随手带走垃圾，到家里、单位或特定场合再进行分类整理。日本的垃圾分类严格有效，公共场所设置的垃圾箱一般分为“瓶子”“新闻杂志”“塑料”“其他垃圾”四类，日本民众都会按照分类要求处理。垃圾分类常识已经成为日本学生义务教育的一部分内容。在日本，一个企业如果对环保无动于衷，消费者就会不满，市场就会淘汰其产品。也就是说，环保不仅是政府的要求，也是民众和市场的要求。

在日本，一旦出现重大环保问题，民众就会通过多样的方式，积极地参与其中，同时，民众会对政府和企业施加强大压力，呼吁有关方面必须高度重视并积极加以解决。

位于日本本州滋贺县的琵琶湖是日本第一大淡水湖，流域面积3843km^2。20世纪60年代，周边工厂和居民排放的废水注入湖中，导致琵琶湖水域污染严重。当地民众的治污意识先于当地政府，督促政府查明污染源并采取措施治理湖泊，同时主动从自身做起，科学处置家庭垃圾污水，拒绝使用含磷洗涤剂。当地民众也十分支持从事环境保护的官员。公众环保志愿者定期组织中小学生参观琵琶湖和周边的水污染处理设施，让他们了解琵琶湖的历史和现状，帮助他们从小树立环保意识。

日本的媒体既是环保舆论的监督者也是执行者。媒体和民众站在同一个阵营，创新报道手段和技巧，把环境污染的危害通过形象的方式传达给民众，让民众意识到问题的严重性和紧迫性。所以，环保问题经常成为日本媒体报道的首要内容，从而在舆论上造成声势。另外，日本媒体对特定环保难题进行长时间的专题报道，全方位地跟踪和解读，体现出媒体的责任感。

日本媒体还意识到，媒体自身在生产经营过程中也要重视环保问题。在使用纸张、节约电能、报纸运输等方面推行细化的环保措施，力求做到“正人先正己”，树立起良好的行业形象，从而使媒体的环保报道更有底气，更加权威。

经过五六十年的努力，日本的环境状况已明显得到改观，民众和企业的环保意识从无到有、从忧患到前瞻，更值得称道。

3.4.2　韩国经验

经历过类似英国伦敦烟雾型、美国洛杉矶光化学烟雾型的大气污染之后，从 2003 年起，韩国政府就先后颁布《关于首都区域大气环境改善特别法》，制定了第一次《首都圈地区的大气环境管理基本计划（2005—2014）》，并于 2005 年 1 月起正式实施，以图在未来十年内将首都区域的大气环境改善至发达国家的水平。

2014 年，在如愿实现第一次首都圈地区的大气环境管理基本计划目标后，韩国政府紧接着出台了第二次首都圈地区的大气环境管理基本计划。

通过第一次首都圈地区的大气环境管理基本计划，2014 年，韩国实现了可吸入颗粒物（PM_{10}）由原来的 14681t 下降到 8999t，浓度也由 $65\mu g/m^3$ 降低到 $40\mu g/m^3$，氮氧化物（NO_x）由 309987t 下降到 145412t，浓度也由 37×10^{-9} 下降到 22×10^{-9}。

据了解，在 1980 年至 1990 年期间，由于韩国煤炭、石油等原料使用量激增，产生了大量硫氧化物（SO_x）、粉尘（TSP）、氮氧化物（NO_x）、一氧化碳（CO），大气环境开始急速恶化。

历史资料显示，20 世纪 80 年代初，由于大气污染恶化严重，韩国政府还曾实施蔚山及温山工业地区周边居民迁移政策。由于长年不达标、持续恶化的空气质量，世界卫生组织还曾一度将韩国首尔列为世界三大大气污染严重城市之一，并每年向全世界公布其亚硫酸酐及粉尘浓度。

根据历史监测数据，1980 年首尔的二氧化硫年平均浓度为 0.094×10^{-6}，超出环境标准值 0.05×10^{-6} 近一倍。总悬浮颗粒物浓度也在 1985 年达到了顶峰。据韩国驻华大使馆环境官公使衔参赞朴美子介绍，当时大气污染主要来源于产业（企业）部门生产和家庭使用煤炭取暖。据统计，产业（企业）部门约占 40%，家庭及商业部门约占 40%，运输部门占 14%。产业（企业）部门及成片的公寓园区主要使用邦克油，家庭主要使用煤炭等固体燃料。由此产生的亚硫酸酐及粉尘等带来了类似伦敦烟雾的大气污染。

2003 年以前，韩国首都区域大气污染物中 PM_{10} 的浓度为发达国家的 1.8～3.5 倍，NO_2 为 1.7 倍，污染十分严重。PM_{10} 导致可视距离持续下降，据统计，当时首都区域的平均可视距离仅为 10km 左右。

预防和控制大气污染引发的环境危害是政府的主要政策目标。据了解，1960 年韩国就制定《污染防治法》，但在偏重经济增长的政策主导下，该法规未能发挥其作用，失去了实际意义。进入 1970 年，随着环境问题呈现复杂和多样化的特点，仅靠原有的

《污染防治法》难以应对新的环境问题与局面，因此在 1990 年 8 月制定并实施了目前的大气环境管理基本法——《大气环境保护法》。随后，又根据地方实际出台了相关法律，如 2003 年制定颁布《首都区域大气环境改善特别法》，加强了排污总量控制及其惩罚措施的力度。该法设立对于违法者处以 7 年以下有期徒刑或 2 亿韩元（约 115 万人民币）以下罚款的处罚标准。

短短的十年内，韩国环境治理工作能取得如此大的成效，主要得益于制定了严格、相对完善的法律条文，让环境治理工作有法可依。近年来，我国两高环保司法解释及新环保法出台实施后，广东也相继颁布了与之配套的地方性法规——新《广东省环境保护条例》，从某种意义上来讲，其中严厉的经济处罚及行政处罚都开始震慑部分心存侥幸的排污企业。

为努力改善空气质量，近十年来，韩国政府将发电所、工厂及公寓等使用的邦克油由高硫油转换为低硫油，并将该政策从工业地区逐渐扩大至大城市乃至全国范围内，积极限制燃料使用。韩国将首都圈及大城市地区指定为禁止使用固体燃料地区，引进并实行天然气等清洁燃料义务使用制度。

目前，韩国除部分污染物以外，大部分污染物的排放已达到了发达国家的控制水平，如二氧化硫及一氧化碳污染物的排放量。据了解，为顺利实施第二次首都圈地区的大气环境管理基本计划（2015—2024），韩国政府计划在 10 年间投入 4.5 万亿韩元（约合人民币 258 亿元）。具体措施包括：在首都圈地区普及包括纯电动车在内的 200 万辆清洁能源车辆，使清洁能源车辆在全部注册机动车当中的占比达到 20%；提高车辆尾气排放限制标准，严格限制排放超标车辆运行，并为大型公交车辆和货运车辆加装减排净化装置。此外，韩国还将为韩国特色的烤肉店等餐饮场所安装减排设备，为各类企业改造和更新减排设备，为普通家庭更换锅炉等。为了加强对污染物浓度的公示，韩国从 2013 年底开始每天发布可吸入颗粒物的预报，2014 年 5 月起增加对细微颗粒物的每日预报。

如果第二次大气环境管理基本计划得以顺利实施，可以将空气污染造成的过早死亡人数降低约 50%，而因大气治理产生的经济效益约为每年 6 万亿韩元。

根据计划，2015 年到 2024 年间，首尔、仁川、京畿道等首都圈地区的 PM_{10} 年均污染物浓度将从 $47\mu g/m^3$ 降低到 $30\mu g/m^3$，$PM_{2.5}$ 污染物浓度将从 $27\mu g/m^3$ 降低到 $20\mu g/m^3$。同时还新设了对细微颗粒物和臭氧的治理目标。

韩国早在 1980 年就开始关注机动车尾气污染问题，建立机动车尾气排放标准，并颁布汽车尾气排放的实质性管理条例。此后 1995 年颁布的《清洁空气保护法》针对汽车尾气作出了法律规范。

2003 年《首尔都市圈空气质量改善特别法》（以下简称《特别法》）对机动车及机动车燃料作出明确的规定，并分别制定汽车燃油及尾气排放标准和处罚准则。姜光圭介绍说："《特别法》集中制定了针对老旧车辆的对策，如将老旧车辆列为特定车辆管理。在首都圈超过排放气体保证期的车辆被归类为特定车辆，针对特定车辆，在使用中汽车的详细检查采用差异性的排放许可标准。无法达标的车辆，则须安装减排装置、更换低公害发动机或提前报废。”

与此同时，韩国通过管制与激励并重的政策，一方面通过制定比发达国家更加严格的标准，引导车主环保观念的转变；另一方面则加紧制定对节能减排行为的奖励机制。

为了减少路面上行驶的汽车数量和尾气排放，韩国除了大力发展公共交通以外，还对市区部分热门路段收取拥堵费。中国-东盟环境保护合作中心分析，尽管韩国并没有实施强制性的限行措施，但相对的限行可以由当地市民自主申请。

大首尔地区的市民可根据日常用车情况，自愿选定周一至周五中的某天不开私家车上路，市民在选定时间后可向政府申领电子标志卡并贴到车上。参与限行的市民，政府将给予多项优惠，如减免一定的车船税、在公营停车场可获得最高30%的折扣、缴纳拥堵费时最高可得到50%的折扣等。

此外，韩国政府加强对绿色环保汽车研发的扶持力度，制定了技术研发、制造和销售等一揽子扶持计划。对清洁能源汽车和核心零配件研发给予经费支持，对LPG混合动力车和外接充电式混合动力汽车等技术开发给予支持，对燃料电池发电机防止老化等燃料电池系统技术开发以及高效能蓄电池技术开发和氢燃料电池车设施的构建给予扶持。

第 4 章

生态示范区建设指标体系与评价方法

建设人与自然高度和谐的生态文明社会已成为全球共识和世界潮流，我国生态文明示范区的创建是生态文明社会建设的重要抓手，但无论生态创建的名称如何改变，都需解决一个共性问题，就是对创建的成效如何进行科学评价，而评价又离不开评价指标体系。实际上，中国生态文明建设成效，不仅需要定性描述，还需要用指标体系进行科学定量评价，进而进行国际对比。因此，本章从生态示范区评价指标体系的研究进展、区域绿色发展评价指标体系构建以及农业绿色发展评价指标体系构建三个方面进行理论探讨。

4.1 生态示范区评价指标体系研究综述

党的十八大报告指出，把生态文明建设提到前所未有的战略高度，十八届三中全会要求紧紧围绕建设美丽中国深化生态文明体制改革，加快建立生态文明制度，推动形成人与自然和谐发展现代化建设新格局。生态示范区评价指标体系理论研究总体滞后于创建实践，主要原因是我国学者提出的生态文明建设评价指标体系种类繁多，但其可操作性以及通用性差，没有形成统一适用的生态文明建设评价指标体系。为加快生态文明建设的步伐，建立通用的生态文明建设评价指标体系十分迫切。而我国选择在经济发展、资源环境以及主体功能等背景不同的区域首先进行生态文明建设的试验，以期探索寻找出可行的生态文明建设评价指标体系。

2016 年中央出台《生态文明建设目标评价考核办法》，考核办法要落实就必须有一套全国统一的生态文明建设的指标体系。构建生态文明建设评价指标体系是开展评价考核的前提：既要看产出增加，又要看消耗降低；既要看经济效益，又要看环境效益；既要看发展速度，又要看发展质量。以起到对地方政府和领导干部的指挥棒作用，从而激发各级政府部门、广大干部的积极性、主动性和创造性，形成推进生态文明建设的强大动力，推动社会进步和人类文明进程。国家发改委牵头印发的绿色发展指标体系包含考核目标体系中的主要目标，覆盖资源利用、环境治理、环境质量、生态保护、增长质量、绿色生活、公众满意程度7个方面，共56项。采用综合指数法测算生成绿色发展指数，以动态衡量地方每年的生态文明建设进展，侧重于工作引导。利用该评价指标体系以2016年数据为基础，对全国31个省市自治区进行了全面评价，尽管评价的结果出现一些争议，核心是指标权重赋权的科学性需要优化。

4.1.1 建设生态文明示范区是实现可持续发展的现实需求

随着生态环境问题的加剧以及人类环保意识的觉醒，近年来可持续发展不断走进国际社会发展的大舞台，在可持续发展理论下诞生的生态文明也得到世界各国人民的支持。良好的生态环境是实现可持续发展战略的前提，生态文明建设是实现可持续发展的必然选择。生态文明示范区建设是生态文明建设的先驱，它为生态文明建设提供理论和实践基础，推动生态文明建设，为可持续发展保驾护航。

(1) 资源环境问题限制社会发展

自改革开放以来，我国经济建设取得举世瞩目的成绩，伴随这种高能耗、高投入、低效率的粗放型经济发展模式出现的“后遗症”就是资源约束紧张、环境污染严重以及生态系统退化。日益增长的资源需求与日益减少的人均资源量的矛盾愈演愈烈，自然灾害频发即是最好的证明。以牺牲生态环境为代价的经济建设是不协调的、不平衡的、不可持续的。从目前发展状况来看，无论是小康社会建设还是现代化建设目标实现，都对能源、资源与环境等形成绝对性依赖关系，故其阻碍社会发展目标的实现以及人民生活水平的提高的程度越来越明显。

生态文明强调人与自然的关系，提倡绿色发展、循环发展、低碳发展。建设生态文明是建设中国特色社会主义的基础，实现社会持续理性发展必然选择生态文明。它是对过去不合理关系的纠正，是对当下不协调关系的调整，也是对未来发展的有力指引。

(2) 生态文明示范区建设是生态文明建设的探路者

从1972年斯德哥尔摩人类环境会议至1992年里约联合国环境发展大会，可持续发展的理念逐渐形成并被国际社会所接受。如今，可持续发展已是我国的一项基本国策，而当前的生态困境使可持续发展目标的最终实现受到严重阻碍。生态文明的提出，是人们对可持续发展认识深化以及创新的必然结果。

生态文明示范区建设是生态文明建设的先驱。选取不同发展阶段、不同资源环境禀赋、不同主体功能的区域开展生态文明示范区建设，总结有效做法，创新方式方法，探索实践经验，提炼推广模式，完善政策机制，以点带面地推动生态文明建设，对于破解资源环境瓶颈制约，加快建设资源节约型、环境友好型社会，不断提高生态文明水平，具有重要的意义和作用。

4.1.2 评价指标体系是生态文明示范区建设的基础

生态文明建设是一个动态、综合、具体的社会实践过程，涉及人类、政治、经济、社会、文化、资源与环境等各方面，对其结果进行量化以及评价，是把理论与实践结合，客观、直接地反映和指导生态文明建设。

生态文明评价指标体系是对生态文明建设进行准确评价、科学规划、定量考核和具体实施的依据和工具，以客观、准确评价人与自然的和谐程度及其文明水平。完善的生态文明评价机制是分析生态文明现状、评估生态文明建设绩效及及时发现生态系统的健康问题并及时发出预警的基础。建设生态文明评估体系是实现最终发展目标的重要基础。建立评价体系有利于推进建设和谐社会以及全面建成小康社会的进程，促进共同发展，提升社会生态文明水平。

4.1.3 我国生态文明建设评价指标体系研究现状

（1）生态文明示范区建设评价指标研究现状

2013 年国家环保部制定发布了《国家生态文明建设试点示范区指标（试行）》（以下简称《指标（试行）》）。该《指标（试行）》设立生态经济、生态环境、生态人居、生态制度、生态文化五大方面及 30 项具体指标。其最大特点是，对三级指标的目标值做了依据主体功能区（重点开发区、优化开发区、限制开发区或禁止开发区）不同，考核指标有区分。以《指标（试行）》为指导，各地陆续开展了形式多样、内容丰富的生态文明建设工作。综合分析国内代表性的生态文明建设试点示范区评价指标体系，结果如表 4-1 所示。

表 4-1 国内代表性生态文明示范区建设评价指标体系

范围	主要内容	创新指标或研究特色	总体评价
省级示范区	生态经济、生态环境、生态人居、生态文化、生态制度	绿色产品数量、近岸海域水域功能达标率、国土开发、食品安全、降水 pH 年均值、绿色矿山、国土开发强度	未涉及资源循环利用
先行示范区			指标分类详细，获得性较好
示范市（含地级行政区）		节能家电使用率、绿色建筑比例、城市化进程	指标注重环境治理
示范县（含县级市、区）		绿色 GDP，人才和谐，耕地农药、化肥和薄膜使用量	增加当地特色产业比重、农林业产值

(2) 生态文明建设评价指标研究现状

生态文明建设评价指标在参考上述生态文明示范区建设评价指标的基础上，结合各区域特征，建立了多种多样、各具特色的评价指标体系。

国内关于生态文明建设的评价方法多是参考和借鉴国外相关理论。目前我国在这方面的研究结果较多，但方法较少，评价方法类型单一，大多是采用评价指标体系。并且，很多评价指标体系都只是“纸上谈兵”，并没有实际运用。

综合前人研究成果，按照应用对象的不同，将我国现有生态文明评价指标体系分类总结，可划分为四个层面：国家层面、省级层面、城镇层面以及特定对象层面。从思路、特点、创新以及综合评价等几个方面进行比较，详细情况见表 4-2～表 4-5。

表 4-2 国内代表性生态文明建设评价指标体系——国家层面

文献来源	构建思路	主要内容	创新指标或研究特色	总体评价
朱松(2010)	四层面构建法	生态环境、大气环境、水环境、经济结构、能源发展、生态产业、生态文明教育普及率	包含绿色 GDP 市级普及率、近岸海域水质达标率等创新指标	指标可获得性好。未涉及社会和谐等方面的衡量指标
杜宇、刘俊昌(2009)	总体层、系统层、状态层、指标层	资源环境、经济发展、社会生态文化及制度	指标分类为核心指标与参考指标；将生态科技纳入生态文化；采用调查问卷收集专家意见	指标偏重资源环境，绿色消费不在指标内
赵芳(2010)	目标层、准则层、指标层	生产方式、生活方式、生态保护与建设以及社会发展	引入了生活方式准则层；采用进步率来反映生态文明建设动态变化情况	未考虑产业结构以及生态制度；数据获得情况较好
王文清(2011)	总体层、系统层、目标层、指标层	生态价值观、资源节约、环境友好、生态经济和社会和谐	建立绿色产品/市场认证比例指标	指标设置不全面，归类不明确
朱成全、蒋北(2009)	四维度法	水环境、大气环境、土壤环境、其他环境	构建层次结构及判断矩阵，采用求和法计算相对权重	指标偏重于环境，对生态文明的解释不足

表 4-3　国内代表性生态文明建设评价指标体系——省级层面

文献来源	构建思路	主要内容	创新指标或研究特色	总体评价
曹蕾（2014）	总目标、子系统、具体指标	经济发展、社会和谐、环境友好、生态健康	建立指标备选库，提出"先建后选"的构建思路	极大限度地考虑了指标建立的复杂性和差异性
张欢、成金华（2014）	按照PSR模型框架，在生态系统的视角下进行	压力系统、状态系统、响应系统	引入协调度函数，对生态文明各个子系统间的协调关系进行分析	分析了区域的空间差异；指标未涉及生态文化
严耕（2009）	总指标、考察领域、具体指标	生态活力、环境质量、社会发展和协调程度	创新分析了生态、资源、环境与经济的协调程度	未涉及生态文化方面的指标
魏晓双（2013）	评价指标因子、核心领域、整体综合	经济和谐、生态质量和社会发展	充分考虑各评价指标自身特点、中国地域等因素	加入了农村改水率指标；自然保护区的有效保护指标定义模糊
李晴梅（2015）	目标层、系统层、要素层和指标层	生态环境、生态经济和生态社会	考虑了指标间以及指标与生态文明之间的关联性	指标数据获得性好

表 4-4　国内代表性生态文明建设评价指标体系——城镇层面

文献来源	主要内容	创新指标或研究特色	总体评价
蓝庆新、彭一然（2013）	生态经济、生态环境、生态文化、生态制度	设置了政府行为指标；采用横向比较方法	未涉及制度执行实施指标
赵好战（2014）	生态活力、经济活力、社会活力、协调程度	引入了协调发展领域；采用了区间数层次分析法，进行模糊评价	先进行区域分类，再综合分析；召开专家评选会，多次进行指标筛选
何天祥、廖杰（2014）	生态文明状态、生态文明压力、生态文明整治、生态文明支撑	选取霍夫曼系数为指标	采取改进的熵值法计算城市生态文明建设水平
秦伟山、张义丰（2013）	意识文化、经济运行、环境支撑、生态人居、制度保障	增加了节能节水器具普及率指标；根据生态文明城市建设的标准对指标进行统一赋值，然后分级分类	指标较全面，但有些指标数据获取较难；处理数据时考虑了数据统一性
邱建辉（2014）	生态环境保护、生态经济、生态文化、生态管理	生态管理强调了政府参与的重要性	指标分类较完整；提供了一些指标的详细计算方法

表4-5　国内代表性生态文明建设评价指标体系——特定对象层面

文献来源	主要内容	创新指标或研究特色	总体评价
成金华（2013）	资源利用、环境保护、生态经济、社会发展、绿色保障	主要考虑了矿区这一特定对象在资源环境和经济社会发展方面的内在特质	先进行指标统计，再选取
杨红娟、夏莹（2015）	生态经济、生态保障、生态承载力、生态环境以及生态意识	指标的选取考虑了少数民族地区的经济、环境以及文化背景	未选取生态制度方面的指标；未考虑民族之间的差别
刘业业（2015）	生态环境、生态经济、生态人居、生态管理	采用层次分析法和专家咨询法确定权重，运用距离函数模型作为评价方法	指标偏重生态经济，与产业联系紧密
宁芳、王磊（2015）	资源节约、节能环保、恢复治理、保障体系及和谐发展	将矿山生态建设指标的定性和定量结合，克服以往对指标的模糊分析及完全定量化分析的不足	强调节能环保；注重资源投入与生态治理

将国家作为生态文明建设评价对象的研究尚处于理论研究阶段，还没有实际应用，研究成果数量不大。国家层面生态文明建设评价指标体系总体来说综合性较强，指标体系涉及范围较广，这样容易造成指标体系过于庞大，难以量化，且其大多数不能体现区域差异性。

就难度相对较小的省域生态文明建设评价指标体系而言，其实践性强。因为省域范围内自然、社会、经济等各方面条件相对较为均一，各省之间易于进行横向比较，能够通过省域差异调整指标体系，因此以省域作为对象建立的评价指标体系普遍受到重视，并有一些具有代表性的指标体系投入使用。

我国城市生态评价指标体系研究主要集中于发展较好的大城市，针对中小城市的评价研究不多。且根据每个城市的自身特点而创建的生态文明评价指标体系局限性较突出，适用性及实践性差、数据不易得等等。而我国城市自然背景、社会和经济基础千差万别，建立一种指标体系用于评价各个城市的生态文明建设是不现实的。

就现有文献来看，针对不同研究对象，比如矿区、工业园、企业等，指标选择不同，研究方法及研究方向也就不一样。这类评价指标体系由于针对性强而不具有普遍适用性，大多数应用范围很小；但与国家层面、省级层面的评级体系相比，它们大多实用性相对较好。特定对象的评价指标的选取较难，因为要考虑这种小区域的指标数据获得的难度。

4.1.4　存在的问题

综上所述，同层面的评价指标体系特点不同，虽然存在差异，但综合来看，我国目前在建立生态文明示范区建设评价指标体系这部分研究中还存在一些缺陷。

（1）指标体系通用性较差

生态文明建设评价指标体系理论研究较多，但投入使用的并不多，问题在于始终缺乏公认的且统一适用的评价指标体系[38]。目前我国主要以行政区划为单位来进行生态文明评价，而根据区域范围的大小，生态环境之间的联系紧密度大小不一，且每个区域所特有的生态特征也不一样，单独一套评价指标体系难以覆盖每个区域以及体现不同的区域特征。

造成这一问题的深层次原因主要有三方面。首先，对体系庞大的指标体系进行量化分析并用来评价生态文明建设绩效本来就是一项长期且艰巨的任务，找到统一适用的评价指标体系更是难上加难。其次，国内学术界对于生态文明内涵及外延的理解各执一词，并没有达成共识，在选取指标时个人主观意见不可避免地会对结果产生影响，从而导致建立的指标体系多种多样，适用性各不相同。最后，指标数量与广泛应用性之间的矛盾未得到合理的协调，太过细致的指标往往不能广泛应用，或者出现结果偏差。

（2）指标权重不一

从已有文献来看，指标的选取在生态文明建设相关方面覆盖度不平衡。在资源、环境、经济等方面的研究较多，也较为深入，而文化和制度涉及不多，研究也不够深入，且获取这两方面相关指标数据较为困难，造成评价结果的不可对比性。大部分文献未突出矿产、土地、森林等资源的重要性，忽略了工业化、新型城镇化与生态文明之间的关系问题。另外，涉及区域与外部联系的评价指标体系几乎没有。

（3）指标体系评价结果的滞后性普遍

指标体系评价结果的滞后性，是指相应指标参考年限的滞后性。对于短期内进行生态文明建设取得较大成绩的地方政府而言，评价结果公布以后与现状有较大反差，无法得到群众的广泛认可，有失公平。但是，这种滞后性是很难避免地，为了保证指标的可靠性，均会使用国家相关部门的权威统计数据作为数据来源，而国家权威数据的滞后性不可避免地造成了评价指标及结果的滞后性。

（4）评价指标体系产生的社会效益较差

尽管人们熟知生态文明，但对生态文明建设评价体系的了解却很少。首先，政府对生态文明建设评价体系的宣传率和普及率不够，导致公众接触、了解少；其次，生态文明建设评价指标的选择以及体系的建立过程没有公众参与的环节，致使公众对评价的整个过程知之甚少，限制了其知情权和监督权；最后，缺少对公众意识、感受的调查研究。由于评价指标体系对生态文明建设的响应差，因此社会效益不理想。

(5) 缺乏统一的生态文明理念

自 20 世纪 90 年代美国研究学家 Roy Morrison 首次提出“生态文明”至今，国外关于生态文明的研究相对比较成熟，但没有形成统一的理念。20 世纪 80 年代末，叶谦吉首次在国内生态研究界内提出“生态文明建设”理念，强调人类依赖自然环境生存，因此必须对自然环境实施保护作用，人与自然应当保持长期稳定发展关系。时至今日，国内生态文明建设研究取得了长足的发展。但跟国外一样，对生态文明内涵和外延没有达成共识，研究者根据主观意识确定的生态文明理念是形成统一的生态文明示范区建设评价指标体系的第一道难关，无法形成统一的生态文明理念，就永远无法找到能评价生态文明示范区建设的统一的指标体系。

4.1.5 加强生态文明示范区评价指标研究的建议

如今，各种生态环境问题已严重威胁到社会进步和人类生活，建立合理通用的生态文明示范区建设评价指标体系是当前必须面对和解决的首要问题，它既是推进我国生态文明建设的关键，也是实现全面建成小康社会这一目标的重要基础。所以，调整和完善生态文明示范区建设评价指标显得极其重要。针对前文提出的建立生态文明示范区建设评价指标的问题，在总结前人研究成果的基础上，下文在指标体系的统一性和可操作性、指标简约性和动态性、指标权重的确定以及社会效益等方面给出了一些建议以供参考。

(1) 强调指标体系的统一性和可操作性

指标体系的统一性是指单套指标多个区域适用，这样的评价指标体系能够实现生态文明建设的顺利高效发展，有利于推动全国生态文明建设进程。

生态文明建设指标体系的可操作性即要求指标数据便于收集和整理。指标体系的可操作性是生态文明建设评价快速有效进行的关键。目前国内主要的数据来源是国家相关部门的统计数据，大区域、广泛性的指标数据可操作性较好，而小区域、针对性的数据则较难收集和整理。所以，加强区域各项指标监测以及数据统计有益于提高区域数据可操作性，以便顺利进行生态文明建设评价。

(2) 要求指标具有简约性和动态性

指标的简约性，并不是指标越少越好，而是指标要有代表性，尽量避免重复的或相互依存关系的、主观性太强的、尚存在争议的指标。指标数量多，对其量化越困难，也增加了结果计算的难度。

指标的动态性，即要求指标的选取要跟上时代步伐，做到与时俱进。随着时代发展变化，社会结构以及生态环境不断发生改变以及人们对生态文明的认识持续深化，具体表征指标甚至指标体系的框架结构也应随着这些变化做相应调整，以更好地表征当下生态文明状态及进展，以及更好地评价和指导生态文明建设。

(3) 科学确定指标的权重

不同区域其先天自然环境优势各不相同，如果指标集中于资源环境类，对于那些生态优势较弱的区域而言，其评价结果是不公平的，不具可比性。另外，过于强调经济类指标会远离生态文明建设的核心，对经济发展较弱地区的评价也是不合理的。所以，尽管资源、环境以及经济类等指标对衡量生态文明建设成果来说是不可或缺的，但其权重过大会使评价结果出现偏差，大大降低整个评级系统的合理性及公平性。

(4) 注重公众的理解度与参与度，提高评价指标体系社会效益

公众是我国生态文明建设的基础，若人民群众不了解生态文明建设评价指标体系，那么生态文明建设的进度和效率将会受到影响。提高评价指标体系建立过程中公众的参与度以及生态文明建设评价指标体系知识的普及率是生态文明建设顺利进行的有力保障。选取指标时避免过于专业化的术语以及对指标进行简单明了的解释和说明是有利于提高公众参与度的。

(5) 统一明确生态文明内涵及外延

对生态文明含义的理解关系指标的确定、方法的选择以及对结果的分析和评价，是贯穿于整个评价过程的核心。不同的解读产生不同的结果。统一生态文明内涵及外延是生态文明研究的伟大且艰巨的任务，它是对社会生态文明的再一次深化，对我国生态文明建设事业具有极大的推动作用。

(6) 关注区域内外部联系

区域作为一个整体，并不是完全封闭的存在，区域内外部在经济、资源、环境等方面有着紧密的联系。外部的资源输入、内部产品输出以及内部发展对外部的影响等都是评价区域生态文明建设应该考虑的因素。目前国内对于生态文明建设的评价研究极少涉及区域外部因素，大部分都是内部因素。另外，通过软件开发来实现海量指标数据的高效处理，也是目前建立生态文明示范区建设评价指标应该设法考虑的问题。

4.2 区域绿色发展评价指标体系构建与应用

建设生态文明、实现绿色发展已经成为新时代的主旋律，在绿色发展深入人心的今天，如何科学评价一个区域的绿色发展水平就成为一个新的研究课题，亟需开展探索与研究。国外对区域绿色发展评价的研究起步较早，评价有明显的定量化特征，如生态指标优势研究，区域绿色发展指数评价利用多学科知识进行分析。国内评价方法研究总的趋势是由单要素评价向区域环境的综合评价过渡，评价内容由单纯环境质量状况评价发展到自然和社会相结合的综合或整体环境评价，开始涉及土地可持续利用、生态系统健康评价、农业生态环境质量评价、区域生态风险评价、生态脆弱区生态环境质量评价等。综上可见，尽管围绕区域生态环境质量评价和农业可持续发展评价两方面的评价指标体系和方法已有大量的研究，并有比较成熟的评价指标体系和方法已在实践中应用，但已有研究都存在局限于大尺度、评价的指标数量过多、相关数据获取难等不足，尚未有适于不同尺度、科学性和代表性都强的区域绿色发展评价指标体系和方法。总之，如何科学评价一个区域的绿色发展水平和生态文明建设成效，至今尚缺乏集科学性、综合性、操作性、通用性为一体的评价指标体系，而现实当中各级政府在生态文明建设、生态示范县市创建、领导干部生态保护绩效考核等方面都急需建立一套科学准确的评价指标体系，因此急需研究探索并构建一个能够科学评价区域绿色发展状况和生态文明建设成效的指标体系和评价方法。

4.2.1　绿色发展评价指标体系构建

绿色发展在当今世界已然发展成一个重要的经济增长和社会发展方式，其紧紧围绕“效率、和谐、生态、持续”四个方面开展，要构建绿色发展的评价指标体系就首先要清晰理解绿色发展的内涵，绿色发展是建立在传统发展基础上的一种模式创新，是建立在生态环境容量和资源承载力的约束条件下，将生态环境保护作为实现可持续发展重要支柱的一种新型发展模式。区域绿色发展内涵丰富，包括社会经济发展、自然环境和人类生活等多个方面，对一个区域绿色发展水平进行评价应该从不同维度展开。本节紧扣绿色发展内涵和我国生态文明建设的实际情况，提出从生态空间优化、生态环境良好、生态经济发展、生态生活满意四个大的方面进行综合评价，在每类指标选取中突出少而精，为区域生态环境规划与生态系统的构建提供科学的数据支撑。

(1) 评价指标选择原则

区域绿色发展评价指标选用应遵循以下原则：

① 整体性原则：区域绿色发展本身内涵丰富，综合性、整体性强，因此无论是整个评价指标体系还是具体的评价指标都要从整体性出发，构建一个可以综合反映区域生态环境质量、生态经济发展、人居环境改善等区域绿色发展状况的指标体系，所选指标还应考虑各子系统及各关联因子间的相互影响，从系统、整体的角度全面衡量与选取。

② 可操作性原则：评价指标体系中涉及的具体指标的数据要有明确的来源和出处，即提出的评价指标要容易获得这些实际、真实、客观的原始数据，因此，所选取的指标要特别注意原始数据有可靠的来源、相同的统计口径、易于获取性，这有利于评价指标

体系的应用和不同区域之间的比较。

③ 动态性原则：区域绿色发展水平处在不断变化发展之中，因此所选的评价指标必须能够精准反映不同区域年际之间的变化，所以指标体系中至少要有一部分能够敏感反映年际之间变化的具体指标，并能连续获取更新的数据。

④ 科学性原则：在选择评价因子及构建评价方法时，要力求科学，各种因子及模式都应有明确的内涵和专业的文字表述，并且把科学的定义与实际工作中约定俗成的理解紧密结合。

(2) 评价指标选择依据

区域绿色发展评价指标的构建是一个兼具复杂性和整体性的系统工程，指标体系的构建并不能把各个领域的统计指标简单地罗列或叠加，评价指标的选择还应该综合考虑区域经济的发展水平、资源环境承载力和区域社会发展等实际情况。笔者对当前我国区域绿色发展的现状进行深入研究，以解决存在问题，满足现实需求为目标，在参考国内外学者在区域绿色发展方面已有研究成果的基础上，确定了以生态空间优化、生态环境良好、生态经济发展、生态生活满意作为响应层指标，为区域绿色发展评价指标体系构建奠定基础。

生态空间优化是绿色发展的基础，按照尊重自然、顺应自然的理念，将现有的国土空间统筹利用，真正意义上实现生态空间布局优化、生产空间集约高效、生活空间宜居适度。为此选择森林覆盖率、受保护地区占国土面积比例、生态红线区占国土面积比例三个具体的指标来评价一个区域的生态空间优化程度。

生态环境良好是绿色发展的前提，生态环境良好并不是片面强调环境的重要性，而是将人与自然和谐相处、经济发展与生态环境保护相协调的理念贯穿到各项具体工作当中。生态环境良好的实质就是要建设以资源环境承载力为基础、以可持续发展为目标的资源节约型、环境友好型社会。评价区域绿色发展水平，首先要做到保持良好的生态环境，区域的空气优良天数占全年的比例、地表水达到Ⅲ类水的比例和水土流失率包括水、土、气三个方面来反映区域环境质量状况可作为评价生态环境指标的要素。

生态经济发展是绿色发展的动力，实现生态环境与经济社会相协调的可持续发展是绿色发展的宗旨。而只有降低单位 GDP 能耗（kg/万元），增加单位耕地面积农业生产总值（万元/hm^2）和单位建设用地面积二、三产业产值（亿元/km^2），才能提高居民生活水平，为生态建设和绿色发展提供动力和物质基础。

生态生活满意是区域绿色发展的目标。虽然反映人民生活满意可选择的指标很多，但从生态生活的角度，既要考虑农村，又要考虑城市，还要兼顾全体公众，同时最好与现行的生态文明县建设指标相一致，为此我们选择农村生活用能中清洁能源所占比例、城市人均公共绿地面积、公众对环境的满意率这三个指标来评价生态生活的满意程度。

总之，生态文明建设在全国各地如火如荼地推进，如何科学客观评价区域绿色发展的成效，至今仍然缺乏一个科学完善的评价指标体系，如果完全照搬生态文明示范县市的建设指标，不仅指标数量太多，工作量大，而且在操作性、综合性和适用性方面都显得不足，因此更需要研究一个考虑全面，指标数量少，代表性、通用性和综合性方面都很强的区域绿色发展指数的评价指标体系。本评价指标体系从生态空间、生态经济、生活环境和生态生活四个维度来评价区域绿色发展质量水平，每个二级响应层指标都找三个综合性和代表性强的指标进行量化，12 个指标中有 8 个沿用了国家生态文明示范县市的建设指标，新增评价指标有 4 个，详见表 4-6。

表 4-6 区域绿色发展评价指标体系构成

目标层	响应层	序号	指标层
一级指标	二级指标		三级指标
区域绿色发展水平	生态空间优化	X_1	森林覆盖率/%
		X_2	受保护地区占国土面积比例/%
		X_3	生态红线区占国土面积比例/%
	生态环境良好	X_4	空气优良天数占全年的比例/%
		X_5	地表水达到Ⅲ类水的比例/%
		X_6	水土流失率/%
	生态经济发展	X_7	单位 GDP 能耗/(kg/万元)
		X_8	单位耕地面积农业生产总值/(万元/hm^2)
		X_9	单位建设用地面积二三产业产值/(亿元/km^2)
	生态生活满意	X_{10}	农村生活用能中清洁能源所占比例/%
		X_{11}	城镇人均公共绿地面积/m^2
		X_{12}	公众对环境的满意率/%

4.2.2 评价指标权重确定

区域绿色发展指数评价指标的权重和评价标准对评价的结果起决定性作用，系统科学的评价指标体系不仅要有完善的指标体系，而且要有科学的指标权重计算方法，同时，其评价结果也必须符合服务管理的实际需要。

(1) 确定指标权重

权重用来表示某一个指标在整个评价体系中的重要程度，即各评价指标对区域绿色发展状况影响的重要性，是一个相对概念。不同指标对于区域绿色发展水平或动态变化的影响程度不同，在不同生态区域（国家主体功能区）也有差异，因而需要对各指标赋予权重。评价指标权重确定的方法有多种，一般可分为主观赋权法和客观赋权法两大类。其中，主观赋权法计算权重的原始数据主要是由评估者根据经验主观判断所得，与评估者（或决策者、专家）主观上对各指标的重视程度直接相关，常用的有层次分析法、德尔菲法、专家调查法、二项系数法、环比评分法、最小平方法等。而客观赋权法计算权重的原始数据是由各指标在评价过程中的实际数据得到的，即权重主要是根据原始数据之间的关系来确定的，客观性较强，常用的有熵值法、主成分分析法、离差及均方差法、多目标规划法等，在大多数情况下精确度较高，但有时会与实际情况相悖，难以对结果做出明确解释。因此，建议在区域绿色发展基础数据统计比较系统完备的地区，可采用主观赋权法与客观赋权法相结合的方式，诸如层次分析法+熵值法相结合的组合赋权法来确定各占比的权重；对于基础数据统计进展较慢的地区，建议采取层次分析法等主观赋权法，综合考虑区域生态文明建设的各方面因素，选取多领域、多专业评估者（或专家），从而提高评价指标体系与当地实际的吻合度。

本节采用层次分析法（analysis hierarchy process，AHP）确定各指标权重并计算综合评价指数，实现对区域绿色发展水平的客观科学评价。AHP 法由美国运筹学家萨蒂（T. L. Saaty）提出，其基本思路是：首先确立总目标和影响因子，然后将影响因子按照隶属关系分解，形成有序递阶结构，最后建立判断矩阵。判断矩阵是通过将影响因子两两比较得出的，通过计算和一致性检验得出各层次影响因子对上一级目标的权重，最终实现将复杂系统的决策思维层次化，因而评价结果具有一定的客观性、科学性，在经济管理、科学研究、风险评估等领域应用较为广泛。本节评价指标权重确定的基本步骤如下。

① 构建判别矩阵。采用 1～12 标度法建立判断矩阵，即用 1～12 之间的 12 个数字作为评价元素，标度各指标之间的相对重要性，形成判断矩阵。如表 4-7 所示，同等重要、略微重要、明显重要、非常重要和绝对重要 5 种判断表示各指标之间的重要性区别。具体判断过程如下：专家根据调查表对各个指标的相对重要性进行打分，对两个指标间的重要程度进行比较判断，同等重要的为 1，略微重要的为 3，明显重要的为 5，非常重要的为 7，绝对重要的为 9，其余判断介于两者之间的分别对应为 2、4、6、8 等。将上述标度作为矩阵的元素，可以分别列出各层面需要对比的指标的判断矩阵。

表 4-7　判断矩阵 1～9 标度及其定义

标度 a_{ij}	定义
1	i 指标与 j 指标同等重要
3	i 指标比 j 指标略微重要
5	i 指标比 j 指标明显重要
7	i 指标比 j 指标非常重要
9	i 指标比 j 指标绝对重要
2、4、6、8	为以上判断之间的中间状态对应的标度值
倒数	若 j 指标与 i 指标相比，得到的判断值为 $a_{ji}=1/a_{ij}$

② 计算各指标权重。根据建立的判断矩阵可计算出某一层面中各指标的权重，计算公式如下：

$$W=\overline{W_i}/\sum_{i=1}^{n}\overline{W_i} \tag{4-1}$$

其中：

$$\overline{W_i}=\frac{1}{n}\sum_{i=1}^{n}a_{ij}$$

③ 一致性检验。各指标的权重详见表 4-8。从表中的数据可以看出本评价指标对区域绿色发展指数中的生态生活满意的赋权比较大。

表 4-8　区域绿色发展指数评价指标权重及一致性分析

响应层	序号	指标层	指标权重	一致性分析
生态空间优化(0.1046)	X_1	森林覆盖率/%	0.0312	λ_{max}=0.145455；CR=0.094451
	X_2	受保护地区占国土面积比例/%	0.0551	
	X_3	生态红线区占国土面积比例/%	0.0182	
生态经济发展(0.1051)	X_4	单位 GDP 能耗/(吨标煤/万元)	0.0295	
	X_5	单位耕地面积农业产值/(万元/hm^2)	0.0393	
	X_6	单位建设用地二三产业产值/(亿元/km^2)	0.0363	
生态环境良好(0.4031)	X_7	空气优良天数占全年的比例/%	0.1625	
	X_8	地表水达Ⅲ类水以上比例/%	0.1367	
	X_9	水土流失率/%	0.1039	
生态生活满意(0.3872)	X_{10}	农村生活用能中清洁能源所占比例/%	0.0633	
	X_{11}	城镇人均公共绿地面积/(m^2/人)	0.1154	
	X_{12}	公众对环境的满意率/%	0.2085	

检验评分过程中的一致性，关键是看一致性比率 CR 是否小于 0.1。当 CR<0.1 时，即认为评分过程具有满意的一致性；否则就需要对判断矩阵中的元素进行适当的调整，直到使之具有满意的一致性为止。一致性比率 CR 的计算公式如下：

$$CR=CI/RI \tag{4-2}$$

其中：

$$CI=\frac{\lambda_{max}-n}{n-1}$$

$$\lambda_{max}=\sum_{i=1}^{n}\frac{(AW)_i}{nW_i}$$

RI 为随机一致性指标，见表 4-9。

表 4-9　平均随机一致性指标

n	1	2	3	4	5	6	7	8	9	10	11	12
RI	0	0	0.52	0.89	1.12	1.24	1.36	1.41	1.46	1.49	1.52	1.54

(2) 评价结果的等级划分

① 评价指标的等级与赋分。关于各个指标的等级采用传统的优、良、中、差、极差 5 个等级来描述，定义 90～100 分为优，80～90 分为良，70～80 分为中，60～70 分

为差，低于 60 分为极差，12 项评价指标不同等级的具体范围和打分的区间见表 4-10。

表 4-10 区域绿色发展评价各个指标的赋分等级

等级	X_1	X_2	X_3	X_4	X_5	X_6	X_7	X_8	X_9	X_{10}	X_{11}	X_{12}	赋分区间
优	>60	>30	>40	<0.5	>12	>2	>95	>90	<10	>70	>35	>95	90～100
良	45～60	20～30	30～40	1.0～0.5	10～12	1.5～2	85～95	80～90	20～10	60～70	25～35	85～95	80～90
中	30～45	15～20	20～30	1.5～1.0	8～10	1～1.5	75～85	70～80	30～20	50～60	15～25	75～85	70～80
差	15～30	10～15	15～20	2～1.5	6～8	0.5～1	65～75	60～70	40～30	40～50	10～15	65～75	60～70
极差	<15	<10	<15	>2.0	<6.0	<0.5	<65	<60	>40	<40	<10	<65	<60

② 综合评价的方法。通过比较指标得分来进行指标体系的评价。在对各指标实际数据进行处理后，根据综合评价函数得出区域绿色发展综合评价指数，具体计算方法如下：

$$F(x)=\sum_{i=1}^{n}W_i f_i(x) \tag{4-3}$$

式中，$F(x)$ 为综合评价值；W_i 为评价指标对应权重值；$f_i(x)$ 为评价指标对应量化值；n 为评价指标的个数。

取乘法和加法合成法进行计算：第一步，分别计算 4 个响应层的加权综合评分；第二步，以 4 个响应层的评分为基础再次相加即求得目标层的综合评分，即区域生态文明建设成效水平。

4.2.3 评价指标体系的验证与实际应用

任何评价指标体系构建完成之后，都应当把此指标体系应用到实际评价案例中，才能进一步验证其评价体系是否具有科学性和可行性。本节构建的区域绿色发展指数评价指标体系构建完成以后，我们选取了云南省已经创建为省级生态文明县的 11 个县（市、区）的相关统计数据资料，依据区域绿色发展指数评价指标体系，对各县（市、区）的区域绿色发展水平进行综合分析评价，以判断该评价指标体系是否科学可行。根据上述的区域绿色发展指数评价方法，参照表 4-10 中对所构建的评价指标体系的 12 个指标层的指标 $f_i(x)$ 进行赋分，表 4-10 的赋分标准由专家咨询法得到，最后算得各个指标的具体得分情况。11 个县市的绿色发展指数评价结果详见表 4-11。

表 4-11 云南 11 个县（市、区）绿色发展指数评价指标得分

指标	X_1	X_2	X_3	X_4	X_5	X_6	X_7	X_8	X_9	X_{10}	X_{11}	X_{12}
泸水市	93.52	93.16	91.36	66.40	75.00	72.00	99.60	100.00	71.50	92.38	73.00	96.76
贡山县	95.12	99.00	97.90	95.20	54.00	65.80	100.00	100.00	42.00	67.00	62.80	77.00
绥江县	92.05	91.12	78.60	87.80	65.00	66.40	90.80	100.00	72.80	86.20	79.50	93.20
易门县	90.03	91.99	81.66	74.93	83.85	68.40	100.00	100.00	62.00	98.03	71.43	93.90

续表

指标	X_1	X_2	X_3	X_4	X_5	X_6	X_7	X_8	X_9	X_{10}	X_{11}	X_{12}
姚安县	92.13	92.05	88.81	93.20	90.07	68.20	100.00	100.00	63.00	82.50	63.36	94.16
墨江县	90.17	79.00	72.91	90.42	61.45	65.67	100.00	100.00	64.00	77.30	80.24	93.14
景谷县	94.58	78.58	82.10	86.34	90.15	68.48	100.00	100.00	75.00	82.10	88.40	93.74
红塔区	90.13	90.21	71.58	86.41	90.37	62.36	98.40	87.50	83.07	93.80	72.30	93.24
景东县	92.68	85.00	77.74	86.55	69.35	1.20	99.20	100.00	80.57	82.90	71.20	94.18
福贡县	94.87	95.62	94.49	95.02	80.80	0.48	100.00	100.00	83.22	93.10	60.60	94.48
古城区	92.45	78.74	83.12	92.85	69.30	78.00	100.00	100.00	77.00	75.40	90.55	83.99

根据本节构建的区域绿色发展指数评价指标的综合评价公式 $F(x)$，最终将生态空间优化、生态经济发展、生态环境良好和生态生活满意四个响应层的赋分计算结果相加，最后得到云南典型区域绿色发展水平综合得分。最终的评分结果详见表 4-12。

表 4-12　云南 11 个县（市、区）的绿色发展综合指数水平评价结果

指标层	泸水市	贡山县	绥江县	易门县	姚安县	墨江县	景谷县	红塔区	景东县	福贡县	古城区
生态空间优化	9.71	10.20	9.32	9.36	9.56	8.49	8.77	9.09	8.99	9.95	8.74
生态经济发展	7.52	7.32	7.55	7.99	8.76	7.47	8.58	8.36	5.32	6.00	8.29
生态环境良好	37.28	34.28	35.99	36.36	36.47	36.57	37.71	36.58	38.16	38.57	37.92
生态生活满意	34.45	27.54	34.06	34.03	32.17	33.57	34.94	33.72	33.10	32.59	32.73
区域绿色发展水平综合指数	88.96	79.35	86.93	87.74	86.96	86.10	90.01	87.75	85.57	87.10	87.68
等级	良	中	良	良	良	良	优	良	良	良	良

由表 4-12 结果可知，从本节构建的区域绿色发展指数评价体系的四个一级响应层来讲，已达到云南省级生态文明考核指标的 11 个县（市、区）在生态空间优化方面水平差别较小，其中贡山县得分最高，而墨江县的得分最低；从生态经济发展方面来讲，11 个县（市、区）中景东县在生态经济发展水平方面评分最低，姚安县的生态经济发展水平最好，两县之间得分相差 3.44 分；从生态生活满意程度方面的得分结果来看，11 个县（市、区）中贡山县在这方面的评分相对较低，说明贡山县在生态生活满意度方面与其他 10 个县（市、区）有一定差距。由表 4-12 的最终结果，结合表 4-10 区域绿色发展评价指标赋分标准中的等级划分标准结果可知：本次选取的云南生态文明 11 个县（市、区）中区域绿色发展水平综合指数得分最高的为景谷县（90.01），区域绿色发展等级处于“优”，表明其区域绿色发展现状较好；贡山县的区域绿色发展水平综合得分为 79.35，评价等级处于“中”，说明其绿色发展水平稍差，尤其是在生态生活满意这个评价指标得分上均是 11 个县（市、区）中最低的；其余的泸水市、绥江县、易门县、姚安县、墨江县、红塔区、景东县、福贡县和古城区 9 个县（市、区）的区域绿色发展水平比较相近，综合指数得分均在 80～90 分之间，评价结果等级均为“良”，说明绿色发展水平总体处在良好状态，但福贡县和景东县的生态经济发展严重滞后于其他 9

个县（市、区）。

从上述选取的云南11个省级生态文明县（市、区）的实际应用案例可以看出，按照本节笔者构建的区域绿色发展指数评价指标体系，总体能够较为客观地评价出一个区域绿色发展的水平，但仍然存在一定的问题，如在指标构成、权重确定方法等方面均有一定的改进和完善空间。在评价指标体系权重的确定方面，一方面，在本节构建的区域绿色发展指数评价指标体系中，四类响应层的指标中生态环境良好所占权重偏大（0.4031），其中空气优良天数占全年的比例（%）的权重为0.1625，是三个指标层中权重最大的，且生态生活满意方面在四类响应层中所占的权重仅次于生态环境良好所占权重，其中公众对环境的满意率的权重高达0.2085，这在一定程度上夸大了公众对环境的满意程度，直接影响整个系统的评价结果。另一方面，在本节构建的评价指标体系中，四类响应层中生态空间优化方面所占的权重最低（0.1046），其中生态红线区占国土面积比例的权重低至0.018，而生态经济发展方面的指标层权重之间差别不明显，因此在以后的指标体系构建中，需对整个评价指标体系中指标权重的确定进行更加深入的研究。在评价指标体系指标的选取及验证方面，选取了云南典型区域11个县（市、区）的相关统计数据，对其进行区域绿色发展指数的指标评价体系的验证还稍显不足。本节构建的区域绿色发展指数评价指标体系，还需要在其他方面进行验证，如这套评价指标体系对不同尺度的区域是否都适用，比如小到乡镇，大至一个地级市、一个省份乃至全国所有省份均能够进行应用，这就需要对此评价体系进行进一步的补充及修正。另外，仅采用专家经验赋值法对所构建的12个指标分区段进行赋分，忽视了对原始数据进行标准化或无量纲化的处理，这在一定程度上会对本指标体系的最终评价结果有所影响。因此，在将来的数据处理中需要对原始数据采用不同的归一化处理方法进行比较，从而可以找到更加科学合理的原始数据标准化的处理方法，既有利于完善区域绿色发展的评价指标体系，也有助于使评价指标体系的评价结果更加客观科学。

4.3 农业绿色发展评价指标体系构建与应用

绿色发展已经上升为国家战略，要推动我国农业实现绿色发展，首先就需要构建农业绿色发展的评价指标体系。过去我国农业的发展由于过分依赖较高的物质能量投入，强调增加粮食产量和农产品的有效供给，已被证明是不可持续的农业。改革开放以来我国农业虽然取得了巨大的成就，依靠仅占世界不到10%的耕地养活了世界20%左右的人口，但与此同时我们却消耗了全球37%的化学肥料和26%的农药，高强度的化肥农药的使用在保障粮食产量持续增长的同时，对农业环境的污染和农产品品质的不利影响也日趋严重。在新的历史条件下，国家关于实施乡村振兴战略的意见明确指出：“必须坚持质量兴农、绿色兴农，以农业供给侧结构性改革为主线，加快构建现代农业产业体系、生产体系、经营体系，推进乡村绿色发展，打造人与自然和谐共生发展新格局。”因此，发展绿色农业、环境友好型农业、循环农业和生态农业，真正实现农业的可持续发展成为必然的选择。国内外有关农业绿色发展的概念、内涵、模式等已有不少的报道，但如何科学评价一个区域的农业绿色发展水平，至今没有统一和公认的科学评价指标体系。早在 2000 年就有学者基于整体性、层次性、动态性、辩证性原则提出农业资源环境持续评价的基本内容和方法体系，包括评价的基本框架、计算模式、评价方法等内容。随后国内有学者提出了农业可持续发展评价指标体系用来量化农业发展水平。周娅莎等从农业可持续发展和农业现代化的角度挑选了不同指标组合为一套新的评价体系，为构建农业可持续发展评价体系提供了参考。姚平伟也提出了一套农业可持续发展评价指标体系，并对安丘市的农业可持续发展系统进行了综合评价。曹执令从农业经济、农业生产、农业社会和农业资源与环境方面共选取了 16 个评价指标对区域农业可持续发展进行了综合分析。近年来，也有一些学者在参考农业可持续发展评价指标体系的基础上对农业绿色发展评价指标体系进行了探索，如陆壮丽和谭静以广西农业发展为例，构建了农业绿色化发展水平评价指标体系。郭迷提出了 16 个必选指标和 4 组自选指标相结合构建中国农业绿色发展指标体系的构想，并运用此套体系对全国 30 个地区的农业绿色发展水平进行了初步的测算和评价。从理论上讲，评价指标越多，反映农业绿色发展的信息也越全面，但从可操作、易获取的角度来看，评价指标的数量并非越多越好。

虽然农业可持续发展的评价指标体系和农业绿色发展评价指标体系有很大的关联，但也不能直接照搬，目前对农业绿色发展评价指标体系的构建尚处于探索阶段，而且以往构建的评价体系的指标存在指标数量多、原始数据难以获取、计算方法复杂、分级标准不统一等问题与不足。因此，针对我国的国情构建一套指标数量少、覆盖面广、分级标准统一、计算过程简单、评价结果客观、操作性强的农业绿色发展评价指标体系就显得十分重要和迫切。

4.3.1　评价指标体系构建

农业作为国民经济的基础性产业，要实现绿色发展，就必须在发展过程中体现资源节约、环境友好的同时，促进乡村振兴和农产品质量的安全，因此农业绿色发展评价指标体系也是基于以上四个大的方面进行评价指标的选择与构建。

（1）评价指标体系构建的原则

能够反映农业绿色发展的指标有很多，如何科学选择评价响应层和指标层的具体指标，评价指标构建过程中选取原则很关键。本节在构建农业绿色发展评价指标体系时主要遵循以下原则：

① 系统性原则：在评价指标体系构建时，既要考虑农业生产系统的特点，也要考

虑农业发展对资源环境、乡村发展及农产质量的影响。

② 综合性原则：理论上讲选取的指标越多，评价指标体系就越全面，但科学的评价指标体系并不是指标越多越好，因此尽可能选择综合性强的指标，这样有利于简化评价指标体系。

③ 可操作原则：指标体系中涉及的具体指标的数据要有来源，换句话说提出的评价指标要容易获得这些相关的原始基础数据，否则指标设计得再好，得不到数据等于零。

④ 可比较原则：就是强调根据评价指标体系计算得到的评价结果要有可比性，因为对一个区域的农业绿色发展水平进行评价，目的还是促进工作，为各级政府在实施绿色发展战略推动农业绿色发展的实践中提供决策依据。

（2）评价指标体系中具体指标的选取

① 响应层指标的选取。农业绿色发展评价指标体系的构建是一个复杂的系统工程，不是各个领域统计指标的简单罗列或叠加，应该综合考虑经济发展、资源环境和乡村发展等多个方面，把农业发展与自然、社会相联系。笔者结合当前我国对农业绿色发展的现状、存在问题和实际需求，在参考国内外学者提出的农业可持续发展的评价指标体系的基础上，确定了资源节约、环境友好、乡村发展和产品安全指标四大类二级响应层指标，作为农业绿色发展评价指标体系构建的基础。

农业发展也要体现资源节约。耕地资源和水资源是农业发展不可或缺的基础性资源，对于特定区域在发展农业的同时还要保护国土空间，因此选择单位耕地面积农业总产值、农业灌溉水有效利用系数和受保护面积占国土总面积的比例三个具体指标来评价区域农业发展的资源节约状况。

环境友好指标追求的是人与自然的和谐相处，即人类活动应该以资源环境承载力为基础，从而实现经济与环境的协调发展。它的本质是经济发展与资源环境保护的和谐统一，是经济增长速度与社会发展质量的和谐统一。对于农业发展如何做到环境友好我们从化学肥料施用强度、规模化畜禽养殖场粪便综合处理率和森林覆盖率三个指标来反映农业发展的环境友好程度。

农业发展的根本宗旨就是要带动乡村振兴，而只有改善乡村生活环境，提高农民生活水平，才能真正实现乡村振兴，以满足人民日益增长的对美好生活的需要，也正因为如此，中央关于实施乡村振兴战略的意见中明确“要加强农村突出环境问题综合治理。加强农业面源污染防治，开展农业绿色发展行动，实现投入品减量化、生产清洁化、废弃物资源化、产业模式生态化”。所以我们在农业绿色发展评价指标体系构建中把乡村发展作为一大类评价指标予以考虑，具体包括农村饮用水合格率、农村清洁能源占比以及农民人均纯收入或可支配收入。

农产品质量事关人民群众身体健康和社会稳定，在我国温饱问题解决之后，人民群众对农产品的质量和安全性的要求自然会更高。因此农业绿色发展的关键就是要确保老百姓能吃到营养、安全的农产品，实际上让百姓吃得放心是最大的民生问题。基于目前我国农产品安全方面无公害农产品、绿色食品、有机食品的申报认证等工作已先后开展 20 多年，因此把上述“三品”种植比例作为考核评价农产品安全的重要指标。

② 指标层评价指标的选择。本节在指标选取上综合利用了理论分析法、专家咨询法等对指标进行筛选。总结了目前关于农业绿色发展指标的相关学术论文、研究报告等，重点挑选运用频率较高、代表性较强的指标，采用问卷调查和专家咨询的方法，对收集的指标进行修改和筛选。

本节构建的农业绿色发展评价指标体系共分为三个层次，分别为目标层、响应层和指标层。上一层指标是下一层的综合，下一层指标则是上一层的分解和具体体现。该指标体系的目标层为本节需要测度的目标“农业绿色发展水平”；响应层主要包括 4 类指标，分别为“资源节约”“环境友好”“乡村发展”“产品安全”；指标层共有 10 个，其中响应层的资源节约、环境友好和乡村发展三类响应层指标均包含 3 个目标层指标，产品安全下包含 1 个指标，详见表 4-13。

表 4-13　农业绿色发展评价指标体系

目标层	响应层	序号	指标层	单位
一级指标	二级指标		三级指标	
农业绿色发展水平	资源节约	X_1	单位耕地面积农业总产值	万元/hm^2
		X_2	农灌水有效利用系数	无量纲
		X_3	受保护国土面积占比	%
	环境友好	X_4	化肥施用强度	kg/hm^2
		X_5	规模化畜禽养殖场粪便综合处理率	%
		X_6	森林覆盖率	%
	乡村发展	X_7	农村饮用水合格率	%
		X_8	农村清洁能源占比	%
		X_9	农民人均纯收入	万元/人
	产品安全	X_{10}	绿色、有机、无公害农产品占比	%

4.3.2　指标权重的计算与评价标准的确定

评价指标权重和评价的标准对评价的结果有直接的影响，一套科学的评价指标体系不仅要有完善的指标体系，而且要有科学的方法计算指标的权重，评价的结果也要有一个符合实际的分级标准。

(1) 指标权重的确定

权重是通过对评价系统中各评价指标相对于评价系统的影响程度而确定的一个定量的数值。因此，权重是一个相对的概念，是指某一个指标在整个评价指标体系中的相对重要程度。由于整个评价系统中各评价指标对农业绿色发展总体目标的影响程度大小各不相同，因此科学合理地确定各评价指标的权重值对整个评价的客观性非常重要。确定权重的方法有很多种，总体而言可以分为两大类：一类是主观赋权法，是根据决策者（专家）主观上对各指标的重视程度来确定指标权重的方法，其权重由专家根据经验主观判断得到，常用的有专家调查法、层次分析法、二项系数法、环比评分法、最小平方法等；另一类是客观赋权法，其权重由各指标在决策方案中的实际数据得到，即主要是根据原始数据之间的关系来确定权重，故权重的客观性强，常用的有主成分分析法、熵值法、离差及均方差法、多目标规划法等。

本节采取层次分析法（analytic hierarchy process，AHP），确定各指标权重并计算综合评价指数，实现对区域农业绿色发展水平的客观科学评价。AHP 法最早由 Saaty 于 20 世纪 70 年代中期提出，它是一种将定性、定量因素有机结合的方法，其核心思想是通过建立判断矩阵、排序计算及一致性检验后得到最终评价结果，实现将复杂系统的决策思维层次化，使评价结果具有一定的客观性、科学性，在经济管理、科学研究等领域应用较为广泛。本节评价指标权重确定的基本步骤如下。

第一步构建判别矩阵。采用 1～9 标度法建立判断矩阵，即用 1～9 之间的九个数作为评价元素，标度各指标之间的相对重要性大小，形成判断矩阵。如表 4-14 所示，同等重要、略微重要、明显重要、非常重要和绝对重要五种判断表示各指标之间的重要性区别。具体判断过程如下：专家根据调查表对各个指标的相对重要性进行打分，对两个指标间的重要程度进行比较判断，同等重要的为 1，略微重要的为 3，明显重要的为 5，非常重要的为 7，绝对重要的为 9，其余介于两者之间的分别对应为 2、4、6、8 等。将上述标度作为矩阵的元素，可以分别列出各层面需要比较的指标的判断矩阵。

表 4-14　判断矩阵 1～9 标度及其定义

标度 a_{ij}	定义
1	i 指标与 j 指标同等重要
3	i 指标比 j 指标略微重要
5	i 指标比 j 指标明显重要
7	i 指标比 j 指标非常重要
9	i 指标比 j 指标绝对重要
2、4、6、8	为以上两判断之间的中间状态对应的标度值
倒数	若 j 指标与 i 指标比较，得到的判断值为 $a_{ji}=1/a_{ij}$

第二步根据建立的判断矩阵可计算出某一层面中各指标的权重，计算公式如下：

$$W=\overline{W_i}/\sum_{i=1}^{n}\overline{W}_i \tag{4-4}$$

其中：

$$\overline{W_i}=\frac{1}{2}\sum_{i=1}^{n}a_{ij}$$

第三步进行一致性检验，各指标的权重详见表4-15。从表4-15中的数据可以看出本评价指标对农业发展的环境友好赋权的比重较大。

表4-15 农业绿色发展评价指标权重及一致性分析

响应层	序号	指标层	指标权重	一致性分析
资源节约(0.2564)	X_1	单位耕地面积农业产值	0.0792	$\lambda_{max}=4.0248$ CR=0.0093
	X_2	农灌水有效利用系数	0.1491	
	X_3	受保护国土面积占比	0.0281	
环境友好(0.5403)	X_4	化肥施用强度	0.3503	
	X_5	规模化畜禽养殖粪便综合处理率	0.1241	
	X_6	森林覆盖率	0.0659	
乡村发展(0.0986)	X_7	农村饮用水合格率	0.0178	
	X_8	农村清洁能源占比	0.0227	
	X_9	农民人均纯收入	0.0581	
产品安全(0.1047)	X_{10}	绿色、有机、无公害农产品占比	0.1047	

(2) 评价结果的等级划分

① 评价指标的等级与赋分。关于各个指标的等级采用传统的优、良、中、差、极差五个等级来描述，定义90～100分为优，80～90分为良，70～80分为中，60～70分为差，低于60分为极差，10项评价指标不同等级的具体范围和打分的区间详见表4-16。

表4-16 农业绿色发展评价指标赋分标准

等级	X_1	X_2	X_3	X_4	X_5	X_6	X_7	X_8	X_9	X_{10}	赋分区间
优	>10	>0.6	>40	<150	100	>70	100	>90	>1.5	>60	90～100
良	5～10	0.5～0.6	30～40	200～150	95～99	60～70	95～100	80～90	1.0～1.5	50～60	80～90
中	3～5	0.45～0.5	20～30	250～200	90～95	50～60	90～95	70～80	0.8～1.0	40～50	70～80
差	1～3	0.4～0.45	15～20	300～250	85～90	40～50	80～90	60～70	0.6～0.8	30～40	60～70
极差	<1	<0.4	<15	>300	<85	<40	<80	<60	<0.6	<30	0～60

② 综合评价的方法。通过比较指标得分来进行指标体系的评价。在对各指标实际数据进行处理后，根据综合评价函数法得出农业绿色发展综合评价指数，具体计算方法如下：

$$F(x)=\sum_{i=1}^{n}W_i f_i(x) \tag{4-5}$$

式中，$F(x)$为农业绿色发展水平综合评价指数；W_i为评价指标对应权重值；$f_i(x)$为评价指标相应赋分；n为评价指标的个数。

取乘法和加法合成法进行计算：第一步，分别计算4个响应层的加权综合评分；第二步，以 4 个响应层的评分为基础再次相加即求得目标层的综合评分即农业绿色发展水平得分。

为了进行对比，根据综合评价值按一定标准划分不同等级，以判断和评价区域农业绿色发展水平。具体等级划分见表 4-17。

表 4-17 农业绿色发展水平综合评价指数等级划分

指数	0～25	25～50	50～70	70～85	85～100
等级	极差	差	中	良	优

4.3.3 评价指标体系的应用

农业绿色发展评价指标体系构建完成之后，必须进行实际应用才能判断评价指标体系是否科学可行，为此我们选择云南省保山市作为评价指标体系实际应用的一个行政区域，收集了 2014 年保山市所辖腾冲市、隆阳区、龙陵县、施甸县、昌宁县 5 个县（市、区）的相关统计数据，依据本节构建的农业绿色发展评价指标体系，对保山市各县（市、区）的农业绿色发展水平进行综合分析评价。

根据上述评价方法，参照表 4-16 对本节构建的农业绿色发展评价体系的各底层指标 $f_i(x)$ 进行赋分，赋分标准由专家咨询法得到，最终各个评价指标的赋分结果详见表 4-18。

表 4-18 保山市 5 县（市、区）农业绿色发展评价指标得分 [$f_i(x)$]

县(市、区)	X_1	X_2	X_3	X_4	X_5	X_6	X_7	X_8	X_9	X_{10}
隆阳区	91.12	78.00	70.14	66.28	83.25	82.00	100	77.62	71.47	90.05
腾冲市	73.91	84.00	78.57	84.47	86.25	90.70	100	76.00	67.51	75.62
昌宁县	82.28	82.00	66.30	69.75	86.65	86.82	100	73.98	65.84	76.33
施甸县	80.48	78.00	85.29	0	80.58	70.03	100	47.99	65.34	5.12
龙陵县	80.24	79.90	68.52	70.64	82.63	87.85	82.86	45.64	66.88	95.47

根据公式(4-5) 最终计算得到各县（市、区）的农业绿色发展水平综合评分，结果见表 4-19。

表 4-19 保山市各县（市、区）农业绿色发展水平评价结果

指标层	隆阳区	腾冲市	昌宁县	施甸县	龙陵县
资源节约	20.82	20.59	20.61	20.40	20.19
环境友好	38.95	46.27	40.91	14.61	40.79
乡村发展	7.69	7.43	7.29	6.67	6.40
产品安全	9.43	7.92	7.99	0.54	10.00
农业绿色发展水平综合指数	76.89	82.21	76.8	42.22	77.38

由表 4-19 可知，5 县（市、区）在资源节约方面水平比较接近，乡村发展方面 5 个

县（市、区）差别也不大，环境友好方面腾冲市最好，产品安全方面龙陵县最好，施甸县最差。从综合指数看腾冲市农业绿色发展水平综合指数为 82.21，是保山市 5 个县（市、区）中最高的；施甸县的农业绿色发展水平综合指数为 42.22，是 5 个县（市、区）中最低的；隆阳区、昌宁县和龙陵县农业绿色发展水平相近。根据表 4-19 中的评价标准得出，腾冲市农业绿色发展等级处于“良”，表明其农业绿色发展现状较好，能力较强，潜力较大；而施甸县农业绿色发展等级则处于“差”，说明其农业绿色发展现状堪忧，发展能力较弱，特别在环境友好和产品安全两类指标方面远远落后于其他 4 个县（市、区）；隆阳区、施甸县和龙陵县的农业绿色发展水平等级处于“中”，说明农业绿色发展水平总体较为平稳，有较大的提升潜力。

从上面的实际应用案例可以看出，虽然按照构建的评价指标体系总体能够比较客观地评价一个区域的农业绿色发展状况，但指标构成、权重确定方法都还有进一步改进和完善的空间。如本次评价中四类响应层指标中环境友好所占权重偏大（0.5403），其中化肥使用强度的权重高达 0.3503，这在一定程度上夸大了化肥施用强度对整个评价结果的影响，因此在评价指标权重的确定方面仍然有必要进一步深化研究。另外，本文选择保山市作为评价对象，由于其所辖的县（市、区）比较少，因此评价指标体系应用验证的代表性还稍显不足，已构建的农业绿色发展水平评价指标体系也需要在更大的区域如一个省内的大区域，比如滇中、滇南、滇西、滇东，或者全省乃至全国所有省份进行应用和修正。此外还需要注意数据赋分标准与数据无量纲处理的问题，本节为了方便，根据经验对不同指标分区段进行赋分，但比较科学的方法是针对 10 个评价指标的计量单位不统一的实际，首先要对原始数据进行标准化或归一化的无量纲处理，采用不同的数据标准化计算方法，最终评价的结果也会有变化，这就需要对同一区域数据采用不同归一化处理方法进行比较，方可找到最适合的原始数据标准化的方法。

第 5 章

生态文明示范区建设的国内探索与实践

我国提出建设生态文明以来，不仅配套政策不断完善，而且各地在生态文明示范区创建工作的实践中积累了许多宝贵的经验。党的十八大报告把生态文明建设提到前所未有的战略高度，将生态文明建设与经济建设、政治建设、文化建设、社会建设并驾齐驱，上升到“五位一体”的战略高度。党的十九大报告指出：“我们要建设的现代化是人与自然和谐共生的现代化，既要创造更多物质财富和精神财富以满足人民日益增长的美好生活需要，也要提供更多优质生态产品以满足人民日益增长的优美生态环境需要。”换言之，党的十九大报告已将人与自然和谐共生定位于中国现代化的重要特征。生态文明建设的当前重点是环境保护，因为资源环境生态问题已经成为我国全面建成小康社会的“短板”，显然我国已正式进入了大力推进生态文明建设新时代。

2013 年 12 月 2 日《关于印发生态文明先行示范区建设方案（试行）的通知》文件的印发，加快推进了我国生态文明制度建设。选取不同发展阶段、不同资源环境禀赋、不同主体功能要求的地区开展生态文明先行示范区建设，总结有效做法，创新方式方法，探索实践经验，提炼推广模式，完善政策机制，以点带面地推动生态文明建设，破解资源环境瓶颈制约，加快建设资源节约型、环境友好型社会，不断提高生态文明水平具有重要的意义和作用。近年来，生态示范区建设已在我国很多地区进行了比较广泛的示范活动，生态示范区的创建取得了显著成效，对已经积累的许多创建经验进行梳理总结十分必要。

5.1 浙江经验

早在 2000 年，浙江作为经济发达省份就率先出台了《浙江省生态环境建设规划》，提出保护和建设好生态环境是实现经济社会可持续发展的迫切要求，将其作为提前实现现代化的重要内容。自 2002 年起，浙江在探索生态文明建设的道路上，先后提出建设绿色浙江、建设生态省、建设全国生态文明示范区的战略目标，引领全省人民不断推进生态文明建设，取得了骄人的成绩。浙江生态文明建设的经验，对于全国其他省（市、自治区）有重要借鉴意义。

5.1.1　总体情况

(1) 坚持解决突出环境问题

从 2004 年开始，浙江连续开展了“811”环境污染整治行动和“811”环境保护新三年行动，将之作为生态省建设的标志性工程，重点解决了一批流域性、区域性、行业性的突出环境问题。如水环境问题，浙江自 2013 年开始就狠抓水环境治理，认为治水就是抓民生，把水质指标作为硬约束倒逼产业转型升级，努力实现了省、市、县、乡（镇）四级“河长制”全覆盖，设立 6 名省级河长、199 名市级河长、2688 名县级河长、16417 名乡（镇）级河长，并进一步向村（社区）延伸，形成五级联动的“河长制”体系。短短几年时间，全省水质有了明显改善，得到了人民群众的认可。据浙江省统计局调查数据，2014 年社会公众对本地生态环境的满意度达到 83.9%，对治水成效的满意度达到 74.12%，对治水的支持度在 2014 年、2015 年均达 96%以上。

(2) 坚持产业转型升级

浙江坚决淘汰落后产能、积极倡导清洁生产，争取在生产环节中降能耗、减排放，实现水与大气环境的源头保护。全省一方面加大对传统产业、重化工业的绿色改造，积极发展循环经济、绿色工业，以此带动传统优势产业的改造提升；另一方面通过创新驱动、技术改造、工艺提升，发展以新能源和低碳经济为主的生态型产业，努力从源头上减少污染物排放，形成“源头严控”“过程严管”的治污模式。注重产业集聚发展和循环发展，以生态工业园区为载体，引导关联企业入园，通过形成产业生态链和生态网，实现资源的高效配置、污染物的减量排放、资源的循环利用。

(3) 坚持把生态资源优势转化为生态富民优势

浙江在生态文明建设中，始终坚持努力把生态优势变成经济优势。一方面，实施“千村示范、万村整治”工程和“美丽乡村建设”行动，推进新农村建设，不断改善农村生态环境，积极构建具有浙江特色的美丽乡村建设格局。至 2013 年底，全省共有 2.7 万个村完成环境整治，村庄整治率达到 94%，成功打造 35 个美丽乡村创建先进县。另一方面，始终坚持走生态路线，把生态环境优势转化为生态经济优势。如今，淳安、遂昌、开化等 26 个原欠发达县依托山好、水好、空气好的环境优势来发展生态农业、生态工业、生态旅游。截至2011年，全省累计建成国家级生态县6个、国家级生态示范区45个、国家环保模范城市7个、省级环保模范城市7个、全国环境优美乡镇274个、省级生态县41个和省级生态乡镇939个、国家园林城市（县城、镇）22个、省级园林城市36个。

（4）重视生态文明制度建设，创新生态体制机制

在制度建设方面，浙江省做到了三个“最早”：全国最早开展区域之间的水权交易、全国最早实施排污权有偿使用制度、全国最早实施省级生态保护补偿机制。另外，2003年以来，浙江省人大常委会和省政府制定和修订了关于大气污染防治、森林管理、海洋环境保护、自然保护区管理、水污染防治等40多部地方性法规、规章，初步形成了与国家生态法制体系相适应的地方立法体系。这些都体现了浙江省对生态文明法制建设的高度重视。

充分发挥市场机制在生态文明建设中的决定性作用，促进生态资源、环境资源的商品化、市场化，着力克服长期制约生态文明建设的体制性障碍。建立健全资源有偿使用制度，使环境要素价格反映稀缺程度和环境修复成本；以生态保护的经济激励，积极推行市场化的生态补偿模式；实施污染收费的税收政策、环境津贴政策和优惠绿色信贷政策。

（5）形成共建共享生态文明行动体系

首先，在组织领导上，浙江成立了以省委书记为组长、省长为常务副组长、40个部门主要负责人为成员的生态省建设工作领导小组，各市县也层层建立领导小组。其次，在工作格局上，全省上下基本建立了“党委领导、政府负责、部门协同、社会参与”的组织体系，“地方政府主导、环保部门统揽、各部门齐抓共管”的管理格局，以及“政府引导鼓励，社会团体、民间组织和公众参与监督，全社会共享”的社会行动体系。再次，重视生态文明宣传教育和公众参与机制，坚持宣传教育先行，积极推进生态文化载体建设，搭建生态文明宣传平台，强化全社会环保意识和社会责任感，培育生态文明主流价值导向。最后，建立舆情监控回应机制，强化舆论监督和信访监督；积极公开环境信息，引导公众参与重大环保决策和执法监管；开展生态环境质量公众满意度调查，切实发现并解决群众反映强烈的突出环境问题，实现政府、企业、公众良性互动。

5.1.2 湖州经验

拥有优良自然禀赋和宜居环境的湖州市，早在多年前就高高举起生态文明建设的大旗。2014年5月，经国务院同意，湖州成为全国唯一经国家六部委联合发文的地市级生态文明先行示范区，湖州市生态文明建设获得了首个国家认可。随后省委、省政府在湖州市召开动员大会，正式启动示范区建设。至此，湖州生态文明先行示范区建设快步前行，成果显著。

① 结合自身优势，打造特色生态品牌。牢固树立“绿水青山就是金山银山”的理念，坚持生态立市；着力打造美丽乡村，实施“1381行动计划”，开展宜业宜居宜游的美丽乡村建设，形成了以“市校合作、社会参与”为主要特征、以“美丽乡村、和谐民生”为特色品牌的新农村建设“湖州模式”；积极探索生态创建，截至2015年，湖州市已获得了国家环保模范城市、国家园林城市、国家优秀旅游城市、国家卫生城市、全国双拥模范城市和中国十大魅力城市等称号，并有1个国家级生态县、1个省级生态县、1个全国唯一的新农村与生态县互促共建实验示范区、18个国家级生态乡镇、33个省级生态乡镇、101个市级生态村；大力发展乡村生态旅游，探索形成了“景区＋农庄”“生态＋文化”“西式＋中式”“农庄＋游购”四种乡村旅游新模式，呈现了“一县一品、一区一特”的乡村旅游发展新格局。

② 发展生态经济，加强环境综合治理。重点发展先进装备、新能源、生物医药、金属新材、现代家居、特色纺织等重点产业，推进特色块状经济向现代产业集群转变，形成了一批国家级、省级高新技术特色产业基地，湖州被科技部列为国家创新型试点城市；扎实抓好节能减排、淘汰落后工作，“十一五”以来全市累计关停各类企业800多家；积极发展休闲旅游、文化创意、现代商贸、现代物流、服务外包五大行业，推动特色服务业加快发展；统筹粮食安全保障和品质农业发展，新建粮食生产功能区10万亩；坚持“五水共治、治污先行”，认真落实四级“河长制”和河流交界断面水质考核奖惩制度，加快城镇污水处理厂提标改造和污水处理配套管网建设，推进农村生活污水治理设施实现行政村全覆盖；大规模开展河道清淤整治，加强城镇排水管网和泵站建设，积极推进节水型城市建设；深化大气复合污染综合防治和矿山企业综合治理；组织实施节能技改“双百”行动和60项以上污染减排重点项目，加大煤改气、光伏发电、光热利用推广力度；推进建筑、交通、商贸等领域的节能降耗。

③ 完善体制机制，强化体制保障机制。湖州市在生态文明建设工作中，创新并总结了三项工作机制和两项监管办法。其三项机制为：一是建立行政首长责任机制。在领导干部政绩考核体系中增加了生态文明建设考核权重，设立了环保重大事故一票否决制，建立健全了特殊生态价值地区领导干部政绩考核指标体系，推出了生态危害官员问责制，从制度上增强了各级领导干部的生态责任。二是建立了生态补偿标准体系。湖州市政府率先在全国建立了绿色GDP核算应用体系，在一改传统的单一经济考核体系基础上，增加了社会发展、资源指标、生态环境指标。同时，严格地实行个性化考核，按不同县、乡在发展生态工业、生态农业、生态旅游等方面承担的不同使命，提出不同的目标要求，从而成为全国首家运用绿色GDP核算应用体系的地级城市。三是建立健全生态补偿的公共财政制度。按照“谁受益、谁补偿”的多元筹资、定向补偿的原则，对以牺牲经济发展为代价，担负着生态维系职责的地区给予生态补偿。其两项监管为：一是实施科技监管。湖州市在全省率先建成市级环境监控与应急指挥中心，对省市重点污染企业、集中水冲矿区、饮用水源地及太湖生态监控点进行实时监控。二是实施重点监

管。对全市可能或潜在危害、污染、破坏生态环境等重点污染源实施动态管理，适时公布每年度的市级环境监管重点企业名单。

5.1.3 杭州经验

杭州作为浙江省的省会，在生态文明建设中制定了“美丽杭州”的发展战略，强调要将生态文明涵盖于经济、政治、文化、社会建设的各个领域。2001 年，杭州开始创建国家环境保护模范城市，经过十余年的努力，生态文明城市的特色已经凸显出来，成功地探索和走出了一条具有杭州特色的生态文明发展道路。

① 转变经济发展方式，发展生态经济。一是优化产业布局，实现经济转型升级。具体做法是：引导工业企业向开发区、工业园区集聚，加快老城区“退二进三”步伐，为老城区发展高新技术产业提供更多空间；将高新技术产业、环保产业作为支柱产业；淘汰高能耗行业，坚决禁止限期淘汰的落后装备擅自扩容改造和异地转移；增加非化石能源消费的比重，推广太阳能、沼气、天然气、地热等清洁能源和可再生能源综合利用，实现能源多元化、清洁化、可持续化。二是发展生态经济，构筑现代产业体系。杭州坚持“工业兴市”战略，实施“770”循环经济工程，提倡清洁生产，着力提升改造传统优势产业，大力发展现代服务业和文化创意产业，不断优化经济结构，使杭州转型升级成效显著。三是发展循环经济，转变经济增长方式。杭州各地已探索出多种发展模式：以余杭区为代表的养殖生态经济、以临安区为代表的林业生态经济、以淳安县为代表的农业生态经济、以桐庐县为代表的蜂业生态经济。

② 改善生态环境，提高生态安全。控制温室气体排放，积极应对气候变化，坚持预防为主、综合治理，强化水、大气、土壤等污染防治，提升环境质量，实施重大生态修复工程，增强生态产品的生产能力，扩大湖泊、湿地面积，保护生物多样性，提高适应生态环境变化的能力。大力整治污染源头，通过实施循环经济“770”工程、工业循环经济“2632”工程，加大减排力度，对落后工艺、“三高”企业坚决淘汰和关停，积极推行排污权交易。到 2010 年，杭州完成 446 个主要污染物减排项目，化学需氧量和二氧化硫排放量分别比 2005 年下降 16.65%和 17.79%，超额完成“十一五”减排任务。采取积极保护与改造措施，先后实施西湖、西溪湿地、运河等综合保护工程，加强江河湖泊的保护和治理；实施“蓝天、碧水、绿色、清静”工程；完善城市公园、广场、住宅小区等区域绿地生态系统，推广立体绿化，努力营造良好的人居环境；不断推进城乡环保设施建设，基本建成全市污水收集处理网络，生活垃圾、危险废物和医疗废物集中处理处置设施逐步完善。杭州市先后出台了《杭州市有害固体废物管理暂行办法》《杭州市环境噪声管理条例》《杭州市机动车辆排气污染物管理条例》《杭州市苕溪水域污染防治管理条例》等法规规章，建立市域生态补偿机制、排污权交易机制等，做到有据可依。

③ 普及生态文明宣传教育，丰富生态文化。充分利用科普活动、文化产品、博物

馆、图书馆、文化馆、体育中心、学校的“第二课堂”等生态文明载体在传播生态文化方面的作用；倡导人人爱护生态、崇尚自然、绿色消费的生活方式，培育公民生态文化素质。

5.2 海南做法

海南于 1988 年建省，是全国最年轻的省份，也是我国最大的经济特区，所辖陆地面积全国最小，海洋面积全国最大。海南岛位于南海海域北端，是祖国仅次于台湾的第二大宝岛。得天独厚的光、热、水资源，广阔的海域面积，处于全国领先地位的空气质量和生态环境质量，独特的原生态文化以及多文化融合，使海南成为国内乃至国际上著名的旅游胜地。海南作为我国唯一的热带岛屿省，生态环境一流，是率先在全国实施生态省建设战略的省份，并走出了一条生态建设的“海南模式”。

5.2.1 生态文明省建设

生态环境是海南的核心竞争力和最大本钱。一直以来，历届省委、省政府高度重视生态环境保护。1999 年在全国率先申请生态示范省建设并成功成为我国第一个生态示范省。2009 年 12 月，国务院出台《关于加快推进海南国际旅游岛建设发展的若干意见》，海南省凭借着优越的自然生态资源和国家经济政策的扶持，把建设全国生态文明示范区定位为国际旅游岛建设的战略目标。2013 年 4 月，习近平总书记在视察海南时明确要求海南“以国际旅游岛建设为总抓手”，“争创中国特色社会主义实践范例，谱写美丽中国海南篇”。“十二五”期间，特别是党的十八大以来，海南根据国家战略部署和习近平总书记的要求，在生态文明建设方面先行先试，积累了丰富的经验，为“十三五”期间坚持走绿色发展之路，实现海南“绿色崛起”奠定了重要基础。

(1) 重视生态保护与生态建设，优化生态环境质量

① 加强生态环境保护，构建生态安全屏障。划定生态保护红线，开展生态保护红线管控试点工作，探索建立和完善源头严防、过程严控、后果严惩的生态保护红线管控制度体系。注重退化生态修复，实施退耕还林和退“果”还林工程，提高生态服务价值。强化重要河流水系水资源保障、防洪调蓄等功能，实施流域生态环境保护恢复和综合整治工程。实施生物多样性保护战略与行动计划，加强自然保护区管理，组织开展省级以下自然保护区建设与管理情况评估。加强地质遗迹保护，推进省级地质公园建设。

② 科学开发海洋资源，保护海洋和海岸带生态环境。推进重点近岸海域生态环境修复工作。加强沿海湿地、滩涂和河流入海口、潟湖以及红树林、海草床、珊瑚礁等自然生态系统的保护与修复，维护沿海生态环境健康，实施“蓝色海湾”综合治理工程。

实施水产养殖污染专项整治，推进水产养殖废水处理及循环利用示范项目。实施海口港、三亚港等港口的环境污染综合治理工程，加强船舶与港口污染控制。

③ 开展绿化宝岛行动，实施生态文明村建设。绿化宝岛行动开始于2011年，工程规划的总体思路是把海南省作为一个整体、一个城市、一个花园进行规划布局，以“一区一带、两环两点、四园万村、五河多廊”为重点，以八大工程为支撑。截至2014年底，共造林绿化面积135.8万亩，全省的森林面积达到3172万亩，森林覆盖率达61.5%，居全国前列。海南省文明生态村建设始于2000年，因地制宜，不断扩大建设范围，增加建设内容，提高建设水平，人民群众参与积极性高涨。截止到2014年，约2/3的自然村建成了文明生态村，在全国推进社会主义新农村建设过程中起到了积极的示范作用。推进村镇绿化，围绕村镇家园、村镇街道、观光果园、庭院绿化开展植树造林活动，打造一批城市森林公园、城郊湿地公园，大力推进海防林恢复工程和天然林保护工程，重点抓好生态修复工作。

（2）污染防治，促进节能减排

① 实施能源消费总量和强度双控，推动节能减排重点工程建设，强化建筑、交通、公共机构等重点领域节能工作。发挥节能与减排的协同促进作用，全面推进绿色低碳岛建设。优化能源结构，大力推广绿色能源，有效控制温室气体排放。全面推行清洁生产，加强造纸、石化、建材、水泥等重点领域节能减排。

② 节约利用水资源，推广高效工业节水和循环利用技术，严格控制缺水地区进行高耗水项目。开展海绵城市建设，推广生活节水技术和产品。优化国土空间格局，节约利用土地，盘活土地存量，充分利用地上与地下空间，加强对废弃地进行生态复绿，提高土地利用效率。

③ 开展大气污染和水污染防治专项行动，开展土壤环境综合治理专项行动，实施化肥农药减量行动和测土配方施肥，加强耕地修复与治理，保持土壤环境质量总体稳定。建立健全核与辐射安全监管、监测及应急体制、机制，强化核与辐射安全监管，确保核与辐射安全。

（3）发展绿色产业，优化产业结构

① 采用实用节能低碳环保技术改造提升传统产业。严格环境准入，编制区域产业禁止投资项目清单，实施区域产业禁止投资清单政策；加快建设旅游园区、高新技术及信息产业园区、物流园区、临空产业园区、工业园区和健康教育园区“六类”产业园区，促进产业特色发展、绿色发展和集群发展；加快淘汰落后产能，推进淘汰关闭小造纸、小橡胶加工、小槟榔加工、小农副产品加工和小食品加工等“十小”企业；推进生态旅游、餐饮住宿、绿色物流、文化创意等行业低碳绿色发展。

② 大力发展节能环保产业。推进绿色照明和绿色建筑推广、蓄能型集中供冷应用、重点工业园区循环化改造；大力发展热带高效农业、生态循环农业，创建一批现代农业

示范基地；加快海洋渔业转型升级，推广深水网箱养殖，发展外海捕捞；大力推动生态型旅游项目建设，推动生态型景区和生态型旅游新业态产品建设。

③ 大力推进工业循环用水，实施采矿区矿井水综合利用。发展生态循环农业，推进海口、屯昌、临高等市县生态循环农业示范区建设；积极推进生活垃圾分类处理和资源化利用，在海口市、三亚市推进实施生活垃圾分类试点和再生资源回收体系建设试点，建设餐厨废弃物资源化利用试点示范项目。

(4) 统筹城乡生态文明建设，完善生态文明体制机制

① 实施城乡规划“三区四线”(禁建区、限建区和适建区，绿线、蓝线、紫线和黄线)管理；大力发展绿色建筑和绿色交通体系。推进海口、三亚生态园林城市、生态文明城市、卫生城市等建设；提高城镇环境基础设施建设水平；积极推进生态文明示范区创建。

② 注重生态环境宣传以及环境保护教育活动，普及生态文明国情国策、法律法规和科学知识，倡导绿色生活方式，全面提升公众生态文明意识与环保参与度；建立生态环境保护社会监督员制度。

③ 建立更加注重资源消耗、环境损失和环境效益，符合生态文明建设要求的经济社会发展评价体系；完善最严格的耕地保护制度、水资源管理制度和环境保护制度；探索建立排污权交易、环境污染责任保险和碳排放权交易制度；探索创新投融资模式，大力发展绿色信贷，引导民间资本、外来资本和金融信贷参与生态文明建设；着力推动科技创新研发，重点扶持能源节约、资源循环利用、污染治理等领域的研发和科技攻关；加强人才引进和培养，为生态文明建设提供科学技术和人力资源保障。

④ 强调环境监测和政府执法监督。重视环境监测和环境信息公开，着力建设海南省生态环境网络监测平台；建立环境执法稽查制度和行政执法与刑事司法的沟通联动机制；强调生态环境保护基层执法能力建设，组织开展严厉打击各类破坏森林资源犯罪专项行动，完善公益林管护、奖惩制度，抓好公益林源头防范，提高管护成效；对违规塑料制品生产、销售、使用等违法行为进行监管；开展全省范围内的食品药品安全问题清查，促进健康岛、生态岛建设。

5.2.2 生态创建与生态旅游

2010年1月，海南国际旅游岛正式上升为国家战略，提出了海南国际旅游岛建设的“六大战略定位”，概括起来就是“三地两区一平台”：“三地”即世界一流的海岛休闲度假旅游目的地、南海资源开发和服务基地、国家热带现代农业基地；“两区”即我国旅游业改革创新的试验区、全国生态文明建设示范区；“一平台”即国际经济合作和文化交流的重要平台，体现了海南生态文明与绿色崛起的合理性与可操作性。

海南岛有得天独厚的旅游资源，旅游业是海南省的支柱产业，历来是其发展的重点。建设国际旅游岛是重大的生态文明工程，优良的生态环境是海南建设国际旅游岛的核心支撑要素。海南自然环境得天独厚，有海岸带景、河流、瀑布、火山、溶洞、温泉、热带雨林及众多珍稀动植物，森林覆盖率达60.2%，有50个自然保护区，其中国家级8个。人文资源亦是海南生态旅游资源的闪光点，主要包括了历史文化古迹和特色文化艺术。

国际旅游岛的建设为发展生态旅游提供了契机。国务院颁布了《关于推进海南国际旅游岛建设发展的若干意见》之后，中央政府到海南地方政府在政策上、经济上都给予了大力度的支持，海南利用所具备的自然资源、区域、政策、经济等优势，结合自身的本土文化特色发展生态旅游，创造具有国际影响力的生态旅游区。

加快旅游产业转型升级，大力发展以旅游为龙头的现代服务业，积极发展热带现代农业，集约发展新型工业。充分利用丰富的生态旅游资源，发展海南特色生态旅游，如：海南的东部海洋资源丰富，发展观光渔业、观光农业、海族馆观光、海底探险等活动丰富生态旅游的内容；西部地区有较多的生态资源，生态系统复杂和多样，开发旅游探险、观光林业、漂流、国家公园观光等带动西部地区生态旅游的发展，以转变当前追求利润最大化和旅游的无规划性向生态与经济共赢的局面，杜绝伪生态旅游现象。

对生态环境保护目标、具体的生态工程建设、加强自然保护区的管理、建立生态补偿机制、执行环境准入制度等方面进行科学的生态旅游发展规划。海南生态旅游遵循“在保护中发展，在发展中保护”的指导思想，贯彻可持续发展的主旋律，广泛开展生态文明宣传教育，重视生态环境保护立法，完善生态环境保护责任制和问责制，实行破坏生态环境行为惩处制度。

5.2.3 国家生态文明试验区——海南实施方案

2019年中共中央办公厅、国务院办公厅印发了《国家生态文明试验区（海南）实施方案》，这是进一步发挥海南省生态优势，深入开展生态文明体制改革综合试验，建设国家生态文明试验区的重大举措。

该实施方案的战略定位高，具体包括：①生态文明体制改革样板区；②陆海统筹保护发展实践区；③生态价值实现机制试验区；④清洁能源优先发展示范区。

分阶段的建设目标也提得很高，即通过试验区建设，确保海南省生态环境质量只能更好，不能变差，人民群众对优良生态环境的获得感进一步增强。

到2020年，试验区建设取得重大进展，以海定陆、陆海统筹的国土空间保护开发制度基本建立，国土空间开发格局进一步优化；突出生态环境问题得到基本解决，生态环境治理长效保障机制初步建立，生态环境质量持续保持全国一流水平；生态文明制度体系建设取得显著进展，在推进生态文明领域治理体系和治理能力现代化方面走在全国前列；优质生态产品供给、生态价值实现、绿色发展成果共享的生态经济模式初具雏形，经济发展质量和效益显著提高；绿色、环保、节约的文明消费模式和生活方式得到普遍推行。

到 2025 年，生态文明制度更加完善，生态文明领域治理体系和治理能力现代化水平明显提高；生态环境质量继续保持全国领先水平。

到 2035 年，生态环境质量和资源利用效率居于世界领先水平，海南成为展示美丽中国建设的靓丽名片。

5.3　江苏实践

作为东部沿海发达省份，江苏以全国 1%的土地养育了全国 6%的人口，创造了全国 10%的经济总量。江苏在全国各省中人口、产业和城市高度密集，人均环境容量较小，单位面积污染负荷高，能源资源相对匮乏，生态环境比较脆弱，独特的省情和发展阶段使环境保护的压力和紧迫感在江苏表现得尤为突出。近年来，江苏省委、省政府高度重视生态建设和环境治理，生态文明建设稳步推进。

5.3.1　生态省建设经验

2004 年 12 月，省政府编制出台了《江苏生态省建设规划纲要》，明确了生态省建设的指导思想、目标任务和政策措施，标志着生态省建设全面启动。2011 年 4 月，省委第十一届十次全会明确提出“生态更文明”是“两个率先”的重要体现，把生态文明建设工程纳入推进“两个率先”的“八大工程”之列。2013 年 7 月，为进一步提升生态文明建设水平，省委、省政府编制印发《江苏省生态文明建设规划（2013—2022）》，进一步明确生态文明建设的指导思想、总体目标和重点任务。2015 年 10 月，出台《江苏省委省政府关于加快推进生态文明建设的实施意见》，突出率先指向、问题导向和改革取向，提出到 2020 年，率先建成全国生态文明建设示范省。

十八大以来，江苏省委、省政府把生态文明建设摆上更加重要的位置，成立由省委书记、省长任组长的领导小组，并以全委会形式进行专题部署，出台建成全国生态文明建设示范区的意见，率先颁布生态文明建设规划，率先划定生态红线，率先开展绿色发展评估，扎实推进生态文明建设工程“七大行动”，包括生态空间保护行动、经济绿色转型行动、环境质量改善行动、生态生活全民行动、生态文化传播行动、绿色科技支撑行动和生态制度创新行动，全省生态文明建设取得了积极成效。全省绿色发展指数从 2010 年的 60.5 提高到 2014 年的 76.4，累计建成 35 个国家生态文明县市（占全国总数近 40%），生态文明建设群众满意率达 86.5%。根据中国生态文明研究与促进会发布的评估报告，江苏生态文明状况指数居全国第二。

生态文明建设是一项复杂的系统工程，需要科技创新作为支撑，只有通过科技创新带动产业结构调整，才能实现经济和环境治理两不误。江苏虽然是制造业大省，但产业内生发展能力较弱。以生态为导向调整优化产业结构，大力发展生态循环经济，加快推进经济绿色转型，尽快形成绿色循环低碳的现代产业体系，实现生态优化与经济发展的双赢。开展江苏环境科技协作和资源信息共享两大平台建设，整合高校、科研院所、协会学会、企业和环保部门内部的科技力量，实现优势互补。以绿色科技创新实现省内产业结构调整和转型升级，以达到缓解资源环境压力和保障经济持续发展双赢的目的。

① 调整能源结构，减少污染源。推行降煤、控排、禁烧行动，实施电力行业煤炭等量替代、非电行业减量替代，推动煤炭清洁使用，优化能源结构，大力推动风能、太阳能、生物质能、地热能、核能等规模化应用；严格实施火电、钢铁、水泥等重点工业行业废气治理提标改造，实施机动车和非道路移动源污染控制工程，全面推行“绿色建造”“绿色施工”。

② 严格控制面源污染，保护水资源。采取严格的保护制度和手段，对良好水体实行清单式保护，在城乡建设中最大限度地保护好原有水系。做到污水必处理，制定污水排放标准并严控达标排放，实施水污染防治行动计划，系统整治工业点源、农业面源、生活污染源，建设海绵城市。确保饮水安全，建立从水源地到水龙头的安全屏障，积极防治地下水污染。

③ 实施土地污染防治工作，国土资源合理分配。统筹谋划国土开发、产业布局、人口分布，科学划定生产空间、生活空间、生态空间，控制开发强度，节约集约开发，为生态建设留白，严守生态红线、耕地保护红线、城镇开发边界红线，十八大以来，全省范围内划定了15大类779块红线区域，占全省土地面积的22.2%。沿江、沿海地区坚持生态环境保护和产业转型升级并重，注重生态修复，组织实施生态屏障建设、湿地保护修复、防护林建设等重点工程，打造绿色走廊。

④ 坚持绿色生产和绿色生活。坚持以绿色发展理念引领“一中心”“一基地”建设，大力发展绿色产业，实施绿色制造工程，大力推进绿色清洁生产，推动建立绿色循环低碳产业发展体系，提高资源利用效率，构建科技含量高、资源消耗低、环境污染少的产业结构和生产方式。淘汰落后产能，狠抓节能减排，累计关闭7000多家污染严重的化工企业，率先实现燃煤大机组脱硫脱硝全覆盖，倡导生活方式绿色化。

以强烈的责任担当推动政府关于生态文明建设的组织领导能力，推动各级领导干部牢固树立正确政绩观，把绿色发展理念落实到决策、执行、检查各项工作中去。

① 实行责任落实及考核制度。严格落实党政领导干部生态环境损害责任追究实施细则，坚持党委政府对本地区生态文明建设负总责，环保部门牵头抓督查抓执法，相关部门既要管业务又要管治污，并充分发挥政绩考核的指挥棒作用，形成鲜明的工作导向和用人导向。

② 紧抓改革法治、强化制度保障。深化生态文明体制改革，完善实施方案，严格环保执法，构建具有江苏特色、系统完整的制度体系。

③ 促进社会共治、共建及共享。在全社会积极培育生态文化、生态道德，强化社会各方面在生态文明建设中的责任，完善公众参与制度，加快形成生态文明建设人人参

与、生态文明成果人人共享的生动局面。

江苏省在生态文明建设过程中不免存在一些困难及问题，具体如下。

① 在绿色科技的研发能力方面，省内科研力量薄弱，关键技术遭遇瓶颈，在很大程度上限制了绿色科技支撑生态建设的力度。理论研究方面，主要集中在对于江苏省生态文明建设重要性的阐述、指标体系构建及重难点的把握等宏观层面，缺乏对特定领域的深入研究。生态文明领域科技投入占全省科技投入的比重不高，缺乏资源-环境-生态-社会-民生之间的顶层设计和生态文明建设全过程的统筹安排，科技创新支撑生态文明建设的力度和支撑领域仍显不足。缺乏对企业科技创新的有效政策激励和制度保障，科技支撑生态文明建设的产学研协同创新机制有待完善。

② 经济发展与生态保护之间的矛盾是江苏生态文明建设所面对的较大难题，江苏省现有的产业结构、空间布局与经济发展的联系较强，在改动它们的同时使经济健康平稳发展确实是一项艰巨的任务。环境治理及污染行为处罚虽取得一定成效，但与理想效果还存在一定差距，在环境治理力度及整治力度等方面还有欠缺，对环境破坏行为的不合理处置时有发生。

③ 近年来，省委、省政府多次出台生态文明建设相关建议及实施意见，但对于全面推进生态文明建设的相关政策体系尚未建立，相应的政策法规、制度、考核和奖惩机制尚不健全。一直以来，江苏省生态建设的重点主要集中在政策的制定与实施、生产方式的转型与创新等具体操作层面，但对于全民道德观念的重塑关注甚少，公民的生态伦理意识相对淡薄。

5.3.2　盐城经验

盐城市有着得天独厚的土地、海洋、滩涂资源，是江苏省土地面积最大、海岸线最长的地级市。全市土地总面积1.7万平方千米，其中沿海滩涂面积45.53万公顷（含辐射沙洲12.7万公顷），占全省沿海滩涂面积的75%；海岸线长582km，占全省海岸线总长度的56%。盐城是沪、宁、徐三大区域中心城市300km辐射半径的交汇点，是江苏沿海中心城市、长三角新兴的工商业城市、湿地生态旅游城市，是江苏省委、省政府确定的“重点发展沿江、大力发展沿海、积极发展东陇海线”的三沿战略及“海上苏东”发展战略实施的核心地区，是“京沪东线”的重要节点，是“北上海经济区”的重要成员，为江苏省面积第一大市。盐城以水为脉，因水而美、因水而灵、因水而秀、因水而富，水是“东方湿地之都、水绿生态盐城”建设的重要基础支撑和重要资源保障。

根据党的十八大作出的大力推进生态文明建设的重大部署，江苏省盐城市委、市政府高度重视，迅速贯彻落实，深入实施生态立市战略，加快推进安全水利、资源水利、生态水利、环境水利和民生水利建设，被水利部确定为第二批全国水生态文明建设试点城市。2015年7月29日，盐城动员全国水生态文明城市试点建设，围绕“东方湿地之都、水绿生态盐城”的城市发展定位和生态文明建设总体要求，确定了水生态文明城市试点建设实施方案，确定“水理论研究、水安全保证、水资源保障、水生态保持、水环境整治、水文化传承、水管理强化”六大体系建设，大胆探索水生态文明建设，形成“一核、一轴、一带、三片、多点”的水生态文明建设五大格局。

(1) 水生态文明理论研究

① 坚持科学规划。在水资源综合规划、饮用水源地安全保障规划、县乡河道疏浚规划、大纵湖退圩（围）还湖规划、节水型社会建设规划、地下水压缩开采规划、入河排污口整治规划等基础上，重点推进水生态文明建设规划、水利现代化规划、水利发展“十三五”规划等，坚持以科学规划指导水生态文明建设，突出重点，分类分区分期推进，正确处理各种关系，实现资源、环境、经济和社会效益的多赢。

② 推进科技成果转化。大力实施水利人才战略，不断加强江水东引北调对沿海水环境的改善、海水利用与淡化、水生态修复等一系列水利课题研究，扩大水利科技成果推广投资和应用，确保新技术、新材料、新工艺较多地用于水生态文明建设，不断提升水利科技的支撑能力。

③ 加强地方法制建设。盐城市先后制定、修订出台关于水资源管理、河道管理、防洪、市区生活饮用水安全管理、湿地保护管理、水资源管理制度、水资源管理制度考核等一系列规范性文件，不断健全地方水法规体系，为水生态文明建设提供法制保障。

(2) 水生态文明安全保证

① 构建防洪减灾体系。在沿海大开发与长三角一体化的机遇下，掀起治水高潮，相继建成南水北调水源调整、海堤应急加固等一批规模大、影响广的水利重点工程，形成东西向和南北向的河道“八横二纵”格局，加固沿海闸站等防台防潮屏障，整治河道防洪标准，提升分区排涝标准，提高减灾保障能力。

② 确保供水安全。成立水源监察支队，加强执法监察。坚持自动实时监测与人工监测并举，实行全天候水源地水质监测。加快区域供水，建成应急和备用水源地，实现多水源保障，实现城乡供水一体化全覆盖。健全饮用水源突发安全事件预警和应急预案等，开展饮用水源地达标建设，全面提高城乡居民的饮用水安全保障水平。

(3) 水资源保障

① 成立水资源管理委员会来协调水资源管理制度中的重大事项，负责全市水资源管理督查与考核等工作。严格水资源管理考核。量化目标完成、制度建设和措施落实等考核指标，定期组织考核，通报考核结果，实行奖惩兑现，并与水资源费项目安排挂钩，发挥水资源管理“三条红线”的价值。科学调度各类水利工程，在水资源供求矛盾突出时，请示调引长江水资源。安全运行盐龙湖工程，盐龙湖是我国首例饮用水源生态湿地净化工程。

② 双控地下水位与水量，积极开展地下水资源调查评价。实现全市地下水动态监

测。健全凿井论证、取水许可、“六个一”（一牌、一证、一表、一账、一封、一档）管理等制度，规范凿井、取用水计量和水平衡测试等管理。积极开展用水审计、节水型载体创建、节水减排工程建设和“八大行业”节水专项行动，加强节水技术指导，鼓励利用雨水、微咸水、再生水、淡化海水等非传统水源。

(4) 水环境治理

河道整治，清障、河道疏浚、生态护岸、截污覆盖、游路绿化、科学编制、批准实施城市河道整治规划，印发整治督查考核与奖补办法，按照生态河道的建设要求，加大施工质量管控。绿化河岸，控制入河排污，改善人居环境，彰显“百河之城”特色。推行保水活水，疏浚县乡河道，全面推行骨干河道“河长制”管理模式，提升河道管护水平。不断加大城乡基础设施建设投入，大力实施生态环境建设工程。

(5) 水生态保持

保护沿海滩涂湿地，打造沿海“清水走廊”，全面落实境内主要输水通道的水污染防治工作，以“河长制”为核心，确保供水水质达标。实施退圩（围）还湖工程，开展河湖健康评估，更好地服务于河流生态保护的实践，促进河流生态完整性的恢复。

(6) 水文化传承

创建国家级水利风景区，为弘扬海盐文化，建设中国海盐博物馆，彰显海盐文化的丰富内涵。

水生态文明是水绿盐城、美丽盐城建设的重要构成和基础保证。开展水生态文明试点建设，既是盐城生态文明建设的必然要求，也极为有力地带动苏北地区水生态的改善和提升。盐城市只有全面贯彻落实党的十八大和十八届三中全会等精神，围绕“沿海当先、苏北领先、全省争先”的工作追求，把生态文明理念融入水利工作各个环节，团结拼搏，开拓创新，才能实现“河海安澜、碧水畅流、岸绿景美、湿地之都、水韵盐阜”的水生态文明愿景。

5.3.3 无锡经验

无锡地处长江三角洲腹地，北临长江，南濒太湖，风景秀丽，历史悠长，自古就是中国著名的鱼米之乡，也是一座繁华的工商城市，素有“太湖明珠”的美誉。近年来，在党中央、国务院的亲切关怀下，省委十二届五次全会提出要将生态文明建设作为“两个率先”的重要标杆，率先建成全国生态文明建设示范区。无锡作为省资源节约型、环境友好型社会建设综合配套改革试点城市，近年来，全市上下深入贯彻落实科学发展观，始终把生态文明建设作为经济社会发展的重中之重，生态文明建设取得显著成效，实现了太湖安全度夏和“两个确保”目标，全市建制镇污水集中处理设施覆盖率、城市

（县城）生活垃圾无害化处理率、镇村生活垃圾集中收运率均保持在100%，完成村庄环境整治超过总数的90%，城镇建成区绿化覆盖率达38.49%，全市林木覆盖率25.3%，先后被评为国家生态市、中国最具国际生态竞争力城市、中国内地宜居城市竞争力第一名等称号。

① 大力发展生态经济，构建绿色产业体系。首先，大力推进产业转型。坚持产业调高、调优、调强和低碳、低耗、绿色发展，大力推进产业升级、经济转型，加快发展物联网、新能源、软件与服务外包等战略性新兴产业，全面实施化工、热电等行业的整治整合，积极发展清洁生产，淘汰落后产能。积极推进“三地三中心”（新兴产业发展高地、先进制造业基地、旅游度假胜地以及科技创新创业人才集聚中心、文化创意中心、商贸物流中心）建设。严把环境准入门槛，对不符合产业优化升级和污染物排放标准的项目，一律不准立项、审批以及登记。其次，积极发展循环经济。开发和推广资源循环利用技术，打造循环经济产业链，构建覆盖全社会的资源循环利用体系，实现资源循环利用、企业循环生产和社会循环消费。最后，优化国土空间，合理开发。科学布局，实行最严格的耕地保护制度，推进农村土地综合整治和高标准农田建设，构建现代农业生产体系。合理确定城镇发展的增长边界，促进城市和城镇协调发展。积极引导产业集聚，形成布局集中、产业集聚、发展集约的现代产业发展格局。

② 致力改善生态环境质量，建设舒适宜居的美好家园。一是一直致力于太湖水环境综合治理。坚持科学治太、铁腕治污，切实加强控源截污、生态修复、蓝藻打捞、清淤调水等太湖治理重点工作，推行“河长制”，全面实施“断面长制”管理，强化入湖河道环境综合整治，协调推进太湖一二级保护区连片整治、生态湿地保护与修复等工程建设，重点推进太湖新城、望虞河西岸、直湖港、宜兴太湖西岸四大片区环境综合整治工程，促进太湖水质持续改善和Ⅲ类以上地表水比例稳步提高，确保供水安全。二是全面开展截污减排工作，拓展环境容量。实施“蓝天工程”，推进电力、钢铁、水泥行业脱硫脱硝工程建设，严格控制污染物排放，推广使用清洁能源，开展扬尘综合控制、秸秆综合利用、绿色交通发展等专项行动，健全污染联防联控体系和污染监测体系。三是积极推进农村环境综合整治工程。因地制宜地采用不同技术建成了一批分散式生活污水处理示范点。生活垃圾集运体系覆盖所有乡村，连接每家农户，各镇（街道）建成区生活垃圾无害化处理率达到100%，农村地区达到80%，开展面源污染整治，截至2012年已实现了农村地表水854个点位和土壤214个点位的监测任务。

③ 着力强化生态保障，凝聚力量治管同抓。灵活运用经济、法律、行政等多种手段构建稳定严密的制度体系，为生态文明建设提供有力保障。一是不断完善环保法律法规。不断加强环保立法工作，在国家、省相关法律法规的基础上，紧紧围绕节能减排、生态文明建设等重要方面，建立适应无锡发展、具有无锡特色的生态文明建设地方性法规体系，实现无锡生态文明建设法治化。不断强化约束激励机制，建立资源有偿使用制度和生态补偿制度，积极推进节能量、排污权、碳排放权、水权交易试点，重点推进排污权二级市场建立和运行，推行环境污染责任保险试点。二是落实政府工作责任、强调

协同配合。强化组织领导，建立党委统一领导、党政主要领导亲自抓、分管领导具体抓的领导体制。强化政府主导作用，落实环境执法监督，建立环境执法联动网络，加强环境风险防控体系与环境应急体系建设，提高环境风险预警和应急处置能力。推行差别化的评价考核制度，确保各项工作落到实处。

5.4 青海经验

地处青藏高原腹地的青海，是长江、黄河、澜沧江等大江大河的发源地，素有“中华水塔”的美誉，是世界高海拔地区生物多样性最集中的地区，有特殊的生物基因资源，同时也是我国重要的固沙保土和碳汇功能区。独特的地理位置、丰富的自然资源和重要的生态功能，决定了青海在我国乃至世界生态安全中具有独特和不可替代的作用。改革开放以来，青海在发展经济的同时，非常注重生态环境的保护和治理。尤其是西部大开发战略实施以来，青海省改变过去“开发第一”的发展方式，实施“保护第一”的战略，生态环境保护和建设成为省委省政府高度重视的工作。在国家相关政策和资金的支持之下，在省委省政府的高度重视和坚强领导下，青海省逐年加大了对生态环境保护和建设的投入力度，生态文明建设取得了显著的成绩。

青海省贯彻落实“统筹规划、突出重点、因地制宜、保护优先”的区域林业发展战略，按照“东造、西治、南封、北育”的原则强化森林资源建设。在东部人口比较集中的地区，除实施山区退耕还林还草外，还在城镇地区加强交通及建筑扬尘、工厂废气等方面的治理，城区实施了“煤改气”工程，空气质量明显好转。实施三江源生态保护与建设、青海湖流域及周边地区生态综合治理等重大生态工程，现已完成三江源生态保护工程，青海湖流域已得到治理，草原生态补偿政策全面落实，完成了禁牧减畜任务。淘汰污染企业，达到节能减排的目的，改善河水水质。另外，利用高原特色和民族文化发展生态农牧业、生态林业、文化旅游业等特色产业，着力打造循环经济和新能源产业，转变经济发展方式，提升经济竞争力。取消 GDP 考核制度，探索建立新型绿色政绩考核体系，开展生态补偿试点工作；划定重点开发、限制开发、禁止开发三类区域，限制开发、禁止开发区面积占全省土地面积的近 90%。通过健全自然资源资产产权制度、强化生态补偿制度、完善资源有偿使用制度、探索国家公园制度和改革干部考核评价制度等诸多方面来推进生态文明建设过程中的制度创新。探索“协议保护”模式，设立生态管护公益性岗位，使广大农牧民成为生态保护的主体。

未来，青海将以保护和恢复植被为核心，把自然修复与工程建设相结合，加强草原、森林、荒漠、湿地与河湖生态系统保护和建设，完善生态监测预警预报体系，夯实生态保护和建设的基础，从根本上遏制生态整体退化趋势。加大重点领域和关键环节改革力度，在重大政策和体制机制创新上先行先试，健全生态文明制度体系，加快构建推进生态文明建设的稳定有效的新机制。

5.4.1 三江源生态建设

20世纪末以来，受全球气候变化的影响，三江源地区部分冰川和雪山逐年萎缩。片面追求牧业发展、人类活动加速了该地区生态环境恶化的进程，草地大面积退化，湖水水位下降甚至干涸，植被与湿地生态系统受到破坏，水源涵养功能急剧减退，水土流失加剧。2011年11月，国务院常务会议决定在青海三江源地区建立第一个“国家生态保护综合试验区”，并批准通过了试验区总体方案，标志着三江源生态保护上升为国家战略。

三江源保护和建设是青海省最大的生态工程，也是青海生态文明建设的重要着力点。通过近10年的三江源生态保护工程建设一期工程，三江源地区生态系统宏观结构局部改善，草地退化趋势初步得到遏制，草畜矛盾趋缓，湿地生态功能逐步提高，湖泊水域面积明显扩大，流域水源涵养和供水能力明显增强，严重退化区植被覆盖率明显提升，重点治理区生态状况好转。到2012年，三江源区主要湖泊面积净增245km^2，其中玛多县境内的湖泊恢复到2000余个，“千湖之县”的壮丽景观重现三江源头。三江源地处高寒、高海拔地区，在三江源生态保护中，青海省紧紧围绕规划的总原则“边实践、边完善、边提高、边推进”，紧紧依靠广大干部群众，凝聚各方面的力量，有的放矢地开展保护和建设工作，在实践中积累了一些好的经验。

① 坚持规划引领。在维护好规划执行严肃性的同时，进一步强化布局优化和措施保障，有效发挥规划的引领作用。编制三江源生态工程规划实施方案，制定了24项工程作业标准；推行三江源工程人才培训工作机制，制定年度培训任务。

② 坚持政府主导。强化州县主体责任，落实相关部门工作分工，细化乡镇工作职责，提升村级项目管理能力，制定统一的绿色考核办法，加大州县两级生态保护的权重；成立省内农牧、林业、财政等部门专门的工作机构；健全综合管理制度，全面实施绿色绩效考核，构建“归属清晰、权责明确、监管有效”的生态保护管理体制。

③ 加大政策保障。青海省在实施三江源工程中，积极探索生态补偿机制，设立三江源生态保护后续产业发展基金，认真落实国家草原补奖政策和公益林补偿等政策，发挥政策引领的关键作用。

④ 强化投入支撑。除《三江源自然保护区生态保护和建设工程（一期）》规划投资外，省财政不断加大配套投入，有效支撑项目建设。同时成立了三江源生态保护基金会，使生态保护的投融资渠道进一步拓宽。

⑤ 强化落实，管理增效。省政府为此制定了八个管理办法和工作细则，各行业部门和实施地区也制定了一系列的管理守则、规章制度和工程实施标准，落实了跟踪审计和综合监理制度，开展了专项稽查和督察，促进了工程动态管理和跟踪问效。

⑥ 强化科技助力。强化三江源生态监测、评估、预警的新体系，组建专业科技团队进行相关研究；三江源工程中，有近百项科研成果广泛应用到了保护工作中，有效提

高了保护层次和水平，增强了保护成效，推进了保护工作。

5.4.2　生态创建的制度创新

青海重视生态文明制度建设，明确提出创新生态保护体制机制。青海从 2006 年起取消对三江源地区的 GDP 考核，逐步探索建立新型绿色政绩考核体系。2010 年，开展生态补偿试点工作，后续制定实施了一系列建立生态补偿的意见和办法。一直以来，青海省从落实主体功能区制度、健全自然资源资产产权制度、强化生态补偿制度、完善资源有偿使用制度、探索国家公园制度和改革干部考核评价制度等诸多方面来推进生态文明建设过程中的制度创新。在制度创新的同时，明确树立生态文化和观念变革是保护生态的第一牵引力，认为处理好生态保护、区域发展、民生改善的相互关系是时代赋予青海的历史使命。

青海的思考和探索说明，制度创新与文化建设是生态文明建设的两大支柱。制度是硬的，文化是软的，软硬结合，双管齐下，既提高认识，又坚定行动，共同助推青海创建全国生态文明先行区。

5.4.3　青海湖保护的成功经验

青海湖，我国最大的内陆咸水湖。它是维系青藏高原生态安全的重要水体，是阻挡西部荒漠向东蔓延的天然屏障，同时还是生物多样性与生物种质基因较为丰富的重要地区之一。多年来，由于人为过度放牧和干旱、降雨量少等自然因素的影响，青海湖流域生态环境一度呈恶化的趋势，主要表现有：青海湖水位持续下降，土地沙漠化面积不断扩展，草地退化日趋严重，草地鼠虫灾害频繁，青海湖裸鲤资源锐减，珍稀濒危野生动物栖息环境恶化。青海湖流域生态环境的恶化直接威胁到我国西部生态和资源安全，进而影响到周围人们的生活和生产。2007 年 12 月，国家发改委正式批复《青海湖流域生态环境保护与综合治理规划》，主要建设内容分为农牧、林业、水利、生态监测、气象 5 个工程类别，包括生态林建设、退化草地治理、生态移民、水土保持等 22 个专项，总投资 156745.7 万元，实施时间为 2008 年至 2017 年。在引起党中央、国务院以及省委省政府的高度关注后，全省干部群众团结一心，为保护和恢复青海湖流域生态环境做着不懈努力和探索。

（1）流域水资源管理

成立青海湖区水资源综合治理领导小组，负责水资源规划、用水管理，保证水资源规划的顺利实施。加强青海湖区水资源治理重点项目的研究工作，加快规划基础上的申报工作，争取国家的大力支持。大力宣传合理开发利用水资源和水资源在生态环境建设中的重要性，增强广大干部群众的水环境意识和可持续发展的观念，调动全社会的积极性，使其积极参与青海湖区的水环境治理和建设。通过典型引路和宣传教育、政策引导等措施，扩大投资融资渠道，多方筹集资金，在国家投资增加的同时，调动企业、集体、个人的积极性，增加投入，确保规划实施所需要的资金。强调科技先行、监测先行，连续观测，为水资源的优化配置提供现时监测和评价资料、信息和依据，保证科研和开发经费的增加，使相关的技术引进、消化、示范、推广和自主技术创新工作有必要的资金投入。严格取水许可制度，推广节水技术。

(2) 沙漠化治理

由于受气候变暖、人为干扰等因素的影响，青海湖区沙漠化严重。沙漠化土地主要分布在：湖东岸下巴台、海晏克土及洱海周围；湖北岸的朵海周围、草搭链、甘子河；湖西岸的鸟岛、沙陀寺至布哈河、石乃亥地区；湖南岸一郎剑、二郎剑的部分土地。据研究称，截止到2004年，湖区沙漠化土地总面积达到1247.7966km^2，其中潜在沙漠化土地463.6127km^2，正在发展的沙漠化土地160.0175km^2，强烈发展中的沙漠化土地115.1701km^2，严重沙漠化土地508.9963km^2，分别占沙漠化土地总面积的37.15%、12.82%、9.23%、40.79%。为遏止沙漠化发展，有效提高自然生态系统的生产能力，青海省坚持以防为主、防治并重、治用结合，坚持以生物措施为主、生物措施与工程措施相结合，坚持统一规则、突出重点、先易后难、分步实施，坚持防沙治沙、科技先行等一系列治沙原则，实施青海湖区防风固沙林、人工草地建设、工程固沙、封沙育林草等治理工程，沙漠化治理取得了较大进展。到2010年，沙漠化土地面积在1031km^2左右，占流域总面积的3.5%，其中不同等级沙漠化面积均有减少。总结其治沙经验，主要有以下几点：

① 根据沙漠化程度，实行分区治理。根据各区域的情况，在综合治理方案的基础上，制定和实施适合各区域治沙实际的行动方案，保证治沙行动的有效性。同时，在保护好现有的潜在沙漠化土地的基础上，重点对鸟岛地区及公路、铁路进行先期治理，严重沙漠区和正在发展的沙漠区为治理的重点区域。

② 采取以封为主、封造结合的方法，逐步调整树种结构及固沙方式，在风沙干旱区造林中走出了一条成活率高、见效快的治沙造林新模式。在环湖地区，通过三北防护林、退耕还林等林业重点工程和青海湖流域生态环境保护与综合治理林业项目的实施，人工营造的灌木林逐步成林，封山育林地在围栏封护和专人管护下，植被得到自然恢复，林地涵养水源、保持水土的生态效益在逐渐发挥，青海湖流域沙区的沙化程度逐渐减轻。

(3) 天然草场的恢复和治理

青海湖环湖区是青海省畜牧业较为发达的地区之一，也是人类活动最频繁的地区，存在的主要问题有过度放牧、草原开垦、道路建设以及生态旅游等，是天然植被退化最严重的地区，也是急需治理的重要地区之一。青海省在该区域草场治理方面付出了很多的努力，其治理效果显著。

调整草地利用方式和强度，严格控制载畜量，实施轮牧休牧，促进草地植被的自然恢复；将生态脆弱、生存环境恶劣、不宜放牧的中度以上退化草原实行禁牧，其他草原实行以草定畜，达到草畜平衡，并根据禁牧区域和草畜平衡区域的大小对牧民给予补助奖励，减轻草场压力；禁止随意开垦草地，对已开垦的草地及弃耕地，采用乡土草本植物加速自然演替过程；对铁路和公路建设形成的次生裸地，采用乡土植物恢复地表植被；根据草地植被特征及气候变化特点，调整草地植被保护利用的方式，保持草地生物多样性，维护生态功能。

不断加强生态畜牧业合作社建设，发展规模化养殖，大力推进饲草料基地建设，实施游牧民定居工程，部分剩余劳动力从畜牧业生产转移出来，到城镇从事二、三产业创业增收，草原畜牧业压力明显减轻。

防治毒杂草、地下鼠、地面鼠和虫害，修复草原植被；在保护好现有林草植被的基础上，以区域或流域为单元，坚持工程措施为主、生物措施为辅的综合治理原则，不断增强草原涵养水源、防止水土流失、防风固沙等生态功能，改善退化草地治理工程区生态环境。

(4) 生物多样性保护

1997 年青海湖成为国家级自然保护区。它是以鸟类和湿地为主要保护对象的自然保护区。青海湖自然保护区成立于 1975 年，为青海省第一个自然保护区，1992 年经国家批准，加入《关于特别是作为水禽栖息地的国际重要湿地公约》，成为国际重要湿地，在国际上承担着保护水禽资源和栖息地的义务和责任。区内鸟类资源丰富，其棕头鸥、鱼鸥、斑头雁、鸿鹅、赤麻鸭、黑颈鹤等 10 余种候鸟数量达 10 万余只，并以此闻名中外。气候变化、畜牧业的发展以及管理力度的不足导致了区内自然环境的逐年恶化，生物种类锐减。为此，积极探索保护生物多样性成了青海湖国家自然保护区建设的首要任务。

不断更新、扩建、新建保护设施、基础设施和其他设施建设，以加强保护总体设施建设；引进先进的管理设备，进行保护、宣传教育、科研、旅游一体化管理；在自然保护区内全面禁牧以及采取相应的补偿措施，保证区内生态平衡以及牧民正常的生活和经济收入；充分发挥保护区的多种功能，加快保护区发展，切实保护好湿地环境和鸟类资源，最终达到维护青海湖区生物多样性，改善生态环境的目的。

5.5 福建探索

2014 年 3 月 23 日，国务院印发的《支持福建省深入实施生态省战略加快建设生态文明先行示范区的若干意见》（以下简称《意见》），把福建省作为全国第一个生态文明先行示范区建设区域。根据《意见》，最先在福建进行生态文明示范区建设的重要原因是：福建省是我国南方地区重要的生态屏障，生态文明建设基础较好。福建省自 2001 年起就提出了建设生态省的战略，生态文明建设起步早、力度大。2002 年，福建省被列为全国第四个生态省建设试点省份。多年来，福建省高度重视生态文明建设，其节能降耗水平和生态环境状况指数始终保持全国前列，特别是森林覆盖率连续 37 年冠居全国。

5.5.1 生态文明省建设

福建建设生态文明先行示范区将突出“先行先试”。国家在福建省开展生态文明建设评价考核试点，探索建立生态文明建设指标体系。率先开展森林、山岭、水流、滩涂等自然生态空间确权登记，编制自然资源资产负债表，开展领导干部自然资源离任审计试点。开展生态公益林管护体制改革、国有林场改革、集体商品林规模经营试点等。截至 2016 年初，福建已建成 2 个国家级生态市、10 个国家级生态县、519 个生态乡镇，8 个市（县、区）被列为“国家生态文明试点地区”，2015 年和“十二五”国家下达的减排目标全部超额完成。

（1）充分利用生态优势，打造良好生态系统

福建省生态质量居全国领先水平，为全国六大林区之一。2013 年，全省 12 条主要水系水质状况为优，水域功能达标率 98.4%，各项生态环境状况指数连续保持在全国前列。2013 年，福建省 23 个城市空气平均达标天数比例为 99.5%。2014 年上半年全省 14 个县级市以及 44 个县城的集中式生活饮用水源地水质和水量达标率均为 100%。2013 年福建就已经在全国率先实现所有设市城市均为国家级、省级园林城市目标。

（2）转变经济发展方式，调整产业结构

福建省积极发展循环经济，“十二五”期间已设立第一批 15 个循环经济示范试点城市、22 个循环经济试点园区和 205 个循环经济试点企业，完善并落实资源综合利用税收优惠政策，推进煤矸石、粉煤灰、工业副产石膏、冶炼和化工废渣、建筑和道路废弃物以及农林废物资源化利用，加快再生资源回收利用，开展企业清洁生产审核。开发清洁能源，大力发展核能、风能、太阳能，打造生物质能源产业基地，用天然气取代燃煤。目前，福建省拥有宁德、三明两大核电站，2013 年全省陆上风电并网装机超过 110 万千瓦，2013 年 6 月，首个兆瓦级光伏电站项目——连城中海阳金太阳示范工程并网电站一期项目顺利实现并网发电，每年可提供 350 多万千瓦时的绿色电力，节煤 12470t，减排二氧化碳约 32653t，有 6 家年产达万吨以上的生物柴油生产企业，生产技术和生产规模都位居全国前列。淘汰落后、低效产能，大力推进节能减排，对能耗高、污染重、存在安全隐患的企业坚决淘汰，特别是“五小企业”，包括小煤矿、小炼油、

小水泥、小玻璃、小火电等。严格控制项目准入，实现项目的好中选优，拒绝走“先污染后治理”的老路。

(3) 整治环境污染，优化人居环境

高度重视环境污染治理，长期进行水土保持治理，严控企业排污标准，出台一系列政策法规。福建省是全国第一个在全省范围治理餐桌污染的省份。从 2001 年开始的餐桌污染治理已形成一套合理有效的治理机制，为全国食品安全监管工作积累了宝贵的经验。全省有 300 多家重点企业开展清洁生产审核，100 多个组织通过 ISO 14000 环境质量体系认证，单位 GDP 能耗降至 0.783 吨标煤/万元，居全国第六位。积极推进城乡综合治理，控制面源污染，改善人居环境，“十二五”期间，全省共完成植树造林 1665 万亩，比“十一五”期间增长 48%。

(4) 推进体制、法制建设，形成良好政策环境和人文环境

不断探索建立生态环境保护目标责任制的具体形式并不断加以完善，创立和完善了党政领导生态环境保护目标责任制，明确党政领导是生态环境保护目标责任制第一责任人，强化党政同责，落实属地责任。成立国家生态文明试验区建设领导小组和省生态文明建设领导小组，确立省、市、县三级管理，各地区各部门明确分工、上下联动，有力地保证了相关工作的落实。充分利用市场机制作用，在全国率先开展集体林权制度改革。福建省致力于健全生态建设考核机制：2010 年起福建在全国率先推行环保“一岗双责”；2013 年，实行按不同功能区考核的考核办法；2014 年，福建省放弃对 34 个县市的 GDP 考核，进一步完善生态文明考核评价机制。环境监管机制建设也有序推进，目前共有 62 家以上的环境监测站通过标准化建设达标验收。

多年来，福建省一直致力于生态文明法制建设，目前已形成了一套相对完整有效的政策体系，为全省乃至全国的生态文明法制建设提供了参考。在国家政策之后，相继出台了相应的具体的地方性政策、实施方案以及相关制度和法规，积极响应国家生态文明建设工作。如《福建省环境保护条例》《福建省海洋环境保护条例》《福建省流域水环境保护条例》以及 2014 年出台的《福建省排污许可证管理办法》等具有操作性的地方性文件，基本形成了多领域、多层次、较完备的环境保护法规体系。

福建省公众环境意识强烈，社会各界人士对环境保护有很大的积极性。近年来，福建省相继成立了多个有关生态的社团，如青少年环保社团联盟、生态文明建设促进会联盟等，表明了福建多元主体参与社会治理的格局初步形成。此外，福建是我国著名的侨乡和台胞祖籍地，多元的文化组成也为福建生态文明建设提供学习和借鉴的条件。

福建虽然生态文明建设成效显著，但其中仍存在一些问题。具体如下：

① 城乡生产生活污染治理未得到有效控制。城市中仍然存在很多严重污染的隐患，城市环境污染问题日益突出。由于地区发展的差异，福建一些城市污水和垃圾处理率偏低，汽车尾气排放量剧增，工业废气、废水的排放剧增，工业固体废物增加等等。再加

上人口压力，使得城市环境污染问题越来越不容易控制，治理上的难度增加了不少。

城市和农村生态环保工作还存在很大差别，与城市相比，农村环保设施、环境管理相对滞后，污染问题仍然较为突出。福建省每年化肥和农药施用量很大，分别达 405 万吨和 5.39 万吨，而利用率仅为 30%左右，所流失的化肥和农药造成水污染；养殖场排出的污水污染附近水体，影响周围环境；垃圾随意丢弃，大多数得不到回收处理；矿产开采对植被以及土地的破坏都会影响农村水、土、气等资源，造成环境污染。

② 生态环境仍脆弱，发展空间有限。虽然福建环境质量居全国领先地位，但其生态环境仍然比较脆弱。森林火灾、病虫害、土壤重金属超标、近岸海域水域功能达标率偏低、过度开发导致沿海滩涂和湿地面积减少等都体现出生态环境的脆弱性。另外，福建省地少人多，矿藏资源不足，人均土地和耕地分别只有全国平均的 44%和 40%，能源自给率只能达到 40%，生态系统的承载量相当有限，难以为发展提供更多的生态空间。

5.5.2 宁德经验

宁德市委、市政府高度重视生态文明建设，特别是近年来，将生态文明建设纳入经济社会发展总体布局和“五个年”活动之一，加快转方式、调结构，大力发展绿色经济、低碳经济、循环经济，促进经济发展、民生改善、生态保护有机统一，积极探索出一条实现生态文明与经济建设协调发展的路子，并已形成一套行之有效的好经验、好做法，并取得了显著成效。

① 坚持三大导向，坚持环保改革。三大导向分别为责任导向、问题导向、质量导向。三大导向用来落实环保各部门职责，进一步分解责任，传递压力，增强做好工作的针对性和实效性，有序高效推进宁德市生态文明建设。坚持生态文明体制改革，开展排污权有偿交易，有效增强企业环境有价意识；开展环保违规建设项目清理整顿，形成全市环保违规建设项目清单及分级分类处理意见；开展审批制度改革，项目分类分部门逐一审批，2015 年发布了《宁德市环保局委托县级环保部门审批项目环评影响文件目录》，进一步加大了简政放权的力度；制定政绩考核办法，落实领导干部任期生态文明建设责任制，促进各级各部门牢固树立生态文明发展理念。近年来，宁德围绕如何更好地解决体制机制制约、推动科学发展加快发展，在行政审批制度、农村土地流转、社会治理创新、投融资体制、加强山海协作、组织扶贫开发等方面进行了一系列改革创新，并在实践中取得了良好成效。

② 重视环境整治，践行绿色发展之路。积极推进污染减排工作，制定实施《2015 年度主要污染物总量减排工作意见》；深入开展水污染、大气污染治理，建立健全“河长制”工作机制，制定实施《2015 年度宁德市“两江三溪”等重点流域水环境综合整治计划》，强调饮用水源保护，定期开展水质监测工作；组织制定全市流域水质目标、中心城区集中式饮用水水源水质目标、黑臭水体水质目标、地下水监测点位水质目标、

近岸海域监测站位水质目标等“五大目标清单”。大力发展战略性新兴产业、先进制造业和绿色环保产业，以先进适用技术改造提升传统产业，推动生产方式绿色化。重抓龙头产业，坚持“抓龙头、铸链条、建集群”，着力培育3个千亿龙头产业。深入推进全社会节能减排，在生产、流通、消费各环节大力发展循环经济，加大工业、建筑、交通、公共机构等领域节能力度，节约集约利用水、土地、矿产等资源，大幅降低资源消耗强度。

③ 严格执法，确保环境安全。严格执行新环境保护法及配套办法，先后开展全市环境保护大检查和环三区域“五小”“三高两低”企业专项排查等多项环保执法检查工作，严厉查处各类环境违法行为。设立环保举报机制，保障举报渠道畅通且多样，及时有效调处投诉问题。建立网格化监管体系，实现环境问题的实时监测和及时处理，强化部门联动执法。强化应急管理，定时进行危险物品及安全隐患排查，重视危险物品管理。

宁德市认真贯彻落实省委、省政府关于建设生态省的决策部署，紧紧围绕“六新大宁德”建设和“生态立市”发展战略，出台并实施《关于全面建设“六新大宁德”的实施意见》和《宁德生态市建设“十二五”规划》，制定下发《关于进一步加强环境保护重点工作的决定》《关于印发宁德市生态市建设实施方案的通知》《关于印发宁德市生态市建设联席会议制度的通知》等一系列生态建设重要文件，并围绕构建生态效益型经济、城镇人居环境、农村生态环境、生态安全保障、科教支持体系等方面工作，扎实推进生态文明建设各项工作，取得了一定的成效。但随着工业经济的快速发展，宁德生态文明建设仍然存在不足，保护与发展矛盾比较突出，设施不够完善，污染治理能力还比较低，节能减排形势依然严峻。

5.5.3　厦门经验

厦门市作为经济特区、福建省的海峡西岸经济区中心城市和沿海开放港口城市，在海西经济区建设中，地理位置特殊，区域优势突出，生态资源丰富，加强生态文明建设，不仅是一项重要的基础建设，也是一项重要的公益事业，对实现厦门经济社会科学发展有着特殊重要的意义。厦门特区建设40年来，厦门环保工作坚持“生态立市、文明兴市，保护优先、科学发展”的基本方针，坚持以全面、协调、可持续的科学发展观为指导，坚持发展与保护并重、经济与环境双赢的原则，以建设生态城市、全面改善和提升全市生态环境质量为目标，把生态建设、环境保护与产业结构布局调整、经济结构优化、污染物排放总量削减等统筹考虑，促进和保障全市社会、经济和环境协调发展。

① 生态立市，倡导可持续发展。2015年8月，厦门顺利通过国家生态市考核验收，成为福建省首个通过验收的城市，也是全国第二个通过验收的副省级城市。厦门的发展始终没有离开过生态文明建设，不断为生态立法。2012年5月，市委、市政府召开创建国家生态市动员大会，对创建国家生态市进行全面部署。2013年4月，厦门市人大

常委会审议通过了根据国家新要求修编的《厦门生态市建设规划实施纲要》。2014 年 11 月 6 日厦门市人民代表大会常务委员会颁布了《厦门经济特区生态文明建设条例》。在国家生态市创建进程中，厦门结合新形势、新任务，不断推进生态文明制度创新，努力构建持续发展的生态经济体系、温馨宜居的生态环境体系、和谐繁荣的生态文化体系、规范高效的生态执法体系、创新完善的生态保障体系。“两个百年”的发展愿景和“五个城市”定位，大海湾、大山海、大花园的城市发展战略，使转型发展中的厦门一个台阶一个台阶地攀上国家生态市的新高地。

② 健全环境保障体系，实现良性互动。一是重视完善生态保护法规规章，自 1994 年以来，厦门市政府十分重视环保方面的地方性规章政策的制定，陆续出台了《厦门市环境保护条例》《关于发展循环经济的决定》《厦门生态市建设规划实施纲要》等 30 余项有关生态方面的政府规章和地方性的法规文件。这些法规文件的出台，补充和细化了国家环境保护法律和行政法规，衔接了国家相关规定，保障了生态城市的建设并为其提供相应的法律依据，使厦门市的法制环境建设在全国范围内处于先进水平。二是专门成立生态市建设领导小组，综合部署生态文明建设中的重大事项，并将生态保护纳入考核体系，实行党政一把手负总责，明确各部门工作的职责和协作，逐步形成分级管理、部门协调、良性互动的工作机制。三是建立目标责任制，明确各部门职责，并将其纳入考核体系，保证生态文明建设工作高效有序进行。四是扩大市民对生态环境保护的知情权、参与权和监督权，促进了环境保护和生态城市建设决策的科学化、民主化。五是创新资金投入机制，采取实施财政贴息、投资补助、收取污染物处理费等手段，鼓励多种经济成分参与到生态文明建设的领域，改良政府、企业、社会的投资制度，同时加大生态文明建设的社会化投入。六是创新科技支撑保障制度，把发展低能耗、高附加值的高新技术产业摆到重要的战略地位，大力发展高新技术产业，用高新技术产业的发展带动全市经济的大力发展，努力构建生态经济模式。

③ 重视绿色发展，丰富生态文化。开展循环经济“五个百家”工程建设；发展生态工业园区建设，企业积极使用节水、节电、清洁生产等节能减排新技术，进行各类污染全面治理，积极探索资源循环利用的循环发展模式；在行业内推动形成有利于资源循环利用的产业链，鼓励石化、电力等行业开展废气、废水、固体废物的综合利用与链接技术；重点加强环境基础设施建设，积极倡导绿色环保、绿色消费；探索多层次的资源循环利用系统，逐步探索出“政府引导、市场推动、法律规范、政策扶持、科技支撑、公众参与”的循环经济运行机制，加快建设资源节约型和环境友好型社会。

5.5.4 三明经验

三明市是新兴工业城市。1957 年，国家为了解决农业生产急需的化肥和我国工业发展中钢铁严重不足的困难，全国各地 3 万余名建设大军汇集到三明这块地势平坦、交通运输方便、资源充足的地方，建成了钢铁、化工等工厂，三明重工业基地就此形成。

在工业发展过程中，三明也经历了“先污染后治理”的老路，随着人们对自然生态与人类关系认识的逐步深化，三明市开始创造和积累生态文明。

① 科学发展经济，注重生态效益。一是优化国土空间开发格局，保障生态空间。严格控制工业用地和城市用地的扩张，努力保障城市乃至福建全省的生态空间。在工业化和城镇化的核心区域，努力优化城市建设水平，依靠提升产业结构和层次来增强产品与产业的竞争力。二是重点发展生态友好型产业，积极落实节能减排。三明市在工业新发展上，对产业的选择慎之又慎，尤其是在循环经济、低碳经济和生态经济的发展上更为用力。海西三明生态工贸区以“生态”为特色，将生态环境保护作为企业、产业和产品选择的基本考量，生态工贸区内入驻企业以国家重点鼓励发展的低能耗、低污染的产业（包括生物医药、信息技术、环保产业等）为主，入驻企业必须严格按照国家的环境标准生产和排污，环保配套设施首先重点建设。加快淘汰落后产能、提高资源有效利用的同时，加大技术改造和升级的力度，着力提高循环经济的发展水平。发展生态公益林的“林下经济”模式，实现生态与经济的共同进步。一方面，为确保生态功能的恢复和改善，三明市将生态公益林作为重点生态功能区域限制开发；另一方面，充分利用森林的多样性特点，重点发展生态林业、林下经济，以及森林景观的观赏和游憩等生态旅游服务。

② 优化环境，提高生态宜居性。推进“四绿”工程，实现城市绿化，“四绿”工程即绿色城市、绿色村镇、绿色通道和绿色屏障，与省级“森林城市（县城）”创建工作相结合，将创建生态市、生态县、生态村的目标作为三明市推进“四绿”工程的动力。市政府构想并积极倡导的是“林在城中、城在林中、林水相依、林路相融”的长远生态宜居愿景，经过各方面的努力，三明市的城市环境质量在全省同比中遥遥领先。

5.6　贵州实践

2016 年，贵州被列为首批国家生态文明试验区，赋予了贵州为全国生态文明体制改革探索经验的重任。几年来，生态文明建设的“贵州实践”在生态文明制度改革方面、在推进国家生态文明试验区建设与高质量发展有机统一等方面进行了成功的探索，形成了以“一大战略、五个绿色、五个结合”为主要支撑的试验区建设格局的“贵州经验”。

国家生态文明试验区的核心任务是为全国生态文明制度改革探索经验。根据中办、国办印发的《国家生态文明试验区（贵州）实施方案》，贵州要围绕长江珠江上游绿色屏障建设、西部地区绿色发展、生态脱贫攻坚、生态文明法治建设、生态文明国际交流合作“五大示范区”战略定位，开展绿色屏障建设、促进绿色发展、生态脱贫、生态文明大数据、生态旅游发展、生态文明法治、生态文明对外交流合作、绿色绩效评价考核等八项制度创新试验。

对于贵州来说，建设国家生态文明试验区关键要落实好习近平总书记关于“守住发展和生态两条底线”的重要指示要求，用实际行动践行“绿水青山就是金山银山”的理念，以绿色发展推动高质量发展。

把贵州列为首批国家生态文明试验区，既是信任，更是重托。贵州省委、省政府高度重视，书记、省长亲自挂帅，精心组织，强力推进。全省上下牢记习近平总书记对贵州提出的“守住发展和生态两条底线”的嘱托，坚持把建设国家生态文明试验区作为重大政治任务、重大责任担当和重大历史机遇，以建设多彩贵州公园省为总体目标，以生产空间集约高效、生活空间宜居适度、生态空间山清水秀为基本取向，以绿色为多彩贵州的底色，坚持生态优先、绿色发展，大胆改革创新，系统全面推进，奋力开创百姓富、生态美的多彩贵州新未来。

形成了以“一大战略、五个绿色、五个结合”为主要支撑的试验区建设格局。

①“一大战略”，即大生态战略行动。贵州省第十二次党代会将大生态上升为继大扶贫、大数据之后的第三大战略行动。大生态的“大”就大在覆盖自然生态空间全方位，融入经济社会发展全领域，推动党政军民工农商学全参与，贯穿人民生产生活全过程。

②“五个绿色”，即发展绿色经济、建设绿色家园、筑牢绿色屏障、培育绿色文化、创建绿色制度，使绿色和生态红利惠及全省人民。发展绿色经济，就是发展生态利用型、循环高效型、低碳清洁型和环境治理型产业；建造绿色家园，就是营造山水城市、打造绿色小镇、建设美丽乡村；创建绿色制度，就是深化改革、厉行法治、严格考核；筑牢绿色屏障，就是打好生态建设“攻坚战”、污染治理“突围战”、环境监管“持久战”；培育绿色文化，就是弘扬贵州人文精神、倡导绿色生活方式、开展绿色创建活动。特别在因地制宜发展绿色经济方面，坚持多彩贵州，拒绝污染，聚焦发展生态利用型、循环高效型、低碳清洁型、环境治理型“四型”产业。

③“五个结合”，即大生态与大扶贫结合，大生态与大产业结合，大生态与大旅游结合，大生态与大数据结合，大生态与大开放结合。

大生态与大扶贫结合：贵州将实施“生态扶贫”十大工程，进一步加大生态建设保护和修复力度，同时促进贫困人口在生态建设保护修复中增收脱贫、稳定致富，到2020年帮助30万以上贫困户、100万以上建档立卡贫困人口增收。

大生态与大产业结合：绿水青山就是金山银山。扬起“生态贵州”强劲风帆，“多彩贵州”天更蓝、山更绿、水更清，优质生态产品不断涌现。

大生态与大旅游结合：用良好自然生态环境助力旅游产业发展。全省打造了一批国家5A级旅游景区、世界文化遗产地、国家生态旅游示范区等。2017年贵州成为西南地区唯一的“国家全域旅游示范省”，接待游客人次、旅游总收入分别增长37%和41%，旅游业实现“井喷”。

大生态与大数据结合：基于良好的生态优势和气候条件，国家大数据综合试验区、国家绿色数据中心试点、中国南方数据中心示范基地向贵州聚集，大数据“钻石矿”不断发掘。2017 年，贵州以大数据为引领的电子信息制造业增加值增长 86.3%，成为工业经济的第二大增长点。大数据产业规模总量超过 1100 亿元。

大生态与大开放结合：加强生态文明建设，贵州始终以开放的心态抓发展——强化区域间开放合作，与泛珠三角、成渝、长三角等经济区建立紧密联系，省际沟通协作机制更为成熟，省际环境保护工作协调和联合执法机制逐步健全，能源开发、生态环境保护、绿色产业发展等领域合作取得务实成果。坚持生态优先、绿色发展，以共抓大保护、不搞大开发为导向积极融入长江经济带发展。与云南、四川共同设立赤水河流域横向生态保护补偿基金。与重庆、四川、云南共同建立长江上游四省市生态环境联防联控、基础设施互联互通、公共服务共建共享机制和长江上游地区省际协商机制。与重庆建立绿色产业、绿色金融等领域务实合作机制。

5.6.1 贵阳经验

贵阳作为全国唯一获批建设全国生态文明示范城市的城市，在建设生态文明方面起步早、动作大、效果好。早在 2007 年，市委、市政府就作出了《关于建设生态文明城市的决定》，率先在全国提出建设生态文明城市。2012 年，国家同意贵阳建设全国生态文明示范城市。贵阳一直坚持“绿水青山就是金山银山”，坚决守好发展和生态两条底线，推动生态文明建设取得了新成效、迈上了新台阶。

① 贵阳对生态文明的关注，十年磨一剑。生态文明贵阳会议于 2013 年升格为生态文明贵阳国际论坛，成为国内唯一以生态文明为主题的国家级、国际性论坛，把贵阳的生态文明建设推向了一个新的阶段。积极促进国际与国内在生态文明领域的广泛交流和务实合作，有力回应国际社会对生态环保问题的共同关切，多年持续发出生态文明建设的“中国声音”，已经成为传播生态文明理念、推动生态文明实践的“中国窗口”。贵阳作为生态文明贵阳国际论坛的永久举办地，其发展进程、精神气质和外在形象也因论坛的举办持续发生着深刻变化，生态自信、生态自觉和生态责任得到显著提升，下定决心不走“先污染后治理”的老路，不走“守着绿水青山苦熬”的穷路，更不走以牺牲环境生态为代价换取一时一地经济增长的歪路，而是以建设生态文明先行示范区为引领，牢牢树立在保护中发展、在发展中保护的理念，做好水、空气、土壤文章，推进特色产业规模化、新兴产业高端化，发展以大数据为引领的信息产业、以医疗养生为主要内容的大健康产业、以绿色无公害为标准的山地高效农业、以民族文化和山地特色文化为代表的旅游业、以节能环保绿色低碳为主要内容的新兴建筑业，初步探索出中国西部欠发达省份经济发展和生态保护双赢的可持续发展新路。贵阳积极传播生态文明理念，走上了一条代表城市未来发展方向的生态文明发展道路，取得了一系列的重大成果，在全国起到了示范性作用。

② 污染防治及环境质量取得新成效。严格落实“水十条”“气十条”“土十条”，全面实施十大污染源治理和十大行业治污减排“双十”工程。在 2017 年南明河治理实现

除臭目标基础上，2018 年全面启动了 18 座污水处理厂建设和 19 条排污大沟整治，全国水生态文明城市建设试点通过国家技术评估；划定了县级以上城镇高污染燃料禁燃区，完成了土壤污染状况调查，挥发性有机物污染源治理，土壤污染治理取得阶段性成效。2017 年，全市森林覆盖率达到 48.66%，集中式饮用水水源地水质 100%稳定达标，主要河流国控、省控断面水质优良率达到 93.75%，环境空气质量优良率保持在 95%以上，$PM_{2.5}$ 等六项污染物平均浓度达到国家二级标准。

③ 绿色发展，重点改革取得新成效。大力实施“双千”工程，全面完成工业企业“退城进园”和中心城区“退二进三”，三次产业结构比例调整为 4.2∶38.8∶57，“四型”产业为主的绿色经济占地区生产总值比重达到 39%，成为中国绿色发展优秀城市。在城市建设过程中，贵阳市立足于“生态”，经历了“环境立市”“生态经济市”“生态文明城市”的政策转变，走出了一条符合市情的新的可持续发展之路，并且将在这条道路上越走越远。贵阳作为西部经济欠发达城市，在生态文明城市建设中，加快经济发展方式转变，走出了一条符合科学发展观要求、凸显贵阳城市现代化特色的绿色发展和可持续发展之路。贵阳在以下三个方面着力：一是积极优化三次产业结构，着力发展第三产业；二是大力推进产业生态化和生态产业化，着重发展旅游、会展、物流、金融、商贸等现代服务业；三是加大节能减排力度，发展循环经济和低碳经济，降低全市单位 GDP 能耗和单位工业增加值能耗。通过一系列举措的实施，贵阳城市经济发展，做到了既发挥优势，又补齐“短板”，实现了速度、质量、效益同步快速科学发展。贵阳围绕生态文明城市建设，采取了一系列符合科学发展理念的对策，取得了明显成效，重新塑造了贵阳城市的良好形象。

④ 生态文明法律法规更加完善，体制机制更加健全。2008 年 10 月，贵阳在全国率先发布“生态文明城市指标体系”，从生态经济、生态环境、民生改善、基础设施、生态文化、政府廉洁高效等六个方面，分 33 项指标，定量结合定性，分别量化各项重点任务并分解落实到责任部门。此后，贵阳制定了《贵阳市城市总体规划（2009—2020）》，将生态文明理念贯穿始终，按“一城三带多组团、山水林城相融合”的空间布局结构，在城市各功能组团之间，通过绿地、湿地、公园、森林、湖泊等有机连接，打造“山中有城、城中有山；城在林中、林在城中；湖水相伴、绿带环抱”的生态城市。从 2007 年到 2012 年，贵阳市环保两庭、贵阳市两湖一库环境保护基金会、两湖一库管理局和生态文明建设委员会的成立，进一步健全了贵阳的生态文明制度体系。2013 年 3 月，创新性地把区域限批制度、舆论监督、生态指标一票否决制等规定写进了中国第一部促进生态文明建设的地方性法规——《贵阳市促进生态文明建设条例》，促进了中国生态文明法律法规体系的完善。其中执法监管取得新成效。深入开展“六个严禁”执法专项行动、“六个一律”利剑行动，仅 2017 年就立案查处环境违法案件 512 起、林业违法案件 569 起，持续发出了贵阳拒绝污染最强声。其次推动实施生态文明制度改革措施，开展了自然资源资产责任审计、环境损害赔偿等试点工作，积极推行环境污染第三方治理和政府、民间“双河长制”，进一步健全完善了自然资源资产管理、环境保护

督察、环境信息发布、生态文明建设目标评价考核等制度体系。

5.6.2 遵义经验

遵义市作为生态文明建设先行军，遵循“道行义，醉美遵义，风景这边独好”这一原则。

在这里，青山绿水红日子，一步一景“原生态”，处处都有望得见山、看得见水、记得住乡愁的地方。这不仅是一份独有的神奇与美丽，而且总能让人醉心于纵横阡陌、沁人心脾的花香茶海，更能让人忘情畅游在碧波连绵、养心洗肺的万亩竹海。

在这里，“富学乐美四在农家”从探索实践中走来，按下了“四在农家·美丽乡村”提档升级建设的“快进键”，跑出了“治污治水·洁净家园”的遵义“加速度”，而《十谢共产党》句句群众心声，唱出了生态文明新时代下遵义的过去与今天。“走，到湄潭当农民去!”如此走心的宣传标语，更折射出了湄潭农村人居环境改善工作成为全省的样板和典范的秘密。

在这里，点滴雨露与方寸风景都十分神秘与柔美，源远流长的赤水河岸绿水美，更见证了历史与现实的交融，它是北纬27.8°上的一条多彩缎带，也是“大自然生态基因库”中的一颗璀璨宝石，而与赤水河一路相随的上百公里的赤水河谷旅游公路，不仅全国少有，而且把沿线的自然风光、人文景观等如项链一样串连起来，在百姓富生态美的新征程中，更加熠熠生辉，耀眼夺目。

2017年9月11日，中国气象服务协会发文公布了“中国天然氧吧”创建活动结果，遵义赤水市、凤冈县等与全国17个地区获此殊荣。这一评选有“硬杠杠”的标准：评选地需要符合年人居环境气候舒适度达“舒适”的月份不少于3个月，年负氧离子平均浓度不低于1000个/cm^3，年均空气质量指数（AQI）不大于100。

赤水市、凤冈县各项指标不仅达标，而且高于指标数（赤水市舒适月达5个月，年负氧离子32000个/cm^3，2017年1至8月平均AQI76）；凤冈县舒适月达9个月，年负氧离子平均浓度达到非常丰富等级，2017年1至8月平均AQI56），而两地也成为遵义始终坚守生态和发展两条底线，坚定不移以生态文明建设统揽全局，高度重视强力推进绿色生态发展的积极实践和生动缩影。

党的十八大以来，习近平总书记站在战略和全局的高度，提出了“走向生态文明新时代”“生态优先、绿色发展”“绿水青山就是金山银山”等新论断新要求，生态环境保护是一个长期任务，要久久为功。

多彩贵州，拒绝污染。省委、省政府深入贯彻落实习近平总书记系列重要讲话精神，特别是视察贵州生态文明建设时作出的守住发展和生态两条底线，实现百姓富和生态美两者有机统一的重要指示，不断推进生态文明制度建设和体制机制创新，初步形成了绿色、循环、低碳发展的制度体系，贵州也成为继福建之后第二个以省为单位建设全国生态文明先行示范区的地区。

最美遵义。遵义市委、市政府以“坚持红色传承，推动绿色发展，奋力打造西部内陆开放新高地”为主题统筹发展，以生态创建为引领，把国家生态文明建设示范市创建作为推进生态文明建设、推动绿色发展、建设美丽遵义、打造西部内陆开放新高地的重要载体和抓手，切实把“绿色＋”理念贯穿于生产、生活、生态全过程，坚定不移地把底线守得更牢、新路走得更好、小康奔得更快，努力让遵义成为西部地区的生态“新”市，让人民群众享受到更多的生态红利。

向改革要红利，向改革要活力，向改革要效益。由点及面，生态文明建设的多彩画卷正在黔北大地渐次铺开。赤水河流域、乌江流域生态红线划定，自然资产资源登记确权，河长考核制度等一项项新举措；努力实现乡镇污水处理厂、垃圾收集转运处置系统全覆盖等一个个硬投入；成立生态环保法庭，开展“六个一律”环保“利剑”执法专项行动等一次次跨区域、跨行业的环保执法行动。这些都是遵义以敢为人先的气魄、勇气和决心全面推动生态文明体制机制改革的具体行动。

更为重要的是，遵义还科学制定了最严格的生态文明考核体系，进一步明确生态环保责任“党政同责、终身追究”，并实施水、大气环境质量考核，新闻媒体月月曝光和领导干部约谈制度。实现了率先在赤水河流域探索编制自然资源资产负债表，率先建立地区间横向生态补偿机制和资源有偿使用制度，率先推进环境污染第三方治理制度，率先健全落实河长制等先行先试政策，在全国第一个以一条流域（赤水河）为单元推进生态文明体制改革，真正开创了“改革的先河”。

好风凭借力，扬帆正当时。当前，“绿水青山就是金山银山”这一共识高度统一，而久久为功、绵绵用力、驰而不息地上下齐心保持加强生态文明建设的战略定力，牢固树立“绿水青山就是金山银山”的理念。可以预见，随着生态文明建设制度创新和改革向纵深推进，必将引领遵义进入百姓富、生态美有机统一的发展新阶段。

第 6 章

两山理论实践创新基地的经验

改革开放以来，我国坚持以经济建设为中心，取得了举世瞩目的成就。但有的地方采取掠夺式的发展方式，不考虑环境承受能力，唯 GDP 论英雄，导致资源利用率低下，环境污染严重，甚至造成一些难以恢复的生态问题。

2005 年 8 月 15 日，时任浙江省委书记的习近平到安吉考察时指出："我们过去讲，既要绿水青山，又要金山银山。其实，绿水青山就是金山银山。"2013 年 9 月 7 日，在哈萨克斯坦纳扎尔巴耶夫大学发表演讲回答学生问题时，习近平指出："我们既要绿水青山，也要金山银山。宁要绿水青山，不要金山银山，而且绿水青山就是金山银山。"

为深入贯彻习近平总书记生态文明建设重要战略思想，2016 年，环境保护部将浙江省安吉县列为"绿水青山就是金山银山"理论实践试点县。安吉县积极践行、扎实推进试点工作，在生态文明建设中发挥了示范引领作用。在试点经验的基础上，生态环境部（原环境保护部）决定命名浙江省安吉县等 13 个地区为第一批"绿水青山就是金山银山实践创新基地"，总结探索"绿水青山就是金山银山"实践路径的典型做法和经验。本章对全国首批 13 个两山理论实践创新基地经验做法进行梳理总结。

6.1 河北省塞罕坝机械林场

塞罕坝机械林场是河北省林业厅直属的大型国有林场和国家级森林公园、国家级自然保护区。总经营面积 140 万亩，森林覆盖率 80%。有林地面积 112 万亩，林木蓄积量 1012 万立方米。人工林面积在同类地区居世界第一；单位面积林木蓄积量是全国人工林平均水平的 2.76 倍、全国森林平均水平的 1.58 倍、世界森林平均水平的 1.23 倍；林场有良好的生态环境和丰富的物种资源，堪称珍贵、天然的动植物物种基因库。

2017 年 8 月 28 日，习近平同志对河北塞罕坝林场建设者感人事迹作出重要指示指出，55 年来，河北塞罕坝林场的建设者们听从党的召唤，在“黄沙遮天日，飞鸟无栖树”的荒漠沙地上艰苦奋斗、甘于奉献，创造了荒原变林海的人间奇迹，用实际行动诠释了“绿水青山就是金山银山”的理念，铸就了牢记使命、艰苦创业、绿色发展的塞罕坝精神。他们的事迹感人至深，是推进生态文明建设的一个生动范例。

6.1.1 塞罕坝精神的内涵

1962 年，第一代务林人在物质匮乏、技术不成熟、高原高寒的塞罕坝建立了机械林场，从此，三代林场职工历经 56 年的艰苦创业，终于成就了世界上最大的人工林，不仅成就了“为首都阻沙源、为京津涵水源”的初心和使命，更成就了牢记使命、艰苦创业、绿色发展的塞罕坝精神。截止到 2017 年，塞罕坝机械林场累计植树造林 112 万亩，森林覆盖率达到了接近饱和的 80%。习近平同志深刻指出，伟大的时代需要伟大的精神，崇高的事业需要榜样的引领，塞罕坝人在创造绿色奇迹的同时，用心血和汗水甚至生命凝结成伟大的塞罕坝精神。

首先，塞罕坝精神是忠于使命的政治品格。塞罕坝精神的核心是对党绝对忠诚。塞罕坝机械林场几代党员干部和职工始终忠于党、忠于人民赋予的光荣使命，坚定理想信念，牢固树立“四个意识”，坚决贯彻党中央的决策部署。切实把思想行动统一到中央要求上来，任何情况下不打折扣、不做选择、不搞变通。不但完成了党中央交代“改变当地自然面貌，保持水土，为改变京津地带风沙灾害创造条件”的艰巨任务，更实现了塞罕坝的凤凰涅槃，实现了经济效益与生态效益的双丰收。

其次，塞罕坝精神是攻坚克难的顽强意志。塞罕坝林场的成功，是在克服一个又一个困难中取得的。面对高寒、高海拔的恶劣自然条件，一代又一代塞罕坝人不但克服了吃、住、行、医等生活难题，还在各方面条件极度欠缺的情况下，攻克了一项又一项技术难关。开创了中国机械栽植针叶林的先河，创造了多项“首例”，在森林经营、工程造林、防沙治沙、病虫害防治、野生动植物资源保护与利用等方面，累计完成了 9 类 60 余项科研课题。为我们创新发展、绿色发展提供了鲜活的实践经验。弘扬塞罕坝精神就要做到敢于担当、改革创新、苦干实干，敢于啃硬骨头，敢于打攻坚战。

最后，塞罕坝精神是久久为功的执着信念。56 年在人类历史的长河中只是一朵浪花，在浩渺的宇宙时间中只是一粒尘埃，而对于塞罕坝人，却是整整三代人的青春和热血。“献了青春献终身，献了终身献子孙”，塞罕坝从茫茫荒原到绿色海洋，半个多世纪的生态变迁，是一曲忠于使命、无私奉献的壮歌，更是一个持之以恒、不懈奋斗的传奇，面对重重困难，塞罕坝人沉下心来抓落实，用三代人的坚守诠释了“一张蓝图绘到底”的决心，更体现了塞罕坝人“功成不必在我”的高尚情怀。

一棵树，要经历几番雷霆风雨，才能长成一道风景。塞罕坝人的每一天都是平凡的、平淡的，甚至是琐碎的，但因为信仰、因为创造、因为坚守，这些平凡的日子，最终凝成了不朽!

6.1.2 塞罕坝精神的现实意义

弘扬主旋律，社会风貌便有了风骨；传播正能量，社会发展才有不竭的动力。弘扬塞罕坝精神，正是为全党、全社会传播正能量，为新时代中国特色社会主义建设提供精神动力。

第一，牢记使命是塞罕坝精神的核心，是当代共产党员的精神坐标。对党绝对忠诚的政治品格，是创造这个人间奇迹的信念支撑，是共产党人砥柱中流的先锋引领，更是创造这个人间奇迹的不竭动力。塞罕坝，是一个绿色奇迹，更是一部红色史诗。林场几代党员干部和职工用心血、汗水甚至生命践行了对党的誓言，深刻诠释了对党绝对忠诚的内涵，在美丽高岭上铸起了一座永远的绿色丰碑。牢记使命是每一位共产党人应该具有的品格和素质。

第二，艰苦创业是塞罕坝精神的灵魂。任何一项事业要想成功都必然要面对各种各样的风险和考验。面对风险，塞罕坝人敢于担当；面对考验，塞罕坝人迎难而上。塞罕坝的发展史也是一部奋斗史和创业史，林场人用不屈不挠的精神，战胜了困难，迎接了最终的胜利。今天，我们的改革也面临着重重困难。在打造、形成绿色发展方式和绿色生活方式上，我们的地方政府、我们的很多企业都面临着改革的阵痛和利益的调整，甚至可能要割舍不少既得利益。在政治生活中，我们的党面临着“四大风险”和“四种考验”，每一步都步履维艰，这其中的每一项都是关系到党和国家生死存亡的大事，作为共产党员，甚至作为普普通通的群众，我们都应继承和发展塞罕坝人艰苦奋斗、敢于担当的精神，在困难面前不低头，在利益面前不动摇，披荆斩棘、砥砺前行，把我们的事业进行到底!

第三，“绿色发展”是塞罕坝精神的时代坐标。塞罕坝长达半个世纪的建设历程，是承德生态文明建设成就的一个缩影，是中国林业史上的一个奇迹，更是中国人矢志不渝追求中国梦的爱国史、奋斗史、光荣史。发展进入新时代，要继续夺取中国特色社会主义伟大胜利，就必须按照党的十九大精神的要求，牢固树立“五大”发展理念，统筹推进“五位一体”总体布局。在生态环境方面，坚持人与自然和谐共生，实现中华民族永续发展就是我们共同的目标。自建场以来，塞罕坝机械林场总投入3.49亿元，截止到2017年，林场现有资产估值超过202亿元，投入产出比达到1∶58。与此相适应，塞罕坝机械林场每年创造的生态价值高达120亿元。而随着碳汇交易的兴起、生态旅游的崛起，塞罕坝人是真正的用手里的绿水青山换来了金山银山，是实现“绿色”与“发展”并行的现实支撑。因此，习近平同志特别指出，塞罕坝机械林场的成功，是“推进生态文明建设的一个生动范例”！

习近平总书记强调，全党全社会要坚持绿色发展理念，弘扬塞罕坝精神，持之以恒推进生态文明建设，一代接着一代干，驰而不息，久久为功，努力形成人与自然和谐发展新格局，把我们伟大的祖国建设得更加美丽，为子孙后代留下天更蓝、山更绿、水更清的优美环境。

6.2 山西省右玉县

6.2.1 右玉县概况

右玉县地处晋西北边陲，全县辖 10 个乡镇、1 个旅游区、321 个行政村，总人口 11.2 万人，其中农业人口 9.0 万人，总土地面积 1969km^2，地貌类型属典型的黄土缓坡丘陵风沙区。据《山西省地面气候资料（1971—2000）》介绍：年均气温 3.9℃，极端最高气温 34.4℃，极端最低气温－40.4℃；年降水量 410.6mm，主要集中在 5～9 月份，占到 85.3%；年蒸发量 1777.3mm，相当于年降水量的 4.3 倍；年均风速 2.5m/s，瞬时最大风速 24m/s，年大风日数 28.6 天；无霜期仅 129 天。风大、沙多、气温低、干旱少雨、无霜期短是其主要气候特征，历史上俗称为雁门关外的“不毛之地”。风蚀、水蚀交错且均很严重，生态环境极为恶劣。

6.2.2 右玉县采取的措施

右玉县几十任县委书记持续抓植树造林，始终坚持“四个结合”和“五种机制”。

(1)“四个结合”

一是在植被建设上，实行乔、灌、草相结合，构建立体式防护系统。根据不同区域的立地条件，采取了“阳阴坡面混交林、河岸沟底沙棘林、通道村镇杨柳松、林中进草草间林”的建设模式。二是在小流域治理上，坚持植物措施与工程措施相结合、综合治理与系统开发相结合，先后对苍头河等 3 条规模较大的流域和 12 条重点小流域进行了全方位、立体式治理开发，形成了错落有致、功能各异的生态植被系统。使小流域治理与生态自然修复相结合，探索多样化的植被恢复模式。实施了以退耕还林还草还牧、农民进城、牲畜进圈、林草进田为主的“一退三还三进”工程。三是水土保持生态建设与提高农民收入相结合，做强做大特色化生态产业。林草植被的恢复，带动了畜牧业的发展，促进了生态旅游经济的崛起。四是典型小流域建设与集中连片治理相结合，打造大区域生态示范区。在治理流域布局和建设规模上，改变过去小而散的做法，以风沙严重地带、风蚀严重区域为重点，打破乡村地域界限，实行集中连片治理，建设规模从几千亩发展到几万亩，建成了一批科技含量高、标准质量高的小流域治理精品工程，达到了上规模、上档次、增效益、强县富民的目的。

(2)“五种机制”

一是建立务实高效的领导机制。县乡两级层层成立了由党政一把手挂帅的小流域综合治理工程领导机构，逐级签定目标责任书，在全县形成了“党委政府统一领导、乡镇部门分头落实、人民群众广泛参与”的领导机制。二是建立规范严格的工程建管机制。三是严格实行项目招投标制、工程监理制、资金报账制和治理公示制。四是建立责任明确的管护机制。五是积极推行水土保持法制管理。认真贯彻执行《水土保持法》，全面推进封山禁牧，抓好封禁管护，做到治、管、用相结合。对重点流域治理工程区，全部实行了拉网式围栏封育。通过强化治理和严加管理，“绿色右玉”美境凸现，创造了人与自然和谐相处的新生态文明。

(3)“右玉精神”

右玉精神就是一种坚持不懈的“种树精神”，右玉精神生成于植树造林、改善生态的实践历程中。解放初，在“沙进人退”的逼迫下，右玉人民面临着举县搬迁的生存危机。植树造林，防风固沙，改善生存条件，既是人民群众生存发展的第一要求，也是县委、县政府立县执政的第一任务。

几十年来，在这场只有起点、没有终点的绿化“接力赛”中，经受考验的首先是历任党政主要领导的执政观和政绩观。因为种树，这是一件说起来再简单不过、没有多少政绩和形象的事情，而且右玉是十八任领导一任接一任，都在前任画下的“框框”里“打圈圈”，这在有些人眼中是一种“没出息”的表现。每个人都想有出息，领导干部更不例外，都想在任上干点事情、出点政绩，引起上级的赏识、组织的重视。但是在右玉，当种树这件事情和群众的生存发展紧密地联系在一起，变得格外重要、不容动摇、不容更改的时候，是要个人的出息，还是要群众的出路？这一选择，不容回避地变成了对每一任执政者党性觉悟和宗旨意识的真正考验。

几十年来，右玉把植树造林、改善生态这项最大的民生工程作为立县之本、执政之基，咬定青山不放松，排除一切干扰，带领干部群众摸爬滚打在植树造林第一线，顽强执着地为右玉大地披绿增翠。“飞鸽牌”的干部做着“永久牌”的事。他们用实际行动回答了这一问题：群众的出路就是个人最好的出息！正是因为这一感人业绩，右玉17任县委书记集体荣获了“2007山西记忆十大新闻人物”。揭晓词中写道：17任县委书记的绿色情结，58年的绿化接力，他们在曾经风沙肆虐的“不毛之地”上，书写了“塞上绿洲”的苍翠传奇。实事求是、一以贯之，沧桑多变、初衷不改，将施政理念置于科学观的统领之下，带领群众走上一条绿色之路、科学之路、和谐之路。

6.2.3 主要成效

（1）生态效益

由于生态环境大大改善，全年大风日天数明显减少，沙尘暴天数比解放初减少了50%，在林地影响的有效范围内平均风速降低了29.7%。蓄水保土能力增强，土壤侵蚀量减少，径流含沙量比造林前减少了60%以上，基本达到了“洪水不下山，山沟出清流”。

（2）经济效益

生态环境初步改善后，右玉县以建设“绿色生态畜牧、特色生态旅游”两大基地为主攻方向，退坡地、广造林、兴畜牧、拓产业，农业生产条件显著改善，农民生活水平有了明显提高。

（3）社会效益

随着大面积植树种草，大大减轻了风沙、霜冻和冰雹等自然灾害，保证了人民群众的生命财产和工农业生产安全。通过优化种植结构，促进了传统农业向现代农业转变，产业结构得到合理调整，逐步形成了以畜牧业为主导的产业结构体系，土地利用率明显提高，经济收入明显增加，人民生活水平显著改善。

6.3 江苏省泗洪县

6.3.1 泗洪县概况

泗洪县位于江苏西北、淮河中游末端，东临洪泽湖，西与安徽接壤，在长三角经济区和江苏沿海经济带交叉辐射区域，行政区划面积2731km^2，人口110万，是中国著名的名酒之乡、螃蟹之乡、生态旅游之乡。泗洪县河道纵横、水网密布，辖洪泽湖近40%面积，洪泽湖岸线196km、滨湖圩堤165km，从南至北有淮河、怀洪新河、新汴河、新濉河、老濉河、徐洪河、西民便河7条流域性行洪河道，承泄豫皖苏三省14.8万平方千米的来水汇入洪泽湖，是名副其实的“洪水走廊”。

6.3.2 泗洪县的主要措施

(1) 加强组织领导

县委、县政府成立“百河千渠环境整治连通工程”指挥部，由县委、县政府主要领导，分管领导担任政委、总指挥、副总指挥，统筹领导全县的“百河千渠环境整治连通工程”专项行动。水利、财政、国土等多个部门为成员，各司其职。县水利局负责组织对全县“百河千渠环境整治连通工程”的技术指导、监督考核和县级河道施工验收等工作。各乡镇政府负责本乡镇辖区内乡级河道和田间中小沟工程设计、招标、施工、验收以及县级河道清障和施工环境保障等工作。

(2) 加强建设管理

“百河千渠环境整治连通工程”严格落实工程建设“五制”，设计单位、监理单位和县级河道施工单位由水利局统一招投标确定，乡级工程由所在乡镇组织招投标。工程建设过程中，所有工程都严格建设程序和标准，县级河道工程按照农村河道疏浚工程的相关规定进行施工，乡镇负责实施的乡级河道工程设计标准不得低于河道原设计标准，与生态河道建设标准相结合，田间中小沟工程考虑互连互通，并与农业产业结构调整相结合。

(3) 保障建设资金

“百河千渠环境整治连通工程”估算投资 2.78 亿元，其中土方工程约 1.28 亿元、配套建筑物工程约 1.5 亿元，全部由县财政投入。乡镇实施的乡级河道和田间中小沟工程根据工程进度分三期拨付：当工程进度达 50%时，拨付 30%县级资金；当工程进度达 80%时，县级资金拨付至 60%；当工程完成并经县百河千渠办公室验收合格后，县级资金拨付至 90%，剩余资金待工程审计后拨付。

(4) 加强长效管护

在开展农村水系“百河千渠环境整治连通工程”专项行动的同时，泗洪县根据“河长制”工作和《泗洪县农村河道管护实施细则》文件，要求各乡镇要建立健全河道管护责任体系，落实管护经费、管护人员，逐步探索市场化运作管护机制，引入专业机构参与河道管护，保障疏浚整治后的河道水清岸洁，不排污水、不乱倒垃圾、不乱搭乱建、不乱耕种、不堆放杂物、不养鸭鹅。县财政每年拿出 600 万元专项资金，对河长制工作和农村河道长效管护进行考核奖补。县河长办、水利局、财政局等单位负责对全县农村河道管护和河长制工作进行考核，考核范围覆盖各乡镇境内河、沟、塘、库等所有沟河水系，列入河长制范围的大沟级以上农村河道为考核重点。

(5) 强化督查考核

在县督查室定期跟踪督查的基础上，县水利局成立5个督查组，抽调人员，分片每天对乡镇实施工程、县级工程进行全面督查。对进度较快、质量较好的乡镇予以通报表扬；对工作滞后、工程实施慢、质量不高、存在问题的乡镇予以通报批评，并责令限期整改，逾期整改不到位的，由纪检部门介入进行执纪问责，严格追究相关人员责任。

6.3.3 主要成效

作为全国首批“绿水青山就是金山银山”实践创新基地之一，泗洪县全面推进“绿水青山专项行动”，投入12.6亿元在全县范围内实施洪泽湖退渔还湿、镇村污水处理设施建设、百河千渠环境整治连通、造林绿化、美丽乡村建设等五大工程，夯实生态发展家底。

① 生态环境不断优化。自2011年泗洪县政府与洪泽湖湿地自然保护区联合制定“退渔还湿”工程规划至2018年上半年，已累计完成退渔还湿面积13.85万亩。临淮镇共三个污水处理厂，每天处理能力达到500t，沟渠水质达到了一级B标准。自2016年以来，泗洪县探索农村生活污水治理PPP运营模式，投资2.7亿元建成镇村污水处理厂（站）130多个，铺设管网400多千米，实现镇村污水处理设施全覆盖，有效遏制了农村生活污水直排现象。目前，泗洪县已完成总任务量4288km的县乡河道疏浚工作，开工建设36.3km环县城生态绿廊和130km环洪泽湖生态绿廊，结合“河长制”工作，全面完成了洪泽湖“双清”行动，铁腕打击非法采砂，县域实现“零盗采”。

② 经济迅速发展。“退渔还湿”后，泗洪县在湖面滩涂投放野生菱角、莲藕、芡实及各类水生动物，成立水上专业合作社，带动400多户贫困户就业，年均增收3万余元，既改善水质又创收富民。2018年6月17日，中国泗洪第三届洪泽湖湿地杯国际休闲垂钓邀请赛在洪泽湖湿地开赛，来自全国各地的1400多名钓鱼爱好者同塘竞技，而这一次垂钓大赛带来的直接、间接经济效益起码超亿元。泗洪县推进泗洪洪泽湖生态保护特区建设，通过构建统一登记、规划、保护、监管的自然资源一体化管理模式，实现自然资源保值增值，并被评为“全国生态特色旅游县”。

6.4 浙江省湖州市

6.4.1 湖州概况

湖州是一座有着100万年人类活动史、2300多年建城史的国家历史文化名城，也是环太湖地区唯一因湖得名的江南城市。全市辖吴兴、南浔两区和德清、长兴、安吉三县，面积5820km^2，户籍人口265万人，常住人口298万人。近年来，湖州先后获得国家环保模范城市、国家卫生城市、国家园林城市、中国优秀旅游城市、中国魅力城市、全国城市综合实力百强市、国家森林城市、中国最幸福城市等荣誉称号，并成为全国首个地市级生态文明先行示范区。

2006年8月，时任浙江省委书记的习近平在湖州考察南太湖的开发治理，曾驻足小沉渎村。在考察中，他首次提出“两山理念”，并强调“绿水青山就是金山银山”，要求湖州努力把南太湖开发治理好。今天的湖州，更进一步积极践行着“绿水青山就是金山银山”的理念。其作为中国首个地市级生态文明先行示范区，湖州不仅在生态文明保护上树立了典范，也形成了一批可供复制推广的制度性经验。

改革开放初期，湖州市的村集体和农民在自家门口办起了一批劳动密集型小企业。这些企业一度为湖州的经济发展注入了强大动力。但是，当政府惊叹于GDP的快速提升、人民欣喜于个人财富的不断增长时，大家都未曾意识到正在付出生态环境破坏的沉重代价。数量众多的高污染、高耗能的小企业长年累月产生大量的废水、废气、废弃物，未经有效处理就随意排放，严重影响着周边的自然环境，直至自然环境不堪重负。

6.4.2 湖州市大力开展环境整治

在关停大量污染企业的同时，各级政府积极作为，优化产业结构和行业布局，扶持一批企业做大做强，实现集聚发展，改变了原来行业低、小、散状况，提升了行业污染防治和清洁生产水平，在保障生态环境安全的同时实现了行业的健康、规范、可持续发展。十年来坚定而有力的环境整治后，如今湖州已经进入“绿水青山就是金山银山”的新发展阶段，绿水青山给湖州带来了源源不断的金山银山，旅游产业的迅猛发展就是最好的例证，湖州的绿水青山已成为当地老百姓的摇钱树、聚宝盆。

例如：湖州市南浔区治水是整个湖州的缩影。南浔区以水环境治理为契机，结合“四大行业”整治和淘汰落后产能，鼓励企业积极开展节能技术改造，进一步提升企业装备水平，降低能耗和污染物排放，推动企业转型发展。湖州“五水共治”实现了6个全覆盖，即排污口标示全覆盖，农村生活污水第三方运维全覆盖，建制镇截污纳管全覆盖，河道清淤全覆盖，重点污染产业整治全覆盖，绿色矿山全覆盖。

6.4.3 湖州模式带给我们的启示

湖州市将生态环境的优势转化为生态农业、生态工业、生态旅游业的发展优势，将好山好水变成了人民发家致富的聚宝盆。在两山理念的引领下，湖州市坚持加快绿色发展，改善生态环境，“五水共治”，清水入太湖，生态成为湖州的闪光点。2017年，湖州城乡居民收入比为1.72∶1，成为全国城乡差距最小的地区之一。美丽经济让湖州2017年的旅游总收入突破1000亿元，绿色生态的福利不断释放，绘就了生态产业新百姓幸福的美丽画卷。可以看出，湖州的探索，既是绿色发展方式和生活方式的样本，也是坚定走生产发展、生活富裕、生态良好的文明发展道路的样本，更是在新时代的征程中建设美丽中国的样本。

湖州模式对中西部特别是欠发达地区更有借鉴意义。

① 要牢固树立“绿水青山就是金山银山”理念，明确发展方向，全面长期践行。

② 要坚持规划先行，强化规划引领，一张蓝图绘到底。

③ 狠抓工作推进，主要领导亲自挂帅、亲自谋划、亲自部署、亲自推动。

④ 坚持制度创新保障，发挥制度在生态文明建设中的激励和约束作用，促进生态文明建设的规范化、常态化。

6.5 浙江省衢州市

6.5.1 衢州市概况

衢州市位于浙江省西部、钱塘江源头、浙闽赣皖四省边际，市域面积8844km^2，辖柯城、衢江2个区，龙游、常山、开化3个县和江山市，人口258万。衢州是一座生态山水美城。因山得名、因水而兴，仙霞岭山脉、怀玉山脉、千里岗山脉将衢州三面合抱，常山江、江山江、乌溪江等九条江在城中汇聚一体。全市森林覆盖率71.5%，全市出境水水质保持Ⅱ类以上，省控以上考核断面水质达标率100%，连续4年夺得浙江省治水最高荣誉“大禹鼎”，市区空气质量优良率（AQI）88.8%，市区$PM_{2.5}$浓度33$\mu g/m^3$，全市建成区绿化覆盖率40.5%，人均公园绿地13.24m^2，是浙江的重要生态屏障、国家级生态示范区、国家园林城市、国家森林城市，2018年12月获联合国“国际花园城市”称号。衢州是中国优秀旅游城市、首个国家休闲区试点。

6.5.2 衢州市生态文明建设

衢州在发展的过程中，不断强化生态建设与环境保护工作，促使人与自然的和谐、生态面貌的焕然一新，使生态成为衢州最大的优势、最大的品牌和最大的潜力。

①“两山”创建：进入“十三五”，衢州提出创建“两山”实践示范区、建设美丽富饶“大花园”的目标。如：开化县实施生猪养殖污染专项整治行动，拆除了猪场，整合周边区块，以4A级景区标准，将其打造成了一个花卉主题公园，是一个集观赏、摄影、拓展、修心、度假、体验为一体的综合性文化旅游示范区。昔日污染重灾区“华丽

转身”，变成一座宛若人间仙境的山谷。如今，更是引来了国内近千批次的考察团前来参观取经。

② 五水共治：2018 年 6 月 5 日，衢州市被省委、省政府授予 2017 年度浙江省“五水共治”（河长制）工作优秀市“大禹鼎银鼎”，实现了持续 4 年夺得“大禹鼎”，成为全省治水的标杆，“五水共治”成了衢州生态文明建设的一张靓丽“金名片”。如：2017 年，衢江区委、区政府高度重视黄坛口饮用水源地问题整改工作，针对黄坛口乡牛头湾自然村生活污水污染问题及景点山庄旅游业发展中的污染问题开展了集中整治，拔钉清障、克难攻坚，以壮士断腕的决心，推进一级保护区内整村搬迁工作，以强硬的法律手段，关停二级保护区内度假村餐饮、住宿设施，为衢州人民守住了这口“大水缸”。

③ 衢州空气质量全国前茅：生态环境部公布了 2018 年上半年 169 个城市空气质量状况排名名单，衢州排名全国第 16 位！

④ 出门 500m 就是“绿”：生活在衢州，最幸福的莫过于中老年人，每天清晨傍晚在免费公园里晃悠一趟，神清气爽。如今，金星村像保护古银杏一样保护着生态环境，如：“保护古树，就是保护村庄”的标语，践行“绿水青山就是金山银山”，实现“人人有事做，家家有收入”，成为远近闻名的省级新农村建设示范村。

⑤ 旅游发展迅速：2018 年半年全市 13 个核心景区 124 个免费日共接待游客 219.3 万人次（其中团队人数 60 多万人次），日均接待量为 1.77 万人次左右。

⑥ 开展美丽乡村建设：望得见山，看得见水，记得住乡愁。近年来，衢州开展美丽乡村“四级联创”，以“一县一带”建设为载体，推进村庄优化布局和农房改造，建成各类休闲观光农业园 391 个、美丽公路 90 余条、国家级生态乡镇 48 个、省级生态乡镇 92 个。如：下淤村位于马金溪畔，因山而美、因水而活。自开化全力建设国家公园以来，下淤村依托生态优势，对河道、村庄精心梳理，形成集亲水游玩、农事体验为一体的国家 3A 级景区村，更荣获了“中国十大最美乡村”称号。

6.5.3 衢州模式带给我们的启示

① 坚持“两山”重要思想，妥善处理人、自然与社会的关系，努力追求生产发展、生活富裕、生态良好的新境界。

② 坚持“抓铁有痕”实干作风，娴熟运用转型升级系列组合拳，成功传递生态文明建设“接力棒”。

③ 坚持以人民为中心的发展思想，始终紧扣“人民对美好生活的向往，就是我们的奋斗目标”的宗旨。

④ 坚持生态经济化方向，努力将“生态资本”转变成“富民资本”，培育绿色经济增长点。

⑤ 坚持城乡统筹理念，实现生态文明建设在空间上的全面落地并各具特色。

⑥ 坚持齐抓共管方针，促进政府引导、企业主体、公众参与的协同格局，形成生态文明建设的巨大合力。

6.6 湖州市安吉县

6.6.1 安吉县概况

安吉县隶属浙江省湖州市，素有“中国第一竹乡、中国白茶之乡、中国椅业之乡”之称，县域面积1886km^2，户籍人口47万人，下辖8镇3乡4街道209个行政村（社区）和1个国家级旅游度假区、1个省级经济开发区、1个省际承接产业转移示范区，是习近平总书记“绿水青山就是金山银山”理念的诞生地、中国美丽乡村发源地和绿色发展先行地。

6.6.2 安吉县余村的生态文明建设

安吉县余村多年以前炸山开矿，卖矿石、造水泥，导致山体遭到严重的破坏，水泥厂浓烟滚滚，那时整个村子天空上灰蒙蒙一片，山上的竹子都被炸断，每天早上家里桌子上都有一层粉尘。环境污染对呼吸系统的影响很大，每年矿上都会增加几个得石肺病的工人。近年来，安吉县坚持以经济转型为主线，沿着“一地四区”的发展路径，深入建设生态文明和美丽乡村，着力打造全国首个县域大景区，走出了一条既具时代特征又有安吉特色的科学发展路子。

① 安吉县以解放思想启动工作、以思想解放推动发展。到上海、苏南和杭州、宁波、台州、温州等地学习，拓宽视野，更新观念；邀请知名专家、教授和学者授课指导，理清思路、规划发展；通过保持先进性教育活动和“六破六立”“激情与发展”“赢在执行”等大实践活动，统一思想、提升思路。

② 以美丽乡村为载体，全力开创城乡融合的局面。安吉县按照打造县域大景区的思路，深入推进美丽乡村建设，推动基本公共服务均衡化发展，塑造“安吉样板”。构建“三级联动”立体化格局。坚持“规划、建设、管理、经营”四位一体，构建“优雅竹城-风情小镇-美丽乡村”立体化格局，实施建设和经营行动计划，建立全国示范的建设标准化体系及考核指标体系、长效管理体系；出台专项政策，整合支农政策向美丽乡村倾斜，确保五年投入2亿元用于风情小镇建设，每年投入30亿元建设优雅竹城。加快基础设施一体化发展。加快杭长高速等项目建设，推进天荒坪二期等前期工作；实施“十万农民饮用水工程”，建立“户集、村收、乡转、县处理”的垃圾处理网络，推进农村生活污水处理，加快广播、电视、电话等进村入户。推进公共服务均衡化发展。实施

“共建美丽乡村、共享小康生活”民生改善系列行动，健全基本公共服务的标准化体系，让人民群众共建共享发展成果。

③ 以产业转型为支撑，增强区域经济实力。安吉县把产业升级作为经济转型主攻方向，突出大平台、大项目、大产业、大企业发展，推动三次产业融合发展，提升“安吉速度”。a. 推进工业新型化。坚持“集约集聚集中”原则，打造省级开发区、天子湖工业园、临港经济区工业“金三角”，规划省边际产业集聚区，推动工业园区向工业新城转型，提升平台承载力。构建“2+5”产业体系，实施工业经济转型升级三年行动计划，主推项目建设，打造区域品牌，推进产业集群化发展。b. 推进农业休闲化。按照一产“接二连三”“跨二进三”思路，制定休闲农业与乡村旅游发展规划和政策，全面启动“一区一轴三带十园”基地建设，打造安吉白茶等农业品牌，推进农业规模化、现代化、休闲化发展。c. 推进休闲旅游高端化。坚持规划引领，出台省旅游综合改革试点规划和实施意见，培育竹海熊猫、室外滑雪等新业态，探索“旅行社+景点+农户”等服务外包，打响“中国大竹海”“中国美丽乡村”品牌，促进旅游产业由“观光”向“休闲”转型发展。

④ 以机制创新为动力，全力优化服务发展的环境。安吉县深化重点领域和关键环节改革，创新体制机制优势，打造“安吉服务”。a. 激发体制活力。首创“镇区合一”管理体制，下放重点园区开发权限，优化了资源配置；成立城市管理局、昌硕街道，提升了城市经营管理水平；改革和调整旅游管理体制，增强管委会对休闲旅游的统筹力，提升服务效能。深入开展“效能革命”，创设“国地税联合办税”模式，建立“1+3+6”企业服务体系，压缩审批时限、降低收费标准、整顿中介机构，推行项目审批网上预审和四部门“一窗式”服务。b. 创新机制优势。健全落实机制，成立抓落实办，推行领导联系、部门领办、乡镇负责和村组配合的“四位一体”落实体系；强化保障机制，实行乡镇“三线工作制”和部门“两线工作法”，完善干部“一线工作体系”，实施“五百干部行动”；建立激励机制，推行乡镇“加快发展创业奖”、部门“提升效能创新奖”和干部“突出贡献奖”等。

如今安吉县的生态品牌更加响亮。先后荣获国家生态文明建设示范县、全国首个气候生态县、国家森林城市等称号。人民日报、新闻联播等中央媒体频频聚焦安吉县，累计刊发重要报道480余条，安吉的知名度、美誉度持续提升。生态景观更加美丽。“美丽田园”行动深入推进，完成农田环境提升600亩。新增珍贵彩色森林4.3万亩。全省首个综合性滨水景观乌象坝生态湿地公园全面建成。新增省级森林城镇2个，森林人家7个。建成全国生态文化村8个，居全国首位。生态治理更加有效。成功再夺“大禹鼎”。全省率先完成“准四类水”非工程原位提标扩容改造试点，创成“污水零直排区”20个，新增污水管网110km，改造80km，地表水功能区、集中饮用水源地、出境交接断面水质均100%达标。134台高污染燃料锅炉整治、60家挥发性有机物重点企业减排任务全面完成。工程运输车“三化”管理更加规范。4座废弃矿山完成复绿。

6.6.3 安吉县模式给我们的启示

① 要牢固树立“绿水青山就是金山银山”理念，明确发展方向，全面长期践行。

② 要坚持规划先行，强化规划引领，一张蓝图绘到底。

③ 狠抓工作推进，主要领导亲自挂帅、亲自谋划、亲自部署、亲自推动。

④ 坚持制度创新保障，发挥制度在生态文明建设中的激励和约束作用，促进生态文明建设的规范化、常态化。

6.7 安徽省旌德县

6.7.1 旌德县概况

旌德位于皖南腹地，西倚黄山。建县于唐宝应二年（763），至今已有1250多年历史。县名寄意“旌表贤能，彰扬礼德”。全县面积904.8km^2，辖10个镇，是宣城市唯一、安徽省第14个完全由镇级建制组成的县，人口15.2万，面积和人口大约都是中国的万分之一。旌德是中国灵芝之乡、中国宣砚之乡和全国首批创建生态文明典范城市。2017年9月21日，在全国生态文明建设现场推进会上，旌德县被国家环保部命名为全国第一批“绿水青山就是金山银山”实践创新基地，这是安徽省唯一获此殊荣的县。

6.7.2 旌德县勇当“两山”理论的实践者和排头兵

曾经旌德县的煤烟型污染较严重，空气质量差，街道灰尘多，水资源利用存在极大问题，工业废渣和城市生活垃圾对农村环境的污染严重。

一战“保水”。完成饮用水源白沙水库环境整治，严控徽水河干流沿岸新建涉水项目；严厉打击非法采砂洗砂行为，建立跨区域污染联动查处机制。目前，全县境内主要河流水质保持在Ⅲ类水质标准以上，集中式饮用水源地白沙水库达标率均优良，城镇集中式饮用水源地水质达标率为100%。二战“保土”。出台《旌德县土壤污染防治工作方案》，以环境敏感和生态脆弱区域为重点，开展矿山综合治理。现国省道沿线可视范围内裸露山体均实施了生态修复。三战“保气”。以城区大气环境综合整治为重点，全面整治小锅炉，进行工业扬尘、油烟污染等专项治理，开展全县26个点位的环境空气负氧离子监测，90%的监测点位超过“森林氧吧”标准，空气环境质量优良天数连续3

年超过 300 天。四战“增绿”。近年来，全县新增绿地面积 9.5hm^2，10 个乡镇均创成省级森林城镇，共有 25 个村创成省级森林村庄。2016 年获评第二批“中国森林氧吧”城市，2017 年 2 月，创成安徽省森林城市。

“两山理论”的旌德实践，为群众带来了满满的幸福感，结出了累累的硕果，引起了强烈的关注，如：

①“把全域旅游作为绿水青山和金山银山之间的‘转换器’、物质文明和精神文明之间的‘双面胶’”。10 个乡镇分别围绕独一无二的主题元素，建设“一镇一品”的特色小镇，宣砚小镇于 2016 年 10 月获评首批中国特色小镇。

② 好环境，让生态红利充分释放。作为全国农村集体产权制度改革、全省整县推进“三变改革”试点县，“资源变资产”拓展增收渠道，全县 61.19 万亩集体林地和 17.4 万亩土地承包经营权全部分配到户；“资金变股金”整合各类项目资金，为村集体经济发展提供“源头活水”，向 62 个项目投入近 3400 万元；“农民变股东”激发活力，全县 12 万多名、3.5 万户农民领到了股权证。

③ 该县推行“林农增收五法”，做到不砍树能致富。悠然谷景区与农户签订协议，约定景区林地 43 年不采伐，按每亩一万元一次性付清租金。马家溪森林公园整合周边 9681 亩林地，以保底分红的模式增加农民财产性收入，每年可为当地农民增收近 15 万元。

总之，旌德县生态文明建设经验可以概括为：科学规划空间布局，强化环境保护治理，加强产业融合创新，加快推动绿色经济升级发展，努力将生态优势转化为经济优势。要进一步牢固树立“绿水青山就是金山银山”理念，守护绿水青山，聚集人才人气，打造健康产业，铸就金山银山，为迈入高速时代、打造健康旌德、加快建设现代化五大发展美好旌德、决胜全面建成小康社会做出更大贡献。

6.8　福建省长汀县

6.8.1　长汀县概况

长汀县位于福建省西部，融人文景观与自然景观于一体，被誉为福建省西大门。长汀具有丰富的矿产资源，稀土储备量居全国之首，境内地下水资源和地热资源丰富。长汀全县地貌可分为中山、低山、丘陵、盆地、阶地五个类型，林地面积 17.87 万公顷，森林覆盖率达 74%，林木蓄积量 1000 多万立方米，水资源开发潜力大。此外长汀是国家历史文化名城，是唐代著名的五大州之一，1994 年被国务院公布为第三批国家历史文化名城，具有厚重的文化内涵，众多保存完好的文物古迹成为汀州古城景观的一大特色，如巍峨耸立的唐代城楼汀州三元阁。唐代大历四年修建的汀州古城墙，宋明时期大规模扩建至 4119m，城墙像一串璀璨的宝珠，从卧龙山顶分东西蜿蜒而下，合抱于汀江之滨，素有“观音挂珠”之称，把汀州城装缀得独具一格，分外美丽，现保存下来的古城墙将古城门及其古城楼、朝天门、五通门、惠吉门、宝珠门连接在一起，全长 1500m，近几年长汀已修复汀州古城墙 2100m，使其成为国家历史文化名城长汀的标志性建筑。还有风格独特的汀州府城隍庙、汀州云骧阁、汀州南禅寺、汀州刘氏家庙、汀州李氏家庙等，众多古迹见证了这座历史文化名城厚重的文化内涵。长汀是历史上客家人聚居最具有代表性的城市，绕城而过的汀江被喻为客家人的母亲河。客家人以坚韧、开拓、革新的精神创建了汀州，带来汀州的繁荣和发展，以后又发展到广东梅州，并扩展到东南亚和世界各地。汀州成为中国客家的大本营和客家的首府。汀州古城深深地烙上了客家的印痕，洋溢着客家人吃苦耐劳、奋斗不止、开拓革新的气息。悠久的历史给长汀留下蜚声中外的客家文化，至今，长汀还保留了独具魅力的有客家特色的客家民俗文化、客家服饰文化、客家建筑文化、客家饮食文化、客家宗教文化和浓郁的客家风土人情。客家山歌、客家美食、客家传统花灯、丰富多彩的民间艺术如船灯、马灯、龙灯、十番、鼓吹、台阁、花鼓等构成长汀客家传统艺术文化的宝库。2008 年 1 月长汀被评为“中国文化旅游大县”。

6.8.2 主要做法

① 分层构建生态文明建设的推进体系，通过科学规划，分解责任和目标，强化落实，层层推进。

② 全域开展生态环境综合治理，实施植树造林、水土流失治理、封山育林等一系列生态保护工程建设；开展汀江流域水环境和农村环境综合整治；持续加大养殖业污染整治力度，重点推进全县流域水环境治理。

③ 着力打造六大生态工程。具体包括：a. 做大做强生态工业；b. 积极发展生态高效农业；c. 大力推进生态林业和水土保持；d. 着力发展生态旅游业；e. 倾力构建生态家园；f. 不断加强生态文化建设。

6.8.3 取得成果

龙岩市长汀县按照福建省委、省政府“百姓富”与“生态美”有机统一的要求和龙岩市委、市政府要求，全面推进水土流失治理和生态文明建设。目前，长汀县有序推进水土流失治理和生态文明建设，已取得初步成效。现在的长汀县已成为全省首个国家水土保持生态文明县，并成功创建全国科技进步县、省级生态县、森林县城、园林县城，被列为全国首批“水生态文明城市”建设试点、全国第六批生态文明建设试点县。

数据显示，2013 年，长汀完成水土流失治理面积 19.64 万亩，植树造林 7.5 万亩，崩岗治理180个。2014年以来，长汀完成林草措施治理面积13.69万亩，植树造林2.93万亩。福建省军区牵头组织4000余官兵，于2014年3月10日至17日进驻长汀，开展水土流失治理及植树造林活动，植树造林1800亩，低效林改造5450亩。长汀全县重点生态区域封山育林达210万亩，营造生物防火林带329.63km，森林抚育26.22万亩，森林面积提高到370万亩，森林覆盖率提高到79.4%，水土流失区植被覆盖率提高到75%～91%，全县植被覆盖率达81%。

近年来，长汀县着力发展生态旅游业。长汀县充分发挥国家文化名城、客家首府、红军故乡、全国水土保持先进县的优势，整合、改造、提升长汀旅游资源，着力构建富有魅力的生态旅游体系。以“一江两岸”景观修复工程、汀江国家级湿地公园建设、南坑乡村旅游等项目为抓手，大力发展名城旅游、生态旅游、乡村旅游。2014年全年共接待游客155万人次，同比增长20.8%，实现旅游总收入12.5亿元，同比增长20.9%。全县18个乡镇中15个乡镇获得“国家级生态乡镇”命名，17个乡镇获得“福建2016年第5期73首届中国生态文明奖先进事迹选登省级生态乡镇”命名，63个行政村获得“省级生态村”命名，195个行政村获得“市级生态村”命名。第一批44个美丽乡村等生态家园重点项目建设已全面开展。

6.9 江西省靖安县

6.9.1 靖安县概况

靖安县隶属于江西省宜春市，位于江西省西北部。地处北纬28°46′～29°06′，东经114°55′～115°31′之间，东邻安义县，南接奉新县，西毗修水县，北接武宁县，东北连永修县。靖安县域东西最大横距37km，南北最大纵距33.1km，总面积1377.49km^2。辖5镇6乡75个行政村，总人口14万人（2012年末）。靖安县城双溪镇，位于县域东南部。县城距南昌80km，至昌北机场50km，离九江155km。

靖安县获全国生态建设示范县、全国绿色小康县、全国绿化模范县、“中国椪柑之乡”“中国娃娃鱼之乡”等荣誉。著名景点有：三爪仑国家森林公园、宝峰寺、石拱桥花桥、丫吉山古窑址等。2018年8月，江西省发改委正式批复全省第二批绿色低碳试点县（市、区），靖安县上榜。2007年底靖安县土地总面积2066659.6亩，经1982年靖安县土壤普查，县境内有水稻土、潮土、红壤、山地黄壤、山地黄棕壤、山地草甸6个土类，10个亚类，25个土属，67个土种，地表水资源丰富，人平均拥有地表水9356.6m^3，植物资源占江西省高等植物总种数的41.16%，动物与矿产资源丰富。

6.9.2 主要做法

① 建设“生态云”系统。将生态大数据集中管理，实时展示生态文明成果，在线监测预警生态系统，创新社会管理，推动“互联网”“生态”新业态发展，打造生态智慧型管理与应用模式，实现“生态眼”“生态脑”“生态警”三大功能。通过自身建设20个点位、30个摄像头、260个传感器，接入现有气象、环保、天网等子云，依靠光纤和无线传输设备实时传输数据至云平台，实施在线监测，实现“千里眼”功能。宜春市靖安县“生态云”平台相关负责人告诉记者，通过“生态云”平台对桥梁、森林防火等监测点进行无人智能化监测操作，既减少了人工操作成本，又降低了人工操作的不稳定性，提高了监测数据的准确度；所有监测信息以数据形式自动发送至云服务器，管理人员登录服务器即可获得监测信息，为实现集约高效的行政环境创造良好条件。

② 常态化管护。靖安县落实“以树为荣”工作理念，对全县树龄在100年以上的古树名木（古树群）建立健全的古树名木管理档案和管护制度，做到树树有“身份”，树树有“保姆”。目前，为全县2900余棵登记在册的名木古树向社会招募了百名义务“树保姆”，开展日常巡护、复壮管护、宣传推介等工作，让“树保姆”成为古树名木防盗防火的安全员、防病防虫的保健员、生态环境保护的宣讲员。同时，在古树旁边安装摄像头，接入了“生态云”平台的监控系统，通过平台还能够查看古树的树种科属、所处位置、生长状态等信息，从而实现对古树的常态化管护。

③ 建立了“河长制”“垃圾兑换超市”。2017年6月，宜春市靖安县出台了《提升“河长制”实行“河长认领制”工作方案》，遵循“政府引导、政策奖励、自愿认领、分步实施”的原则，编制了一张覆盖全县河道的“管护网”。“保护环境要做好，利国利民利家乡……垃圾分类我先行，绿水青山共分享。”垃圾处理对生态环境也极为重要，将垃圾分类处理与政府购买服务有机结合起来推进，集中采购分类垃圾桶、可腐垃圾转运车，设置了废旧电池回收箱。宜春市靖安县水口乡青山村流传着一首《垃圾分类好风尚》的歌曲，建成了垃圾集中收集点及垃圾兑换超市，把村民在日常生活中产生的垃圾集中收集。

④ 大力发展生态安全农业。宜春市靖安县在全省率先编制了建设项目环境保护负面清单，严格执行建设项目预审程序，杜绝“两高一低”项目落户。

6.9.3 取得成果

靖安县创新产业发展理念，立足“一产利用生态”，发展现代有机农业。62个农产品获得“三品”认证，认证面积达17.1万亩，获评国家有机产品认证示范创建区；加速促进农旅深度融合，被评为全国休闲农业与乡村旅游示范县。立足“二产服从生态”，发展绿色低碳工业。目前，国家重点项目洪屏电站正式发电，硬质合金工具和绿色照明两大产业基地不断壮大，签约落户了水木众创空间、飞尚科技等一批创新型智能型项目，被评为全省唯一的绿色低碳工业示范县。立足“三产保护生态”，发展全域旅游。加快国家5A级景区创建，瞄准“生态+大健康”产业，打造文化养心、生态养生、户外运动、医疗康复四大基地，建成和推进了象湖湾现代农庄、东白源生态养生谷、宝峰禅意养生乐园等一批大项目。目前，靖安县森林覆盖率高达84.1%，出县交界断面水质常年保持在国家Ⅲ类以上。靖安县先后被评为全省首个国家生态县、全国首批“绿水青山就是金山银山”实践创新基地、国家生态文明建设示范县等，连续五年被评为“全省科学发展综合考评先进县”。全县11个乡镇全部成功创建国家级生态乡镇。荣获全省工业崛起年度贡献奖，获评“全省绿色低碳工业示范县”和“绿色低碳转型试点县”，形成了硬质合金、绿色照明等主导产业，建成了硬质合金和绿色照明两大省级产业基地。同时，大力发展了生态安全农业，如以白茶、皇菊为主的特色农业产业。通过大力推进绿色产业发展、生态环境保护和生态文化创建，全县初步构建了全域有机农业、绿色低碳工业、全域生态旅游产业体系，大数据、大智慧、大健康产业蓬勃兴起，绿色业态、绿色项目成为经济发展的主旋律。

6.10 广东省东源县

6.10.1 东源概况

东源县隶属广东省河源市，是广东省面积第二大的县。东源县地处珠三角外围生态屏障的核心地带，位于广东省中部，东江中上游，介于北纬23°22′～24°15′，东经114°19′～115°22′之间。东邻龙川县、梅州市五华县，北接和平县、连平县，南靠河源市区和紫金县，西连惠州市龙门县、韶关市新丰县，是珠江三角洲与粤北山区的结合部，东西长130km，南北宽66.6km，面积4070km^2。惠河、粤赣、梅河和昆汕高速公路与205国道、京九铁路、广梅汕铁路、梅龙高速、粤赣高速纵贯全境。独特的地理环境和气候条件给东源县提供了丰富的土地资源、矿产资源、动植物资源等，境内水域面积3.6万公顷，已探明储量有10类32个矿种，动物种类有164种。县旅游资源极其丰富，是“广东省旅游强县”，有丰富的自然与人文景观和历史文化遗产、非物质文化资源，是全国唯一一个拥有2个国家湿地公园和2个国家森林公园的县，也是全市生态文明建设获得国家级和省级招牌最多的县区。相对珠三角经济发达地区，东源县较晚进入现代化工业发展进程，可以充分借鉴珠三角经济发展地区工业发展的经验，产业发展基础较好。

6.10.2 主要做法

东源县委、县政府坚持实施“工业立县、农业稳县、旅游旺县、旺城扩城、教育强县、和谐稳定和固本强基”七大战略，积极走新型工业化道路，把全县规划分为三个经济片区：205 国道和高速公路沿线乡镇为工业经济区，重点开展招商引资项目，发展外源型经济；东片乡镇为资源经济区，重点利用当地矿产资源进行深加工，发展内源型经济；万绿湖库区乡镇为生态保护区，重点发展生态农业、生态林业和生态旅游业。

(1) 划定生态保护红线，保障生态环境优势

结合区域内综合生态重要性区域，完成原生态严控区边界，作为生态保护红线。通过逐步制定落实生态保护红线管理框架、相关利益主体间的权利义务、生态保护红线调整机制、生态补偿机制等内容，提升生态保护红线分类管理水平。

(2) 找准自身发展定位，明确产业发展方向

东源县自然资源丰富，是广东省重要的生态屏障地带，工业和经济发展都较为落后。将电子信息产业、新材料、装备制造和绿色能源等作为重点产业发展方向，积极推进现有园区的清洁生产和循环化改造工作，建设“经济快速发展、资源高效利用、环境优美清洁、生态良性循环”的经济绿色示范园区；立足县情，积极推行农业结构调整战略，大力抓好农业综合开发，农业经济保持每年递增 6%以上。按照“抓龙头、办基地、创名牌、突特色”的工作思路，东源县形成了一批优质农产品品牌，如望郎回板栗、仙湖茶、霸王花米粉、客家酿酒、蜂蜜等；巩固扩大十大特色农业产业基地建设，推进东源特色农业产业化、组织化、标准化、品牌化，形成良好的特色农业发展格局；充分利用现有特色生态环境资源，深入挖掘客家历史文化，构建万绿湖生态旅游核心区和东江旅游产业带、康泉旅游产业带、灯塔盆地生态农业旅游产业带的“一湖三带”旅游产业发展格局，打造东源“一镇一品”旅游工程项目。

(3) 完善生态文明制度，加强生态资源管理

生态文明制度的建设即是从法治、制度建设等手段来改善环境，支持、推动和保障生态文明的建设，包括生态文明评价制度、生态文明监管制度、生态文明考核制度等多个方面的内容。东源自然资源丰富，构建东源生态系统生产总值（GEP）核算体系，编制自然资源资产负债表，有利于清楚了解东源自然资源的变化情况，为生态系统保护效益与成效的考核提供参考依据。

(4) 加强生态文明教育，树立生态文明意识

政府有关部门和教育机构应该积极完善宣传教育体系，可利用万绿湖湿地公园、苏家围等特色生态环境资源和客家民俗历史文化资源建设宣传教育设施，建成自然生态、传统文化、环境治理等不同主题生态文明教育基地，常年开展多样化的生态文明教育活动。“绿水青山就是金山银山”实践创新基地评选旨在推进生态文化供给侧模式创新，打造绿色惠民、绿色共享品牌，形成可复制、可推广的“绿水青山就是金山银山”模式，树立生态文明建设的标杆样板，示范引领全国生态文明建设。

6.10.3 取得成果

全国 13 个地区被国家生态环境部命名为“绿水青山就是金山银山”实践创新基地，东源县成为广东省唯一获此殊荣的县。在依托生态资源发展生态经济、推动绿色发展方面具有良好基础，具有探索“绿水青山就是金山银山”实现路径的典型做法与经验，特别是以生态环境保护带动经济发展水平和质量明显提升，人均收入明显提高，生态环境保护与经济发展同步推进，“绿水青山”与“金山银山”互促共进成效明显。作为广东省划定的生态保护区，近几年来，东源确立了“绿色引领、生态支撑、创新发展、实绩为基”的发展思路，于 2016 年率先在粤东北启动创建国家生态文明建设示范县工作。经过探索实践，东源经济发展与环境保护实现双赢。省科技厅、农业厅将东源列为“粤东西北创新发展示范县”“省级农业科技示范园区”创建单位；东源还获得众多国家级、省级荣誉，如“中国生态旅游大县”“广东省可持续发展实验区”“广东县域转型升级十大创新范例奖”“广东省全国首批绿色能源示范县”等称号；东源境内的万绿湖获评“中国优质饮用水资源开发基地”和首批五个“中国好水”水源地之一。东源已被专家学者视为“绿色崛起”的样本。

6.11 四川省九寨沟县

6.11.1 九寨沟县概况

九寨沟县隶属于四川省阿坝藏族羌族自治州，位于青藏高原东部边缘，阿坝州东北部。九寨沟面积 5290km^2，辖 2 镇 15 乡，120 个行政村，10 个社区居委会。有藏、羌、回、汉等民族，少数民族 2.47 万人。该县地势西北、西南高，东南低，海拔 1900～3100m。平均海拔在 2000m 以上，域跨东经 103°46′～104°4′，北纬 32°54′～33°19′。属高原湿润气候，山顶终年积雪，气候冬长夏短，夏无酷暑，冬无严寒，春秋温凉；年平均气温 12.7℃，年平均降水量 550mm，年平均日照 1600h，年平均相对湿度 65%，年平均气压 859.3hPa。

近年来，九寨沟县以创建省级生态县为抓手，进一步加强生态文明建设，取得明显成效。先后被国家、省、州命名为“绿色能源示范县”、四川省城乡环境综合“五十百千”环境优美示范县城、全国生态示范区以及全国首批四川唯一的“两山”理论实践基地之一，成功创建国家级环境优美乡镇1个、国家级生态乡镇15个，创建省级环境优美乡镇15个，省级生态村4个，州级生态村91个，县级生态家园9758户，并于2014年3月成功创建四川省级生态县。

6.11.2 生态文明建设工作措施

① 注重生态环境建设。九寨沟县积极推进天然林、野生动植物和生物多样性保护，开展小流域综合治理、土地整理、天然林保护、退耕还林、环境绿化等生态治理工程。坚持生态乡镇建设工作，加强城市周边绿化造林，推进“拆墙透绿”“见缝插绿”“屋顶增绿”工作。

② 注重环保设施建设。九寨沟县先后建成污水处理厂、城市生活垃圾处理场、乡镇生活垃圾收集转运站等一大批环保设施。大力推广使用清洁能源和可再生能源，城镇清洁燃料普及率达97%。

③ 注重监管能力建设。九寨沟县完善设施设备，充实执法人员，强化培训提升，突出部门联动，全面加大环境监察执法力度，全县环境质量有效改善，水、气、声环境质量均达到国家规定标准。

④ 发展生态农业。九寨沟县颁布5大类28项地方农产品标准，建成1个国家级农业标准化基地和9个省级农业标准化基地，建成各类标准化种植基地3万亩，成功申报九寨“刀党”、九寨猪苓、九寨柿子3个国家地理标志产品，九寨沟县马铃薯、莲花白、白菜等15种农产品获国家绿色食品、无公害农产品认证。目前，全县主要无公害、绿色有机农产品种植面积比重达50%以上，生态农业发展位列全州前茅。

⑤ 发展绿色工业。基本形成“生态型”经济发展方式。九寨沟县大力实施产业结构减排、工程治理减排、监督管理减排等减排措施，全县工业企业污染物排放稳定达标率为98.7%。

⑥ 发展生态旅游。九寨沟县以生态为支撑，依托独特资源优势，有序推进中查国际会议度假中心、勿角甲勿池、“九寨·云顶”等新景区开发，以生态旅游产业为主的第三产业对全县县域经济增长的贡献率达62.3%，生态发展的经济效益、社会效益正逐步显现。

6.11.3 生态文明建设取得的成绩

(1) 县域经济有新发展

2017年城镇居民人均可支配收入30249元，比上年增收2040元，增长7.2%，恩格尔系数36.1%。其中：工资性收入22630元，增长6.8%；经营净收入3224元，增长3.3%；财产净收入1457元，增长5.3%；转移净收入2938元，增长17.2%。人均消费支出20089元，比上年增长9.3%。

全年农村居民人均可支配收入11725元，比上年增收938元，增长8.7%，恩格尔系数37.6%。其中：工资性收入5074元，增长7.8%；经营净收入4169元，增长5.8%；财产净收入1091元，增长9.3%；转移净收入1391元，增长21.9%。人均消费支出9867元，比上年增长13.6%。

(2) 环境质量有新改善

全县60%的乡镇、60%的村庄达到“四化”（净化、绿化、亮化、美化）标准，呈现出“洁齐美”的新景象。城镇生活污水集中处理率达73%以上，生活垃圾无害化处理率达85%以上。九寨沟县内各主要河流水环境状况良好，各个监测断面完全达到国家《地面水环境质量标准》（GB 3838—2002）中相应的水域标准。其中，断面水质达标率为100%，工业污染物处理排放稳定达标率为100%，工业废水排放达标率为100%，集中式饮用水源地水质达标率为100%。

同时，九寨沟县城区噪声昼间分布在53.8～57.4dB(A)之间，噪声平均值为54dB(A)，夜间分布在35.3～42.6dB(A)之间，平均值为38.6dB(A)，达到《声环境质量标准》（GB 3096—2008）二类标准。空气环境质量执行国家《环境空气质量标准》（GB 3095—2012）中二级标准，SO_2、NO_2、PM_{10}三个监测指标均达到国家二级标准。

6.12 贵州省贵阳市乌当区

6.12.1 贵阳市乌当区概况

乌当区是贵州省贵阳市下辖的六个市辖区之一，位于贵州省中部，地处贵阳市区东北部。东面与龙里县接壤，南面和云岩区、南明区相接，西面同白云区相交，北面与开阳县、修文县毗邻，全区行政区域总面积为686km^2。该区地势北高南低，由北向南倾斜，平均海拔1242m。地貌以山地、丘陵、坝地三类为主，地质构成以喀斯特地貌为主，占全区面积的90.6%，石漠化面积占10.52%。属于亚热带季风湿润气候，具有明显的高原性气候的特点。冬无严寒，夏无酷暑，光、热、水同季，垂直气候差异明显，年平均降水量1179.8mm到1271mm，年平均气温14.6℃。

近年来，乌当区在建设生态文明理念的指导下，沿着建设生态环境、发展现代生态农业的方向，深入贯彻落实“两山”理论精神，在观念上求创新，在落实上下功夫，在发展上求突破，扎实工作，努力奋进，使现代农业建设工作取得明显成效。乌当区还围绕“蔬、果、畜、花、药、茶”六大支柱产业，优化农业产业结构，逐步向都市农业、观光农业、生态农业发展。特别是充分利用蔬菜产业投入较少、见效快、辐射带动面广的特点，取得了较快发展。

6.12.2 生态文明建设工作措施

（1）抓好污染防治，营造良好宜居环境

近年来，乌当城区规模快速发展，河流上游地区开发加快，松溪河、环溪河受到了不同程度的污染，水质变黑、变黄、富营养化严重，对市民的生产生活造成了一定影响。乌当区深刻认识到守住绿水青山的重要性，及时制定了《贵阳市南明河城区段水环境综合整治规划》，并筹集资金约15.4亿元，启动“松溪河、环溪河水环境综合治理”工程。加大环境污染治理力度，大力推进工地扬尘、工业废气、餐饮业油烟等污染治理，不断提升大气污染防治工作专业化、精细化水平，营造良好宜居环境。工作中，乌当区着力优化区域产业结构，强化重污染企业产业布局治理，紧盯重点区域重点行业、重点设备企业监管和巡查力度，严格按照“先停后治”原则，从源头入手、摸清底数，重点开展建筑工地和主次干道扬尘治理；查处无防尘设施、汽车尾气黑烟排放；加大辖区内夜市、餐饮业、露天焚烧油烟排放治理和查处力度，确保辖区空气质量稳步提升。对收集的相关数据进行科学分析，全面规划、合理布局，降低污染排放，加大绿化造林力度，抓好公园城市建设，不断提升大气污染防治水平。

乌当区还积极开展农村清洁工程，修建了农田有毒、有害固体废弃物和残膜回收池；推广“猪—沼—菜”等生态农业模式和农作物病虫草害生物防治、测土配方施肥等技术。根据当地环境和资源优势，积极培育具有自主特色的主导产业，实现项目促进产业发展、产业带动项目实施的目的。尊重农民意愿，健全蔬菜、水果等农民协会，推行组织化、标准化、无害化生产。结合产业发展，积极开展技工培训和农户宣传教育工作。修建农业投入品废弃物回收池4个，安装频振式杀虫灯5盏，推广农作物病虫草害生物防治、测土配方施肥500亩，并组织农技人员开展田间地头技术指导，带动农业清洁化生产。采取“畜—沼—菜”、秸秆还田、金花石蒜物质循环生产技术等方式，实现“资源—产品—再生资源”的有效循环。

（2）布局健康产业

通过发挥区位交通便利、生态环境良好、地热资源丰富、文化底蕴深厚的综合优势，乌当区以大健康产业发展为引领，践行“绿水青山就是金山银山”发展理念，推动“大健康、大数据、大旅游”产业融合发展，努力将生态优势转化为经济优势，聚合了山地风光、民族风情、温泉养生、农业体验、户外运动、文化休闲等资源要素，大力发展“医疗康体、滋补养生、温泉理疗”三大养生旅游产业，巩固壮大“乡村旅游、避暑

度假、观光体验”3大休闲旅游产业，把“绿水青山”变成“金山银山”。

根据此前制定的总体规划、5年行动计划以及配套政策措施，乌当区将按照“一心四芯筑核心、三区三片显特色、三点多带活全域”的空间布局，打造“两谷五中心”，实施建设“高效园区、全域景区、品质城区、特色小镇、基础配套”5大工程，推出“医、养、健、管、游、食”6张名片，推进“健康中国”战略在乌当的实践，将乌当区建设成为区域大健康产业的创新中心。

(3) 坚持绿色发展

如今的乌当区下坝镇，传统农业生产模式正在向现代农业转型，樱桃种植面积已经达到4万亩。近年来将酥李种植作为主导产业，目前种植面积已有3000多亩。另外，乌当依靠科技的进步，增强了蔬菜生产的科技含量，大力地提高了蔬菜产品质量。为了培育无公害蔬菜和达到外销目的，乌当区对无公害技术进行了大力推广和应用。一是加快品种更新换代，积极引进推广新品种、新技术，逐步与国内先进水平接轨；二是加强技术培训力度，举办各种形式的培训，提高菜农的素质和种植水平；三是抓好典型示范，每个基地都有6.67hm^2以上的核心示范区，每个技术员都有0.33hm^2以上的示范地进行新品种、新农药、新技术的试验示范，辐射带动基地合理有序地发展。

乌当区以乡村振兴战略为统领，全力推进山地特色示范小城镇和富美乡村建设，以“1+8”高效农业示范园区建设为重点，加快调整农业产业结构，加快打造绿色农产品品牌，让良好生态不断释放经济红利。

6.13　陕西省留坝县

6.13.1　留坝县概况

留坝县地处陕西省西南部秦岭南麓、汉中市北部，面积1970km^2。县内地势北高南低，最高海拔2610m，最低海拔585m，平均海拔1547m。属亚热带北缘山区暖温带湿润季风气候区，系长江流域汉江支流。年平均日照为1804.4h，年降雨量为886.3mm，平均气温为11.5℃，无霜期为214天。境内山岭陡峭，垂直高差大，地貌复杂，气候多变，独特的地理位置和气候特征孕育了丰富的自然资源，素有“天然氧吧”“绿色宝库”之美誉。

自2012年以来，留坝县委、县政府确立了旅游“一业突破”的发展方向后，留坝县连续7年投入3.2亿元实施“精美留坝·城乡环境综合整治工程”，全县乡村彻底解决了垃圾、污水、环境等方面的问题，实现了“城在林中、路在绿中、居在园中、人在景中”的美丽蜕变。几年来，留坝先后荣获国家级生态示范县、省级园林县城、中国生态魅力县等多项荣誉称号。留坝旅游一业兴带来了百业旺，初步实现了“农业强、农村美、农民富”的目标。

6.13.2 生态文明建设工作措施

(1)“一清、二拆、三建、四改”

“一清”是清垃圾、清杂物。组织群众对陈年垃圾荡涤式清理，对秸秆堆和农民的生产生活杂物进行清理、归总，集中堆放到指定地点。环境整治以来，共清除柴草堆2815处，垃圾堆1882处，沙石堆964处，杂物堆1989处，肥粪堆436处。“二拆”就是拆除旱厕、违建、破危房屋、圈舍、老旧村庄。截至目前，全县共拆除旱厕500多个，拆除违建和破危房屋共计1220户3108间，拆除圈舍1048处。“三建”就是建基础设施和文化设施。在清和拆的基础上，完成必要的绿化，并在村庄庄头和主要干道建设路灯，完善亮化，建设文化广场、健身器材等，为农村群众业余文化生活提供场地和设施。近年来累计栽植绿化苗木200余万株，新增绿地3000余亩，建成文化广场8处。“四改”就是改厨、改厕、改圈、改路。对村内不达标厕所进行改造，实现示范片内村民卫生厕所使用率达90%，建立简易无动力厌氧污水处理系统，实现自然村污水处理全覆盖。使用青砖、石板实现示范片内自然村与自然村之间道路和入户路的硬化率达95%。

(2) 大气污染防治

一是“改油”“减煤”。县内多家加油站全部完成油气回收改造工作，对全县煤炭经营场所建立了监管台账，铺设天然气管网，铺设室外热力管网，建设供热机站。二是扬尘治理。加强对宝汉高速公路项目部及建筑工地扬尘的治理。对容易产生扬尘的施工部位采取洒水、封闭作业等方式降低扬尘污染，对建筑运输车辆和粉状料场采取限速行驶、加盖篷布等方式减少粉尘的产生；加强城区主次干道的机扫降尘和人工保洁力度，每天对县城交通主干道进行3次喷洒，主要道路喷洒、冲洗范围达到100%，并及时修复受损路面。三是禁烧秸秆。在镇村干道两侧，特别是国道和省道等区域进行不定期巡查、督查，印发《秸秆禁烧倡议书》，制作禁烧宣传横幅，张贴禁烧公告。四是有序治理黄标车。严把机动车注册、年检关口，严格执行第四阶段国家机动车大气污染排放标准，严把机动车报废关口，杜绝超标、报废车辆上路行驶。

(3)“三措并举”全力推进矿山环境综合整治

一是加强日常监管，联合安监、环保、林业、公安等部门，通过约谈负责人、罚款、断电、设置路障、扣留运输车辆等措施，依法对矿山企业违法盗采行为进行严厉打击，设立户外宣传牌，公示举报电话，及时准确掌握矿山动态。二是推进矿山关闭，严把矿权审批关口，连续3年未新设采矿权。编制《留坝县矿产资源总体规划》，大幅提高采矿权准入门槛，保持现有矿权数量只减不增。出台《关于依法关闭留坝县杨寺岭石材开发有限公司等六家矿山企业的通知》（留政发〔2017〕12号），依法关停多家矿山企业，实现矿权数量逐年递减。三是加快生态修复，督促全县采矿权人编制《矿山地质环境保护与恢复治理方案》，收取矿山地质环境恢复治理保证金，及时对矿山进行生态修复治理。

（4）全力推进国家森林城市创建

加强森林公园、湿地公园和自然保护区的基础设施建设，注重将郊区乡村绿化、美化建设与健身、休闲、采摘、观光等多种形式的生态旅游相结合，建立特色乡村生态休闲村镇，对全县8个镇（街道）、68个村实施绿化提升工程，带动了林业产业和乡村旅游的发展，有效促进了林业增效，农民增收。

（5）加强生态农业项目建设，促进农业转型升级

作为一个没有工业的山区县，留坝县以生态文明建设为抓手，依托丰富的自然资源和良好的生态环境，确立了“四养一药一旅游”的产业扶贫发展方向，将林下散养土鸡、土猪、土蜂、生态食用菌作为短期产业，将林产业（林下中药材、高产板栗、橡子林）作为中线产业，按照“做特做优做高端”的思路，采用“政府＋龙头企业＋扶贫社＋农户”的产业发展模式，大力发展“订单农业”，有效减少了市场风险，促进群众稳定增收，切实把“绿水青山”变成了“金山银山”。

（6）推进生态旅游业发展

守住绿水青山，留坝把发展全域旅游作为长线产业。从2011年开始，留坝以10～15年时间建成中国山地度假旅游示范区为目标，全力推动全域旅游发展。仅2016年至2017年两年来，留坝县累计投入美丽乡村建设资金达2.516亿元，相当于近10年财政收入的总和，成功打造了火烧店镇稻草人主题公园、板栗采摘园、水磨湾农耕文化体验园、青少年自然成长营、马道天然浴场、芳草坪花谷、留侯镇大坝沟村露营基地、垂钓基地、自行车漫道、西洋参观光园及银杏大道、江西营至磨坪段18km独具地域特色的亮丽风景线。

（7）留住乡愁，彰显文化特色

在乡村环境综合整治建设过程中，留坝县特别注重对传统文化的传承和保护，充分体现农村特点，杜绝大拆大建行为，尽力保留乡村历史记忆。一方面，留坝县对全县范围内的传统古村落、古民居进行摸底排查，加大保护和管理力度，特别对那些具有保护价值的传统民居、古村落实行挂牌管理。同时，该县探索制定具有留坝特色的民居建筑标准，下发《留坝县生态宜居导则》，对农村新建改建住房的风格和样式进行统一设计，并形成刚性约束。另一方面，该县严格把握“建农村像农村”的原则，突出农村元素的使用，在绿化树种选择和布局上尽量用本地适生树种、草种，少用绿化带、草坪等带有城市元素的绿化形式。建筑中多用本土化的片石、土墙、竹篱笆、原木栅栏等农村常见材料，着重突出野趣和村庄原始风貌。尽量不用或少用水泥、瓷砖、钢制品等，就地取材、因陋就简，最大限度保留原汁原味的乡土特色。在民宅建设和风貌改造中要充分体现地域风格和人文特色，不要一味地涂白，不大兴土木、大拆大建。

如今，眼前的留坝，乡村土得有格调、土得有情怀，让每一个身在留坝乡村的人都能“看得见山、望得见水、记得住乡愁”。

6.13.3 生态文明建设主要成效

（1）城乡面貌焕然一新

留坝城乡面貌发生了巨大变化，初步实现了农家房前屋后三季有花、公路沿线四季常绿的景观效果，留坝已成为汉中市最干净、最美丽、老百姓最朴实厚道的地方。以张良庙紫柏山国家4A级景区为代表的观光产品，以木工学堂、青少年自然成长营、青少年足球研训基地等为代表的研学旅游产品，以山地骑行等为主的运动休闲产品，以最美山村道路、花海、老街旅游街区、留侯老集、特色民宿为代表的休闲度假产品和以火烧店为代表的休闲体验农业产品，投入运营，集观光、研学、运动、休闲、养生为一体，覆盖留坝全境、贯穿一年四季的全域旅游产品体系不断丰富。

（2）生态环境质量有新改善

截至2018年6月，留坝上半年空气质量报告细颗粒物（$PM_{2.5}$）平均浓度不断下降，全县环境空气质量优良天数167天，优良率为94.9%，环境空气综合指数为3.23。目前，该县森林覆盖率已达90.8%，城区绿化覆盖率达到40%以上，人均公园绿地面积16.54m^2，道路林木绿化率达80%以上，水岸林木绿化率达70%以上，重点水源地森林覆盖率达80%以上，城区地面停车场绿化率达到100%。

（3）县域经济有新发展

2017年，留坝县接待游客292万人（次），旅游收入14.88亿元，以旅游为主的三产占全县GDP的半壁江山。全县70%的群众直接或间接地参与到旅游产业中，各景区90%的就业岗位提供给了本县群众。全县农民人均可支配收入达9535元，同比增长10%。留坝先后荣获中国县域旅游之星、全省首批旅游示范县、全国休闲农业与乡村旅游示范县、省级休闲农业示范县等称号。

以上是全国首批13个“绿水青山就是金山银山”实践创新基地的经验做法与取得

成效的梳理，可喜的是，生态环境部在2018年和2019年又分别命名了第二批（16个）和第三批（23个）“绿水青山就是金山银山”实践创新基地，同时制定了“绿水青山就是金山银山”实践创新基地管理规程（试行），这对规范并推动全国开展两山理论实践创新基地建设、探索“两山”转化的制度实践和行动实践，总结典型经验模式并示范推广具有重要意义。

为了便于各地学习借鉴后两批实践创新基地的经验，在此列出了第二批和第三批实践创新基地的名单，包括所在的省、自治区和直辖市。

第二批“绿水青山就是金山银山”实践创新基地名单（16个）

北京市：延庆区

内蒙古自治区：杭锦旗库布齐沙漠亿利生态示范区

吉林省：前郭尔罗斯蒙古族自治县

浙江省；丽水市、温州市洞头区

江西省：婺源县

山东省：蒙阴县

河南省：栾川县

湖北省：十堰市

广西壮族自治区：南宁市邕宁区

海南省：昌江黎族自治县王下乡

重庆市：武隆区

四川省：巴中市恩阳区

贵州省：赤水市

云南省：腾冲市、红河州元阳哈尼梯田遗产区

第三批“绿水青山就是金山银山”实践创新基地名单（23个）

北京市：门头沟区

天津市：蓟州区

内蒙古自治区：阿尔山市

辽宁省：凤城市大梨树村

吉林省：集安市

江苏省：徐州市贾汪区

浙江省：宁海县、新昌县

安徽省：岳西县

江西省：井冈山市、崇义县

山东省：长岛县

河南省：新县

湖北省：保康县尧治河村

湖南省：资兴市

广东省：深圳市南山区

广西壮族自治区：金秀瑶族自治县

四川省：稻城县

贵州省：兴义市万峰林街道

云南省：贡山独龙族怒族自治县

西藏自治区：隆子县

陕西省：镇坪县

甘肃省：古浪县八步沙林场

第7章

云南生态文明排头兵建设的基础与成效

生态文明是人类为保护和建设美好生态环境而取得的物质成果、精神成果和制度成果的总和，是贯穿于经济建设、政治建设、文化建设、社会建设全过程和各方面的系统工程，反映了一个社会文明进步状态。云南特殊的地理位置和复杂的自然环境孕育了极为丰富且独特的生物资源，生物多样性居全国之首，享有“植物王国”“动物王国”“物种基因库”等美誉。早在2008年习近平同志担任国家副主席考察云南时就指出，云南生态优势突出，要争当全国生态文明建设的排头兵；2015年1月习近平总书记考察云南时进一步提出云南要努力成为生态文明建设的排头兵，从争当到努力成为，要求更高、目标更加明确。本章从云南的优势与基础、少数民族独特的生态文化、政府采取的一系列行动以及已经取得的成效四方面进行梳理。

7.1 生态文明排头兵建设云南基础

云南自然资源丰富度居全国第六，生物多样性异常丰富，是中国生态安全屏障的源头性地区，其独特的区位优势和自然生态环境，在全国乃至世界范围内，都占有十分重要和特殊的地位。

云南位于我国西南边陲，处于六条国际、国内大江大河上游，是世界10大生物多样性热点地区之一，有全国95%以上的生态系统类型和50%以上的动植物种类，是举世瞩目的“生物资源基因宝库”。目前云南全省建设各级自然保护区161处，国家公园13个，国家湿地公园18个。全省森林生态系统年服务功能价值高达1.68万亿元。

90%的典型生态系统和85%的重要物种得到有效保护。最新的数据显示云南森林覆盖率为60.0%，位居全国前列；活立木蓄积量18.75亿立方米，居全国第2位；森林生态系统服务功能价值达1.48万亿元/年，居全国第2位；森林碳汇量为31.3亿吨，居全国第2位。云南水资源丰富，全省多年平均降水量1258mm，水资源总量2210亿立方米，占全国水资源总量的8%，排在全国第3位。云南区位条件独特，有神奇的自然风光、优良的生态环境、多样的民族文化，常年蓝天白云、绿水青山，是全国著名的旅游观光、养生度假、游憩休闲、野外探险和科研考察目的地和基地；矿产资源单位国土面积、人均占有资源丰度值分别为全国平均值的2倍和2.4倍，共有53个矿种资源，保有储量排全国前10位；水电、风能、太阳能、地热等能源十分丰富，是我国重要的清洁能源基地。良好的自然资源禀赋和生态环境是云南最突出的特点和优势，是云南实现跨越的生存之基、发展之本。

云南省土地资源、矿产资源、淡水资源和森林资源等自然资源丰富，但资源利用率不高。与全国其他31个省、区、市土地资源相比较，云南省土地资源相对丰富。体现在以下两方面：第一，土地总面积39.4万平方公里，全国排第七，是全国土地面积较大的省份之一；第二，人均占有土地面积达16亩左右。但受到地形山高坡陡的限制，云南省耕地面积占全省土地面积的比重很低。

云南草山和草场共2.3亿亩，林地资源也较为丰富，但分布较散且不均衡，水域面积小，利用率低。此外，由于地质现象复杂，加之云南地貌、气候多样，云南矿产资源极为丰富，矿产储量大、分布广、矿种全，许多矿产中共生矿、伴生矿产品多，经济价值高，因此有着“有色金属王国”的美誉。云南省动植物资源更居于全国前列，素有“动植物王国”之称。全省植物种类占全国一半以上，共有2100种观赏植物。野生动物种类繁多、分布广，加上不少古老物种，使云南成为“野生动物种基因库”。丰富的动植物资源吸引了无数游客前来观赏，带动了旅游经济的发展。其中最具特色的草药资源、花卉资源也给云南经济的发展带来了巨大机遇，目前云南花卉生产已初步形成规模，花卉已成为重要的出口创汇产品。

总之，云南的基础条件好，天蓝、水清、山绿、生物丰富、人与自然和谐、空气质量优良，区域环境质量好或较好的比例高出全国11.2个百分点；境内大江大河水质良好，水质符合地表水Ⅰ～Ⅲ类标准的河长占总河长的比例高出全国近20个百分点；全省森林覆盖率达53.9%，森林面积占全国1/10，林地面积居全国第二，活立木蓄积量居全国第三，争当全国生态文明建设排头兵具备多方面的有利条件。

7.2 生态文明排头兵建设云南在行动

云南生态区位重要、自然资源禀赋良好，是我国重要的生物多样性宝库和西南生态安全屏障。2014年12月5日，国家六部委联合印发了《关于印发云南生态文明先行示范区建设实施方案的通知》，云南被列为全国 5 个省级生态文明先行示范区之一，对加快推进生态文明建设排头兵，谱写好中国梦云南篇章具有十分重要的意义。

国家发展和改革委员会联合财政部、国土资源部等六部委已正式签署《云南省生态文明先行示范区建设实施方案》。为认真贯彻落实党的十八大关于大力推进生态文明建设的战略部署，国家发展和改革委员会联合财政部、国土资源部、水利部、农业部和国家林业总局六个部委于 2013 年 12 月发布了《关于印发国家生态文明先行示范区建设方案（试行）的通知》，要求各省认真组织申报国家生态文明先行示范区。

云南省积极响应国家号召，在省委、省政府领导下，由云南省发改委组织、云南省环境科学研究院配合编制了《云南省生态文明先行示范区建设实施方案》，提出了“把云南省建设成为生态屏障建设先导区、绿色生态和谐宜居区、边疆脱贫稳定模范区、制度改革创新实验区、民族生态文化传承区，成为全国生态文明建设排头兵”的发展目标，《云南省生态文明先行示范区建设实施方案》于 2014 年 4 月 25 日通过了国家论证。

7.2.1　制度建设先行，狠抓政策落实

为全面推进生态文明排头兵建设，云南省委省政府出台了一系列的文件政策与规划，主要包括：

《关于加强滇西北生物多样性保护的若干意见》（2008）

《关于加强生态文明建设的决定》（2009）

《七彩云南生态文明建设规划纲要》（2009）

《关于加快森林云南建设构建西南生态安全屏障的意见》（2012）

《关于争当生态文明建设排头兵的决定》（2013）

《关于努力成为生态文明建设排头兵的实施意见》（2013）

《中共云南省委关于深入贯彻落实习近平总书记考察云南重要讲话精神闯出跨越式发展路子的决定》（2015）

《关于加快推进生态文明建设排头兵的实施意见》（2016）

《云南生物多样性保护条例》（2019）

《云南省湿地保护条例》（2013）

《云南省国家公园发展规划纲要》（2008）

《滇西北生物多样性保护规划纲要》（2011）

《云南省生态文明建设排头兵规划》（2017）

《云南省努力成为生态文明建设排头兵 16 条重点措施》（2021）

全省生态创建工作以生态文明建设示范区创建为载体、“两山”理论实践创新基地创建为亮点、绿色系列创建为基础，加强指导、监督、管理，推动云南成为全国生态文明建设排头兵。

7.2.2 认真学习领会，准确把握要求

在生态创建中，要做到四个准确把握：一是要准确把握习近平生态文明思想。要用习近平生态文明思想指导统领生态创建工作，用习近平生态文明思想武装头脑、指导实践、推动工作，树立正确的政绩观，切实把生态文明建设重大部署和重要任务落到实处，让良好生态环境成为人民幸福生活的增长点，成为高质量跨越式发展的支撑点，成为展现良好形象的发力点。二是要准确把握全省生态环保大会精神。生态创建必须着眼全省环保大局，2018 年 7 月 21 日，云南省委、省政府出台了《关于全面加强生态环境保护坚决打好污染防治攻坚战的实施意见》，明确了目标、任务和具体要求。全省生态环保大会强调，要全面加强生态环境保护，坚决打赢蓝天、碧水、净土三大保卫战，打好八大标志性战役（九大高原湖泊保护、以长江为重点的六大水系保护修复、水源地保护、城市黑臭水体治理、农业农村污染治理、生态保护修复、固体废物污染治理、柴油货车污染治理)，把云南建设为中国最美丽省份，成为全国生态文明建设排头兵。三是要准确把握生态文明创建的内涵。生态文明建设示范区是生态文明建设示范省、市、县、乡镇、村生态工业示范园区的统称，是一项经中央批准、由环境保护部门组织开展的生态文明建设示范区逐级创建评比、表彰工作。生态文明建设示范区秉承人与自然和谐共生的理念，是地方党委政府坚持绿色发展，促进区域经济、社会与环境协调发展的重大举措，对于建设资源节约型、环境友好型社会，推动环境保护历史性转变具有十分重要的意义。四是要准确把握生态创建的指标体系。国家生态文明建设示范市指标有 36 项、国家生态文明建设示范县指标有 38 项，包含了河湖长制、自然资源资产离任审计、生态文明建设工作占党政实绩考核的比例、生态保护红线等重要内容。省级生态文明州市考核指标包括完成节能减排任务、80％的县获得省级生态文明县命名等六项基本条件和主要污染物排放、环境质量、受保护地区占国土面积比例等 18 项建设指标；省级生态文明县考核指标包括 80％的乡镇获得省级生态文明乡镇命名、生态环境质量达到优良水平等六项基本条件和城镇污水集中处理率、城镇生活垃圾无害化处理率、单位 GDP 能耗等 22 项建设指标；省级生态文明乡镇考核指标包括 60％以上行政村获州市级生态村命名等五项基本条件和开展生活污水处理的行政村比例、农用化肥施用强度等 16 项建设指标。

7.2.3 积极开展创建，务必完成目标

云南省委、省政府提出，到 2020 年全省生态创建工作全面推进，生态创建体系不断完善，生态文明建设层次和水平不断提升。创建了一批国家生态文明建设示范区、“两山”理论实践创新基地；省级生态文明县创建比例达到 50％以上，省级生态文明乡

镇创建比例达到 80%以上；创建了一批省级绿色家庭、绿色学校、绿色医院、绿色社区、绿色餐馆、绿色商场、环境教育基地、生态工业园区。

7.2.4 主动汇报协调，争取各方支持

生态创建涉及面广、创建难度大，是一项长期、艰巨、复杂的系统工程，需要各方面的大力支持。为此，环保部门必须主动向当地党委、政府汇报好，促其统筹布局、全面推进、督促落实，切实履行好主体责任；必须与有关部门协调好，赢得他们的理解、配合、支持，使各级各部门心往一处想、劲往一处使，齐抓共管，共同创建；必须加强宣传教育，让公民、法人和其他组织充分认识到创建给他们带来的实惠、好处，动员全民广泛参与，共创、共建、共享。

7.2.5 认真调查研究，尽快编修规划

生态创建首先要编制针对性、指导性、可操作性强的规划。准备开展创建而又未编制规划的地方，要及早委托编制规划。规划编制单位要认真调查、分析、研究，吃透上情和下情，把省委、省政府的要求和州情、县情、乡情实际结合起来，针对创建基本要求和指标体系，协调当地经济社会发展等规划，科学合理地提出目标、任务和要求，提高规划的编制质量和效率。当地政府及其有关部门要及时全面地提供真实、准确的材料和数据，合理提出奋斗目标、任务、措施和时限，广泛听取专家意见，认真审查规划文本草案，严格把好规划关口。

7.2.6 细化分解任务，明确责任主体

各级党委、政府是生态创建的责任主体，各地要建立党委和政府领导、人大和政协监督、部门分工合作、社会共同参与的工作机制。成立由地方主要领导担任组长的创建工作领导小组，统筹协调解决创建工作中的重大问题。环保部门要牵头组织好生态创建工作，制定创建实施方案，把规划任务细化分解到各级各部门，并明确工作要求、时间要求、进度要求和责任要求。各级各部门要尽心尽力尽职，创建工作仅涉及本地本部门的，全力以赴抓紧干，涉及其他地区和部门的，主动协调一起干，通过持之以恒的不懈努力，把创建要求逐一落到实处，如期完成创建目标。

7.2.7 明确重点难点，逐一攻坚克难

从这些年的创建实践看，生态文明建设示范市县创建的重点难点主要是：生态制度

的建立不够完善，生态文明建设工作占党政实绩考核的比例低；在生态经济方面，单位生产总值能耗、单位生产总值用水量普遍较高，主要农产品中有机、绿色及无公害产品种植面积低；农村环境综合整治率较低，受保护地区占国土面积的比例、按山区标准计算的森林覆盖率、水环境质量、化肥施用强度等指标达标有难度。生态文明乡镇创建的重点难点主要是：环境“脏、乱、差”现象普遍存在；生活垃圾、生活污水收集处理设施极为简易，处理效果不好，导致生活污水处理率、开展生活污水处理的行政村比例、生活垃圾无害化处理率三个指标大都难以达标。这就要求在创建过程中各级各部门要集中人力、物力、财力，各司其职，各负其责，各记其功，合力攻坚克难。

7.2.8 完善指标体系，加强创建管理

生态文明建设必须融入经济、政治、文化、社会建设。根据新形势、新要求，国家生态文明建设示范市县指标已从原来国家生态市县的 20 多项调整为现在的 30 多项，体现了以制度创新和改革实践为重点，以改善生态环境质量为导向，从生态空间、生态经济、生态环境、生态生活、生态制度、生态文化六个方面全面开展创建的新要求。另外，要对现有的省级生态文明建设州市县区和乡镇创建指标体系要适时进行修订。

7.2.9 动员各方力量，广泛开展创建

在创建生态文明建设示范区的同时，要大力开展绿色家庭、绿色学校、绿色医院、绿色社区、绿色餐馆、绿色商场、绿色机关、环境教育基地、生态工业园区等绿色系列创建。各地要把绿色系列创建作为生态文明建设的基础性工作，以环保部门、教育部门、住建部门等为主导，以相关学校、社区居委会、机关等单位为主体，不断拓宽创建范围，引导公众自觉履行环保义务，践行绿色生活方式。

7.3 生态文明建设的主要成效

十八大以来，云南省各级党委、政府认真贯彻党中央关于生态文明建设的战略部署和习近平总书记系列重要讲话精神，践行“绿水青山就是金山银山”的“两山”发展理论，高度重视生态文明建设，紧紧围绕生态改善、资源保护、产业发展、群众增收的目标，全力实施生态文明建设行动计划，全面保护森林、湿地、野生动植物等资源，改革发展成绩突出，生态保护成效显著。全省上下形成了各级党委、政府高度重视，相关部门大力支持，社会各界普遍关注，广大群众主动参与生态建设的大好局面，生态文明建设取得如下成效。

7.3.1 积极推进生态文明体制改革和生态创建工作

(1) 生态文明体制改革富有成效

认真落实 2014 年制定的《云南省全面深化生态文明体制改革总体实施方案》，细化 2015 年改革重点，实行时间、任务倒逼，督促改革项目落实；2015 年 9 月全国《生态文明体制改革总体方案》等“1+6”系列改革方案印发后，云南省认真抓好落实，出台了《云南省党政领导干部生态环境损害责任追究实施细则（试行）》《云南省领导干部自然资源资产离任审计试点方案》和《云南省环境污染第三方治理的实施意见》等，涉及生态文明制度建设的改革事项稳步推进。

(2) 生态文明建设示范区创建推进有力

启动了《云南省生态文明建设示范省规划》编制工作，积极参与首届“中国生态文明奖”评选，推荐上报的 1 个先进单位、2 名先进个人获得表彰。大力开展生态创建和绿色创建工作，累计建成 4 个国家生态文明建设示范州市（西双版纳州、保山市、怒江州和楚雄州），5 个“两山理论”实践创新基地分别是腾冲市、元阳哈尼梯田、贡山县、大姚、华坪县，8 个国家级生态文明建设示范县市，10 个国家级生态示范区，85 个国家级生态乡镇，3 个国家级生态村，1 个省级生态文明州，21 个省级生态文明县，800 多个省级生态文明乡镇和 29 个省级生态文明村，创建省级绿色学校 3182 个、绿色社区 530 个、环境教育基地 70 个。“十三五”期间修订了《云南省生态文明建设示范州（市）县管理规程》和《云南省生态文明建设示范州（市）县建设指标体》，出台了《云南省“绿水青山就是金山银山”实践创新基地建设管理规程》。

(3) 努力营造生态文明建设的良好氛围

组织各级各类媒体开设“争当生态文明建设排头兵”专栏，深入开展专题宣传，推出一批专题报道，大力宣传了云南省将生态文明建设放在突出位置，落实主体功能区规划，促进资源节约循环高效利用，切实改善生态环境质量，弘扬生态文明主流价值观，推进生态文明制度建设，加快形成节约资源和保护环境的空间格局、产业结构、生产方式和生活方式，努力成为全国生态屏障建设先导区、绿色生态和谐宜居区、民族生态文明传承区和探讨制度改革创新试验区的好做法。

7.3.2 着力加强自然生态保护

(1) 加强国家重点生态功能区建设

经认真研究，推荐对全国或较大范围区域的生态安全有重要支撑作用的 56 个县

（市、区）申报调整为国家重点生态功能区，已经由省人民政府同意后报国家发展改革委。按照国家要求，研究提出了云南省 18 个国家重点生态功能区县（市、区）的产业准入负面清单；确认了迪庆州（重点突出生物多样性）、广南县（重点突出石漠化生态系统的治理）、勐海县（重点突出森林生态系统）、洱源县（重点突出湿地生态系统）为云南省生态保护与建设示范区，目前示范工作正在积极有序开展。

（2）大力开展生物多样性保护

持续实施《云南省生物多样性保护战略与行动计划（2012—2030 年）》，组织实施了一大批珍稀、濒危、特有物种的拯救、保护、恢复和利用，拯救保护物种扩大到 39 个。特别针对亚洲象、滇金丝猴、长臂猿等旗舰物种开展了专项调查，开展野生动物公众责任保险，实现了全省覆盖，经费投入增加至 5700 多万元，是全国唯一开展此项工作的省份。编制完成《云南省实施国家生物多样性保护重大工程方案设计》和生态红线划定工作方案，筹建“中国生物多样性博物馆”落户云南，加快《云南省生物多样性保护条例》立法工作。

（3）强化生态功能区转移支付和生态补偿探索

制定了《云南省县域生态环境质量监测评价与考核办法》，考核结果与生态功能区转移支付资金分配挂钩，下达奖励资金 2705 万元、扣减惩罚资金 9822 万元，考核奖惩机制的激励引导效果初步显现。

7.3.3 大力加强环境治理恢复

（1）高度重视滇池污染治理

习近平总书记考察云南时专门察看滇池外海水质，要求继续加大对滇池等高原湖泊的保护治理力度。省委、省政府主要领导及有关领导亲自调研，专题召开九大高原湖泊水污染防治会议暨滇池治理工作会，研究治理措施，大力实施草海水环境综合整治；积极采取综合措施，加快推进滇池“十二五”规划项目实施。“十二五”末，滇池除总氮、总磷和化学需氧量 3 项指标外，其余 19 项指标均达到或优于Ⅳ类标准，达到国家对滇池“十二五”规划水质目标要求（即：滇池外海基本达到Ⅳ类，草海基本达到Ⅴ类，主要入湖河道基本消除劣Ⅴ类）。经过 20 多年来的不懈努力，滇池水质终于迎来历史性转机，滇池保护治理取得了实实在在的成效：2016 年滇池外海和草海水质类别由劣Ⅴ类提升为Ⅴ类，实现 20 多年来的首次突破，摘掉了“劣”的帽子；2017 年滇池全湖水质类别保持为Ⅴ类；2018 年，滇池全湖水质达到Ⅳ类。

（2）大力加强洱海保护治理

省委、省政府及大理州各级党委、政府认真落实总书记视察洱海时的重要指示精神，省委、省政府主要领导及有关领导多次亲临洱海检查指导洱海保护治理工作，坚持铁腕治污，严厉打击洱海周边侵占湖面滩地、乱排污水、污染河道、私搭乱建等违法行为；抓实洱海水污染综合防治“十二五”规划收尾，采取 PPP 项目形式推进截污、治污重大项目，抓实村落环境治理设施建设和农业面源污染治理，开展《洱海流域水环境保护治理“十三五”规划》编制，全力以赴打好洱海保护治理攻坚战。2015 年洱海水质总体保持稳定，有 6 个月为Ⅱ类，2017 年洱海全湖水质总体保持稳定，其中 6 个月Ⅱ类、6 个月Ⅲ类，Ⅱ类水质比 2016 年增加了 1 个月，湖内水生态发生积极变化，全湖植被面积达到 $32km^2$，为近 15 年来最大面积；蓝藻得到有效防控，初步遏制住了洱海水质下降的趋势。

（3）扎实做好其他水污染防治工作

坚持一湖一策、分类施策，以大幅削减入湖污染物为基础，以恢复流域生态系统功能、改善湖泊水环境质量为重点，持续加强九湖水污染防治。九湖“十二五”规划 292 个项目，涉及投资 548.99 亿元，完工 206 项、在建 73 项，项目开工率 95.55%、完工率 70.55%，累计完成投资 381.21 亿元，投资完成率 69.44%；九湖水生态环境得到改善，水质由稳向好转变。紧盯六大出境跨界水系流域污染防治不放松，全省河流水质优良率、达标率较“十一五”末分别提升了 9.4%、8.8%，主要河流出境跨界断面全面达标。通过初步核查，三峡库区及其上游流域、滇池流域预计可以顺利通过国家重点流域“十二五”规划考核。

（4）扎实开展大气污染防治行动

省政府建立大气污染防治联席会议制度，省直部门共同推进，通过产业结构调整优化、实施清洁生产、整治燃煤小锅炉、治理工业大气污染、控制城市扬尘污染、防治机动车污染、大力推广使用清洁能源等综合措施，确保全省环境空气质量持续保持优良。目前全省 16 个州市政府所在地平均优良天数比例达 97.3%，是全国环境空气质量较好的省份之一。积极控制煤炭消费总量，开发利用清洁低碳能源，2015 年全省煤炭占一次能源消费比重 40.5%，创历史新低；省内用电量 1438.6 亿千瓦时，其中 90%为清洁能源，东送外送电量 1129.3 亿千瓦时，云南省成为全国外送清洁能源第二大省份，为东部雾、霾地区减少大气污染做出了积极贡献。

（5）圆满完成主要污染物减排任务

在省委、省政府的强有力领导下，科学合理制定 2015 年减排计划，进一步强化工程、结构和管理减排，督促各地加快污水管网建设。省环境保护厅与住房城乡建设厅一道坚持每月对运行的144座城镇污水处理厂“一会商、一通报、一约谈、一督查”的工作机制，强化污水处理厂运行监管。通过艰苦努力，890个省级重点减排项目完成870个（完成率98%）；对照环保部与省政府签订的“十二五”减排目标责任书，2015年度任务及“十二五”减排任务圆满完成。

（6）着力改善农村人居环境质量

2015年以来，持续开展农村人居环境质量提升行动，在省财政大力支持的基础上，积极争取国家支持，实施城乡环境综合整治、公共厕所建设、绿化美化亮化等美丽乡村建设重点工程。省财政厅争取中央传统村落资金3.09亿元，会同住建、环保部门实施了206个传统村落环境整治项目；争取中央农村环境整治资金1.5亿元，投入省级环境保护资金3288万元，会同环保部门选取洱源、芒市、昌宁、维西、思茅、勐海、砚山等7个县（市、区）开展集中连片整治整县推进试点，对22个沿边建制村开展环境综合整治示范，开展农村环境连片整治目标责任考核试点，农村人居环境质量得到明显改善。

7.3.4 扎实推进环境保护法治建设工作

（1）完善重大环境行政决策机制

积极推进地方环境立法，启动《云南省环境保护条例》修订工作，加快《云南省生物多样性保护条例》立法进程。积极开展环境政策研究，出台了《关于开展环境污染责任保险试点工作的通知》《云南省企业环境信用评价管理办法（试行）》及相关配套实施细则。对建立和完善集体决策、专家咨询和公众参与相结合的决策机制作出明确规定，把公众参与、专家论证、风险评估、合法性审查和集体讨论作为重大行政决策的必经程序；严格执行《云南省环境保护厅建设项目环评文件内部审查程序暂行规定》，完善建设项目环评文件行政许可民主决策、科学决策机制。

（2）严格环境监管执法

省政府办公厅出台《关于加强环境监管执法的实施意见》（云政办发〔2015〕22号），在全省开展环境安全隐患排查整治工作。实行环境监管网格化管理，全省16个州市均已制定网格化管理工作方案。全面开展环境保护大检查，2015年全省共出动监察人员近9.9万人次，检查企业近3.6万家，立案查处各类环境违法案件1166件，共处罚款3775万元。其中查处适用新环保法的违法典型案例114件，清理7个影响环境执法的“土政策”。强化监管执法督导，对全省16个州市开展专项督查。

（3）完善环境监管联动执法机制

省环境保护厅与省高级人民法院、省人民检察院、省公安厅联合印发了《关于加强协作配合依法打击环境违法犯罪行为的实施意见》，切实推动环境犯罪司法联动。省公安厅在昆明、大理、玉溪、曲靖 4 州市成立了打击污染环境犯罪的专业队伍，在 2015 年"清水蓝天"专项行动中，摸排环境隐患 30 余个，破获环境污染案件 4 起、环境资源犯罪案件 3 起。省高院在昆明等 4 家中级法院和 11 家基层法院成立了环资庭、在部分基层法院成立环保合议庭，审理了一大批民事、刑事、行政环境资源案件，其中昆明中院环资庭成立以来审理了 280 多件环境资源案件，获"最高法院环境司法实践基地"称号。

（4）健全环境保护党政同责、一岗双责

省委九届十次全会明确建立健全党政同责、一岗双责的生态环境保护责任制，省委组织部牵头出台了《云南省党政领导干部生态环境损害责任追究实施细则（试行）》。各州市结合《环境保护法》的贯彻实施，严格落实《云南省环境保护行政问责办法》，督促地方政府在处理国家挂牌督办的环境案件时，依法依规对相关责任人实施问责。省环境保护厅积极推进环境行政审批改革、政府权力清单梳理、中介服务机构清理规范等工作，梳理出省级部门按时在省政府和厅网站公布权力清单和责任清单共计 7 类 202 项。

第 8 章 生态文明示范区创建的云南经验

努力成为生态文明建设的排头兵，建设美丽云南，既是国家赋予云南的光荣使命，也是云南实现跨越式发展的必然选择，十八大以来云南确立环境优先生态立省的战略，逐步走出了一条经济发展与环境保护相协调的道路，在生态文明示范区建设方面成效显著。本章选择云南生态文明示范区创建工作做得好的地方总结他们的典型经验，包括获得命名的西双版纳州、保山市、石林、盐津、洱源、屏边县以及获得“两山理论实践创新基地”命名的腾冲、元阳、贡山、华坪、大姚 5 个基地。

生态文明示范区创建包括省、州市、县区、乡镇、村 5 个层级，其中州市这一级云南十六个州市中西双版纳州和保山市走在全省前列，分别于 2017 年和 2018 年获得国家级生态文明建设示范州市的命名，因此州市层面重点总结西双版纳州和保山市的创建经验。

8.1 西双版纳州创建经验

8.1.1 西双版纳州概况

西双版纳傣族自治州成立于 1953 年 1 月 23 日，位于中国西部的最南端，全州土地面积 19096km^2，辖一市两县（景洪市、勐海县、勐腊县）和三区（西双版纳旅游度假区、磨憨经济开发区、景洪工业园区），有 31 个乡镇和 1 个街道。辖区内有 6 个中央、省属科研单位。2015 年末全州常住总人口为 116.4 万人。世居着傣、汉、哈尼、拉祜、彝、布朗、基诺、瑶、佤、回、壮、景颇、苗等 13 种民族，少数民族人口 76.26 万人，占户籍总人口的 77.6%。西双版纳与老挝、缅甸接壤，毗邻泰国，全州国境线长 966.3km，占云南省边境线近 1/4；有 4 个国家一类口岸，占云南省近 1/3。一江连六国（中国、缅甸、老挝、泰国、柬埔寨、越南）的澜沧江-湄公河和昆（明）曼（谷）国际大通道从西双版纳出境，是我国西南开放重要桥头堡的前沿地区。

良好的生态环境、浓郁的民族文化、独特的气候条件使西双版纳成为我国生物多样性聚集区、物种基因库、森林生态博物馆，是全球 25 个生物多样性保护热点地区之一，是我国国家级生态示范区、国家级风景名胜区、联合国生物多样性保护圈成员，并逐步成为北方人避寒过冬、东南亚傣族人寻根访源以及国内外游客亲近自然、享受天然氧吧、追求健康的好地方。全州森林生态系统服务功能总价值达到 1406.9 亿元，相当于西双版纳 GDP 的近 4.2 倍。单位面积森林生态系统服务功能价值达到 9.7 万元/($hm^2 \cdot a$)，位居全国第一［全省为 6.77 万元/($hm^2 \cdot a$)，全国为 5.52 万元/($hm^2 \cdot a$)］，西双版纳热带雨林被《中国国家地理》评为“中国最美的森林”之一。在这片仅占全国五百分之一的土地上，有动物种类 2000 多种，占全国的 1/4，有植物种类 5000 多种，占全国的 1/6。

西双版纳州委、州政府历来重视生态环境保护，始终把“弘扬生态文化、发展生态经济、保护生态环境、建设生态文明”贯穿到各项工作之中，多年来不断加强生态文明建设领导，带领全州各族人民秉承着传统的“有林才有水、有水才有田、有田才有粮、有粮才有人”朴素的生态文化观，实施生态立州战略，大力推进国家生态州、县（市）、乡（镇）建设，生态环境明显改善。

8.1.2　生态州创建成效

西双版纳州是云南省最早开展生态创建的州市之一，经过多年不懈努力，到 2017 年国家生态市（州）5 项基本条件和 3 大类 18 项 22 个验收指标已全部达标，实现了经济社会发展与生态环境保护相协调。

(1) 经济社会协调发展

2017 年全州生产总值 335.9 亿元，第三产业占 GDP 比例 46.37%，城镇化水平 45.17%，财政总收入 44.5 亿元，地方财政一般预算收入 30.8 亿元，地方财政一般预算支出 105.7 亿元，城镇居民人均可支配收入 23304 元，农民人均纯收入 10080 元。全年接待国内外游客 2001.4 万人次，旅游总收入 286.7 亿元。

(2) 环境治理效果明显

2015 年，西双版纳州城镇集中污水处理率已基本达标，工业用水重复率达 81.55%，集中式饮用水水源地水质达标率 100%，单位工业增加值新鲜水耗 16.93m^3/万元，农业灌溉水有效利用系数 0.5555，城镇生活垃圾无害化处理率达 96.2%，工业固体废物处置利用率达99.8%，环境保护投资13.25亿元，占GDP比重的3.95%，污染物排放总量逐年下降，化学需氧量、二氧化硫排放完成总量控制指标，排放强度分别降低到1.65kg/万元GDP、0.429kg/万元GDP，企业强制性清洁生产审核有序推进，单位GDP能耗下降到0.6274吨标煤/万元。

(3) 环境质量持续优化

西双版纳州自然生态资源良好，被誉为“绿色家园”“北回归线上的绿色明珠”。2015年，全州森林覆盖率达80.78%，受保护地区占国土面积比例29.32%，城镇人均公共绿地面积21.74m^2/人。空气、水环境质量优良，达到环境质量功能区划要求，生态环境质量达到优良水平。

(4) 生态创建成效显著

西双版纳州既是全省最早通过云南省生态文明州的技术评估与考核验收的州市，也是全省第一个被国家命名的国家级生态文明示范州。全州全部3个县（市）均已创建为云南省省级生态文明县（市），且3个国家级生态县（市）均已通过了技术评估和考核验收，全州共有31个省级生态文明乡镇，其中26个乡镇已命名为国家生态乡镇，全州共创建了184个州级生态村、31户州级环境友好企业、7个环境教育基地（省级1个、州级4个、县市级2个）、17个绿色社区（小区）（省级3个、州级6个、县市级8个）、133所绿色学校（省级16所、州级43所、县市级74所），西双版纳州环境保护局、勐海县环境保护局荣获“省级绿色单位创建先进单位”荣誉称号，公众对环境的满意率达91.4%。

8.1.3 生态创建主要做法

(1) 持续强化保障体系建设

① 抓领导，促创建。一是确立以生态文明建设为统领的发展思路。高位推进生态示范创建工作，自2008年州委六届六次全会确立了“生态立州”发展战略，提出到2015年在全省率先建成生态州和争当生态文明建设排头兵的目标以来，州委、州政府循序渐进陆续出台了《西双版纳生态立州战略行动方案》《关于加强生态文明建设的实施意见》《关于贯彻落实〈中共云南省委　云南省人民政府关于努力成为生态文明建设排头兵的实施意见〉的工作方案》等一系列推动生态文明建设的政策，为生态创建奠定了思想基础和政策支持。二是建立健全了生态文明建设的组织保障体系。至2010年全州各级政府建立了党政领导为组长，人大、政协及各相关部门为成员的生态创建领导小组机构（36个领导小组办公室设于州、县市环保局和乡镇环保所）和村工作组的四级工作机制，进一步明确了各级生态创建的主体，强化了生态创建的组织领导工作。三是

加强环保基层能力建设。到2010年，全州31乡镇全部挂牌成立环境保护管理所，并落实了编制和人员共77人，充实环境保护基层队伍。

② 抓规划，促落实。一是技术保障，科学编制规划。2009年来，全面启动各级生态建设规划编制，先后完成了1个生态州、3个生态县（市）、1个磨憨生态口岸、31个生态乡镇的三级建设规划编制，并经各级人大机关审议通过颁布实施。二是建立生态创建考核机制，分解建设目标任务。每年各级党委、政府定期召开系列相关生态州创建工作专题会议，层层签订生态创建目标责任书，将全州生态创建列为政绩考核内容，分解和认真落实创建目标和任务，纵横联动，合力推进，共商共建，形成全社会行动、人人参与的良好创建氛围和建设热潮。三是建立了资金保障机制和生态创建激励机制。各县（市）政府不断加大对国家生态县市等基础创建的资金投入。2012年，州政府出台了《关于加大生态创建资金投入保障基础性生态创建工作意见的通知》，率先连续三年从中央转移性支付西双版纳州的生态补偿资金中，给予每个乡镇200万元，重点用于乡镇“两污”治理或巩固提升生态创建。州政府设立奖励机制，对命名的每个国家级生态乡（镇）给予10万元奖励，对命名的每个国家级生态县（市）给予100万元奖励。截至目前，州、县（市）政府共投入专项生态创建资金约1.1亿元，涉及生态建设与环境保护方面的支出25.87亿元，占全州公共财政支出的7.7%。

③ 抓督查，促进度。一是建立生态创建督查制度。从2010年起，州、县（委）党委和政府每年将生态创建的重点任务列为全州重点督查的“双20”重要工作中，强化各级政府及部门创建责任，建立生态创建工作进度信息报送倒逼、现场督查等制度。启动责任追究制，有力地促进了创建工作整体推进。二是拓宽监督渠道。各级州委、人大、政府、政协从不同角度，每年定期听取创建工作情况的汇报，对生态创建工作进行专项检查，有力地推进了全州生态创建的各项工作。

（2）不断取得生态经济体系建设成果

① 认真落实污染减排任务。加强污染防控，层层签订减排目标责任书，2012年至2015年，共完成96个工程减排项目、19个管理减排项目、5个结构减排项目，共120个重点节能项目。全面推进橡胶加工行业污染治理工程，完成38家1万吨以上和58家1万吨以下规模天然橡胶加工企业污染治理，以上共计投入污染治理资金约2亿元，各胶厂的污染排放得到有效控制，顺利完成各年度主要污染物减排工作。2013年和2014年两年连续被省环境保护厅授予全省污染减排工作二等奖。认真贯彻落实建设项目环境影响评价制度，严把环境准入关。健全完善国控重点污染企业在线监测监控体系建设，有序开展强制性清洁生产重点企业的审核工作，积极推进全州机动车排气污染防治工作。州医疗废物集中处置中心建成运行，与161家医疗机构签订了医疗废物处置合同，安全处置医疗废物。

② 深入开展全民节能行动。层层签订节能目标责任书，全面推进建筑、交通、公用事业、政府机构和居民生活等重点领域节能工作，加强对重点耗能企业的监测，实施

节能指标监测分析，开展节能目标考评和监督检查。深入开展全民节能行动，公共机构开展节能降耗工程，商厦、写字楼、A级景区（点）推广高效节能灯具，实施全州营业性公路运输载客、货汽车汽柴油综合燃料降耗活动。建筑节能设计和建筑节能施工图审查执行率达100%，广泛推广使用新型墙材。按期完成勐养水泥有限责任公司年产16万吨水泥熟料机立窑等一批淘汰落后产能任务，持续把再生能源利用作为节能降耗的重要抓手，积极推进再生能源利用。在农村重点推广了沼气池建设、节能改灶、太阳能热水器，“十二五”期间，全州农村累计建设沼气池5179口、节能改灶7153户、太阳能热水器13537台，建设规模化畜禽养殖场大中型沼气工程4座。通过认真落实各项节能任务，连续3年较好地完成省下达的单位GDP能耗考核目标。

③ 加强生态农业建设。大力实施高产创建、间套种、测土配方等科技增粮措施，持续增强粮食生产综合能力。2010年以来，完成中低产田地改造（建成高稳产农田）45万亩，新增农田有效灌溉面积10.5万亩，新增节水灌溉面积9.04万亩，全州水利化程度达51%。加强农产品质量安全监管，加大农业生产化学品监管，实施测土配方施肥591.25万亩，防灾减灾技术推广240.75万亩，推广农作物病虫害绿色防控240.75万亩（杀虫灯、性诱剂、色板等），开展专业化统防统治82万亩（水稻为主），开展扶桑绵粉蚧、香蕉枯萎病等检疫性有害生物监测及防控，积极开展外来入侵生物薇甘菊预警防控工作。重视绿色有机食品认证，累计全州共有20家企业的64个产品通过“三品一标”的认证，认证产品的产量16512.5t。发展林下生态养殖，扶持规模养殖大户13户，出栏林下优质商品鸡达58万羽。大益牌普洱茶、小耳猪、茶花鸡、罗非鱼、丝尾鳠、小糯玉米等“西双版纳”系列特色优质农产品品牌效应日益显现，勐海县工业园区被省政府命名为“云南省生物产业示范基地”。2015年全州生物产业总产值完达191.7亿元，同比增长9.7%，比“十一五”末翻两番。橡胶、茶叶、甘蔗、蔬菜等传统生物资源开发继续处于全省领先地位，干胶产量居全国第一。出台环境友好型生态胶园、生态茶园建设技术规程，规范建设环境友好型生态胶园23.66万亩、生态茶园34.31万亩。

④ 加快生态旅游建设。通过丰富生态旅游产品，发展边境旅游，加强生态旅游营销，融合旅游与民族文化，推进乡村旅游等一系列举措，开展西双版纳州生态旅游建设，积极发展资源节约型和环境友好型的生态旅游，全面开展绿色旅游创建工作，鼓励旅游者树立绿色消费意识，倡导低碳旅游，形成文明健康、节能环保的消费方式。以国家公园建设为契机，推动森林生态旅游的转型升级，加大景区（点）在生态旅游环境建设、旅游基础设施建设、景区生态管理方面的力度。野象谷景区率先在全省被创建为全国首批国家生态旅游示范区，原始森林公园、望天树景区等一批景区正在积极推进国家生态旅游示范区创建。

(3) 不断加强生态资源与环境体系建设

① 加大生态资源保护建设力度。多年来认真做好1700万亩森林管护工作，建立

州、县、乡、村、站五级天然林资源监测体系。建立生态补偿机制，将全州所有集体天然林和农地天然林纳入公益林管理并实施生态补偿，建立国家、省、州、县（市）四级公益林 1367.35 万亩，占全州面积的 48%。2012 年至 2015 年共兑现国家、省下达的生态效益补偿资金 11126 万元。扎实推进退耕还林建设，完成种植 5.16 万亩，公益林建设 11 万亩。且不断加大营林造林力度，义务植树 316 万株，推进珍贵用材林基地建设，完成种植面积 36.81 万亩，种植珍贵树种苗木 946.25 万株。全力实施低效林改造工程，完成跨年度低效林改造项目 74.9 万亩。实施全州公路沿线生态绿化植树 46.2 万株。

② 加大生物多样性保护力度。深入贯彻《云南省生物多样性保护西双版纳约定》，颁布实施《云南省生物多样性保护战略与行动计划西双版纳实施方案》，全面启动极小种群保护工程，开展湿地调查与保护工作，进一步加强对古树名木的保护监管。在州辖区内澜沧江流域河段实施土著鱼类资源增殖放流活动，共投放云南华鲮、丝尾鳠、叉尾鲇等各种土著鱼苗 279.64 万尾，有效恢复和保护了州内流域水生生物资源。抓好野生动物保护和野生动物肇事补偿工作，在全国开创性地建立了野生动物公众责任保险，探索“政府部门投保、保险公司理赔、受灾群众获益”的野生动物损害赔偿模式，将全部受保护的野生动物纳入投保种类，2012 年至 2015 年共投入保费 4520 万元，已赔付 5318 万多元。建立亚洲象繁育中心，健全野生动物救护体系，收容救护国家保护野生动物 500 头（只）。主动融入和服务“一带一路”国家战略，实现了西双版纳州环境保护工作与周边国家跨境合作零的突破。多年来不断扩展和探索国际生态保护合作，积极探索跨境生态保护，2012 年率先在全省与老挝共同建立了长 214km、面积约 20 万公顷的“中老边境联合保护区域”，共筑绿色生态长廊、生物走廊带以及生态安全屏障，发挥西双版纳地理区位优势，不断推进两国间跨境环境保护新合作。实施了亚行大湄公河次区域环境核心项目西双版纳一、二期示范项目，推进生物多样性保护廊道建设，不断扩大国际影响力和提升形象。

③ 加强各类保护地建设。积极实施“4185”自然保护区建设工程（即：400 万亩国家级保护区、100 万亩州级保护区、80 万亩县市级保护区、5 万亩保护小区），完成了西双版纳国家级自然保护区三期工程等保护区基础设施建设，新建了布龙、易武、路南山、关累、戈牛、罗梭江、南腊河等一批国家、州级、县市、乡镇、村级森林、鱼类资源保护区（小区），建立了 28.54 万公顷的西双版纳热带雨林国家公园，加大 11.48 万公顷的国家级风景名胜区的建设管理，逐步完善保护地管理体系。截至目前，全州各类受保护区域累计达 55.99 万公顷，占全州总面积的 29.32%。充分利用各类保护区资源发展生态旅游，抓好各生态旅游景区的规划、建设、管理和景区提升改造工作。

④ 加强水土治理力度。加强水资源和农田基础设施建设，建设了勐海大型灌区续建配套节水改造工程、农村饮水安全工程等一批项目。2012 年至 2015 年，新增有效灌溉面积 10.5 万亩、节水灌溉面积 4.9 万亩，农业灌溉水有效利用系数逐年提高。加强对全州主要河流、河段的水质监测，监测断面水质达标率为 100%。全州城市集中式饮水水源地水质达标率为 100%。治理水土流失面积累计达 162km^2，中小河流治理项目

完成主体工程建设3条。加强矿山生态环境保护和治理，严格落实矿山地质环境治理保证金制度，3年共征缴矿产资源有偿使用费、矿产资源补偿费和矿山地质环境恢复治理保证金1.55亿元。开展绿色矿山创建工作，抓好矿山“复绿行动”，加大对废弃矿山和矿山采空区复绿、植绿情况的监督检查，严控矿产资源开发对生态环境的影响。严守生态红线，按照“宜林则林、宜耕则耕、宜建则建”的要求，优化城镇村落布局，积极引导城镇、村庄、产业向坝区边缘适建山地发展，提高各类建设用地占用山地的比例。

⑤ 加强生态环境保护执法。严厉打击各种破坏森林资源的违法犯罪行为，2012年至2015年，全州共受理各类破坏森林和野生动物案件6048起，查处6005起，查处各类违法犯罪嫌疑人8153人，收缴林地375.06余亩、林木和木材275.51m^3、野生植物30796株、野生动物及其制品2066头（只、件）、枪支2530支。铲除非法侵、抢占林地18435亩。加强对污染源现场的监督检查，全州共对辖区内617家相关企业现场监督监察7437次，检查污染治理设施443台（套），四年内未出现环境问题引发的重大群体性事件。

（4）持续提升生态人居环境体系

① 积极开展生态城市建设。多年来进一步强化城市建设生态化，把生态理念融入城镇建设与管理中，城市建设园林化、绿化、美化、亮化、特色化，建设生态良好、风貌独特的美丽傣乡家园，严厉打击城市私搭乱建、乱摆乱放等违法违规行为，提升人居环境质量。出台《西双版纳州城乡人居环境提升行动实施方案》，实施以“引水入城”建设项目为主的景洪城市湿地系统和城市森林生态系统建设，2015年西双版纳州的人均公共绿地面积为21.74m^2。景洪市创建为“国家园林城市”，全面联动开展“全国环保模范城市”“国家级人居环境模范城市”“联合国人居模范城市”“国家型节水城市”创建，勐腊县积极创建“国家级园林县城”，勐海县积极推进省级园林县城创建。勐罕镇等7个集镇被建设部命名为“国家重点镇”。完成三县市城市污水处理厂及配套管网建设，污水处理厂的污水收集率、运行负荷量及效果都大幅度提升。通过生态乡镇建设，31个乡镇集镇污水和生活垃圾收集处置设施得到完善。积极开展三县市城市集中饮用水水源地保护与监测，城区集中式饮用水源地水质全部达到国家标准，城区空气质量多年来保持优良。

② 实施生态乡镇创建。全州以开展城乡环境卫生综合整治行动，推进生态乡镇建设为重点，以改善农村人居环境为目标，结合新农村、美丽乡村建设和“四群”工作，抓试点，促推广，因地制宜扎实推进农村环境综合整治示范建设，打牢生态乡镇创建的环境基础。2008年以来，共争取国家、省级农村连片环境综合整治项目26个，资金约5780万元，在全省率先开展曼嘎俭村、曼尾村等一批试点示范项目建设，项目服务覆盖659个村小组。通过整合各方资金和以点带面，建设保障示范带动，广泛推进生态村建设，利用省内知名环保技术服务企业的技术力量，科技支撑乡村“两污”治理技术的探索和运用，有效处理处置农村污水和垃圾问题，把原来一批脏、乱、差村寨改造为宜

居、宜业、宜游的美丽村寨，改善村寨生活生产环境质量，促进了群众经济增收。

(5) 不断加强生态文化体系建设

多年来，通过抓宣传、促参与，多措并举，加大生态文化体系建设力度。一是坚持生态保护有法可依。制（修）定《州环境保护条例》《州森林资源保护条例》《州自然保护区管理条例》《州野生动植物保护管理条例》《州古茶树保护条例》等地方性生态保护法规，进一步建立健全了地方生态文明建设法律体系，做到环境保护有法可依、执法必严。在各类评优考核中实行环境保护一票否决制，不断加大生态文明建设工作占党委政府政绩考核的权重。二是提高干部生态文明意识。利用州、县（市）党校干部教育培训平台，每年对参训的县处级、乡科级和村级干部进行生态文明建设和生态乡镇创建培训，提升其生态文明建设能力水平。三是充分利用媒体大力宣传生态文明创建。策划西双版纳构建生态文化体系项目，成功举办了《生态与傣族传统文化》论坛，在州内《西双版纳报》、西双版纳广播电视台、西双版纳网、西双版纳发布官方微信平台等媒体上设置“生态文明建设”“绿色力量”等专栏与版块。近四年来，与新华社对外部、《人民日报》海外版、中央电视台、中国国际广播电台、日本 NHK 电视台、韩国文化电视台、英国 BBC 广播公司等权威媒体合作拍摄专题片近 20 部，每年在海外媒体刊播宣传西双版纳的专题、专页 30 余版，东方航空和祥鹏航空国际航班发送西双版纳外宣品，针对不同受众群体，以多国语言文字向世界展示了西双版纳生态文明建设成果。四是提高社会和群众的知情权。定期在云南省阳光政府四项制度公开网站、州政府信息公开门户网站、州环保局网站等网络媒体上公布各类生态建设与环境保护情况。五是加大学校的环境教育力度。将环境保护等生态文明知识与理念纳入全州各类学校教学计划，策划、精心编写了《热带雨林与我们的生活》等生态文明科普图书资料，分发给全州各学校和单位，开展生态文化理念宣传教育“进机关、学校、社区、乡村、企业”活动，为生态州建设营造良好的公众参与创建氛围。

8.1.4　生态创建工作经验

(1) 提高认识，统一思想，是做好生态创建工作的前提

实践证明，只有认识到位、思想统一，切实在全社会牢固树立生态文明的理念，把生态建设融入政治、经济、文化、社会建设中，实现五位一体共同推进，把生态立州、环境优先摆在全州实现可持续发展和全面建设小康社会的重要位置来认识，把生态创建作为各级领导干部执政为民的德政工程、民心工程抓牢抓实，才能确保生态创建工作的顺利推进。

(2) 加强领导，明确责任，是做好生态创建的关键

明确各级创建主体及责任，建立州、县（市）、乡（镇）三级政府目标责任制，健全上下联动、部门配合、村企互动、齐抓共管生态创建工作机制。做到组织领导到位、目标责任到位、工作措施到位、督促检查到位，才能使全州生态创建各项工作任务得到较好的落实。

(3) 宣传发动，群众参与，是做好生态创建的基础

坚持用各民族喜闻乐见的形式抓好宣传发动工作，让各族群众在创建过程中真正享受到改善环境所带来的实惠，使其在思想认识上从“让我创建”向“我要创建”转变，把生态创建变为其自觉行动，才能充分调动各族群众参与生态创建的积极性、主动性和创造性。为全州生态创建奠定坚实的群众基础，为加快生态州、生态县（市）、生态乡（镇）建设创造有利条件。

(4) 领导重视，多措并举，是搞好生态创建的重要保证

各级党委、政府加强生态创建领导，发挥主导作用，通过抓领导、抓规划、抓督查、抓试点、抓宣传等措施，才能构建生态创建的长效机制，形成全社会共建的合力，为生态创建提供体制机制保障。

8.2 保山市创建经验做法

保山市历来高度重视生态环境保护工作，于 2009 年在全省率先制定《保山生态市建设规划（2009 年—2020 年）》，启动国家生态市创建。历时 9 年，经过全市人民的共同努力，保山市生态保护与建设工作成效显著，具备了创建国家生态文明建设示范市的相关条件，2018 年获得国家生态文明建设示范市命名。

8.2.1 保山市基本概况

保山市地处云南省西部，土地面积 19637km^2，辖 1 区 1 市 3 县、75 个乡镇（街道），总人口 261.4 万人。保山市气候、水源、土地等自然条件优越，气候温和，四季如春，年平均气温 16.5℃。森林覆盖率 65.01%，素有“春城中的春城”“天然氧吧”之称。国家级地质公园——腾冲火山热海是世界罕见的火山地热伴生地，温泉遍布全市，是理想的康体疗养、休闲度假之所；高黎贡山国家级自然保护区以“世界动植物南北交汇走廊”、“物种基因库”（占世界植物基因的 29.9%）、“自然博物馆”的美誉名扬世界，被联合国教科文组织批准为“世界生物圈保护区”。2017 年，保山市实现生产总值 678.9 亿元，增长 11%，增速连续 3 年位居全省第一；完成固定资产投资 881.8 亿元，增长 32.1%，增速位居全省第一。“十三五”期间，保山市紧紧围绕生产总值年均增长 10%以上、固定资产投资年均增长 20%以上的目标，坚持“高速发展金融为要、产业发展聚集为要、农业发展规模为要、经济载体城市为要、跨越发展开发为先”等理念，全力推进“五网”建设，努力做大做强农特产品加工、新材料、轻纺、信息、旅游文化、现代物流六大产业，着力推进农业规模化、工业聚集化、城市生态化、旅游品牌化，着力打好水电硅材工业牌、绿色生态农业牌、生态园林城市牌、高黎贡山旅游牌、“一线两园”开放牌，在面向南亚东南亚辐射中心建设中干在实处、走在前列，打造全省经济发展新的增长极，争当全省产业转型升级和生态文明建设的排头兵。

8.2.2　生态创建主要做法

一是党的十八大以来，保山市委、市人民政府统筹推进“五位一体”总体布局和“四个全面”战略布局，牢固树立“五大发展”和“绿水青山就是金山银山”的理念，先后出台了《中共保山市委保山市人民政府关于加强生态文明建设提高可持续发展能力的意见》(保发〔2013〕号)、《中共保山市委办公室保山市人民政府办公室关于印发加快推进保山生态文明市建设实施方案（2016—2020 年）的通知》(保办发〔2016〕30 号)、《中共保山市委保山市人民政府关于印发保山市农业规模化发展的实施意见等 5 个实施意见的通知》(保发〔2017〕3 号)、《中共保山市委办公室保山市人民政府办公室关于印发保山市全面推行河长制的实施意见的通知》(保办发〔2017〕27 号)、《中共保山市委办公室 保山市人民政府办公室关于印发保山市党政领导干部生态环境损害责任追究实施细则（试行）的通知》(保办发〔2016〕46 号）等系列制度政策。二是及时调整充实了生态文明建设示范创建工作领导小组，由保山市委书记任组长，市长任常务副组长，市人民政府分管领导及有关副市长任副组长，高位推动创建。三是自 2016 年起，通过增加县（市、区）重点生态功能区转移支付资金，加大生态文明建设示范创建资金投入，将生态市创建纳入 10 项重点工作强化评价考核通报。四是 2016 年，保山市委第 105 次常委会专题研究生态文明建设示范区创建工作，坚定不移地把创建国家生态文明建设示范市作为推进生态文明建设、争当生态文明建设排头兵的重要载体和抓手，努力做大做强农特产品加工、新材料、轻纺、信息、旅游文化、现代物流“六大产业”，同步推进农业规模化、工业聚集化、城市生态化、旅游品牌化，着力建设实力保山、幸福保山、开放保山、创新保山、法治保山、美丽保山。

8.2.3　生态创建工作成效

一是保山市生态环境质量连续 3 年综合评价为“优”，全市森林覆盖率达 65.01%，高黎贡白眉长臂猿、菲氏叶猴、小熊猫等国家一、二级重点保护动物得到有效保护，生物多样性不断增强，其中鸟类由 419 种增加到 525 种，昆虫由 1690 种增加到 2000 多种，菲氏叶猴从4群130只增加到7群200只。二是按照5A级景区标准建设中心城市万亩青华海生态湿地恢复、万亩东山生态恢复、万亩生态观光农业园“三个万亩”生态廊道工程，建成了昌宁县城北湿地公园、龙陵县龙山湖公园等一批生态恢复治理项目。三是保山市“中心城市地下综合管廊建设国家试点”被评为“2017中国改革年度案例单位”，获“中国人居环境范例奖”；保山中心城市被国家住房城乡建设部列为全国第三批、省内第一批城市“双修”试点；保山青华海湿地公园被国家林业局列为国家湿地公园试点；万亩东山生态恢复工程已实施封山育林7200亩；万亩生态观光农业园正在申报创建中国农业公园和田园综合体建设试点。四是保山市、腾冲市成功创建国家卫生城市，腾冲市创建为全国文明城市。五是保山市生态文明建设示范创建做到了市、县（市、区）、乡镇（街道）村四级联创及全覆盖，腾冲市获得省生态文明市命名，隆阳区、龙陵县、昌宁县省级生态文明区（县）通过考核验收，保山市创建省级生态文明市、施甸县创建省级生态文明县通过技术评估。全市75个乡镇（街道）创建省级生态文明乡镇70个、国家生态乡镇51个，创建全国中小学环境教育社会实践基地2个、省级环境教育基地4、绿色社区26个、绿色学校239所。

8.3 生态文明示范县经验

县（包括县级市和区）是我国行政管理中非常重要的行政区划单元，古代就有郡县治、天下安的说法。在生态文明示范区建设中多数地方都是以县为生态文明示范区建设的基础单元和重要层级，云南省第一批获得国家级生态县命名的包括石林县、勐海县、景洪市和勐腊县，之后又有华宁县、盐津县、洱源县、屏边县获得国家级生态文明建设示范县的命名，此外还收集了一些较早获得省级生态文明示范县命名的县区的经验。

8.3.1 昆明市石林县

石林县地处云南省东部、昆明市东南部，全县国土面积1719km^2，距省会城市昆明78km，全县辖3镇1乡1街道，4个社区，88个行政村。石林是典型的彝族聚集区，全县少数民族人口占总人口数的35.4%，其中彝族在少数民族中的占比为97%。县委、县人民政府历来高度重视生态建设工作，2004年起在全省率先实施生态美县战略，开启了举全县之力、集全县之智推进生态文明建设的局面。2007年开始强力开展以文明、卫生、园林、环保、平安等为主要内容的“五创”工作，通过各种创建同步推进、相互支持、互促互进，促进生态创建工作的深入开展，先后成功创建为国家卫生县城、国家园林县城、全国文明县城，多次创建为全国科普示范县、省级先进平安县等。2006年起，县财政每年安排1000万元“生态美县”专项资金投入环境保护与生态建设领域。

2008年，生态县建设规划通过县人大审议颁布实施，全县生态建设工作向规范化强力迈进。截至2014年，全县共实施生态创建重点项目32个，完成投资19.71亿元。2014年11月，石林县被云南省政府命名为“云南省生态文明县”。通过十余年的努力，国家生态县五项基本条件、22项考核指标全部达标，全县社会经济持续发展、生态环境全面改善，生态文明建设向着更高的水平迈进。

8.3.1.1　主要做法

石林县依托良好的生态环境和旅游、交通、区位优势，提前谋划，准确定位，以生态促旅游，以生态促发展，走出了一条具有石林特色的生态文明建设道路。其主要做法如下。

(1) 加强领导，健全组织机构，部门协同，高位推进

石林县早在开展生态创建之初，就成立了由县人民政府县长任指挥长、4名副县长任副指挥长、22个相关部门和各乡镇“一把手”为成员的“生态县建设指挥部”。指挥部下设办公室和6个工作组，办公室设在县环保局，由县环保局局长兼任办公室主任，负责指挥部日常工作和综合协调、指挥督导、监督检查等工作。

县委、县人民政府长期把生态建设作为全县经济社会发展的重中之重，对生态创建工作进行高位统筹，做到常抓不懈。县“四班子”主要领导和分管领导经常定期听取创建专题汇报；县人大、政协多次组织代表和委员开展专项调研；生态创建工作指挥部每个季度均要召开领导小组会议对工作推进情况进行专题研究、专项部署、专门督办。根据创建工作阶段推进的要求，县政府还多次邀请中央和省市环保部门领导、专家亲临视察指导石林县的生态创建工作，帮助该县明确生态创建工作的目标，解除生态创建工作的困惑，攻克生态创建工作的难点，突出生态创建工作的重点。2010年，县政府下发了《创建国家级生态县工作实施方案》，确定了石林生态县创建的总体和阶段目标，将创建工作任务分解到年度、分解到各成员单位。同时，该县还将生态创建工作纳入县对乡镇和县对部门年度责任目标管理考核，每年都签订《石林县生态创建目标责任书》，以考核促落实，促进生态县创建的各项工作全面、稳步、有序推进。

(2) 发展生态产业，优化经济结构

石林县切实注重将生态创建工作与经济社会发展紧密结合起来，做到以生态创建为推手，优化经济发展环境、拓展经济发展内涵、推动产业转型升级，以经济发展推进生态创建向纵深发展，让经济发展与生态创建互促互进。

① 以园区为平台，高要求推进工业生态转型。强化生态功能区划管理，以石林生态工业集中区建设为抓手，全力推进石林工业生态转型。一方面，优化增量布局，制定了全县生态功能区划方案及配套环境管理政策，新增产业一律在园区布局，“三高一低”项目严禁落户园区。另一方面，对照生态县建设要求，大力淘汰落后产能。全县共关停

以制焦、冶炼、洗选为主的高污染企业 15 家。强化规划环评与项目环评挂钩，建立新上项目审批问责制，严格执行项目建设环境准入。2008 年以来共否决“两高一资”项目 43 个，新上项目“环境影响评价”和“三同时”执行率达到了 100%。积极推进能耗审计与清洁生产审核，规模以上企业清洁生产审核验收通过率达到 80%。单位工业增加新鲜水耗达 14.78m^3/万元，工业用水重复率达 80.6%。

② 发展无烟产业，高标准推进旅游转型升级。以旅游文化产业建设推进结构性节能减排、增加城乡居民收入，促进全县产业结构优化。围绕“创建世界一流景区，打造国际旅游胜地”的目标：一方面做好品牌巩固工作，加快旅游基础设施建设和保护地生态修复，搬迁、拆除景区有碍遗产保护建（构）筑物 12 万平方米，每年安排 1000 万元“以旅哺农”专项资金用于景区及周边 27 个村的退耕还林和生态修复工作；另一方面做好转型升级工作，加快“自然石林”与“文化石林”融合，提升改造大叠水景区，建设石林冰雪海洋世界、古彝部落文化风情园、石林喀斯特地质科研博物馆等一批生态化、无烟型的旅游配套项目，彝族第一村、糯黑、阿着底等一批乡村旅游示范点逐步形成。石林旅游产业的支柱地位不断巩固，为推进产业生态转型打下坚实基础。

③ 立足石林特色，全方位推进农业生态转型。以台湾农民创业园开发建设为重点，精心打造生态农业品牌。2008 年建园以来，台创园以发展生态农业、旅游农业为重点，先后引进生态化农业企业达 46 家（其中台资企业 8 家），锦苑花卉产业园、万家欢休闲农业园、爱生行生物科技产业园、云烟印象有机烟草科技园等一批生态型农业项目已初具规模。在培育品牌的同时，着力扶持特色生态农业生产基地，大力实施“无公害食品计划”，先后建成玉米高产示范基地 2 万亩、优质蔬菜示范基地 4 万亩、绿色水果示范基地 3.5 万亩及雪兰生态牧场等一批生态畜禽养殖基地。全县实施测土配方施肥，加强农药流通渠道管理，化肥农药施用强度始终保持全省较低水平，规模化畜禽养殖粪便全部实现资源化利用，规模化畜禽养殖场粪便综合利用率达 98.7%。

④ 立足资源禀赋，高起点发展新型能源产业。将新能源产业示范基地建设作为石林县生态产业发展的重要发展目标之一，依托石林独特资源，立足石林石漠化区域较大的县情，积极招商引资，先后引进了华能、云电投等多家光伏企业落户石林，采用“光农”互补模式，实现资源开发与石漠化治理、生态修复的有机结合。总装机 166MW 的石林太阳能光伏并网电站项目一期工程 20MW 已建成投产发电，云电投 40MW 并网光伏电站并网发电。积极利用石林风力资源优势，适度开发风力资源，大力发展清洁能源产业，云南龙源风力发电站 198MW4 个风力发电站项目正有序推进，双龙箐风力发电项目已经实现并网发电。县城积极推进新能源替代工程，全面开展禁煤工作，巨鹏燃气建成投入使用。石林正积极打造滇中经济区的新能源示范城市，争做云南省新能源应用的排头兵。

(3) 构筑生态家园，提高民生质量

石林县高度重视生态创建工作的深入开展，促进全县人居环境改善和生活质量提高。

① 严格饮用水源保护，确保饮水安全。成立了县集中式饮用水源保护工作领导小组，完成了全县24个集中式饮用水源的保护地划界工作，颁布了《黑龙潭水库保护管理办法》《杨梅山水源保护区管理办法》等一系列水源地保护办法，深入开展水源地环境整治。对水源地采取了严格的保护措施，设立了水源一级保护区周边的隔离防护围栏，拆除了保护区内影响水源涵养的设备设施，全面推行保护区内“减花禁菜”、退耕还林和农村环境综合整治；加强饮用水安全监测，全县34处集中供水设施全部采用完全处理工艺制水，集中供水能力达到5万吨/天，自来水普及率达到95%以上。县城集中式水源地黑龙潭水库水质一直保持Ⅱ类以上，村镇饮用水卫生合格率达100%，饮水安全工作成效显著。

② 加大投入，不断完善环保基础设施。持续推进城镇“两污”及城乡园林绿化工程建设。近3年来，累计投入资金4.2亿元，县城建成污水收集干管37km，建制村简易污水处理设施建成投入使用，全县新增污水收集能力每天约5万吨。2003年建成投入使用的石林生活垃圾填埋场，于2013年库容饱和以后进行了封场，新建的宜石生活垃圾处理工程于2012年建成投入使用。推进生活垃圾收运城乡全覆盖的石林垃圾收转运项目正在建设，2018年年底前可投入使用。积极推进全县城乡园林绿化，县城绿地面积达524.68hm^2，人均公共绿地面积达到20.9m^2。县城污水管网完善和建成区雨污分流改造工程有序推进。积极推进集镇生活污水收集系统建设，建制镇生态湿地污水处理系统先后投入使用，乡镇所在地生活污水全部实现集中处理。生活“两污”县、乡、村、组四级清运处理模式已基本建立。

③ 全面推进生态农村建设。全面实施农村环境综合整治，结合新农村建设，开展了“两污”治理、改水改厕与“六清六建”等行动，先后建成村庄污水氧化塘88处、标准化生活垃圾收集房470间、排污沟渠及管网120km。完成农村卫生户厕建设4.55万户，新建改建农村卫生公厕282座；围绕农村能源清洁化建设，推广“一池三改”6500余户、农村电炊具1.76万台、省柴节能灶1.2万余眼、太阳能热水器8000余套；推广农村秸秆综合利用技术，秸秆腐熟还田50余万亩。相比2007年，全县农村清洁能源占生活用能比重提高了13.7个百分点，建成“三清一绿”（水清、气清、田园清洁、村庄绿化）特色示范村4个，全县88个涉农行政村100%建成市级以上生态村，农村环境整体面貌大幅改观。

（4）深化环保行动，引导全民参与

在生态创建工作推进过程中，不断采取切实有效的措施，夯实全县生态创建工作基础，生态理念深入人心。

① 实施环保专项行动，建设生态社会。机关单位牵头优先采购环保标志产品，实施机关内部用电、用水、用车节约化日常管理，全县机关能耗比2007年下降了20%以上；全面禁止使用不可降解的塑料袋和一次性餐具，鼓励销售带有强制能效标志的节能产品，大型超市和批发市场完成了节能改造；完善新建建筑节能管理机制，全面推广绿

色建筑理念，节能建材产品在新建建筑的使用比例达到60%以上，高效灯具使用比率达到90%以上，城市居民住宅太阳能热水器的使用率达到90%；大力改善路网条件，乡镇通油路率和行政村公路通达率100%，公路硬化率99%，对外通道高速化、主要干道高等级化、乡村公路通畅化的路网结构基本形成；国家汽车“以旧换新”政策和道路运输车辆燃料消耗量准入制度得到落实，公共交通服务能力和服务水平不断提升，公共交通分担率达到43%。

② 强化生态宣传教育，推进全民共建。制定了《石林县创建国家级生态县宣传工作实施方案》，开展了形式多样的宣传教育活动。利用各种节日和主题日，围绕“生态美县”“低碳石林”等主题，多次举办了大型宣传活动。每年“节能宣传活动周”期间，大力开展“能源短缺体验日”活动，以“四个停开”（适度停开车辆、电梯、照明和空调）促进干部群众提高节能意识；县电视台增设了生态创建宣传专栏；中小学举办了“生态石林·美好家园”征文、绘画比赛；选取一批环境优美、民俗鲜明的彝族村寨进行旅游开发试点，阿着底、月湖、大糯黑等村的生态旅游已初具规模。

8.3.1.2 主要成效

石林县以国家生态县创建为抓手，围绕生态文明建设的总要求，大力实施生态美县战略，取得了显著成效。

(1) 县域经济健康发展

2014年实现GDP 64.78亿元；完成地方公共财政预算收入5.12亿元；规模以上固定资产投资114.87亿元，增长8.5%；社会消费品零售总额31.16亿元，增长14%；城镇居民人均可支配收入29612元，农村居民人均可支配收入10284元，分别增长8.3%和12.1%。实现文化产业增加值3.2亿元，旅游直接收入6.6亿元。全县工业固定资产投资24.8亿元，规模以上工业增加值9.9亿元，万元GDP能耗下降3.8%。人口自然增长率为5.88‰。

(2) 生态产业长足发展

以石林生态工业集中区为主要平台的生态工业快速发展，工业经济在三产中的比重已连续4年超过30%。园区实现全面禁煤，清洁能源在农村生活用能中所占比例已达60%以上，石林已成为云南省新能源示范基地。以台湾农民创业园为主要平台的生态农业发展态势强劲，花果蔬林等特色农业不断发展，畜禽养殖巩固壮大，全县实施千亿斤粮食工程和高产创建示范项目，粮食总产15.3万吨，实现连续九年增长；农林牧渔业实现总产值32.88亿元，增长8.4%。农作物“三品”种植面积比重已达66%。农产品“丰富多样、生态环保、安全优质、四季飘香”四张名片逐步形成。以石林旅游服务区为主要平台的旅游转型升级步伐不断加快，吃、住、行、游、购、娱六大旅游要素不断完善，自然遗产地、世界地质公园、国家风景名胜区保护工作取得丰硕成果，成功入选

2014年国家生态旅游示范区。

(3) 环保基础设施建设成效显著

早在2008年，石林县在昆明市郊县区率先建成日处理生活污水1万立方米的县城污水处理厂。为满足县城发展的需要，2015年石林县又进行了日处理生活污水1万立方米的二期项目建设，目前已正式投入运营；城市排污系统不断完善，全县建设污水主干管50余千米，实现景区、县城建成区污水管网全覆盖；建成乡镇生态湿地公园4处，城镇污水集中处理率达83.82%。2011年底，石林垃圾填埋场即将封场时，该县及时与宜良县合建了宜石生化垃圾处理厂，提前为石林县垃圾填埋场封场之后的垃圾处理寻找出路。宜石生化垃圾处理厂已于2012年建成投入运营，设计日处理能力为近期300t，远期500t。与之配套的8座垃圾转运站也已投入使用，日转运生活垃圾240t。县城实行生活垃圾分类袋装收集，生活垃圾实现日产日清和密闭清运；乡镇所在地“组保洁、村收集、镇转运、县处理”的生活垃圾收运体系已基本形成，城镇生活垃圾无害化处理率达98.1%。

(4) 污染治理工程稳步推进

全面实施污染减排工程，确保稳定达标排放。石林复烤厂、宏熙水泥有限公司、雪兰生态牧场等重点企业减排设施不断完善，城乡“两污”治理标准和能力不断提高。在全县经济总量不断增长的同时，污染物排放总量逐年下降。2013年，全县环境保护投资3.11亿元，占GDP比重达3.65%，COD、SO_2排放强度分别为2.66kg/万元、1.13kg/万元，单位GDP能耗下降到0.817吨标煤/万元，工业固体废物处置利用率达100%。一系列强有力的污染治理工程的实施和减排技术的运用，促进了石林区域经济与生态环境保护协调发展。

(5) 生态环境质量持续改善

经过多年生态创建，生态环境质量持续改善。全县集中式水源地得到有效保护，城乡饮水卫生合格率100%，所有地表水体保持Ⅲ类以上，达到水功能区质量标准；环境空气质量优良率长期保持100%，优级天数持续增加；城市环境噪声全部符合功能区要求，连续多年在昆明市水、气、声环境考核中名列前茅。持续推进“种树”工程，实施城市面山绿化、石漠化地区综合治理和保护地生态修复。全县林地面积比2007年增加22%，78%以上的水土流失区得到有效治理。

(6) 生态创建硕果累累

全县共创建国家级生态乡镇6个（乡镇合并以后为4个）、省级生态乡镇1个，实现了省级以上生态乡镇100%；全县88个行政村全部创建为昆明市生态村，其中糯黑村和小箐村为国家级生态村，实现了市级以上生态村100%。全县获得省市绿色命名的单位达到24个，其中绿色学校21所、绿色饭店3家。创建了绿色机关4个、绿色单位

10个、绿色企业6个、绿色学校40个、绿色社区13个、绿色家庭160个、绿色庭院160个。全县“绿色消费、崇尚自然”的生活方式已逐步形成，生态理念深入人心，人与自然、人与社会更加和谐。

8.3.2 昭通市盐津县

(1) 盐津概况

盐津位于云南省东北部，地处滇东北云川交界处，居昭通、宜宾两市之中部，东北与四川筠连、高县、宜宾三县接壤，南连云南彝良，西与云南大关、永善、绥江三县毗邻，北与水富县接界，县境南北狭长，东西略窄，最大纵距62.5km，最大横距46km。总面积2091km^2。盐津县辖4镇6乡，共94个村（社区）委员会、2552个村（居）民小组。盐津县将“产业兴县”作为县的既定政策，大力打造“花、药”两大特色产业，有效带动了全县产业的发展和结构优化，形成了自己的特色。盐津县冲破机制束缚，盘活土地存量，延伸产业空间，实行了土地合理流转，打造了各类特色产业基地，并形成一定规模；转变了发展模式，走联合合作的道路，成立各类专业合作社141个，集纳各类基地土地6万多公顷；县里将培养龙头企业作为重点，先后引进了多家强势企业，支撑起了自己的茶产业和中药产业，已具有一定的规模；实施“凤还巢”工程，创办了多个竹产业、花产业，并大力打造品牌，积极向国家和省里申请各种品牌称号，用品牌带动了产业的发展。

(2) 生态创建做法与成效

近年来，盐津县始终坚持“生态打底”的发展思路。以创建“省级生态文明县”“国家生态文明建设示范县”为抓手，划定空间、总量、准入三条红线，念好“防、治、拆、建、管、创”六字经，全面贯彻落实国家、省、市生态文明建设各项决策部署，生态文明建设各项工作有序推进，成效显著。

① 突出高位推动。成立了以县委书记任组长，县委副书记、县长任第一副组长，县政协主席任常务副组长，县四套班子相关领导任副组长的生态文明建设工作领导小组，统筹协调推进全县文明建设，形成了主要领导亲自抓、分管领导具体抓、其他领导配合抓的工作格局。截至目前，已成功创建了7个省级生态乡镇、59个市级生态村、1所省级绿色学校、16所市级绿色学校、6个市级绿色社区，庙坝、普洱等乡镇省级生态文明乡镇已通过市局、省厅的技术评估审查，并完善资料上报，等待命名；5个国家级生态乡镇已经通过省级技术审查并公示，等待命名。

② 坚持规划引领。指定出台《盐津生态县建设规划（2014—2020）》《盐津县2017年生态文明建设工作方案》，明确了具体行动思路。同时，全面启动“多规合一”和生态保护红线划定工作，目前，“多规合一”已完成第二轮补充资料收集，正在编制《盐

津县空间规划（多规合一）（2018—2050 年）》；生态保护红线划定初稿基本完成，待省级红线出来即可修改完善。

③ 狠抓项目建设。探索建立了一条“任务项目化、项目具体化”的生态文明建设路子，科学谋划了 65 个涉及环保、农业、林业、水利、国土等领域的生态建设项目，力争通过 3 年的努力达到国家生态文明建设示范县标准。2018 年以来，县委、县政府连续发动“百日会战”“秋季作战”，通过两个 100 天的努力，全面落实“河长制”，完成横江盐津重点段连接线、白水江柿子段等 7 段河道治理工程，完成陡坡地治理 5000 亩、实施土地整理 6200 亩。同时，引进了桑德集团、苗夫集团等一批在生态领域享有较高知名度的企业先后入住盐津，通过 PPP 等模式参与全县集镇“一水两污”、农村环境集中连片整治、河道治理和陡坡地治理等项目建设。截至目前，全县已启动 4 个乡镇“一水两污”项目、5 个乡镇 5 个村的农村环境集中连片整治项目。

④ 发展绿色经济。坚持“绿水青山就是金山银山”的发展理念，打生态牌、走绿色路，大力发展生态绿色经济。一是发展绿色产业。建设茶园基地，建成无公害茶园五万亩，年产值 9600 万元；建设优质蔬菜基地，建成百亩蔬菜核心区 2 个，无公害蔬菜基地建设 45 万亩，全县绿色蔬菜种植面积达 2 万亩，年产值达 2400 万元；建设中药材基地，全县中药材种植达到 15 万余亩，其中以黄精、乌天麻、白及、重楼为代表的特色品种种植 17750 亩，实现综合产值达 3.3 亿元；建设绿色油料基地，全县种植油菜面积达到 7 万亩，产值达到 56 万元；发展竹笋产业，全县以筇竹、方竹为主的笋用竹面积达 40 万亩，年产值达 1.2 亿元；大力发展花卉苗木，紧紧抓住广东中山扶贫协作机遇，引进中山横栏镇卉盛花卉有限公司，在盐津大力发展花卉苗木产业。截至目前，以兴隆茶花海为代表的花卉苗木已达 4 万余亩。二是积极开展“三品一标”认证。积极支持和引导龙头企业对农特产品开展“三品一标”认证。目前，已完成落雁“状元米”、牛寨新华邦兴农业柿子有机食品认证；石门关茶叶公司 4 个产品绿色食品认证检测已达标，并已报农业部审批；益康食用油绿色食品认证，正在完善材料，待油菜收获时安排现场检查。三是大力发展生态旅游业。以创建全域旅游示范县为契机，打响擦亮全国“休闲农业与乡村旅游示范县”招牌，努力实现“产城人一体、城乡村统筹、农文旅兼容”发展格局。大力推进以豆沙关 5A 级旅游景区、乌蒙峡谷地质公园、水淹池花香酒谷景区、中和云药花香小镇、牛寨安家村“农文旅兼容”示范项目、落雁万亩农业主题示范园、乌蒙万亩茶花园等 16 个农文旅兼容精品景区建设。同时，举办了“中国·豆沙关美食文化节”、“游中和水乡·品上村农家”乡村音乐节、普洱夷都山山地自行车越野赛、牛寨敦厚乡村生态文化旅游节、庙坝油菜花节、兴隆茶花季以及每年举办的滩头生基五·五苗族花山节等活动，吸引了重庆、成都等地游客前来休闲、观光、度假。全县累计年接待游客 353 万人次，实现旅游综合收入 19.17 亿元。

⑤ 严格执法监管。严格执行项目节能评估和审查制度，对不符合节能环保标准的坚决不准开工建设。严格环境监察“三同时”监督执法，规范事前、事中、事后监管，落实最严格的生态环境监管制度，强化对高污染、高耗能企业的管控，严肃查处环境违

法问题。共关闭整顿煤矿 5 家，关闭砂石场 9 家。全面整改完成中央环保督察、生态环境部西南督察中心环保综合督察、云南省第三环保督察组督察昭通涉及盐津的环保问题。同时，积极开展世界地球日、世界环境日、世界水日和生态文明建设进机关、进学校、进社区、进企业等主题宣传活动，将生态文明建设纳入县、乡、村干部考核和学习培训内容。

8.3.3 玉溪市澄江市

8.3.3.1 澄江概况

澄江（县级市）地处云南中部，距昆明 52km，距玉溪市 87km，土地面积 755.95km^2，2015 年末总人口 14.3 万人（不含阳宗），下辖 3 个镇、2 个街道、33 个村（社区），2016 年抚仙湖径流区托管后，全市 5 个镇、2 个街道、52 个村（社区）、438 个村（居民小组），总人口 21.2 万人，下辖国土面积 899.91km^2。澄江曾为路、府、郡、县治地，境内生态环境良好，全年气候温和，空气质量优良，每平方厘米富含 3000 多负氧离子，是冬日避寒、夏日避暑的理想之地。

自 2013 年正式开展省级生态文明县创建以来，澄江在市委、市政府的正确领导下，在省、市有关部门的关心与指导下，坚定不移实施“生态立县”战略，紧紧围绕创建目标，整合各类资源、凝聚各方力量、不断创新实践，努力推动经济社会与生态文明的协调发展，实现了生态环境质量不断提升和县域经济社会又好又快地发展。抚仙湖入选国家重点支持生态良好湖泊名录，被纳入全国首批 8 个生态环境保护试点湖泊及国家级重点生态功能区转移支付补助范围，在全国 81 个水质良好湖泊保护绩效考评中荣获第一名。澄江相继获得国家卫生县城、省级园林县城等 10 个国家和省级荣誉称号，被评为国家全域旅游示范区创建单位，被列为全国水利改革和高效节水减排试点县、全国农村产业融合发展试点县、全国农村生活污水治理示范县等 9 个国家和省级试点，呈现经济生态高效、环境生态优美、社会生态文明良好的局面。截至目前，澄江已成功申报国家级生态乡镇 5 个，创建省级生态乡镇 5 个，创建市级生态村 32 个（创建率达 97%），创建省级绿色学校 11 所、市级绿色学校 24 所，省级绿色社区 4 个、市级绿色社区 6 个，省级生态文明创建的 6 项基本条件和 20 项建设指标已经达到考核要求，森林覆盖率、建设指标单位 GDP 能耗数值 2 项指标近期可达标。

8.3.3.2 主要做法

（1）强化组织领导，建立工作机制

一是健全组织领导机制。成立了以县长为组长、分管副县长为常务副组长，22 个

县直有关部门和 5 个镇、街道为成员单位的生态创建工作领导小组，将工作任务逐一分解落实到位；建立层级包抓制度，实行县级领导、各部门主要领导、镇（街道）领导定点包抓，各级各相关单位明确负责人具体抓，全方位统筹推进生态县创建工作；并建立专家咨询和人大、政协监督制度，多次邀请省、市专家指导创建工作，为顺利推进生态县创建工作提供了坚强的组织保证。二是建立规划引领机制。编制《澄江生态县建设规划》及《澄江县生态环境保护规划》，对生态文明县建设进行了严密细致的定位和划分，保证生态县建设各项指标和重点任务的顺利完成。近年，又投入 6000 余万元扎实开展以《抚仙湖径流区区域总体规划》为龙头的多规合一工作，完成海绵城市等 18 个专项规划和 330 个村庄规划。三是建立全民参与机制。积极开展“绿色学校”“绿色社区”“绿色单位”创建和环境保护，生态县建设知识宣传，“仙湖卫士”等活动，不断增强群众环保意识，提高群众对生态县建设的知晓率和参与率，营造全民参与生态县建设的良好氛围。四是建立监督检查机制。把生态县创建工作细化分解到各部门并作为部门综合考评考核的重要内容，作为部门领导的考核指标，严格督查、考核奖惩，坚持以良好的政治生态推动生态创建，确保目标任务圆满完成。

（2）坚定不移抓好抚仙湖保护和生态建设，全方位提高区域环境质量

一是加强源头控制，推进结构减排。抚仙湖“四退三还”成效显著，退房 22 万平方米，搬迁沿湖群众 1505 人，广龙、立昌片区 1 万人生态搬迁工作全面启动，建成一期湿地 631 亩，生态调蓄带 7.85km，增加湖滨缓冲带 1125 亩，退出畜禽规模养殖 36 户，推广测土配方施肥 70 万亩，拆除塑料大棚 4150 亩，抚仙湖径流区农业化肥施用量下降 20%。完成全国南方农业高效节水减排高西片区试点建设，抚仙湖流域 15.5 万亩节水减排工程全面推进。按照“一河一策”的原则，建立县、镇、村三级全覆盖的河（段）长、片长责任制管理网络，制定入湖河道治理方案，安装河道垃圾打捞器 19 台，治理水土流失面积 180.32km^2，7 条主要河流水质从劣Ⅴ类改善到Ⅴ类，东大河达到Ⅳ类，梁王河达到Ⅲ类，抚仙湖总体水质稳定保持Ⅰ类。二是强化水污染治理，防范水环境风险。投资 35.5 亿元的 27 个抚仙湖“十二五”水污染综合防治项目建成投运，项目完工率、资金到位率、投资完成率均达 100%；投资 145 亿的 45 个抚仙湖“十三五”规划项目前期工作全面展开，26 个项目已完成可行性研究报告编制，全国农村生活污水治理示范县等 3 个项目启动建设。通过一系列工程的实施，每年削减化学需氧量 5200 余吨、总氮 1000 多吨、总磷 210 多吨、氨氮 170 多吨。三是深化环保专项整治，加大污染治理力度。严格执行环境影响评价制度和建设项目“三同时”制度，全县所有新、改、扩建项目全部通过环评审批，建设项目环境影响审批率、“三同时”执行率均达 100%。办结中央环保督察转办件 27 件，完成 90 件环保违规项目清理整改，关停搬迁砖厂、水泥厂、砂石料场共 31 家，环境执法进一步强化。建成澄江环境空气监测自动站、构建 18 家重点企业污染源在线监测平台，环境监察监测体系日趋完善，重点流域、重点区域、重要行业涉重涉危污染源得到严格防控，各项污染物达标排放。多年

来，全县未发生重大环境污染事件。

（3）围绕创建全面贯彻“生态十”理念，推进三次产业融合发展转型升级

一是以生态文化旅游产业为核心，大力发展第三产业。启动抚仙湖国家湿地公园、国家级旅游度假区和国家全域旅游示范区创建。澄江化石地成功申报世界自然遗产和国家科普示范基地。以大项目带动大生态建设，按照“一城五镇多村”总体布局，稳步推进寒武纪乐园、立昌旅游小镇、广龙旅游小镇等一批重大旅游项目，促进沿湖群众进一步转变生产生活方式，改善抚仙湖区域生态环境。28km 仙湖时光栈道全线贯通，抚仙湖沿湖环境综合整治全面开展并取得明显成效。中国-东盟国家外长特别会议等一系列高端会议陆续在抚仙湖举行，成功举办了格兰芬多国际自行车节、全省公开水域邀请赛等节庆赛事，澄江在国内外的知名度和影响力不断提升。2016 年，接待游客 714 万人，实现旅游总收入 37.9 亿元。二是以绿色产品、庄园经济为方向，加快发展高原特色生态观光现代农业。种植结构进一步优化，累计流转土地 2.8 万亩，发展蓝莓 6200 亩、景观苗木 1.5 万亩、核桃 14 万亩，巩固荷藕种植 3050 亩。依托绿水青山、田园风光、乡土文化等资源优势，建成吉花荷藕等 9 个庄园，玉溪庄园获国家级旅游生态示范区、国家农业科技园区称号，木森庄园、玉溪庄园、大樱桃庄园获省级精品农业庄园认证，乐万家等 7 户企业获省级龙头企业认定，生态农业示范带动效应明显。三是坚持可持续发展，推进新型工业化。坚持“绿色 GDP”发展理念，重点围绕“一园三片区”布局，调整优化工业产业布局，扎实开展磷化工节能技改，着力发展生物医药、食品加工、现代商贸物流等新兴产业；推广清洁生产和环境管理体系认证，先后完成 15 家黄磷、水泥企业的清洁生产审核，盘虎、龙凤黄磷尾气综合利用等 6 个节能技改项目竣工投产，关闭三元德隆等 13 家企业，淘汰吉花水泥厂、冶钢水泥厂机立窑生产线，重点耗能企业能源管理体系通过省级审核。黄磷尾气发电、黄磷尾气蒸汽替代锅炉资源化利用每年可替代燃煤 49969.7t 标煤，减排煤渣 10375t，减排二氧化硫 1499.2t，区域生态环境质量大大改善。

（4）以环境综合整治提升为突破口，不断优化城乡环境

一是大力实施林业生态建设，不断优化区域生态环境。完成帽天山片区生态修复 615 亩，实施林业生态建设 22.73 万亩，公益林管护 35 万亩，启动抚仙湖径流区 10.35 万亩植被恢复治理工程和全国保护母亲河行动绿色长征解放军青年林澄江项目建设，陆地森林覆盖率达 54%。二是加强城镇“两污”基础设施建设，完善城市服务功能。坚持拓展城市空间与增强承载服务功能并举，全面推进城市基础设施建设步伐。完成禄充污水处理厂改扩建和东岸自来水厂建设，县城污水处理厂处理能力达 1.5 万立方米每天，铺设污水收集管网 333km，覆盖县城凤麓街道、龙街街道、右所镇、抚仙湖北岸、湖畔圣水等五个片区；县城垃圾焚烧厂建成运行，处理能力 100t/d，建成垃圾中转站 3 座，有效提高了城镇生活垃圾无害化处理率。三是以城乡环境综合整治为抓手，提升人居环境质量。深入实施“六城同创”和人居环境提升行动，加强旅游环境综合整治，坚持绿化、彩化、美化、亮化、净化、文化立体推进，加大“四治三改一拆一增”和“七改三清”环境整治力度，全面开展城乡垃圾、路域环境、“厕所革命”等专项整治行动，实施了324个村落综合整治工程，建立农村环卫长效机制，“脏、乱、差”现象得到有效治理。启动“增绿添色·点亮澄江”项目建设，新建城市游园6个，新增城市绿地9.8万平方米。制定并严格执行城市规划、民房规划建设等规定，拆除临违建筑1700宗17.2万平方米。整治重点街区5条。“百村示范、千村整治”工程顺利推进，完成6个示范村、43个整治村和8900户农危改工程，惠及2.6万户群众。朱家山、小官庄等美丽宜居乡村建设成效明显。海镜、松元石门村被列为中国传统村落。通过一系列的环境综合整治，抚仙湖沿湖生态环境洁净自然，城乡面貌焕然一新。

未来澄江市将进一步健全完善生态创建工作长效机制及资金融资机制，对照国家生态文明市县建设考核指标要求，逐项核查，已达标的项目不断改进提升，不达标的抓紧补齐短板，切实做到思想不松懈、工作不停步、措施不放松，把生态创建持之以恒地抓下去，争取早日成功创建国家级生态文明示范县，实现“山湖同保、水湖共治、产湖俱兴、城湖相融、人湖和谐”目标。

8.3.4 大理州洱源县

8.3.4.1 洱源县概况

洱源县位于云南省大理州北部，全县土地面积2614km^2，耕地面积26.71万亩，具有干湿季分明、光照充足、立体气候和区域性小气候明显等特点。县城驻茈碧湖镇，海拔2060m，距省会昆明389km，离州府下关69km。下辖6镇3乡90个村（居）委会，总人口29.87万人。境内资源丰富，素有“高原水乡”“温泉之乡”“梅果之乡”“乳牛之乡”“中国温泉之城”等美誉，为全国第二批生态文明建设试点县、全国首批生态保护与建设示范区、国家绿色能源示范县，是高原明珠“洱海”的源头。洱海是全国著名的七大淡水湖之一，也是云南省第二大淡水湖，面积251km^2，容量27.4亿立方米。洱源作为洱海的主要水源地，有大小支流560条，径流总量4.39亿立方米，支流汇入弥苴河、永安江、罗时江后，呈“川”字形由北向南注入洱海，占洱海平均径流量的60%左右。因此，为洱海输送清洁水源，坚持不懈推进以洱海保护治理为重点的生态文明建设，是历史赋予洱源的重大使命，也是洱源义不容辞的重要职责。洱源县全面贯彻落实习近平总书记“一定要把洱海保护好”的重要指示精神，牢固树立“洱源净、洱海清、大理兴”的理念，全力推进洱海保护治理“七大行动”，打响洱海保护治理与流域转型发展“八大攻整战”，走出了一条“生态优先，绿色发展”的具有洱源特色的生态文明建设和绿色发展之路。

8.3.4.2 主要做法

(1) 以生态文明思想为指导，强化政治站位

县委、县政府始终以高度的政治自觉，切实把生态文明示范县创建工作作为与以习近平同志为核心的党中央保持高度一致的重大政治任务、重大民生工程和重大发展问题来抓，认真学习贯彻习近平生态文明思想，坚持把生态文明建设摆在全局工作的突出位置，不断深化“绿水青山就是金山银山”的发展理念，以提升主要入洱海河流水质为核心，改善源头生态环境质量为目标，解决生态环境领域突出问题为重点，防控生态环境风险为底线，以最坚决的态度、最严格的制度和最有力的措施抓好生态文明示范县创建工作。

(2) 以机制体制建设为保障，强化工作落实

一是加强组织领导。大理州委、州政府为指导洱源县生态文明示范县创建工作，成立了州长任组长、州四班子分管领导任副组长、州级各部门主要领导为成员的领导组(大办通〔2008〕49号)，洱源县委、县政府切实担当起创建工作的主体责任。及时成立县委、县政府主要领导任组长，四班子领导任副组长的生态文明建设领导组，建立一线统筹协调、一线解决问题、一线推进工作、一线监督执纪的工作推进机制，整合县环境保护局、县洱海流域保护局、县湿地管理局、县园林绿化局工作职责，成立生态委，高配副处级，进一步集中优势资源、合力攻坚抓好生态文明建设，流域6镇乡单设环保副镇乡长，设立镇乡环境保护服务中心。各镇乡和县级各有关部门均建立了主要领导牵头的创建工作机制，一级抓一级，层层抓落实，形成上下联动、左右协调、齐抓共管、全面创建的工作格局。将生态文明建设工作纳入年度党政实绩考核，覆盖各级党政机关部门，其中副处级以上44人，副科级以上80人，科员150人，占党政实绩考核比例24%。成立以县人大、县政协保留处级待遇领导为组长和成员的县生态文明建设督导组，对生态文明建设工作和创建工作进行督导。二是强化资金保障。积极争取上级资金，《洱海流域保护治理与可持续发展规划》获得国家发改委批复，规划涉及56.7亿元，共52个项目，现已完成投资40.15亿元，占规划总投资70.81%。争取生态补偿，省委、省政府近3年补助1.76亿元。2017年，省委、省政府决定给予大理州连续3年，每年6亿元洱海保护治物资金，洱源县占有一定比例。每年州委、州政府给予不低于300万元的资金支持洱源生态文明建设。同时，积极探索下游对上游的补偿机制。成立洱海保护投资开发运营公司、洱源县环海生态农业运营公司，对“两污”设施进行市场化运作，获得富滇银行洱海保护治理和生态文明建设贷款9亿元。创新金融模式，探索出“政府主导、社会参与、金融支持”的生态信贷模式。县财政筹集500万元作为生态信贷的担保金，每年安排不少于200万元的贴息补助，到2019年8月底，发放贷款余额近8亿元。争取专项债券支持，2019年洱源县成功申请获得12亿元洱海保护专项债券资金。县级财政优先保障生态文明建设，2016～2018 年财税收入共计 10.44 亿元，仅生态建设上投入就有 2.83 亿元，占到 27%。

(3) 以点面污染治理为重点，强化污染防治

一是实施截污治污净污工程。在全县建成 6 个集镇污水处理厂、122km 雨污管网、50 个村落污水处理站的基础上，实施总投资 2.29 亿元的洱海流域城镇及村落污水收集处理工程 PPP 项目，共建成截污管网 892km、污水处理厂 12 座、村落污水处理设施 103 个，截污管网覆盖洱海流域 6 个镇乡、坝区 48 个行政村和 279 个自然村，做到污水收集处理全覆盖，全县日处理污水能力达 2.6 万立方米，城镇污水处理达 91.71%。二是实施生活垃圾处置工程。全县建成日处理 85t 的县城生活垃圾填埋厂 1 座，建成 6 座垃圾中转站、4 座折叠式垃圾自动清捞系统，年均清运收集处理垃圾达 6.9 万吨以上，形成了袋装收集、定点投放、定时清运、中转站分类、回收利用、压缩减量和填埋场填埋处理的垃圾收集处理模式。在全省率先开展“三清洁”活动，广泛发动干部群众，开展“清洁家园、清洁水源、清洁田园”活动，村庄环境综合整治率 100%。在全省率先实现“禁磷禁白”，全县农贸市场、超市、商店、学校、社区、医院、旅游景点等重点区域实现全面“禁白”。生活垃圾收集清运处理全部实现第三方市场化运营，生活垃圾收集无害化处理率 86.82%。三是实施面源污染治理工程。积极调整农业产业结构。在主要入洱海河流两侧各 100m，建立生态隔离带 1.36 万亩，建成库塘 193 个、生态隔离带截污沟 104km。创建 2 万亩化肥农药减量示范区，推广 3.5 万亩绿色水稻种植。实施永安江、罗时江区域 4.3 万亩农业面源污染综合治理。积极调整畜禽养殖方式。将主要入洱海河流永安江、弥苴河、罗时江、弥茨河、凤羽河等主要河流两侧 200m，东湖、西湖、茈碧湖、海西海水库、三岔河水库两侧 500m 和城市建成区划定为畜禽规模化养殖禁养区，禁养区规模化养殖场全部搬迁。限养区实行总量控制，实行环保设施标准建设。建成 3 座有机肥料加工厂、15 座畜禽粪便收集站，实现了洱海流域畜禽粪便收集处理全覆盖，畜禽养殖场粪污综合利用率达 95.73%。

(4) 以水质提升改善为根本，强化系统治理

一是划定生态红线。生态红线划定由省生态环境厅统一组织，现已完成洱源县实地踏勘，等省级统一发布后执行。划定弥直河、永安江、先时江、海尾河、凤羽河、白石江、弥茨河、跃进河（牛街、三营境内）等主要入湖河流两侧各 30m，茈碧湖、西湖、海西海、三岔河水库周围 50m 以内范围为洱海流域水生态保护区核心区，严守耕地红线，全县基本农田保护面积 35.58 万亩，受保护地区（山区）面积占全县土地面积 37.47%。生态红线保护区面积增加 5.8395km^2，自然保护地面积维持在 277.14km^2，且性质不改变，功能不降低。二是实施万亩湿地建设工程。在三条主要入洱海河流两侧、重要湖泊周围、沿湖沿江村落下游建设和恢复湿地，让生活污水、农田尾水进入湿地沉淀净化后再进入河道，确保主要入洱海河流水质提升改善。全县湿地面积累计

32.55km^2，占全县土地面积 1.28%。其中，自然湿地 16.54km^2，人工湿地 16.01km^2，主要分为茈碧湖片区湿地、东湖片区湿地、西湖片区湿地、重点村落片区湿地、集镇污水处理厂尾水湿地，形成洱海源头连片湿地生态堡垒。三是全面推行河长制，建立县、镇（乡）、村、组四级河长体系，全县共设置县级河（湖）长 43 人、镇（乡）级河（湖）长 100 人、村级河（湖）长 98 人、组级河（湖）长 531 人。共设有县级总督察 1 名、副总督察 2 名。设立了县、镇（乡）两级河长制领导小组办公室。编制主要入湖河流和重要湖库"一河一策""一湖一策""一库一策"，实行"131 河长巡查制度"和"五巡查一建议"工作法。四是实施生态河道治理，总投资 6.52 亿元，实施治理生态河道 188km，现已治理河道 128km、生态截污沟渠 83km、生态护坡 40.9km。五是实施生态屏障建设工程。重点开展以生态公益林和天然林保护为主的森林生态保护，实施森林管护 246 万亩、封山育林 3.5 万亩，治理陡坡地 1 万亩，退耕还林 5000 亩，全县林草覆盖率达 68.4%。治理地质灾害隐患点 208 个，关停 11 个非煤矿山和 55 个洗砂打砂场，启动关停采矿点植被恢复。认真落实《大理州生物多样性保护实施方案（2014—2020 年）》，开展西湖紫水鸡种群重点保育区保护点等维护生物多样性工作。强化自然保护区（国家级自然保护区 1 个，州级自然保护区 5 个）保护管理。

（5）以生态文明理念为引领，强化共建共享

一是全面参与共建。实施生态文明和洱海保护宣传教育工程。开展环境保护"六进"活动，充分调动群众自觉参与环保、爱护环境的自觉性、主动性。建立各类洱海保护志愿者队伍，在全县范围内积极组织开展环境保护宣传活动。开设环境保护课堂，在中小学校开设每周 1～2 节的环境保护课。累计发放《洱海保护条例》等洱海保护相关法律读本和宣传资料 12 万本。制作一部保护洱海流域的公益宣传片——水乡西湖；摄制《洱源县生态文明建设宣传片》。每年安排一定比例的党政干部到清华、上海交大、西安交大等高校开展生态文明建设专题培训，选调一定比例的党政干部到省委党校学习生态文明建设知识，邀请专家学者到洱源宣讲生态文明知识，全县党政领导干部生态文明知识得到全面提高。二是加强媒体宣传监督。利用电视台、手机快讯以及政府门户网站、官方微博、微信等平台公开各类环境信息，公开率达 100%。召开新闻发布会 1 次、新闻通气会 4 次，接受各类媒体采访报道播出和新刊发共 163 条，其中，中央媒体团组团到洱源采访 6 次 300 多人，省媒组团到洱源采访 12 次 650 人，中国作家团、美术协会到洱源采访 12 次 650 人，在生态文明建设中形成党媒引领主流舆论、各级媒体主动正面发声的新闻舆论氛围。

（6）以联合联动执法为手段，强化依法保护

一是强化环境执法。率先在大理州基层法院成立环境保护审判庭，成立至今，已经审理相关案件 64 件。增强环境执法力量，成立洱海流域综合执法大队，流域 6 镇乡派出所配环保副所长各 1 名，配备 8 辆环保执法车。2018 年共开展联合联动执法 260 次，

立案查处 116 起，罚款 82 万元。强化执纪监督，开展生态文明专项纪律检查 40 轮，发现问题 140 个，下达整改 17 个，提出建议 45 条。二是全面整治违章建筑。完成洱海流域坝区自然村村庄规划修编，建立村庄土地规划建设网格化管理制度，成立执法中队，配备规划管理人员 133 名。排查“两违”建筑 491 户。三是整治餐饮客栈服务业。共排查出餐饮客栈服务业经营户 661 户（核心区 97 户，非核心区 564 户），关停并提标恢复 598 户（核心区 97 户，非核心区 501 户），要求一律安装环保设施。

(7) 以环保督查整改为窗口，强化治理成效

洱源县委、县政府始终高度重视各类生态环境问题的整改工作，每次环境保护督查意见反馈后都及时研究，及时制定详细整改方案，明确整改目标、整改措施和整改时限，细化具体整改责任到牵头单位、责任单位和配合单位，强化督查、定期调度，按要求全力推进整改工作，总之，洱源县坚持以洱海保护治理统领全县经济社会发展，坚持县委、县政府处级领导挂帅，牵头单位牵头，责任单位负责，一个问题、一套方案、一抓到底。

8.3.4.3 创建成效

(1) 生态制度更加完善

编制完成《洱源县生态文明示范县建设规划（2018—2020 年》《洱源县洱海保护治理与流域生态建设“十三五”规划》《洱源县林业生态质量提升工程规划》等指导生态文明建设的各领域专项规划，明确生态文明示范县建设总体思路和规划目标，从改革创新体制机制、实施重点示范工程等方面，开展了《洱源县环境总体规划》《洱源县生态保护与建设规划》《洱源县空间管控规划》《洱源县城市总体规划》等专项规划“多规合一”编制，强化规划的衔接和工作的统筹。印发并公布《洱源县人民政府关于印发洱源县洱海流域餐饮业管理办法（试行》和《洱源县人民政府关于印发洱源县洱海流域乡村民宿客栈管理办法（试行）》，全面规范餐饮客栈服务业管理，提升生态旅游内涵。制定《洱源县金融支持生态文明试点县建设的实施意见》《洱源县生态信贷财政贴息管理办法》及《洱源县洱海保护宣传教育工程实施方案》。制定出台保护洱海居民公约，流域洱海保护村规民约实现全覆盖，为生态文明建设提供了有力的制度保障。

(2) 生态环境更加优美

通过以洱海保护治理为重点的生态文明建设实践探索，目前全县呈现出河湖水质稳定达标，水、大气、土壤污染防治有力有效，生态环境更加优美的态势。一是河湖水质情况良好。2018 年流域 6 镇乡 13 个交界监测断面水质趋向好转，3 条人洱海河流水质持续改善，污染物总量削减明显，三条主要入湖河流按地表水环境质量标准均达到Ⅱ类水质。集中式饮用水源地（茈碧湖水库）水质常年均为湖库标准Ⅱ类以上。2018 年完成河湖水体化学需氧量削减量 835.85t、氨氮削减量 69.37t。二是空气质量保持稳定。环境空气质量监测体系进一步健全，产业发展布局、城乡规划、空间管控和绿地控制等进一步优化，完成淘汰落后制砖设备等产能，实施太阳能、天然气等清洁能源替代利用。完成 396 辆黄标车治理淘汰。完成 153 辆 8t 以上渣土车 GPS 安装，深化城镇扬尘污染治理，全县空气质量优良率稳定保持在 10%。三是土壤污染防治有效开展。开展土壤污染状况详查，完成农用地土壤污染状况详查点位核实，开展水土流失综合防治，全面抓好重点企业监管，全县目前未发现涉重金属土壤污染情况。四是区域环境质量不断改善。县城建成区环境噪声年均值达到控制标准。2016 年生态环境状况指数（EI）69.93。县城环境质量考核连续两年为“基本稳定”。五是生态屏障更加扎实。全县共投入资金 7.19 亿元，建成和恢复湿地 2.401 万亩（约 $16km^2$）。洱海流域内流转土地 1.39 万亩，建设串株式多塘湿地 810 亩，截污沟 $104km^2$。彻底关闭除地热、矿泉水矿资源外的非煤矿山，并进行植被恢复。规划绿化造林 0.73 万公顷，2015 年至今完成 0.21 万公顷，森林管护面积达 246 万亩。通过近些年的不懈努力，全县林草覆盖率达 68.4%。

(3) 生态城乡更加宜居

按照《洱源县进一步提升城乡人居环境五年行动计划（2016—2020）》《洱源县城乡违法违规建筑治理工作方案》明确的既定目标，紧紧围绕城乡“四治三改一拆一增”和村庄“七改三清”责任清单，着力提升城乡人居环境，构建宜居城镇。一是扎实开展省级园林县城创建工作。县城区共有 9 个公园广场，服务半径覆盖率达 84.73%，人均公园绿地 $13.3m^2$，绿地率 33.5%，绿化覆盖率 38.05%，县城建成区范围内省级园林单位（小区）达 60%，2017 年 1 月，被省人民政府命名为云南省第八批省级园林县城。二是生态基础设施更加完善。进一步完善镇乡输水管网、公路网建设，自来水设施覆盖率达 100%，全县公路通车里程为 3394.451km，镇乡通畅率达 100%，加强电网改造，电网覆盖率达 100%。结合“易地扶贫搬迁、稳固住房建设、农村危房改造”等模式，实施稳固住房建设 28969 户，农村住房均达到安全住房条件。“环境优美、洁净和谐、生态文明”的生态文明发展新格局基本形成，截至目前，下辖 9 个镇乡全部被命名为省级生态文明镇乡。

(4) 生态经济更加绿色

确立了“以洱海保护治理统领经济社会发展”的方针，全力推进一、二、三产业转型升级。一是农业产业转型起步。大力发展绿色水稻、生态油菜、蓝莓、梅果等生态农业，建设生态农业产业示范区，实施区域生态循环农业示范，秸秆综合利用率 97.1%。培育 3 个现代农业庄园、390 家各类农民专业合作社和 15 家州级以上重点龙头企业。获得“中国驰名商标”1 个，省级品牌注册商标 8 个，著名商标 7 个，国家级和省级名牌产品 7 个，农产品原产地标记认证 2 个，无公害食品 5 个，有机食品 5 个，绿色食品

8个。成立电子商务公共服务中心，建立“1+9+90”全覆盖的电子商务农业产品展销模式，现有16家企业进入平台，年销售额逾千万元。充分利用辖区内建有顺丰有机肥厂的优势，在流域内建设畜禽粪便收集站18座，通过划定畜禽规模化养殖禁养限养区，规范畜禽养殖。从2018年起，认清形势，积极担当作为，强有力开展包含禁止销售、使用含氮磷化肥，推行有机肥替代，禁止销售、使用高毒、高残留农药，推行病虫害绿色防控，禁止种植以大蒜为主的大水大肥农作物，调整产业结构，推行农作物绿色生态种植，推行畜禽标准化及渔业生态健康养殖的“三禁四推”工作，培育引进农业龙头企业、农民合作社等新主体企业18家，同时积极开展农业种植结构调整。二是生态工业稳步发展。严禁化工、冶金、制浆、制革、电镀、电解等有严重污染的工业项目落户洱源，加大对高耗能、高污染行业落后产能的淘汰力度。严格执行工业园区规划环评，企业生产废水自建污水处理设施处理，达标后实行中水回用，不外排，生活污水纳入集镇管网进污水处理厂处理。洱源县先后引进了大唐、华能、国电等国内知名企业，累计投资53亿元，相继建成了大唐罗坪山、华能马鞍山等12个风电场，装机容量46.1万千瓦，分别占全州、全省总装机容量的40.4%和6.5%，为全省第一风电大县。三是生态旅游规范发展。坚持把地热资源的开发纳入环境保护的总体规划，把深度开发地热资源与洱源湖光山色、田园风光、历史文化古镇等特色文化开发利用结合起来，建设成为融温泉度假、高原水乡、白族风情为一体的康体休疗度假基地。全县共有旅游企业224家，其中国家3A级景区2个，旅游从业人员2700多人。有大理地热国、下山口普陀泉度假区、西湖旅游公司等一批具有一定规模的旅游企业。2018年共接待游客126.83万人次，实现旅游社会总收入16.3亿元。

(5) 生态文化更加繁荣

通过全方位、多层面、宽领域地开展丰富多彩的主题宣传和社会宣传实践活动，生态文化、传统文化、特色文化、产业文化的繁荣与生态创建实现了融合发展，在文化传承的同时带动了生态文明的提升，“三清洁”“洱海保护日”等生态主题实践活动蓬勃开展，生态文明健康的生活方式深入人心。2018年，党政领导干部参加生态文明培训的人数比例达100%，政府机关绿色采购比例达100%，城镇新建绿色建筑比例达50.2%，生态生活更加低碳环保。公众对生态文明建设满意度达95.82%，公众对生态文明建设参与度达94.25%。全社会形成了人人讲环保、重生态、树文明的思想自觉和行动自觉，实现了生态文明成果共建共享。

8.3.5 红河州屏边县

8.3.5.1 屏边概况

屏边苗族自治县位于云南省南部、红河州东南部，距省会昆明320km，距州府蒙自 59km，距国家级开放口岸河口 95km。全县土地面积 1844.23km^2，辖 4 镇 3 乡、76 个村委会、4 个社区，共 704 个自然村。境内世居着苗、汉、彝、壮、瑶五个民族，总人口 16 万人，以苗族为主的少数民族占总人口的 68.1%，是全国五个单列苗族自治县之一、云南省唯一的苗族自治县。境内立体气候明显，年均气温 16.5℃，年均降雨量 1650mm，湿度 86%，年均日照 1555h，拥有大围山国家公园、天然大睡佛、国内罕见的史前陆地火山遗址、举世瞩目的滇越铁路人字桥等自然人文景观，生态环境优越，民族风情浓郁，文化源远流长，具有“冬暖夏凉、四季如春”的气候特征，被誉为“中国最南端的春城”。

8.3.5.2 主要做法

(1) 注重高位推动，工作格局迅速形成

自生态文明县创建工作启动以来，屏边县委、县人民政府认真贯彻执行中央关于加强生态环境保护的各项决定和云南省《关于加强生态文明建设的决定》，狠抓生态建设和环境保护工作，始终坚持“生态立县”的战略目标，将生态文明建设融入经济社会发展的全过程。印发了《屏边苗族自治县生态文明示范县建设规划（2018—2020 年）》、《关于全面建设生态县的决定》（屏政发〔2011〕5 号）等文件，成立了以县委书记、县长为双组长的屏边县国家生态文明建设示范县创建工作领导小组，将考核指标与重点项目层层分解下达到各责任部门和乡镇，责任具体落实到人，形成了“自上而下、层层落实”的工作机制。2018 年以来，县委常委会、县政府常务会每月听取生态文明建设工作情况汇报，研究部署创建工作，及时解决工作中遇到的问题。县人大常委会、县政协多次组织人大代表和政协委员视察调研创建工作。多次邀请省、州环保系统领导、专家组到该县指导培训，形成了“党委领导、政府负责、人大政协监督支持、生态环境部门统筹、部门协作、全社会参与”的生态文明建设大格局。

(2) 注重机制保障，生态体系治理有效

坚持以新发展理念为统领，突出“美丽苗乡，森林屏边”主题，以规划引领生态建设工作，着力打造生产空间集约高效、生活空间宜居适度、生态空间山清水秀的“三生空间”，先后编制完成了《屏边县土地利用总体规划（2010—2020 年）》《屏边县城集中式饮用水水源地保护规划》《屏边县城绿地系统规划》《屏边县牧羊河城市湿地公园总体规划》《屏边县海绵城市总体规划》《屏边县生态文明示范县建设规划（2018—2020 年）》等各类规划，相继出台了《屏边县党政领导干部生态环境损害责任追究实施细则（试行）》《屏边县贯彻落实各级党委、政府及有关部门环境保护工作责任规定（试行）实施方案》《屏边县领导干部自然资源离任审计试点实施方案》等文件，作为全县开展自然生态保护、环境治理和生态修复工作的指导性文件。发挥考核指挥棒作用，把生态文明建设各项要求细化为各级领导班子和领导干部政绩考核的内容和标准，在全县目标

管理考核体系中，将生态文明考核权重提高到 21%。进一步完善生态环境信息公开工作，生态环境信息公开率达 100%，同时结合实际，开展了县域空气质量对外发布系统建设，让公众及时知晓空气质量现状，提高公众对环境保护参与的积极性。

(3) 注重品质提升，“三精”工程独具特色

结合“精品县城、精致集镇、精美村庄”建设目标，按照“城镇集群、统筹城乡、布局合理、功能完善、产城融合、以城带乡”的发展原则，加快推进县城和集镇、村庄协同发展。一是全力打造“精品县城”。按照“突出苗文化、做足水文章、发挥绿优势、挖掘山潜力”的思路，将县城作为 5A 级景区进行规划，充分融入屏边特有的苗族文化、边地文化和森林生态文化特色，抓好“一山、一河、一轴、一城”建设。推出以坡屋顶、小青瓦、米黄墙、吊脚楼、美人靠、木格窗、苗图腾等苗族文化元素为特征的“屏边苗式”建筑风格，依山就势，合理布局，投资 20 亿元新建了滴水苗城“一心八寨”“一河五景” $1.4km^2$ 的新城片区，投资 2.53 亿元对老城区所有街道立面和重点节点 752 栋 53.3 万平方米进行了提质改造，初步形成苗族风情浓郁、主题鲜明、个性突出的苗族特色健康旅游县城。二是奋力推进“精致集镇”。将“屏边苗式”建筑风格向乡镇延伸，突出地域民族特色风貌。依托乡集镇易地扶贫搬迁集中安置点建设，扩充集镇人口。着力加快乡集镇休闲广场、农贸市场建设，完善公共服务设施，配套实施净化、洁化、绿化、美化、亮化工程，着力打造极具民族特色的精致集镇。三是做实做细“精美村庄”。科学合理划定村庄建设范围控制线，结合乡村振兴战略，对村庄文化、产业、景观、特色、改造提升等进行系统规划，打造集庄园、休闲、观光、旅游为一体的精美村庄。在全县范围内着力建设一批彰显民族特色文化，山清水秀、村容整洁、民风淳朴的美丽村庄。积极组织开展“最美集镇、最美村庄”创建活动，推动城乡人居环境全面提升。

(4) 注重全域统筹，生态优势充分挖掘

始终坚持“产业发展生态化，生态建设产业化”的理念，立足自身资源禀赋，充分利用独特的气候优势，丰富的土地资源、生物资源和良好的生态环境，不断加大投入，狠抓特色产业发展。一是在“生态＋农业”上，全力推进屏边“三品一标”认证工作，加快以屏边荔枝、屏边猕猴桃、枇杷为主的种植业“十百千”工程建设，规划在海拔 900m 以下区域发展屏边荔枝 10 万亩，在海拔 900m 至 1400m 区域发展枇杷 10 万亩，在海拔 1400m 至 1800m 区域发展猕猴桃 10 万亩，重点打造 100 个优质高产特色产业示范园，重点发展 1000 户特色产业种植大户，累计发展屏边荔枝 6.6 万亩、屏边猕猴桃 6.3 万亩、枇杷 7.7 万亩，实现年产值 9046 万元。狠抓以杉木为主的传统速生丰产林、以桤木为主的新型速生丰产林、以林下草果为主的林下经济作物“百万亩绿色产业基地”建设，累计发展杉木 85 万亩、桤木 30 万亩、草果 30 万亩、中药材 51.52 万亩。二是在“生态＋工业”上，加快新现特色农产品加工及仓储物流园区建设，引导农产品加工企业向园区集聚。以珍茗天然矿泉水包装饮用水、氧森水业有限公司饮用水生产线建设为重点，做大屏边饮用水产业。加快推动农特产品加工、生物医药和大健康等一批科技含量高、环境污染小的环境友好型产业发展。三是在“生态＋旅游”上，以建设“山、水、林、苗、城”为一体的生态旅游思路，由景区发展思路转变为全域旅游发展思路，突出“大围山国家公园”和“苗族文化”两张名片，围绕“吃、住、行、游、购、娱”六大基本要素，着力抓特色产业培植，抓精品旅游小镇建设，推动城市建设、文化产业、特色产业融合发展，城市品质和品位日益提升，经济结构优化升级。

(5) 注重生态治理，人居环境明显改善

一是深入推进城乡人居环境整治。以城市“四治三改一拆一增”和农村“七改三清”整治行动为抓手，全面实施“厕所革命”，加大拆违拆临增绿力度，加快推进农村环境综合整治，全面实施农村垃圾、污水收集清理、人畜混居“清零”行动，提升城乡人居环境质量。二是全面落实河（湖）长制。建立了以县委主要领导为总河长、县人民政府主要领导为副总河长的县、乡（镇）、村（社区）三级河长制，构建了责任明确、协调有序、监管严格、保护有力的河库湖管理保护机制。积极稳妥推进《屏边县四河流域管理条例》制定工作，切实规范四河流域生态环境的保护和管理，统筹推进“三水共治”。三是持续开展水土污染防治行动。全面完成“水十条”“土十条”目标任务，严格土地资源管理，实行最严格的耕地保护制度，严格执行基本农田“五不准”。积极推进节约集约使用土地，大力盘活闲置用地，充分利用城乡存量建设用地。推进城市土地二次开发利用，加大城镇低效用地再开发和工矿废弃地复垦，建立健全矿山生态环境综合评估联席会议制度。严格控制“两高”项目引进，严格准入门槛，将节能审查作为工业投资项目和工业技改投资项目备案的强制性前置条件，严禁“两高”项目落地，不以牺牲环境为代价换取一时的经济发展。

8.3.5.3 特色亮点

(1) 一张“蓝图”绘到底，“绿水青山就是金山银山”理念绘成实景图

屏边县始终感恩大自然的赐予，历届党委、政府高度重视生态文明建设。从十一届县委确立“生态立县”战略到十三届县委和十六届县人民政府提出实现“美丽苗乡，森林屏边”华丽转身的战略定位，并以“一个精品、二个示范、三个特色”为目标，以“一个园区、三大工程”为载体，不断深化“绿水青山就是金山银山”理念。以荔枝、猕猴桃、枇杷为主的种植业“十百千”工程和“百万亩绿色产业基地”规模不断扩大；新现特色农产品加工及仓储物流园区建设的辐射带动效应逐渐显现；农特产品加工、生物医药和大健康等科技含量高、环境污染小的环境友好型产业蓬勃发展；以“一部手机游云南”为引领的大围山国家公园、滇越铁路人字桥、滴水苗城特色小镇、屏边苗族花山节、壮族花米饭节等景点智慧化全域旅游体系初步建立，实现了从低海拔到高海拔绿色产业全覆盖和“三产融合发展”的充分应用，实现了户均10亩以上绿色产业覆盖，农民直接或间接从绿色产业发展上获得户均3万元以上的收入。“保护绿水青山就有金山银山”的观念深入人心。

(2) 一个“精品”具雏形，全域旅游引领经济转型初起步

结合“苗文化”和“绿生态”这两大特色和品牌，把特色小镇创建、“美丽县城”建设作为生态文明转型发展的重要载体，加快县域经济发展的重要引擎，打赢脱贫攻坚战的主要推手，推动全域旅游、实施乡村振兴战略、争当生态文明建设排头兵的重要抓手。始终坚持规划引领，按照“城景一体化和产城融合”思路，全面优化美化城市空间。以“一心八寨”“一河五景”新城片区建设，突出“山水林苗城”特色，带动产业发展，促进城市转型升级，打造一个苗族风情旅游小镇；按照“屏边苗式”建筑风格，将老城片区打造成为苗族特色鲜明、韵味浓郁、业态多元、功能完善、环境优美、恬静闲情的宜游、宜居的苗族风情旅游县城；充分利用穿城而过的河流打造牧羊河溪流湿地公园，通过梯级筑坝的方式，形成梯级湿地公园和水景观，在湿地净化水环境的同时形成休闲旅游节点，不断提升城市品质品位、塑造城市特色风貌、培育城市人文精神，实现了人与城市、城市与环境的和谐共进发展。始终把精品县城作为一种资源进行培植和经营，作为5A级景区进行规划建设，促进城乡融合发展，营造全域旅游新形象。目前精品县城已初具雏形，业态布局正在形成，全域旅游格局初步显现。

(3) 一条“屏障”同打造，生态环境得到实保护

沿边生态屏障全面筑牢，被誉为“北回归线上的明珠”，现在唯一有小元陆龟、桫椤、东京龙脑香、三尖杉共生的宝山，全国生物多样性珍稀濒危植物种类最丰富的保护区之一的大围山国家级自然保护区保护成效显著，已记录的国家一级保护植物红豆杉、望天树、东京龙脑香、狭叶坡垒等19种，国家二级保护植物桫椤属、金毛狗、扇蕨、福建柏、云南金钱槭等55种，国家一级重点野生保护动物10种，二级保护动物68种均得到全面有效保护。生态环境保护成效明显，全县森林覆盖率60.31%，林木绿化率69%，县城建成区人均绿地面积达21.03m^2，生态红线、基本农田保护区、公益林、水源保护地等受保护地区面积占全县土地面积的56.5%。水、气、声污染防治均完成年度考核任务并达到相应功能区划的要求，2017年、2018年空气质量优良天数均为100%，2016～2018年二氧化硫、氮氧化物等主要污染物排放量顺利通过考核。县域内南溪河、新现河等主要河流水质满足水环境功能要求，水质达标率100%；集中式饮用水水源地水质达标率和村镇饮用水合格率均为100%。县内重要农产品种植区域、饮用水源地周边区域、畜禽养殖场周边土壤环境质量现状总体良好。全县秸秆综合利用率达97%以上，畜禽养殖场粪便综合利用率达95.8%。工业、医疗危险废物全部得到安全、合理处置，无危险废物排放；一般工业固体废物处置利用率达100%。根据《云南省生态环境状况遥感监测与评价报告》，屏边县2015～2017年生态环境状况指数分别为

79.6、80.37、79.29，全县生态环境质量保持稳定状态。

(4) 一个“目标”聚人心，创建工作齐发力

作为全国第一批54个国家重点生态功能区之一的屏边县，立足“美丽苗乡，森林屏边”建设目标，坚定不移走生态优先、绿色发展道路，从2013年成功创建国家卫生县城到2018年成功创建全国民族团结进步示范县，从2017年省级生态文明县创建通过省级考核验收到2018年省级森林县城创建通过省级专家组验收，从2016年荣获“全国绿化模范单位”称号到2019年荣获“中国天然氧吧”称号，始终坚持以各类创建活动助推全县生态文明建设，实现了屏边经济发展质量、生态环境质量、人民生活质量的同步提升，走出了一条边疆民族地区生态环境保护与高质量发展同行的路子。“把好山好水还给群众，把青山绿水留给后人，让民风、民俗、民居成为鲜活的乡愁，让子孙后代看得到山，见得到水，记得住乡愁”已成为屏边县委、县政府及各族群众努力的目标和方向。

8.4 两山理论实践创新基地经验

从2017年开始，生态环境部（原环境保护部）开展“绿水青山就是金山银山”的两山理论实践基地的创建工作，先后分三批命名了52个两山理论实践创新基地，云南省保山市的腾冲市（县级市）、红河州元阳县哈尼梯田、怒江州贡山县榜上有名，因此两山理论实践基地的创建经验重点围绕上述3个县介绍。

8.4.1 保山市腾冲市

8.4.1.1 腾冲市概况

腾冲位于云南省西部，1913年设腾冲县，2015年撤县设市。全市国土面积5845km^2，辖11镇7乡，居住着汉、回、傣、佤、傈僳、阿昌等25种民族，2017年末总人口68.27万人。腾冲区位优势突出，与缅甸山水相连，国境线长150km，距省会昆明606km，距缅甸密支那200km，距印度雷多602km，境内有国家一类口岸——猴桥口岸，是中国陆路通向南亚、东南亚的重要门户。腾冲生态环境优越，年平均降雨量1531mm，年平均气温15.1℃，森林覆盖率73%，优良空气质量达标率为97.79%，城镇生活污水集中处理率达87.9%，生活垃圾无害化处理率达97.5%，建成区绿地率达40.02%。腾冲境内各类保护区面积455km^2，北海湿地是国家首批公布的33处国家重点湿地之一，横贯全境的高黎贡山，物种丰富，种类繁多，有已知种子植物4303种、脊椎动物

582 种，被誉为“物种基因库”，被联合国教科文组织列为“生物多样性保护圈”，被世界野生动物基金会列为 A 级保护区。

腾冲市始终坚定不移走生态优先、绿色发展之路，合理划分优先开发、重点开发、限制开发和禁止开发区域，科学划定生态红线，着力优化生态空间格局。同时，把良好的生态作为发展的基本依托和最大优势，加强绿水青山的资源转化，推动自然资本加快增值，全力打造“绿水青山就是金山银山”的腾冲样板。2018 年，腾冲市被命名为“绿水青山就是金山银山”实践创新基地。

8.4.1.2　主要做法

（1）加强环境保护，争当生态文明建设排头兵

坚持用最严格的制度、最严密的法治保护生态环境，严格按照“事前严防、事中严管、事后严惩”的全过程监管思路，建立健全生态保护红线管控机制，严格建设项目环境准入，严格项目审查，加强对红线区域内人类活动的管控，强化对辖区内自然保护区的日常监管。大力推行河流“河长制”，加强地表水环境巡查执法和在线监测，强化考核断面水质监测和动态分析。推进“森林腾冲”建设，健全完善森林资源保护管理机制，全面完成 5 个国有林场改革试点工作，实施森林抚育 7.3 万亩，种植珍贵乡土树种 115 万株，挂牌保护古树名木 5.43 万株，完成封山育林 1.41 万亩，切实加强 270.52 万亩天然商品林停伐保护，全力保护好 707 万亩森林资源。加强集中式饮用水水源地保护，加快城市备用水源项目建设，全市地表水、饮用水环境质量达标率保持 100%。加强生物多样性保护，着力推进高黎贡山国家级自然保护区、北海湿地省级自然保护区、腾冲火山热海县级自然保护区等生态敏感区管理。严格建设项目环境准入，坚持招商选资决不放低环保门槛，接受产业转移决不接受污染转移，加快发展决不以牺牲环境为代价。

（2）加强资源转化，打造世界健康生活目的地

牢固树立绿色发展理念，把生态资源变成产业资源、旅游资源，聚焦“健康食品、健康医药、健康运动、健康旅游”四大产业，以“大健康”产业统领一、二、三产业发展，全力打造世界健康生活目的地。一是切实把绿水青山转变为健康食品产业。按照“绿色、生态、有机”的理念，围绕腾冲具有 120 多万亩无公害农产品生产基地的优势，大力发展健康食品和保健食品，重点打造茶叶、植物油、水牛奶等绿色食品，已培育万吨冷水鱼、界头油菜花海、和睦油茶、“十里荷花”等规模农业示范区。加快药食同源保健品开发，推出一批药膳、药酒等保健产品，培植具有腾冲特色和地方优势的药食同源食品制造产业。努力发展生物提取物，重点推进美洲大蠊等健康产品原料的提取加工，研发一批以植物为主的保健品、生物添加剂等植物产业产品。二是切实把绿水青山转变为健康医药产业。腾冲有“云药之乡”的美誉，有野生草药品种资源 430 多种、名

贵品种40多种、腾药被称为“腾冲三宝”之一，目前已发展万寿菊等特色中药材40多个品种，17.9万亩，有腾药、东药两家本土企业，腾药产业园正在加快建设，引进落户晨光生物、腾寿仁德、魅力汉道、罗瑞生物科技等医药生产企业4家，规划建设绮罗中医小镇。三是切实把绿水青山转变为健康运动产业。全面加快建设门类齐全的健康俱乐部和智力运动，培育壮大健身、漂流、露营、徒步、棒球、自行车、山地户外运动、驴友健身等各类体育健康运动俱乐部，大力发展户外拓展、户外露营、运动训练、徒步旅行、科考探险等山地户外运动产品，先后举办了“云南腾冲中国汽车场地越野锦标赛”“RW50腾冲‘重走远征路’国际越野挑战赛”“腾马”“高黎贡超级山径赛”“秘境百马”等品牌赛事，正在规划建设1000km的健身步道和骑行步道，规划建设棒球训练基地，积极引进格兰芬多自行车节、棒球比赛等精品赛事活动，逐步达到月月有赛事，真正把腾冲建成在全国具有较大影响力的健康运动中心。四是切实把绿水青山转变为健康旅游产业。腾冲是国家级全域旅游示范区，拥有火山热海5A级景区、和顺古镇4A级景区、北海湿地等著名景区，腾冲不仅打造以景区景点为主的观光旅游，更将打造以温泉康体养生、中医治疗保健、休闲运动健康等为主的大健康旅游。切实发展“旅游＋中医疗养”“旅游＋健康运动”，把医药产业融入旅游业，将规模农业种植打造成景区景点，将工业园区打造成A级景区，将工业企业打造成景点，将中成药、绿色食品、保健品、化妆品打造成旅游产品。科学制定全市温泉资源发展规划，建设一批温泉养生基地、温泉小镇，推动温泉旅游产品转型升级，打造全国一流的中医药温泉保健疗养品牌。大力推广耕作体验、原生态生活体验、野外生存体验、动手制作体验、场景体验、文化体验、山水田园体验等一批各具特色的旅游休闲观光景区。近年来，随着健康旅游产业的不断发展，成功引进了安缦、悦榕庄、法国地中海俱乐部、红树林等高星级品牌酒店。

(3) 加强成果共享，全面实施乡村振兴战略

把良好的生态作为发展的基本依托和最大优势，坚决守住生态保护红线，推动乡村自然资本加快增值，着力打造环境美、田园美、村庄美、庭院美的美丽乡村。全面落实水、大气、土壤污染防治三大行动计划，加强自然保护区、风景名胜区及城镇周边生态系统监管，抓好环保突出问题的整改，严厉打击非法采砂、采石等破坏环境的行为。打造美丽宜居乡村，以全域旅游示范区规划为统领，以路网互联互通为先导，以62个中国传统村落为基础，在交通沿线、景区周边、城市周边连片打造产业特色鲜明、人文气息浓厚、生态环境优美、多功能融合的美丽宜居乡村片区，到2020年，全市“3A”以上美丽乡村达20个以上。持续推进人居环境整治，制定腾冲市《人居环境整治三年行动方案》，深入推进城乡“四治三改一拆一增”和村庄“七改三清”行动，重点抓好农村风貌管控、生活垃圾和污水治理、农村“厕所革命”、“四好”公路建设和违法违章建筑整治，累计拆除违法违章建筑44万平方米，投放新能源公交车60辆，开放免费公厕80个，建成一体化和分户式污水处理设施1700套、一体化污水处理厂21个，乡镇污

水和垃圾处理覆盖率分别为 70%和 80%，人居环境全面提升。

8.4.1.3　创建成效

(1) 创建成果丰硕喜人

腾冲高度重视生态文明建设，以习近平生态文明建设思想为指导，以生态立市为引领，全力推进城市发展。通过持之以恒的努力，先后荣获“全国文明城市”“国家卫生城市”“国家园林县城”“全国农村污水治理示范市”“国家农村人居环境整治示范县”“云南省第二批生态文明市”“中国琥珀之城”“中国最佳文化生态旅游目的地”“全球优选生态旅游目的地”等荣誉称号，被评为“最适宜人类居住的地方之一”；成功创建国家级生态乡镇 16 个，创建率 89%，累计创建省级绿色社区 9 个、省级绿色学校 13 所、省级环境教育基地 1 个。目前，正在积极争创“国家森林城市”“国家园林城市”等，《国家森林城市总体规划》通过国家林业局评审，《腾冲生态文明建设示范市规划》通过省环保厅终审，取得积极进展，有望如期实现创建目标。

(2) 经济社会健康发展

近年来，腾冲凭借良好的生态优势，成为全国客商的重要投资目的地，成功引进清华启迪、东方园林、安缦度假酒店、悦榕庄、凤凰文旅、晨光生物、新绿色药业等国内外著名企业和品牌，2017 年，实际到位市外资金 205 亿元。同时，牢固树立绿色发展理念，立足自身绿色优势，建立具有良好经济效益、生态效益的产业体系，聚焦发展“健康食品、健康医药、健康运动、健康旅游”四大产业，不断拓展生态经济增长空间，绿水青山转化为金山银山取得明显成效。2017 年，实现生产总值 176.83 亿元，在云南 129 个县（市、区）中排名第 23 位，三次产业结构优化调整为 20.2∶37∶42.8；完成一般公共预算收入 16.99 亿元，增长 2.5%，一般公共预算支出 55.14 亿元，增长 3.4%；城镇、农村常住居民人均可支配收入 29245 元、10331 元，分别增长 8.4%和 9.9%；接待游客 1414.6 万人次，实现旅游总收入 151 亿元，分别增长 33.1%（城镇）、50.8%（农村）。2017 年在云南省县域经济分类考核中被评为先进县，在 47 个二类县中排名第 3 位。

(3) 生态环境持续向好

坚持像对待生命一样对待生态环境、像保护眼睛一样保护生态环境，扎实开展自然生态保护、生态修复等工作，严守生态红线，合理划分优化开发、重点开发、限制开发和禁止开发区域，科学划定生态红线，着力优化生态空间格局，腾冲生态环境质量持续稳定向好。截至 2017 年底，腾冲森林覆盖率达 73%，集中式饮用水源地水质、主要河流地表水水质、城区环境空气质量、重点污染企业污染源排放达标率均保持 100%；划定上报生态保护红线面积 1675.96km^2，占全市国土面积的 29.42%；各类自然保护区面积 432.71km^2，占全市国土面积的 7.6%；基本农田保护面积 66656.75hm^2，占全市耕地面积的 81.4%。节能减排工作成效明显，二氧化硫、氮氧化物、化学需氧量和氨氮等主要污染物排放量控制在上级下达指标范围。河（湖）长制全面推行，大气、水、噪声污染治理持续开展，饮用水源地保护、土壤污染治理稳步推进。云南省县域生态环境质量监测评价与考核结果从 2015 年“基本稳定”到 2016 年、2017 年连续两年“轻微变好”，考核结果在全省长期名列前茅。

(4) 人居环境全面提升

深入推进城乡人居环境提升行动，城乡“四治三改一拆一增”和村庄“七改三清”整治扎实开展，农村风貌管控、生活垃圾和污水治理、农村“厕所革命”、“四好”公路建设和违法违章建筑拆除取得明显成效，美丽宜居乡村建设全面推进，城乡人居环境大幅提升。截至目前，腾冲城市建成区绿地率达 40.3%，人均公园绿地面积达 11.59m^2，编制完成涉及 216 个行政村、2458 个自然村、62 个传统村落等不同类型共 2787 个村庄规划。建成垃圾焚烧炉 214 座，设置垃圾箱 5927 个，乡镇镇区生活垃圾设施覆盖率和治理率分别达 100%、86.85%，村庄垃圾设施覆盖率达 96.12%。建成镇区污水处理厂（站）23 个、污水管网 114.39km，乡镇、建制村、自然村生活污水处理设施覆盖率分别达 100%、81.05%、73.67%，乡镇、建制村国家三类以上水冲公厕覆盖率均达 100%。

8.4.1.4 典型案例

腾冲在践行“绿水青山就是金山银山”生态文明理念的过程中涌现出一大批成功案例，最具代表性的有以下 6 个典型案例。

(1) 将绿水青山转化为旅游资源的案例——江东银杏村

固东镇江东社区是一个坐落在腾冲北部的小山村，该村有天然连片的银杏林 1 万余亩、3 万余株，整个村落隐于群山环抱，现于农庄炊烟之间，每到深秋，房前屋后，黄叶纷飞，异常美丽。该村围绕“守护、转化、共享、延续”的思路，打通了绿水青山和金山银山之间的隔断，闯出一条保护生态环境、发展乡村旅游、助力群众致富的新路子。强化保护古银杏树，加强村落建筑风貌的引导控制力度，大力实施观光农业项目，初步形成了“吃在农家、住在农家、赏银杏美景”的旅游发展模式，成立了市、镇、村三级共同参与的全省唯一一家“镇域范围内村村有股份、核心区村民户户有分红”的旅游景区开发管理公司，2017 年成功引进东方园林集团，当年入村游客达 36 万人次，完成旅游总收入 6000 万元，其中公司经营收入 1012 万元。通过公司分红，江东社区实现村集体经济收入 55 万元，周边 8 个社区村集体收入每年增收 1.4 万元。江东社区群众通过开设农家旅馆、销售土特产、务工等实现增收致富，人均可支配收入 12100 元，位居全市前列。全村贫困面从 2010 年的 726 户、2520 人减少到目前的 20 户、69 人。

(2) 将绿水青山转化为美丽乡村的案例——中和新岐

新岐是古西南丝绸之路腾冲境内的重要驿站，至今有 300 多年历史，森林覆盖率达 95%，被列入第二批中国传统村落名录，先后荣获“全国生态文化村”荣誉称号、“国家木材储备战略联盟理事单位”称号。可以说，新岐社区的发展是“绿水青山就是金山银山”理念在腾冲的一个生动实践。坚持以林富村。过去的新岐是一个贫穷落后的小山村，为摆脱贫困，20 世纪 70 年代，新岐人民就在“山”字上动脑筋，形成了“念好‘山’字经，走以林兴村、以林养农、以林富农”的发展路子。2002 年后，新岐社区抓住政策机遇，实施退耕还林 6100 多亩，建成了 6 万亩的新岐人工林，采取村集体、村民小组、村民各占人工林 1/3 的“三级营林”模式进行管理，促进了林业发展，2017 年末社区林业总产值达 4 亿元，村集体经济收入达 300 万元，农民人均林地面积 15 亩、人均可支配收入达 10860 元。坚持以林养林，以传统林业经济收益为支撑，发展特色经济林 2.5 万亩（红花油茶 1.13 万亩、泡核桃 1.37 万亩），保护培育天然林 0.5 万亩，发展了以草果、重楼为主的林下经济，实施马蹄阔、木莲等乡土树种林分改造 1000 亩。坚持以林惠民，以林业经济收益为基础，在上级项目的支持下，先后建成了 14.2km 的通村柏油路，硬化了 8km 的村庄道路，实施了村庄绿化、美化、亮化工程，全面改善了乡村面貌，提高了村民生活质量。2017 年末，新岐社区被保山市评为 4A 级美丽乡村。

(3) 将绿水青山转化为健康食品的案例——乌龙茶景区

乌龙茶景区位于生态环境良好、火山灰土壤独特的马站乡境内。2008 年，引进云南极边茶业股份有限公司作为龙头企业，大面积推广种植乌龙茶，通过近 10 年的发展培植，乌龙茶逐渐成为本土特色的“绿色、健康、安全”的有机食品，并成功通过有机食品和绿色食品认证。同时，马站采用“公司＋基地＋农户”的发展模式，大力扶持本地龙头企业，推广“乌龙茶＋”的套种模式，扩大群众收益。目前，乌龙茶种植面积达 11478 亩，2018 年投产面积达 2800 亩，春茶鲜叶总产 300t 左右，预计全年两季（春茶、秋茶）鲜叶总产可达 550t 左右，茶农收入 750 万～800 万元，云南极边茶业股份有限公司预计全年可实现产值 1.4 亿元，预计缴纳税收 300 万元，真正形成了“群众得效益、企业得发展、政府得税收”的良好发展局面。

(4) 高黎贡山茶产业

腾冲市高黎贡山生态茶业有限责任公司，是一家集茶叶栽培、加工、销售、技术研发、生态休闲农业发展、电子商务为一体的省级重点龙头民营企业。“高黎贡山”商标荣获“中国驰名商标”，企业综合实力排名中国茶叶行业百强。茶博园在践行“绿水青山就是金山银山”生态文明理念的实践中，秉承“做一杯放心好茶，保护好一方绿水青山，让茶农生活富裕起来”的初衷，探索了“公司＋院士工作站＋专业合作社＋基地＋农户＋市场”发展模式，闯出了一条变“绿水青山”为“金山银山”的好路子。

① 保护赢得发展。茶山环境原生态、茶叶种植保品质。30 多年来，公司始终坚持保护为先理念，在腾冲范围内流转 1.2 万亩古茶树进行勘察保护，挂牌保护古茶树 3 万多棵，让古茶资源不被破坏。目前有 5640 亩茶园已通过国家有机食品认证，4000 亩茶园通过欧盟有机认证，4775 亩茶园通过国家森林认证，是首家通过中国森林认证的普洱茶企业。

② 茶旅融合发展。围绕腾冲市打造“世界健康生活目的地”目标和发展乡村旅游产业思路，按国家 4A 级景区标准要求，投资建设高黎贡山茶博园项目，属云南省 100 个庄园之一，是国家一带一路的新型产业。积极探索茶旅融合模式，已带动解决就业 500 多人，年季节性用工 1000 多人，带动茶农 3 万多户 10 万多人，其中贫困户 1114 户 4778 人，年带动农民增收 6000 多万元，2019 年实现产值 2.22 亿元。先后荣获全国休闲农业与乡村旅游示范点、中国美丽茶园、云南省秀美茶园称号。

③ 绿色永续发展。树牢“绿水青山就是金山银山”理念，努力从以下几方面对“绿叶子变金叶子”再做探索创新：一是加快建设高黎贡山茶博园综合体，打造国家 4A 级景区；二是尽快建成 2 万亩有机生态茶园；三是加大生物多样性茶园茶叶新产品开发、清洁化生产技术等科技创新，增强竞争力；四是建设国家级茶树种苗繁育研发基地，为西南茶区乃至全国茶区及东南亚国家茶产业高质量发展提供保障；五是建设高黎贡山茶文化走廊，发展乡村旅游综合体，将资源优势转化为经济优势，带动农户 5 万多户 16 万多人增收致富。

总之，该公司以“三产融合、茶旅养生”为建设思路，把腾冲丰富的茶资源，特别是古茶资源，腾冲特色鲜明、组合度高和类型齐全的旅游资源以及多样的民族风情相融合，全域布局、三产联动、以茶促旅、以旅带茶，打造“腾冲全域茶旅康养旅游品牌工程”，通过“生态溯源旅游”的方式，吸引全国消费者到腾冲，深度体验“腾冲全域康养茶旅”，走出独具特色的腾冲茶旅文化融合发展之路。

(5) 曲石镇公平社区

曲石镇公平社区地处火山台地，历史上严重缺水，土地广种薄收，投入大、产出少、效益低，生活水平一度排名全镇末尾。近年来，为使农村经济持续、健康、协调发展，曲石镇探索出了以土地流转带动农村经济发展的“公平模式”，通过大胆探索，扎实苦干，公平社区从一个自然条件恶劣、基础设施条件落后、发展进步缓慢、无人问津的“后进村”，发展成为具有特色产业、生产生活条件持续提高的“明星村”。

紧紧抓住火山灰土壤产出的银杏叶银杏酮含量高、银杏酮产品市场需求前景好的优势，公平社区组建了“腾冲市公平火山银杏叶生产专业合作社”，通过专业合作社将农户手中分散、零散的土地集中起来，引进云南禾顺生物科技有限公司，将流转起来的土地统一租给公司，开展银杏种植、银杏叶加工。公司进驻公平 5 年来不断发展壮大，现有密植播种银杏采叶林3000亩，移植密植银杏采叶林2000亩，套种南方红豆杉采叶林5000亩，抚育原有密植银杏叶林3880亩，改造抚育管护现有低植银杏林5000亩，资产估值1.57亿。通过采摘鲜叶，2017年烘干银杏叶900t，通过交售鲜叶、地租、务工获得收入820万元，村集体每年获得企业支付的服务费20万元。通过农民就地工人化、农村就地城镇化、农业就地工业化，实现了“群众、企业、村集体”三方共赢的发展模式。“公平模式”的成功打造，为社区引来了一大批项目资金，实施了投资856.8万元进村主干道建设项目、投资2330万元的中央财政小农水项目一期工程、“四位一体”建设项目，社区道路、灌溉、村庄建设等基础设施得到加强。目前公司正在规划餐饮、住宿，为发展乡村旅游打下基础。

（6）界头镇的生态旅游

界头地处腾冲市东北部，全镇辖28个社区，2017年末有人口71360人，全镇森林覆盖率75%，龙川江穿境而过，自然生态环境优越，是绿色生态农业生产的天赐宝地，素有“腾越粮仓”和“边陲江南”之美誉。长期以来，界头发展以粮、油、烟为主的传统农业。近年来，界头镇依托绿水青山的生态优势，通过举办花海旅游节，培育连片玫瑰、万寿菊等活动，发展健康旅游；引进花海慢城山地自行车赛、彩色欢乐跑等精彩赛事，发展健康运动，实现产业结构转型升级，加快推进农旅联姻一体化进程。几年来，举办了5届花海旅游节，全镇累计接待游客达到300万人次以上，带动发展农家乐300余家，带动群众增收5亿元以上。2018年，依托市委大健康战略，发展种植2.3万亩万寿菊，预计产量4万吨以上，收益4000万元以上。“花开四季”的构想变成现实，“四季花香、农旅结合”的特色生态小镇蓝图初步绘就，绿水青山成为界头经济可持续发展的天然引擎。

8.4.2　红河州元阳县哈尼梯田

8.4.2.1　元阳县哈尼梯田概况

元阳县是世界文化遗产红河哈尼梯田的遗产区，总面积为461.04km^2，其中，遗产区面积166.03km^2，涉及1镇2乡（新街镇、攀枝花乡、黄茅岭乡）、18个村委会、82个自然村，11664户56375人。缓冲区面积295.01km^2，梯田面积约12万余亩，涉及3镇4乡（南沙镇、新街镇、牛角寨镇、沙拉托乡、攀枝花乡、俄扎乡、黄茅岭乡），共26个行政村，171个自然村，14899户，69531人。新街镇和攀枝花乡共同申报“两山”实践创新基地，面积158.53km^2。元阳哈尼梯田先后被列入世界文化遗产、全球重要农业文化遗产、中国重要农业文化遗产、国家湿地公园、全国重点文物保护单位、国家4A级旅游景区，哈尼四季生产哈尼哈巴等多项农耕文化项目列入国家级非物质文化遗产名录。哈尼梯田在海拔170m至1980m的山岭中，梯田级数最多的有3700多级，拥有1300多年文字记载的开垦历史，是哈尼族、彝族等十余个世居少数民族和谐共融，凭借坚忍的性格、顽强的精神和生存的智慧，利用当地特殊的地理气候环境开创的高山农耕文明奇观，呈现出特有的森林、村寨、梯田、水系“四素同构”生态系统，形成以梯田为核心的高原农耕技术、民俗节庆、宗教信仰、歌舞服饰、民居建筑等梯田文化，充分体现了人与自然、人与人以及人与自身之间“天人合一”的文化内涵，昭示了人与自然和谐相生的生存智慧，是哈尼族、彝族等先民农耕文明的智慧结晶和农业文明文化景观的杰出范例，是中国梯田的杰出代表、世界农耕文明的典范。

元阳县深入贯彻落实习近平生态文明思想，坚持创新、协调、绿色、开放、共享的发展理念和“五位一体”总体布局，充分利用遗产文化赋予哈尼梯田强大的生命力，以维护“四素同构”循环生态系统为重点，按照“生态兴农、农兴文旅、以旅带商、以商促农”的发展思路，着力打造“稻鱼鸭”综合生态种养模式、梯田红米品牌精准扶贫模式、哈尼梯田文旅品牌促农增收模式，提升哈尼梯田绿色生态品牌和文化旅游品牌，走出了一条“绿水青山就是金山银山”的生态发展新路。

通过践行“绿水青山就是金山银山”绿色发展观，元阳哈尼梯田生态环境质量明显改善、绿色惠民品牌逐渐形成、产业融合升级初见成效、利益共享机制初步显现，形成了乡村振兴与脱贫攻坚统筹谋划、共同推进的哈尼梯田遗产区保护利用长效机制。2018年12月15日至16日，在广西壮族自治区南宁市召开中国生态文明论坛年会上，元阳哈尼梯田遗产区被生态环境部命名为第二批“绿水青山就是金山银山”实践创新基地并授牌。

8.4.2.2 元阳县的主要做法

(1) 强化组织领导，有序推进“两山”基地建设

县委、县政府高度重视“绿水青山就是金山银山”实践创新基地建设工作，成立了以县委书记和县长为双组长、相关副处级领导为副组长、相关部门主要领导为成员的元阳县“两山”实践创新基地建设领导小组，领导小组下设办公室在州生态环境局元阳分局，由局长任办公室主任，负责统筹协调相关工作。制定了《元阳哈尼梯田遗产区“两山”实践创新基地工作方案》，进一步落实推进“两山”重要思想实践的职责分工，建立了一整套系统完备的工作制度和推进机制。县委常委会、县政府常务会议多次研究“两山”基地创建的相关工作，细化部署“两山”实践创新基地建设任务时间节点和技术支持工作。各乡镇、各有关部门牢固树立大局意识，把实施哈尼梯田保护利用重点项目摆在首要位置，把支持好、服务好、协调好哈尼梯田保护提升工作作为义不容辞的责任，各司其职、各负其责、相互协调、密切配合，形成哈尼梯田保护利用专项工作的强大合力。县梯管、水务、林业、文旅、住建、自然资源、交运、农科、民宗、财政等部门严格按照部门职责，认真落实项目实施主体责任，突出重点、优先保障、专人负责，

主动加强与中央、省、州相关部门的汇报衔接，积极争取项目和资金支持，确保哈尼梯田保护利用各块重点项目快速推进、抓出成效。各责任单位进一步明确主要负责人为第一责任人，切实履行主体责任，协调配合，积极开展“两山”实践创新基地建设工作，确保各项措施落实到位。为进一步探索将“绿水青山”转化为“金山银山”的有效途径，提升生态产品供给水平和保障能力，创新生态价值实现的体制机制，确保实践创新基地工作有力推进，目前已委托生态环境部环境规划院编制《红河州元阳哈尼梯田遗产区“绿水青山就是金山银山”实践创新基地建设可持续发展方案》。

（2）坚持保护优先，守住哈尼梯田“绿水青山”

以维护森林、村寨、梯田、水系“四素同构”循环生态系统为重点，实施哈尼梯田森林保护恢复，累计投入1.5亿元实施核心区生态植被恢复工程，植树造林25.6万亩，完成沼气池9959户、节能改灶1410户，推广太阳能热水器6000台，遗产区森林覆盖率达67%，有效改善了遗产区生态环境。2018年以来在“一镇五村”、景区公路沿线33个村庄周围实施植树绿化工程，种植绿化树12026棵；实施传统村寨保护与管理，编制完成遗产区82个村落发展规划，投资6.6亿元实施哈尼小镇和60个遗产区传统村落提升改造，对遗产区1602户传统民居实行挂牌保护，对阿者科等5个重点村164户传统民居兑现了每户900元的保护修缮费用。哈尼小镇被列入国际水平特色小镇创建名录，箐口、阿者科、垭口、大鱼塘列入中国传统村落目录，确保了传统民居的完整性和真实性。2018年以来，按照“修旧如旧、外饰传统、内置宜居”的改造要求，对遗产区82个村庄中风貌异化、茅草顶和墙体脱落民居进行改造提升，完成遗产区村庄民居风貌提升改造1153栋，拆除两违建筑202栋；实施哈尼梯田红线保护，严格执行《基本农田保护条例》，层层签订《基本农田保护目标责任书》，明确县级、乡镇、村寨的权责，强化乡镇对资源环境及周边生态环境的保护管理主体责任，促进了哈尼梯田保护管理合理化、规范化、科学化。加大土地流转，传承传统农耕技术，发展梯田红米和农副产品，对梯田种粮农户实行良种补贴、农资综合补贴等政策性补贴，提高群众种粮积极性，严守遗产区7万亩梯田红线。实施哈尼梯田水系维护，加大遗产区水利配套设施建设力度，着力推进东观音山水库、中央财政小型农田水利项目建设，投资7027万元在梯田遗产区新建和加固小型坝塘16个，扩建改造沟渠105条，治理水土流失面积74.67km^2，实施农村饮水安全工程82项，着力解决了遗产区水田灌溉及5万余人的安全饮水问题，确保水资源永续利用。研究制定了《元阳哈尼梯田核心区污水污染源分类管理治理实施方案》和《元阳县哈尼梯田核心区餐饮住宿环境保护专项整治方案》，明确遗产区农家客栈、酒店等经营户务必按照环境保护要求，自行安装污水处理设备，待生产经营的污水处理达标后方可排放。

（3）坚持发展优化，打造哈尼梯田“金山银山”

在哈尼梯田遗产区全面打造“稻鱼鸭”综合种养模式，实现“一水多用、一田多收、一户多业”的综合效益，按照每亩25只鸭苗、10kg鱼苗的标准，实现亩产值由2000多元提高到1万元左右，带动周边农户发展“稻鱼鸭”3万亩，示范区亩产值达10174.2元，辐射带动区亩产值达8095元。这种模式较好地处理了人与自然的关系，彰显了“天人合一”的文化内涵。同时，“稻鱼鸭”综合种养模式能有效增加土壤有机质含量，抑制梯田杂草、害虫生长，大幅减少化肥、农药用量，成为梯田保护的有效方法和群众增收致富的重要渠道。

哈尼梯田红米产销模式，按照“公司＋基地＋合作社＋农户”的种植生产经营模式，形成“电商公司＋粮食购销公司＋专业合作社＋农户”的新模式，发展梯田红米种植9.01万亩，实现产值2.2亿元以上。运用“互联网＋梯田红米”销售模式，与知名企业签订电商合作协议，注册了“阿波红呢”和“元阳红梯田红米”等系列商标，开展梯田红米有机认证，成功推出红米糊、红米茶、红米酒等系列产品，哈尼梯田红米、梯田鱼、梯田鸭蛋等原生态品牌深受人们青睐，梯田系列农产品效益还将大幅提升。

哈尼梯田文化旅游模式，带动示范效应明显。2013年至2018年，全县共接待旅游人数1322.04万人次，旅游收入200.57亿元，旅游人数及收入呈逐年增长趋势。其中，梯田遗产区共接待游客500.42万人次，旅游收入75.475亿元，景区门票收入2914.3万元。开展遗产区国家5A级景区创建和“全国哈尼梯田文化旅游知名品牌创建示范区”筹建。“哈尼四季生产调”、哈尼多声部民歌、哈尼乐作舞、祭寨神林等先后列入国家非物质文化遗产保护名录。《哈尼古歌》在意大利米兰世博会亮相，首部哈尼舞剧《诺玛阿美》在北京公演，“开秧门”“哈尼长街宴”等哈尼梯田民族民俗文化得以有效传承和保护，建成了一批具有民族特色的乡村客栈，有效带动乡村旅游的快速发展，促进文旅深度融合。

(4) 坚持治污有效，永葆哈尼梯田“绿水青山”

2018年以来在遗产区持续推进“治乱、治脏、治污、治违、治堵、治教”综合整治工作，依法整顿清理公路沿线占道的标志标牌24个，按照5A景区规划标准要求，景区内实施标志牌、垃圾桶等老化设施全部更换；新建4座垃圾热解项目有序运营，在箐口游客服务中心、三个景区建成化粪池并安装污水处理系统；完成遗产区16个村庄污水处理项目建设（剩余64个村庄污水处理项目计划2018年年内完成实施并投入使用）、30座公厕旱改水、6座A级厕所建设；遗产区内新街镇、攀枝花乡和黄茅岭乡村庄及公路沿线卫生清洁员通过公益性岗位开发管理的模式进行管理，目前已聘请保洁员468名，专职负责定期保洁村庄、公路沿线环境及公厕卫生管理工作。同时，县爱卫办、县妇联、团县委联合组织攻坚遗产区村庄民居屋内生活用具和农耕工具乱摆放、通风不畅、门窗及家具脏、屋内漆黑、村民卫生习惯等问题，已完成居家环境卫生整治村庄24个，其余村庄居家环境卫生整治工作正逐步推进。正研究制定《红河哈尼梯田遗产区经营户卫生保洁收费（暂行）办法》和探索村寨1元/(月·人)保洁收费机制，向遗产区的经营户和村民收取保洁费，以解决聘请保洁员和垃圾清运费用问题。

(5) 坚持机制创新，保障哈尼梯田“两山”常在

一是按照“政府引导、村组管理、适当扶持、示范带动”的思路，世博元阳公司每年按照门票收入的 30%提取扶持资金，扶持遗产区群众发展生产，并招收吸纳当地村民就业，近三年共缴费 580.37 万元。二是发展乡村旅游促农增收。积极探索乡村旅游开发模式，大力发展乡村客栈餐馆、农特产品、手工艺品等旅游产业经营服务，成功打造了以哈尼小镇为中心，辐射带动箐口、黄草岭、大鱼塘、全福庄等周边村寨的“一心多点”乡村旅游圈，遗产区共发展乡村客栈 266 家，直接带动就业 5000 余人，间接带动就业 10000 余人，实现经营收入 3000 余万元。三是与精准扶贫相结合。元阳哈尼梯田遗产区涉及 3 个乡镇 18 个行政村（其中：非贫困村 5 个，贫困村 8 个，深度贫困村 5 个)，共有建档立卡贫困户 4624 户 21041 人。截至 2017 年底，已脱贫 2502 户 11661 人，未脱贫 2122 户 9380 人。元阳县按照“两不愁三保障”和贫困村退出 10 条标准、贫困户退出 6 条标准，以“缺什么、补什么”的原则，全力补齐短板，成立元阳县梯田遗产区 1 万人脱贫攻坚领导小组，专人专班对接协调，确保工作快速推进。制定《元阳县产业扶贫“1+5+10”实施方案》《元阳县就业扶贫实施方案》《元阳县脱贫攻坚工作责任追究办法（试行）》《元阳县梯田遗产区脱贫推进工作方案》等，进一步明确目标、划清节点、压实责任，为打赢梯田遗产区 82 个村寨脱贫攻坚战奠定坚实基础。截至 2018 年 12 月 31 日，哈尼梯田遗产区未脱贫 2122 户 9380 人全部达到“两不愁三保障”标准。

8.4.3　怒江州贡山县

8.4.3.1　贡山县概况

云南省怒江州贡山独龙族怒族自治县地处我国西南边陲，怒江大峡谷北段，是全国唯一的独龙族聚居区，全县国土总面积 4379.24km^2，总人口 3.5 万人。贡山县属于典型的峡谷地形，高黎贡山、碧罗雪山、担当力卡山“三山”夹着怒江和独龙江“两江”，境内有广阔的各类保护区面积，全县土地面积 70%属“三江并流”世界自然遗产核心区，55.6%属高黎贡山国家级自然保护区。全县森林覆盖率达 80.26%，位列怒江州第一，是我国西南重点生态功能区之一，滇西北重要的生态安全屏障。党的十八大以来，贡山县深入贯彻落实习近平总书记生态文明思想，贯彻落实“绿水青山就是金山银山”的发展理念，积极探索生态经济化、经济绿色化的有效路径，走出了一条生态保护和经济发展良性互动的绿色发展方式，“绿水青山就是金山银山”理念在边疆少数民族地区得到生动实践。

8.4.3.2 贡山县的主要做法与成效

(1) 守好绿水青山，守护生态安全

贡山不仅区位独特，而且生态环境敏感。境内受保护的地区主要有“三江并流”国家级风景名胜区、“三江并流”世界自然遗产地、高黎贡山国家级自然保护区，受保护地面积占全县土地面积的比例为93%，森林覆盖率为80.46%。按照《云南省生态保护红线》，生态红线面积为3828.04km^2，占全县土地面积的87.41%。其中贡山境内的高黎贡山国家级自然保护区，占全县国土总面积的55.45%，占整个高黎贡山国家级自然保护区面积的59.9%。全县上下深入开展了思想大讨论，进一步凝聚形成了“生态是贡山最大的财富”共识，进一步筑牢了“红线”意识，坚决打消大开大挖发展工业的传统思维，是全省少有的没有冒烟工业的绿色无污染县，县城环境空气质量长期稳定达到国家一级标准，地表水监测断面水质优良比例为100%。

(2) 破除守旧思想，共建绿水青山

着力推动形成绿色发展方式和生活方式，并取得显著成效。累计实施完成退耕还林、陡坡地生态治理、人工造林生态建设任务6.49万亩。为加强独龙江流域保护，2016年10月颁布了自治县首部单行条例——独龙江保护管理条例。全面启动实施了提升城乡人居环境行动，农村“七改三清”成效显著，从2016年开始全面禁止使用除草剂等高污染、高剧毒农药。结合易地扶贫搬迁政策，贫困群众下山，复垦、复绿上山，2333名群众“走出大山，搬进新房”，不仅摆脱了贫困，更拓宽了生态保护空间。注重扶贫开发与生态保护有机融合，“四好农村公路”建设取得新成效，26个建制村通畅率、通客率达到100%，194个自然村通达190个。“怒江花谷”建设加快推进，全面推行生态护林员制、河长制、路长制、片长制，推动了生态文明建设全民参与。

(3) 发展绿色产业，转换绿水青山

绿水青山、蓝天白云，是大自然给贡山各族人民最大的恩赐，更是贡山实现跨越发展的最大优势。近几年，贡山县深入贯彻“绿色”发展理念，立足零工业、零污染、高植被的特色产业发展环境，着力发展“一草（草果）一药（中药材）一蜂（中华独龙蜂）一禽（独龙鸡）两树（核桃、漆树）两畜（独龙牛、高黎贡山猪）”等峡谷特色生态产业。全县木本油料种植面积13.6万亩、干果种植面积15万亩、草果种植面积21.9万亩、草药种植面积1.1万亩，中华蜂数量1.155万群。仅草果产业，2018年产量达到5198t，实现产值3989万元，成为农民增收致富的“金果果”。建设完成独龙江乡旅游小集镇，旅游特色村寨10个，扶持农家乐（特色客栈）43户。特色生态农业、生态旅游已成为群众脱贫致富的重要渠道，有力促进了城乡居民收入持续稳定增长，2018年度农村常住居民人均可支配收入完成6291元，同比增长10.4%，增速高于全省

平均水平。

(4) 实施生态脱贫，拓宽增收渠道

贡山县既是我国西南边陲生态脆弱区、生态功能限制发展区域，也是“三区三州”当中的重点贫困县。贡山县结合生态脱贫政策要求，率先建立了生态护林员队伍，将全县 571.4 万亩森林面积全面纳入管护范围。结合脱贫攻坚任务，全面推行生态护林员制、地质监测员制、路长制等机制，优先从建档立卡贫困户家庭中选聘生态护林员、地质监测员、护路员等“五大员”管护人员 5711 人，使山林、河流有了管护的主人和呵护的保障，特别是落实生态护林员指标 3800 个，确保每户建档立卡户每年有近 1 万元的工资性收入，实现了群众在家门口就业、山上脱贫的目标。据统计，仅生态补偿脱贫一项政策，全县就实现了近 1 万人脱贫，推动了生态保护与群众实现脱贫的互促双赢。

(5) 传承民族文化，丰富生态文明内涵

贡山县为多民族聚居区，独龙族、怒族等少数民族传统文化丰富多彩。多年来，各级党委政府把尊重、保护和弘扬各民族优秀文化与推进生态文明建设有机融合起来，创新丰富独龙族“卡雀哇”、怒族“仙女节”等民族文化活动内容，注重传统文化同生态保护结合，保护传承和开发利用结合，推动民族文化与生态文明有机融合。注重生态保护宣传教育，坚持纳入各级党委（党组）理论学习中心组内容，干部培训规定动作。县电视台、微信公众平台开设了环保专题宣传栏，组织举办了“绿水青山就是金山银山”主题文艺晚会，开展了环保知识进学校、进企业、进乡镇等各类宣传活动，制作发布了环保公益宣传片——大树的庇佑。通过持续的宣传教育，“绿水青山就是金山银山”发展理念更加深入人心，保护生态成为每一个贡山人民的自觉行动。

8.4.3.3 贡山践行两山理论的特色与亮点

(1)“在保护中发展，在发展中脱贫”的“独龙族整族脱贫模式”

独龙江乡生物资源富集，森林覆盖率高达 93%，为了正确处理好生态保护与独龙族群众脱贫致富间的矛盾，通过生态保护、生态产业和生态补偿三套“组合拳”，探索出了一条“在保护中发展、在发展中脱贫”的生态脱贫之路。2019 年 7 月，“云南贡山县独龙江乡生态扶贫生动实践”入选中组部（中共中央组织部）编选的生态文明主题教育案例。独龙江乡整乡推进，独龙族整族帮扶模式的成功实施，为全国推行整乡推进整族帮扶的精准扶贫模式起到了示范引领作用。

(2)“退耕还林、林下种植、农林双赢”的“其达村草果致富模式”

其达村隶属贡山县独龙族怒族自治县普拉底乡，原来是全乡最穷的村，实施退耕还林后，农户不仅从退耕还林中得到现金补偿收益，还从林下产业中获得经济收入。走

“以林兴村、以林养农、以林富农”的发展路子，通过多年实践，其达村闯出了一条“不砍树也致富”，森林保护和产业发展双赢之路。现全村238户家家种植草果，种植面积为15659亩，2018年全村完成经济总收入913万元，完成农村经济纯收入563万元，草果收入为486万元，草果人均收入为6471元，已经由全乡最穷的村变身为全乡最富的村。

(3)“自然风光如画、民族风情多彩”的“秋那桶生态旅游模式”

丙中洛镇秋那桶村是整个怒江大峡谷精华中的精华部分，原始森林茂密，瀑布众多，人在峡谷中穿行，沿途景色十分壮观。秋那桶村村民依靠当地生态资源和民族文化资源，发展农家乐，仅秋那桶村就有18家农家乐（客栈），每家客栈有客房3～5间，一般农家乐每年增收3万～5万元，效益较好的农家乐能增收10万元以上。2018年全村累计接待游客达到12000人次，旅游收入约144万元。

(4)“稻香鱼肥、农旅融合”的“甲生村循环经济模式”

丙中洛镇甲生村东风小组有近200亩的田地，是贡山县的水稻主产区，老百姓传统种植水稻，一年一季，每到冬天上百亩的良田大多都闲置着。2018年珠海市金湾区投入帮扶资金17万元，实施丙中洛镇甲生村产业发展稻田养鱼项目受益农户139户，开展稻花鱼养殖后，每年养殖两季稻花鱼，每季每亩增收3500元左右，每亩田每年水稻种植和稻花鱼养殖共收入9000元左右，农民增收明显。受益于稻花鱼养殖模式的甲生村三个村小组农村居民年人均纯收入由2015年的2769元增加到2018年的6121元。

(5)“三产融合、企业牵头、农户种植”的“闪当村农企合作模式”

近几年来，在上级党委政府的坚强领导下，捧当乡闪当村因地制宜积极发展各种种植业，最有特色的是羊肚菌的种植。通过不断的探索，闪当村总结出以“政府＋企业＋基地＋渠道客商＋合作社＋农户”“羊肚菌＋其他经济作物”的套种及轮作等发展模式，通过建立基地、吸收建档立卡户就业、带动农户种植、收购等措施，进一步促进和带动林业农业特色产业的发展，带动建档立卡户脱贫，闪当村农村居民人均可支配收入由2015年的3710元增加到2018年的5575元。通过农企合作，带动种植户300余户，闪当村336户899人建档立卡贫困户实现人均增收达到3500元以上，达到脱贫标准。

8.4.4 丽江市华坪县

华坪县曾是全国100个重点产煤县，在绿色发展的引领下，破解了“经济发展带来环境破坏”的悖论，华坪产业从“黑色经济”向“绿色经济”转型，走出一条“绿水青山就是金山银山”的实践之路。2019年，全县地区生产总值完成62.2亿元，增速在全省的排名从2017年第63位到第7位，荣获全省县域跨越发展先进县。“华坪模式”为煤矿开采地区的产业转型及矿区修复、干热河谷及石漠化地区的治理及产业发展提供了可示范、可推广、可借鉴的模式及经验。

(1) 做好去黑的减法，“黑色能源”变“绿色能源”

华坪县煤炭工业产值曾占全县 70%以上。面对发展瓶颈，华坪县主动出击，全县煤矿由 2013 年的 82 对减少到 2019 年的 27 对，化解煤炭过剩产能 357 万吨，煤炭年产量从 740 万吨减少到 61 万吨，下降 91.8%，煤炭产业增加值占全县规模以上工业增加值的比重从 74.5%下降到 4.6%，以电代煤实现城乡全覆盖；非煤矿山从 42 家减少到 25 家，淘汰化工产能 24.68 万吨、“地条钢”产能 3 万吨。成功列入全国第一批增量配电业务改革试点、全省清洁载能示范园区，清洁载能产业产值实现从 0 到 55.83 亿元的飞跃，累计就地消纳弃水电量 11.7 亿千瓦时，创造就业岗位 5000 余个，全县单位 GDP 能耗下降 35%以上，单位 GDP 二氧化碳排放量下降 31%以上。华坪县的发展动能由黑色能源转为绿色能源，县域经济实现由“黑”到“绿”的华丽转身。

(2) 做好“增绿”的加法，“黑色产业”变“绿色产业”

通过不断探索实践，闯出了一条“矿业转型、矿山转绿、矿企转行、矿工转岗”的“四转”新模式，实现了生态环境修复、环境质量提升和群众增收致富的良性循环。曾经以“煤”为生的重点产煤县转型为依托“生态产业”致富的绿色生态产业县。目前，全县累计有 25 家煤炭企业转行，带动新增生态产业种植面积 2.1 万亩，带动就业 3000 人。在 291 户注册的芒果公司和合作社中，有 17%由煤炭企业注册建立。2013 年以来，全县从事绿色产业的人口从 2013 年的 2.9 万人增加到 7.3 万人（其中 4.6 万是原煤矿从业人员），仅从事芒果种植、加工、销售的建档立卡户就有 8973 人，占全县的 52%。生态产业面积从 2013 年的 78.8 万亩增加到 123 万亩，煤矿区水源、植被、土地等正在恢复。2019 年全县芒果种植面积达 37.8 万亩，位列全省第一、全国第三，人均种植面积全国第一，以全球最大的芒果种植园面积获得吉尼斯世界纪录；年产量由 2013 年的 6.78 万吨增加至 2019 年的 30 万吨，产值由 5 亿元增加至 22.8 亿元。在“四转”模式的带动下，全县农村常住居民人均可支配收入从 2013 年的 7363 元增加到 2019 年的 13295 元，全县累计脱贫 16091 人，贫困发生率从 15.01%下降到 1.05%。德茂社区成为“四转”新模式最为典型的代表，德茂社区曾是全县的煤炭主产区。目前全社区芒果面积达 2.93 万亩，产值 17800 万元，其中在煤矸石上种芒果的果农 32 户，面积 590 余亩。收入在 5 万元左右的有 220 余户，5 万元到 10 万元的有 90 余户，30 万元至 40 万元的有 30 余户，40 万元至 50 万元的有 10 户，50 万元至 100 万元的有 4 户。

(3) 做好“护绿”的乘法，筑牢长江上游生态安全屏障

华坪县位于长江上游金沙江干热河谷区，生态系统退化明显，水土流失和土壤石漠化严重。通过实施林业生态扶贫、石漠化综合治理及水土保持生态修复等工程，引导群

众在荒山、荒坡发展绿色产业，以科学技术为支撑，推广石漠化地区光伏滴灌，解决灌溉用水难问题。境内金沙江流域年均输沙量从 2005 年的 2.23 亿吨下降到 2019 年的 0.49 亿吨，鱼类从 2013 年的 35 种发展到 2019 年的 61 种。金沙江水质稳定达到功能区划要求，水质达标率 100%，水土流失和石漠化现象逐渐减少，全县森林覆盖率达 72.66%。

(4) 构筑生态产业链，夯实“金山银山”发展基础

加大力度培育优质晚熟芒果，错峰销售解决市场销售难题，从种植、加工等环节生态化打造有机芒果，建设“全国绿色有机晚熟芒果示范基地”。打造芒果深加工，延升产业链增加附加值，解决应对产品单一的市场问题。全县 80%的芒果园实现标准化有机种植；建成全国首个芒果全产业链单品种大数据平台，构建了种植、加工、流通全过程数据可控、可视的质量追溯体系。目前全县芒果已有无公害食品认证 7.8 万亩，绿色食品认证 2.22 万亩，有机产品认证 1.86 万亩，有机转换认证 1.74 万亩，欧盟有机认证 1.01 万亩。3 个茶叶产品获得绿色食品认证证书，产品证书 7 个。华坪县被列为“一县一业示范县”“国家有机产品认证示范创建区”“云南省第一批高原特色农业示范县”，华坪芒果被列为国家地理标志保护产品，获得了国家级、省级“特色农产品优势区”“全国名优果品区域公用品牌”称号，“丽江金芒果”等获云南省著名商标称号。

(5) 三产融合，康养旅游得到快速发展

随着能源结构的调整升级，绿色产业的壮大，生态环境质量不断改善。酸雨频率从 2003 年的 58%下降至 2.56%，县城环境空气优良率达到 100%，昔日的黑色鲤鱼河变清水河，成功创建为国家级水利风景区和 3A 级风景区。2019 年全县累计接待游客 165.5 万人次，实现旅游收入 14.6 亿元，三次产业比重从 2013 年的 13.2∶61.8∶25 调整到 2019 年的 13∶44∶43。华坪县将进一步筑牢绿色发展理念、加强生态环境修复、提升生态环境质量，在守护、转化、共享“绿水青山”的道路上砥砺前行。

8.4.5 楚雄州大姚县

大姚县是国家重点生态功能区县，全县生态环境质量状况良好，生态红线面积占全县土地面积的 31.7%，森林覆盖率达 69.11%。先后荣获中国“核桃之乡”、全国首家“国家核桃生物产业基地县”、云南省“一县一业”特色县、国家卫生县城、国家园林县城、云南省第一批 20 个“美丽县城”等多项殊荣。大姚县大力发展以核桃为主的高原特色经济林产业，探索实践了核桃“兴林富民”的“绿水青山就是金山银山”的转化模式，走出了核桃“规模化种植、标准化生产、专业化分工、品牌化打造”之路。制定并推行《大姚三台核桃种植技术规程》《大姚核桃提质增效十项技术标准》，大姚核桃质量标准和“地理标志产品·大姚核桃”以地方标准的形式通过省级发布，被确定为国家核

桃栽培综合标准化示范区。核桃研究所、核桃博物馆等为核桃产业的发展奠定了坚实科学的基础。截至 2019 年底，全县核桃种植面积达 164.3 万亩，销售 10.3 亿元，农民人均核桃收入达 4952 元，核桃万元户 10767 户，顺利实现脱贫摘帽目标，“绿水青山就是金山银山”理念得到生动实践。

8.4.5.1　主要做法及成效

(1) 守护绿水青山，保障生态安全

开展县域“多规合一”编制，加强城乡规划管控，划定永久基本农田保护红线、生态保护红线、中心城区范围线，积极推进《长江经济带生态环境保护规划》落地。严格执行生态保护红线、环境质量底线、资源利用上线和环境准入负面清单，全县生态红线面积 $1286km^2$，占全县土地面积的 31.7%。严格饮用水源地保护，强化县城集中式饮用水水源地环境问题整治，全面推进河（湖）长制，完成 10 蒸吨（1 蒸吨＝4.1868×10^6kJ）以下燃煤锅炉淘汰任务，千方百计保护好大姚的山水林田湖草。同时，充分利用退耕还林、陡坡地治理、公益林管护等政策，大力发展核桃种植，2014～2019 年，大姚县累计实施陡坡地生态治理和新一轮退耕还林 12.07 万亩，其中涉及核桃种植 63847.9 亩，占比高达 52.9%，有效促进大姚县林地面积相比 2008 年增加 $12085.0hm^2$，增加 3.92%，森林覆盖率达 69.11%，增加 4.56 个百分点。

(2) 发展绿色经济，夯实金山银山

着力发展以“五棵树、一片叶”（核桃、花椒、板栗、华山松、蚕桑和蔬菜）为支撑的绿色农业和以新能源产业为依托的绿色工业，实现了产业经济由“腾笼换鸟”向“凤凰涅槃”的转变。一是大力发展核桃产业。在云南省“一县一业”（核桃）特色县的基础上，以生态建设为主线，以林兴民富为目标，坚持核桃规模化种植、标准化生产、专业化分工、品牌化打造，大力发展以核桃为主的高原特色经济林产业。截至 2019 年底，全县核桃种植面积达 164.3 万亩，共有核桃加工销售企业 17 家，产值 10.3 亿元，农民人均核桃收入达 4952 元，核桃万元户 10767 户。二是大力发展生态农业。持之以恒抓好花椒、优质蚕桑、中药材等特色产业基地建设，打好“绿色食品”牌。全县花椒种植面积达 41 万亩，产值 2.26 亿元；桑园面积 8.6 万亩，产值 1.38 亿元；中药材面积 7.36 万亩，产值 2.4 亿元；板栗面积 9.9 万亩，产值 0.8 亿元；华山松 6.7 万亩，产值 0.34 亿元；芒果 6.4 万亩；花卉 0.78 万亩。全县绿色产业面积达 3524 万亩，占全县土地面积的 85%。三是大力发展清洁能源。建成投产南山坝第一期年产 2 万吨生物质成型燃料加工生产线，58 个光伏扶贫发电项目，开发的水电装机量达 20 万千瓦，太阳能、风能规划装机达 100 万千瓦，成为全国首批命名的“绿色能源示范县”。2019 年全县完成绿色能源增加值 6.61 亿元，同比增长 26.1%，实现税收 9066.74 万元。四是大力发展生态旅游。以石羊古镇、彝州屋脊百草岭、三潭景区、县华山景区为重点培育生态旅游项目，依托州级自然保护区 1 个、省级历史文化名镇 1 个，国家 A 级以上旅游区 3 个（其中 4A 级景区 1 个），以美丽乡村建设为契机，大力培育生态旅游、乡村旅游，2019 年接待国内外游客 287 万人次，实现旅游收入 34.65 亿元。

8.4.5.2 “绿水青山就是金山银山”新实践

(1)“五化联动、农林双赢”的三台绿色银行转化模式

三台乡坚持“规模化种植、集约化管理、标准化生产、专业化分工、品牌化打造”的“五化”思路，形成基地支撑、龙头带动、品牌提升，规模化、基地化、集约化发展的新格局。2019 年，全乡核桃种植面积达 22.8 万亩，产值达 1.6 亿元，核桃收入 3 万～5 万元的农户占 70％。核桃已成为三台人民的“养老保险”“绿色银行”和“铁杆庄稼”，“绿水青山就是金山银山”的发展理念在三台乡得到生动实践。

(2)“桑＋N”的石羊镇大中村蚕桑立体种植致富模式

大姚县石羊镇大中村走“桑＋蚕、桑＋果、桑＋叶、桑＋禽、桑＋旅”的绿色生态发展路子，催绿了田园、撑鼓了钱包。新植桑园达到 1750 亩，100％的村民都栽了桑，80％的村民养蚕，仅在大中村，养蚕收入达 20 万元以上的就有 24 户，10 万元至 15 万元以上的达 52 户，而 3 万元以上的有 150 户左右，户均养蚕收入达 1 万元以上。

(3)“公司＋合作社＋基地＋农户”的六苴百合四位一体种植模式

六苴镇全力推动“公司＋合作社＋基地＋农户”的四位一体百合种植模式，实现食用百合种植标准化、规模化、市场化，同时做好“互联网＋”文章，让“山货”变“网货”，与多个线上销售平台合作，实现了生产、加工、流通有机统一。2019 年，六苴镇百合种植面积 2709 亩，成为当前西南地区百合种植规模最大的乡镇，产量达 3380t，亩均收益 1.6 万元，产值 5120 万元，户均百合产业收入达 10539 元，占家庭总经济收入的 48.6％。

第 9 章

生态文明示范区建设存在的问题与对策

生态文明建设的核心是人与自然和谐发展，强调“以人为本”和“以生态为本”的有机统一，强调“必须树立尊重自然、顺应自然、保护自然”的生态理念，虽然当前全社会的生态文明意识明显增强，但在生态文明示范区创建的实际工作当中仍然存在许多的问题与不足。本章通过深入调查研究，归纳梳理了基层生态文明示范区建设中存在的共性问题，并基于存在问题提出了对策建议。

9.1 生态文明示范区创建存在的共性问题

9.1.1 对生态示范区创建的重要性认识不到位

认识是行动的先驱，生态文明示范区创建工作能否取得实实在在的效果，关键取决于广大干部和群众的思想认识和参与程度。从实际调研的情况看，当前一些地方仍然存在认识不到位的问题，主要表现在以下三个方面。

(1) 未深刻领会习近平总书记生态文明思想

党的十八大以来，习近平总书记就生态文明建设和生态环境保护提出一系列新理念、新思想、新战略，深刻回答了为什么建设生态文明、建设什么样的生态文明、怎样建设生态文明等重大问题，形成了系统完整的生态文明建设重要战略思想，成为习近平新时代中国特色社会主义思想的重要组成部分。领会总书记生态文明建设重要战略思想，需要深刻理解和把握“六个观”。

一是必须立足人与自然是生命共同体的科学自然观。习近平总书记指出，人与自然是生命共同体，人类必须尊重自然、顺应自然、保护自然。人类只有遵循自然规律才能有效防止在开发利用自然上走弯路，人类对大自然的伤害最终会伤及人类自身，这是无法抗拒的规律。必须坚持节约资源和保护环境的基本国策，坚持节约优先、保护优先、自然恢复为主的方针，走生产发展、生活富裕、生态良好的文明发展道路，构建人与自然和谐发展的现代化建设新格局。

二是必须树立“绿水青山就是金山银山”的绿色发展观。习近平总书记指出，必须树立和践行“绿水青山就是金山银山”的理念。这深刻揭示了发展与保护的本质关系，更新了关于自然资源的传统认识，打破了发展与保护对立的思维束缚。保护生态就是保护自然价值和增值自然资本的过程、保护经济社会发展潜力和后劲的过程。必须坚持和贯彻新发展理念，平衡处理好发展和保护的关系，像对待生命一样对待生态环境，推动形成绿色发展方式和生活方式，努力实现经济社会发展和生态环境保护协同共进。

三是必须坚持良好生态环境是最普惠的民生福祉的基本民生观。习近平总书记强调，环境就是民生，青山就是美丽，蓝天就是幸福。随着我国经济社会发展水平明显提高和人民生活显著改善，人民群众的需要呈现多样化、多层次、多方面的特点，期盼享有更优美的环境。生态环境恶化及其对人民健康的影响已经成为重大民生问题。必须坚持以人民为中心的发展思想，坚决打好生态环境保护攻坚战，增加优质生态产品供给，满足人民日益增长的优美生态环境需要。

四是必须把握统筹山水林田湖草系统治理的整体系统观。习近平总书记强调，坚持山水林田湖草是一个生命共同体。生态是统一的自然系统，是各种自然要素相互依存而实现循环的自然链条。人的命脉在田，田的命脉在水，水的命脉在山，山的命脉在土，土的命脉在树和草。必须按照生态系统的整体性、系统性及其内在规律，统筹考虑自然生态各要素、山上山下、地上地下、陆地海洋以及流域上下游，进行整体保护、宏观管控、综合治理，增强生态系统循环能力，维持生态平衡、维护生态功能。

五是必须遵循实行最严格生态环境保护制度的严密法治观。习近平总书记指出，只有实行最严格的制度、最严明的法治，才能为生态文明建设提供可靠保障。对破坏生态环境的行为，不能手软，不能下不为例。必须按照源头严防、过程严管、后果严惩的思路，建立有效约束开发行为和促进绿色低碳循环发展的生态文明制度体系，坚决制止和惩处破坏生态环境行为，让保护者受益、让损害者受罚，为生态文明建设提供体制机制保障。

六是必须胸怀建设清洁美丽世界的共赢全球观。习近平总书记强调，人类是命运共同体，建设绿色家园是人类的共同梦想。生态危机、环境危机成为全球挑战，没有哪个国家可以置身事外，独善其身。国际社会应该携手同行，构筑尊崇自然、绿色发展的生态体系，保护好人类赖以生存的地球家园。全人类与自然和谐共生发展新格局形成之时，就是清洁美丽世界建成之日。

总之，生态文明建设功在当代、利在千秋。我们要牢固树立社会主义生态文明观，推动形成人与自然和谐发展现代化建设新格局，为保护生态环境、建设美丽中国做出我们这代人的努力与贡献。

(2) 未充分认识生态创建在生态文明建设中的重要作用

生态示范区创建工作在我国生态文明建设工作中具有引领示范的重要作用，需要从国家发展的战略高度上给予认识和重视。我国生态文明建设的实践是从生态环境建设开始，但不仅仅包括生态环境建设。应该说生态文明建设起步于生态环境建设。生态环境建设作为生态文明建设的主阵地和根本措施，相关研究主要集中在环境技术与生态工程等领域，围绕污染防治、区域环境综合治理以及生态环境调查、环境质量评价、生态环境区划和规划、资源环境承载力评价等方面展开。生态示范区创建是生态文明建设的第一步，所谓开启阶段。抓生态示范区创建，顾名思义就是以点带面的示范行动，也就是我们常说的生态示范区创建是纲，要纲举目张，要抓生态示范区的建设和示范作用。抓生态环境建设，研究生态环境的保护措施，就是为我国实施常规污染治理、生态建设工程及节能减排等提供了强大的技术支持。

我国环境问题主要是由粗放的经济发展模式引起的，而这种发展模式又源于中国式分权下的政府行为。还有发达国家上百年工业化过程中分阶段出现的环境问题在我国却是集中涌现，呈现出结构型、复合型、压缩型的特点。此外，我国生态环境保护管理体制条块分割、重建设轻管理、生态法制建设相对滞后等，是生态环境建设效果不甚理想的重要原因。作为各级政府的领导干部一定要清楚，生态文明建设应是全方位、多元化的推进模式，实施生态文明示范区建设既是一个良好的开端，也是一个重要的抓手，一定要从战略高度上加以重视。

建设生态文明是一场涉及价值观念、生产生活方式以及发展格局的全方位变革，是一项复杂的系统工程。党的十八大提出“把生态文明建设放在突出地位，融入经济建设、政治建设、文化建设、社会建设各方面和全过程”，表明“五位一体”中推进生态文明建设，就是要把生态建设和环境保护全面纳入经济社会发展的主流，从政治、经济、社会和文化等多个方面推进，而不是只有生态环境建设。所以，领导干部一定要高度重视生态创建工作，走好生态文明建设工作的第一步，以点带面，充分发挥生态文明建设的示范带动和榜样的作用。

(3) 把生态文明示范区建设看作一项软工作而不是硬任务

生态文明示范区建设是一项硬任务，必须保质保量地完成好。任何一个地方要保持生态环境良好的局面，就必须把生态示范区建设当作一项硬任务来完成，必须千方百计地想办法，找措施，抓建设，做成榜样，起好带头作用。

目前，各地依然存在把生态文明示范区建设当作一项可做可不做的工作的问题，时间紧了就放松生态文明示范区建设，主要精力放在发展经济增加国民生产总值上，有的领导干部片面地认为，经济发展是硬任务、硬道理，欠发达地区、贫困地区就是要以发展经济为第一要务，从而忽略对生态文明示范区建设任务的落实。

9.1.2 领导干部对生态示范区创建工作重视不够

各级领导干部特别是基层干部对生态文明示范区创建工作重视不够，突出表现在理论上重视、实践中忽视。对于生态文明的理论知识的学习很多，讨论也很多，文章写了不少，但在生态文明示范区的具体实践中却显得重视程度不够，主要表现在以下五个方面。

① 重经济发展轻环保的观念依然存在。我国当前经济社会发展中存在的很多问题是由观念不到位、行为不到位引起的，体现在政府、企业、个人等各类实施主体的行为取向。分析原因主要有以下三个方面：

a. 政府唯 GDP 论英雄的政绩观还存在。工作中存在资源节约和能源环境政策落实不到位的问题。

b. 企业过于追求规模扩张而忽视节能提效，追求经济效益而忽视社会责任，导致企业污染环境的社会化的问题。

c. 社会公众消费观念向奢侈浪费演化，环保观念意识淡薄。低碳发展、绿色发展、循环发展仍然停留在口号上，低碳出行、绿色生活还有很大提升空间。

② 打好水、土、气污染防治攻坚战的任务仍然十分艰巨，环境污染仍然时有发生，事故频繁发生。

③ 生态系统破坏和退化形势仍然没有根本扭转。

a. 土地资源破坏和退化问题加剧；

b. 森林和湿地等生态系统退化严重；

c. 生物多样性保护压力不断加大。

④ 矿产资源无序开采，浪费和低效利用现象仍然存在。

⑤ 有利于生态文明示范区建设的体制机制尚不完善。可以说，我国的生态文明建设总体水平还比较低，主要反映在以下五个方面：

a. 体现生态文明要求的资源环境法律法规体系有待健全；

b. 监管动力不足、监管能力有限造成监管不到位，严重制约现有监管制度发挥作用，有法不依、执法不严、违法不究的现象比较普遍；

c. 市场化手段在监管中作用有限，大多依靠行政命令；

d. 体现生态文明建设的目标体系、考核办法、奖惩机制尚未建立，唯 GDP 论的考评机制依然在发挥作用；

e. 环境监管的主体单一，缺乏有效的社会监督机制，社会组织和公众的环境监管的主力军作用远未得到发挥。

9.1.3 生态文明示范区建设说起来重要做起来次要

在生态文明建设示范区创建工作中，某些部门的某些领导干部依旧存在着“说起来重要，做起来次要”的现象。因为多年形成的工作主要抓经济发展的习惯，对生态文明建设中生态示范区创建工作缺乏深刻的理解，把生态示范区创建工作看成是额外的一项工作来抓，造成说得多而做得少，形象地说抓生态示范区创建就是“轰轰烈烈搞运动”，开始时风声大，但后来就没有多少示范作用的效果。领导干部的工作还是以抓经济增长为第一要务。

实际上我们应该清醒地认识到今天搞生态文明示范区建设，落实生态示范区创建工作，这是我们国家发展的历史和现实必然性。

第一，生态文明建设是实行新型工业化战略的必然选择。中国从数千年的农业文明到新中国工业文明的曙光，再到改革开放快速工业化过程，中国已经成为世界第二大经济体和最具活力的经济体之一。新型工业化要改变传统工业化过分强调经济增长速度的做法，注重经济发展的质量和效益，优化资源配置，坚持防治污染、保护生态环境，实现经济建设和生态建设和谐发展。生态示范区创建工作正是生态文明建设工作的开端，应该予以高度的重视。

第二，生态文明建设是应对资源环境生态约束的必然选择。目前资源、环境、生态对我国社会经济发展的制约作用已发生以下五个方面的重大变化。

① 时间上由短期制约向长期制约转变。资源约束已经从以技术和经济限制为特征的流量约束转变为以资源存量接近耗竭为特征的存量约束。可以预测，随着不可再生资源的资源基础的下降，能源对外依存度不断增加，矿产资源的开采寿命急剧下降，预示着未来资源短缺的常态化。

② 空间上由局部制约向全局制约转变。20世纪以来，资源短缺已经从资源禀赋差的地区扩展到资源禀赋好的区域，从东部沿海发达地区扩展到了西部欠发达的内陆省区。2009年，全国可获得数据的31个省（区、市）中有25个省（区、市）天然气短缺。过去10年，我国约有6～7个省（区、市）的用水处于水资源的最低生存标准之下。土地资源约束已经从耕地对于粮食安全的限制扩展到建设用地尤其是城市建设用地对于城市发展的约束，而水资源约束则从单纯的水量约束向功能性约束、生态性约束、制度性约束扩展等。

③ 种类上由少数制约向多数制约转变。在20世纪时，资源对经济发展的约束是个别资源，且约束的程度较轻。而未来，据推测，我国的矿产资源形势将更不乐观，现有已探明的45种主要矿产资源中，将有26种不能满足经济发展对其的需求，且大多数为优质、大宗支柱性矿产。

④ 强度上由弹性制约向刚性制约转变。从20世纪70年代以来，人类每年对地球的需求已经超过了其更新再生能力。与世界上大部分国家类似，我国也一直处于生态赤

字之中。

⑤ 表征上由隐性制约向显性制约转变。当区域发展必须依靠资源调动，尤其是水资源调动时，资源约束已经从隐性向显性转变。2008 年以后，我国自然灾害强度急剧增大，2008 年自然灾害造成的直接经济损失达 11752.4 亿元，2009～2011 年的损失虽有下降，但损失比之前仍增长较多，而 2001～2007 年自然灾害的经济损失基本都在 1000 亿～2000 亿元左右。例如国家花巨资建设南水北调工程，就是要解决北方地区经济社会发展水资源的制约问题。云南滇中经济发展水资源短缺成为一大瓶颈之一，不得已才启动投资近千亿元的滇中饮水工程。

可见在经济发展的同时，绝对不能忽视生态文明建设工作，坚持节约优先、保护优先、自然恢复为主的方针，从源头上扭转生态环境恶化趋势，是应对资源环境生态约束的必然选择。

第三，生态文明建设是我国步入中等收入发展阶段的必然选择。

党的十八大提出全面建成小康社会，不仅体现在经济发展、政治民主、文化繁荣、精神丰富上，也体现在生态平衡、环境优美、资源安全上。2011 年我国人均 GDP 达到 5432 美元，首次突破 5000 美元大关，成为中等偏上收入国家。到了这个阶段，按照发达国家的规律，老百姓对资源生态环境的认识和觉悟提高，老百姓要求优美生态环境。《二 00 七全国公众环境意识调查报告》显示，环境污染问题已成为中国严重的社会问题。调查列举了包括环境污染在内的 13 项社会问题，请被访者依据其严重性排序，结果显示：有 10.2％的被访者将环境污染列为当前中国面临的首要社会问题，有 9.1％的被访者将环境污染问题列为第二重要的问题，有 13.2％的人将其列为第三重要的问题。经加权计算，环境污染问题在 13 项社会问题中列第四位，公众认为其严重性仅次于医疗、就业、收入差距问题之后，而居于腐败、养老保障、住房价格、教育收费、社会治安等问题之前。日益强烈的公民环境意识，表明公众环境觉悟时代已经到来，人们更加关注现实和未来的生活环境，愿意购买环境友好型产品，愿意接受严格的环境规制，也将会不断强化环境保护的压力。大力推进生态文明建设，是广大公民建设美好家园的共同选择。

第四，生态文明建设是树立负责任大国形象和地位的必然选择。

中国政府向世界宣布：中国是一个负责任的大国，其中就包括环境责任。随着全球资源短缺趋势的不断加剧，生态摩擦、环境争端问题日趋明显。

今后国际贸易中将会附加更多条件，形成更多非关税贸易壁垒，如绿色附加税、绿色技术标准、绿色卫生检疫制度、绿色补贴等。在这样一个国际大背景下，中国积极应对国际环境态势，从生态文明理念的提出到将生态文明放到突出地位，并将其贯穿到经济建设、政治建设、文化建设、社会建设各方面和全过程，体现了中国作为世界最大的发展中国家正在为人类共同的未来做出实实在在的新贡献，是树立负责任大国形象和地位的必然选择。中国在生态文明示范区建设中的探索、成绩与经验，也将为世界其他国家提供新的启示。

9.1.4 生态文明示范区创建存在多头管理尚未形成合力

9.1.4.1 省级层面生态创建多头管理各自为政

（1）在生态环境管理机构方面

过去多年来，生态环境方面的管理机构存在多头管理、“九龙治水”、职责交叉重叠、权责不清晰、部分领域权责缺失等问题，由此带来了内耗较多、效率较低、监管不到位、“公地悲剧”等不良后果。

（2）缺乏宏观顶层设计与规划

不同地区和部门制定的生态文明建设科技计划方面缺乏统筹协调，导致出现重复立项、资源分散以及沟通协调不畅等问题。对环境污染防治、自然生态修复、资源能源节约以及空间格局优化等科技项目的资助较多，缺乏资源环境-生态建设-社会民生之间的宏观顶层设计规划和生态文明建设全过程的统筹安排，科技创新支撑生态文明建设的支撑力度不足、领域不宽。

（3）管理各自为政的现象较为普遍

由于相关领域之间在法规的适用范围上存在交叉甚至重叠，法规应用形成了管理主体多元化、管理关系复杂化格局。以黄河入海河道的管理为例，三角洲自然保护区完全处在河道管理范围内，海域与河道的管理范围存在交叉。此外，国土资源、林业、环保、牧业、城建等很多方面的法规也在河道管理范围内适用，相应出现了众多的管理主体；各管理主体在河道管理范围内并行适用本行业的法规，相互之间缺乏协调和沟通，致使各方面管理关系未理顺。

9.1.4.2 环保系统的“三创”工作也未理顺

我国的环境保护部门，从“三废”治理办公室开始，先后改为国家环境局、环境保护部、生态环境部，但生态创建工作也一直是环保部门主抓的一项工作，其中“三创”工作包括创建国家生态文明建设示范区，创建绿色学校、绿色酒店、绿色社区等一系列绿色创建以及创建国家环保模范城市。虽然三类创建工作总体都是归生态环境保护行政主管部门，在内部却是分属三个不同的司局，生态文明建设示范区和“两山理论”实践创新基地，是由生态环境部自然生态保护司负责，绿色学校、绿色酒店、绿色社区等一系列绿色创建工作又是归宣传教育司负责，国家环保模范城市创建原来是由污染防治司管理，到省级层面也对应不同处室管理。究竟是目前的多头管理好，还是把生态创建的工作集中归到一个司局管理更好，值得进一步研究梳理。

9.1.5 生态示范区创建的技术和人才支撑不足

9.1.5.1 服务于生态文明示范区建设的科技支撑比较薄弱

生态文明是新时期我们国家提出的又一个具有历史意义的新目标，也是构建社会主义和谐社会的重要步骤。生态文明示范区的建设离不开科技的支持，技术进步已经成为当今社会发展的重要因素之一，但我国在科技支撑生态文明建设方面还存在诸多不如意的地方，具体表现如下。

（1）国家层面围绕生态文明建设的科技需求缺乏统一规划和顶层设计

生态文明示范区建设是一项复杂的系统工程，涉及的领域非常广泛，目前国家重点研发计划虽然在资源与环境领域都会根据需要征集指南，资助项目，但一般缺乏系统考虑和长远规划，在生态文明示范区建设过程中有哪些共性关键技术需要攻克，并不是十分清晰，相应的支撑强度也就十分有限。

（2）高校与科研院所对生态文明示范区建设有支撑的研究成果缺乏

在我国高校和科研院所虽然是重要的科技创新力量，但是高校的科学研究往往是以发表高水平论文、研究者个人兴趣为导向，科研院所普遍认为生态文明示范区建设是软科学，一般不愿意投入大量人力、物力开展生态文明示范区建设相关的研究工作，而社会的技术研究力量总体偏弱，属于典型的心有余而力不足，最终导致可以支撑生态文明示范区建设的科技成果少之又少。

（3）经济欠发达地区生态文明示范区建设科技创新的力量薄弱

一个区域的经济发展水平与相应的科技创新能力密切相关，凡是经济发展水平低的地区，科技创新的能力也比较薄弱。对于经济欠发达的西部地区，首先缺乏大型的与生态文明建设相关的科技企业，生态文明建设科技创新仅局限于个别企业和公办的科研机构。其次缺乏生态文明建设领域的科技人才，生态文明建设相关的科技人才所占比率远低于经济发达地区。最后是生态文明建设相关高端科技人才异常缺乏。而且涉及生态文明建设的科技体制的“计划”特征仍较明显，其运行、分配、激励等机制僵化落后。

9.1.5.2 具有生态文明示范区创建理论与实践经验的人才缺乏

（1）人才数量还相对不足

我国生态文明建设相关的科研机构人才总量较少，国家级（生态环境部及其直属单位）生态环保人才占总量的2%左右，省级人才占8%左右，数量较少。与我国的生态环境保护以及生态文明建设客观要求相比，现有人员满载超负，大量外聘人员的积极性和主动性难以发挥，这种状况可能会在一定程度上影响到一些生态环境保护职能的有效履行，与未来生态环境管理格局不适应。

我国生态环保系统人才资源总量为21.6万人，全国每万人口中的生态环保人才为1.6人。单位国土面积的生态环保人才为225人每万平方千米，单位国土面积的监测人才为35.1人每万平方千米，西部某些地区不足10人每万平方千米，单位国土面积的执法人才为63.2人每万平方千米，西藏自治区仅有0.8人每万平方千米。监测执法力量严重不足，不利于相关工作的开展。这些种种都说明了我国生态环境建设可需人才匮乏，为了以后生态建设的有效开展，培养人才是重中之重。

（2）人才结构不尽合理

虽然人才学历层次在持续提升，但是高学历人才仍然偏少，具有硕士、博士及更高学历的人才仅占生态环保部门环保人才的比重极低，仅有7.7%。而且高学历的人才多集中在国家级和省级单位，而地级市以下地区的高学历人才寥寥可数。我国生态环保人才队伍的学历结构亟待改进。

（3）人才地域分布不均

我国生态环保人才区域分布不均匀，主要集中在东部发达地区，而中部和西部贫困地区，尤其是新疆、青海、西藏以及云南等边疆少数民族地区尤为稀缺。中西部地区的环境保护工作非常重要，我国的水源地、重要生态保护区大多位于西北和西南地区，这些地区经济欠发达，难以吸引高学历、高层次的环保人才，不利于生态问题的解决和环境质量的根本改善。

（4）高层次人才过于集中

硕士及以上环保人才分布很不均衡，大多数分布在从辽宁到广东的东部沿海经济发达地区。从各省硕士及以上人才比例来看，北、沪、广、深、浙、苏等经济发展较好的城市人才较多，北京、天津等城市对人才的集聚效应过于明显。辽宁到广东沿海各省，高职称人才集中现象也很明显，这些省份高职称人才比例普遍较高。而云南、西藏、新疆等省（区、市）高学历、高职称人才比例偏低。

（5）部分紧缺专业人才人数较少

在现有的生态环保人才中，从事噪声与振动污染防治、生物技术安全管理、生物多样性保护、生物物种资源保护、应对气候变化、农村环境保护、村镇人居生态环境保护、土壤环境保护、核安全监管、信息统计、防灾减灾、规划战略等急需紧缺环保专业的人才数量较少。部分专业人才数量较少不利于该领域的环境保护，对于全国环保工作综合决策和管理来说是个短板。

(6) 人才培训力度不够

我国环保系统每人每年培训时数不足两个工作日，培训时数偏少；人才培训投入资金占同期环保投入的比例偏低。要提高我国生态环保工作的水平，需要在引进优秀人才的同时，加强在职人员的培训，不断提高其业务技术水平、管理水平，为建设生态文明的社会贡献自己的力量。

9.1.6 生态文明示范区创建的资金投入不足

9.1.6.1 省级财政投入资金有限

财政资金的投入总量有限是生态文明示范区创建比较普遍的难题，虽然近几年，财政对于“生态示范区”的资金投入数量不断增加，如 2016 年 1 月 20 日国家环境保护部发文：为贯彻落实党中央、国务院关于加快推进生态文明建设的决策部署，鼓励和指导各地以国家生态文明建设示范区为载体，以市、县为重点，全面践行“绿水青山就是金山银山”理念，积极推进绿色发展，不断提升区域生态文明建设水平，国家制定了《国家生态文明建设示范区管理规程（试行）》和《国家生态文明建设示范县、市指标（试行）》。由此说明国家对生态建设的重视程度在增大，但由于之前存在年度间不均衡、分配不合理、来源渠道少、资金额度小等一系列原因，财政生态支出占财政总收入或总支出的比重一直在一个比较低的水平徘徊。尽管 2016 年以来国家在生态建设方面加大了财政投入，同时也采取了一系列措施，各地省委、省政府认真贯彻落实习近平总书记系列重要讲话精神和中央的决策部署，加快生态文明体制机制改革，推动地方生态文明建设取得了重大进展和明显成效。财政用于生态文明建设的总投入增长幅度大大增加，同时开辟新的资金来源渠道，运用各种手段调动和鼓励其他社会各方面资金投入生态文明建设等，但实际上却没有得到很好的执行。尤其是一些地方财政资金投入不足或者资金运用过程中的管理破绽，导致国家下拨的资金不能最大程度地发挥建设当地生态文明的效益。财政资源配置不对称，资金拨付制度存在不完善，制约了本来就不充足的资金发挥最大的效益。总之，生态文明示范区建设省级财政资金投入不足主要包括资金来源渠道少、资金额度小、资金分配不合理、资金利用效益低下等问题。

(1) 资金投入少

建设生态文明，发展绿色中国，建立生态示范区，都离不开必要的资金投入。但是这么多年，我国生态投入资金一直不多，由于之前对生态文明建设的意识不够强，这一块基础薄弱，尤其是近几年生态建设投入资金严重不足的问题非常突出。虽然现在国家高度重视生态文明建设，但建设生态并不能一蹴而就，它必须有个过程，由于基础薄弱，且建设资金投入不足，这已经严重制约了我国生态文明示范区建设的健康可持续发展，也已经成为阻碍我国生态文明建设的“瓶颈”。因此想要促进生态文明的建设，在各地建立生态示范区，就必须加大对生态文明资金的投入，解决生态投资严重不足问题。生态资金投入不足最主要表现为各地方政府对生态文明建设资金投入绝对量表现出不断增长的趋势，但相对来说规模并不大，数额也相对较少。虽然各地政府大力发展生态文明建设，但各地县级政府缺乏投入增长机制，建设生态示范区的财政资金投入增长幅度大大低于财政经常性收入增长幅度。

（2）资金分配不合理，使用分散且交叉重复并存

集中体现在财政资金分配不合理。财政资金配置上还存在一些问题，主要表现在对高收益、速效性的生态示范区的资金投入高而对低经济效益、回报缓慢的生态示范区的资金投入低，且对示范区内高收益速效性的项目投资较多，而那些低经济效益、回报缓慢项目投资较少。同时用于生态建设主管部门的人员经费投入多，对生态示范区基础设施、生态科技、生态社会化服务体系缺乏必要的资金投入。在生态文明基础设施、生态科技、生态社会化服务体系中，基础设施投资的份额较高，而生态科技、生态社会化服务体系建设的资金份额较少，有的甚至未能安排建设。

除此之外，不合理之处还体现在用于生态文明建设方面的资金，包括生态基本建设投资、生态科技支出、生态农业生产支出、生态示范区林业综合开发资金等都存在使用上的分散和交叉重复并存的现象。分析其原因，主要有两个方面：第一，生态示范区的多功能性和生态示范区发展政策的多目标性。生态示范区的多功能性决定生态发展既要考虑到实现的成本供给、生产资料供给、资源的合理利用和环境效应，又要考虑到实现增收、稳定的效益，因此，一段时间内或每年的发展政策必须同时确定多个目标，导致政策目标仍呈多元化。具体到每个实施部门，而且不同负责单位同一时间内的工作目标也是发散的，这必然导致国家财政生态文明建设资金要针对每项政策目标设立和分配。第二，体制转轨的不完全性。我国现行的财政政策部分是从传统计划经济体制下延续下来，用于生态示范区建设资金的科目分类、管理体制都是以部门分块为主。由于财政资金分别属于多个部门管理，各部门对政策的具体理解、执行和资金使用要求各不相同，政策之间缺乏有机的协调，各个部门在贯彻中央“生态文明建设”政策时都会在资金安排和分配上存在一定的衔接困难等问题。目前最突出的是资金使用分散和投入交叉重复现象比较严重，致使数额可观的资金投向过于分散且无重点或者交叉重复的现象出现浪费资金，导致生态示范区资金的整体规模效益不明显。

（3）财政资金效益有待提高

主要表现为各级财政双轨运行，上解基数过高，留用财力减少；当地政府预决算安排建设生态示范区的财政资金的比重不大，生态示范区建设支出占一般预算支出的比例低；在一般预算支出中存在虚列支农资金的现象，年终结存资金不实或无资金结转，滞留、占用生态示文明建设资金问题；另外由于生态文明建设资金来源分散，不利于相关部分监督和管理，尤其是上级主管部门直接拨入资金，脱离财政部门的监管，造成资金使用失控。有的地方财政部门滞留支农资金现象严重。有的单位将生态示范区建设的资金列支后，转入“暂存款”科目，于次年陆续拨付。还有的单位将预算列支的生态文明建设资金转入相关部门，未及时拨付。同时相关部门在管理和使用生态建设资金时，轻视效益。另外，有的时候缺乏科学论证盲目立项，造成生态文明建设中的资金浪费和损失。更有的是资金投向失准，超出财政管理范围，造成财政资金的供应不足。财政支农资金投入分散，各主管部门缺少拉动地方生态发展的重点工程和产业，影响财政资金整体效益的发挥，在一定程度上制约了政府对生态示范区投向的指导作用，不利于加快生态文明发展政策的贯彻实施。由于管理部门多，各部门之间存在职能交叉重叠的现象，重复立项、交叉投入的情况，如生态农业建设项目中的土壤侵蚀防治在水利部门中与水土保持项目重复，生态文明开发中的基础设施建设项目在当地小型基础设施建设及公路建设项目中有相同的建设内容等，给政府生态文明建设投资造成了极大的浪费，给资金和项目管理带来了很大的困难，本来就不充足的生态文明建设资金使用效益也必然大打折扣。重项目轻管理的现象还不同程度存在，生态文明建设资金监督检查力度不够，总之生态文明建设的资金在使用过程中，使用效益还有待提高。

9.1.6.2 社会筹建资金难度大

当前我国公民的生态意识淡薄的情况依然十分明显，也成为此问题的主要突出表现，具体如下：

① 公众在对于环保现状的认知与其生态意识的提高之间存在严重反差，即公众对于自身密切相关的环境问题的关注度和了解度比较高，而对具有普遍意义的环境问题的关注度和了解度则比较低。

② 公众对于生态环境问题的基本态度产生了严重偏差，即一般重直接问题而轻间接问题，重实际问题而轻环境教育，重治理而轻预防，这表明公众没有真正把握环境保护的内涵。

③ 缺乏那种具有宗教情怀的深沉的热爱大自然和热爱生命的意识，具体表现为生态权利意识淡薄，公众参与形式多在政府引导下进行，参与的层次多停留在较低水平，内容多为宣传教育。

④ 公民的生态科学素养偏低，对一些与生态环境相关的科学知识了解不多，认识也不深刻，这就不能保持形成一种理性的稳定的公民环境保护意识。在生态文明建设的过程中，如果缺乏生态意识的支撑，那么生态危机就不能从根本上得到解决，建设生态文明也就成了空中楼阁。因此，要搞好生态文明建设必须大力培育公民的生态意识，使人们对生态环境的保护转化为自觉的行动，为生态文明示范区建设奠定坚实的群众基础。

9.2　加快生态文明示范区建设的对策

9.2.1　准确把握生态文明示范区创建要求

在生态文明示范区建设中，要做到三个准确把握：一是准确把握习近平生态文明思想。要用习近平生态文明思想指导统领生态文明示范区建设工作，用习近平生态文明思想武装头脑、指导实践、推动工作，树立正确的政绩观，切实把生态文明建设重大部署和重要任务落到实处，让良好生态环境成为人民幸福生活的增长点、成为高质量跨越式发展的支撑点、成为展现良好形象的发力点。二是要准确把握全省生态环保大会精神，全面加强生态文明示范区建设，坚决打赢蓝天、碧水、净土三大保卫战。三是要准确把握生态文明创建的内涵，生态文明示范区秉承人与自然和谐共生的理念，对于建设资源节约型、环境友好型社会，推动环境保护历史性转变具有十分重要的意义。

9.2.2　提高全社会对生态文明示范区创建的认识

以习近平生态文明思想为引领，扛起生态环境保护的政治责任。生态环境是关系党的使命宗旨的重大政治问题，也是关系民生的重大社会问题。各级党委、政府要增强思想和行动自觉，始终把生态文明建设和生态环境保护作为以习近平同志为核心的党中央保持高度一致的重大政治任务、重大民生工程和重大发展问题来抓，作为统筹推进“五位一体”总体布局和协调推进“四个全面”战略布局的重要内容来抓，更加彰显各地的生态美、环境美、城市美、乡村美、山水美、人文美。

生态文化是指为实现可持续发展，基于保护环境、崇尚自然和可持续利用自然资源等特征建立起的文化理念，以实现人与自然的协调发展，人与自然的和谐共进。生态文化的形成，意味着人类统治自然的价值观念的根本转变，这种转变标志着人类中心主义价值取向到人与自然和谐发展价值取向的过渡。“美丽中国”战略目标要求各民族地区必须建立可持续发展、人与自然和谐发展的生态文化。有关部门组织开展干部生态文明教育培训，建立教育基地，针对不同人群开展生态文明教育，提高公众绿色意识和生态文明素养。推动生活方式和消费模式的绿色化，积极推动低碳社会建设。引导公众形成符合生态文明要求的行为习惯，鼓励购买节能环保型产品，提倡绿色出行，推行绿色采购，营造绿色办公环境，促进低碳社区建设等。提高全面生态文明建设参与度，发挥社会组织的参与作用，构建生态文明多元主体协同治理体系，走全民参与共建生态文明的道路。

生态文明建设涉及面广，需要发挥多元化主体参与治理，尤其要构建广泛的社会公众参与建设机制，充分发挥科研院校机构与行业人才的智慧与才能，在产业结构调整优化、循环经济建设、环境保护与污染防治等与广大群众密切相关的领域加强治理与建设，通过多种途径了解人民群众关注的热点、难点问题，把公民的合理建议提交有关部门办理并限期作出答复。同时，相关部门塑造浓厚的生态文化学习氛围，不仅在相关电视、报纸、电台等媒体上积极广泛地宣传生态文明建设等知识，还可以在社区、公共汽车、动车与公路沿线等广告平台开展生态文明示范区建设知识普及，塑造生态文明示范区良好生态形象。并且，还需要把生态教育融入校园教育体系与活动中，通过高校生态教育带动家庭、社区、社会生态教育。

9.2.3 把生态文明示范区建设任务责任落到实处

我国幅员辽阔，不同省区市区位条件不同，在生态文明示范区建设中各有优势、各具特色，因此要充分发挥各地优势，把生态文明建设任务责任落到实处。

以云南为例，彩云之南有独特优势和良好条件，云南生态资源条件良好，绿水青山、蓝天白云、良田沃土、美丽风光、人文景观，无不引人向往、令人称道。作为西南生态安全屏障和生物多样性宝库，云南承担着维护区域、国家乃至国际生态安全的战略任务。对云南而言，最大的优势在生态、最大的责任在生态、最大的潜力也在生态。因此，要切实用习近平生态文明思想指导实践、推动工作，坚持“绿水青山就是金山银山”的绿色发展观，深刻认识把云南建设成为中国最美丽省份的目标取向和重要意义，进一步出思路、想办法、抓推进、勤督查，加大工作力度，把生态文明建设和环境保护重大部署和重要任务落到实处。

良好的生态环境是云南的宝贵财富，也是全国的宝贵财富。我们必须牢记习近平总书记的嘱托，坚持生态优先、绿色发展，筑牢生态安全屏障，努力成为我国生态文明建设排头兵，为推动云南实现高质量发展与跨越发展有机统一提供重要保障。必须按照中共中央、国务院印发的《生态文明体制改革总体方案》要求，树立发展和保护相统一的理念，坚持发展是硬道理的战略思想，坚持发展必须是绿色发展、循环发展、低碳发展的理念，平衡好发展和保护的关系，按照主体功能定位控制开发强度，调整空间结构，实现发展与保护的内在统一、相互促进。必须按照党的十九大报告的要求，以成为我国生态文明建设排头兵为关键，坚决保护好绿水青山、蓝天白云，坚持绿色生产和绿色生活，构建绿色产业体系，探寻实现绿水青山就是金山银山的发展新路径，构建人与自然和谐相处的生态环境。

加大生态系统保护力度要多措并举，统筹推进。一是实施重要生态系统保护和修复重大工程，加大以滇西北、滇西南为重点的生物多样性保护力度，建设以青藏高原东南缘生态屏障、哀牢山-无量山生态屏障、南部边境生态屏障、滇东-滇东南喀斯特地带、干热河谷地带、高原湖泊区和其他点状分布的重要生态区域为核心的“三屏两带一区多点”的生态安全屏障。二是完成生态保护红线、永久基本农田、城镇开发边界三条控制线划定工作。进一步调整优化空间结构，加强开发强度管控，加强生态系统保护和恢复。三是积极开展国土绿化行动，大力推进荒漠化、石漠化、水土流失综合治理，强化湿地保护和恢复，进一步完善防灾减灾体系，加强地质灾害防治。四是深入推进“森林云南”建设，大力实施退耕还林还草、防护林建设、天然林保护等工程，完善相关保护制度，构建稳定的天然林生态系统。五是严格保护耕地，始终坚守耕地保护红线，扩大轮作休耕试点，健全耕地、草原、森林、河流、湖泊休养生息制度，建立市场化、多元化生态补偿机制。通过全社会共同行动，真正实现生态系统的良性循环，以生态底色绘就未来发展蓝图，为子孙后代留下天蓝、地绿、水净的美好家园。

9.2.4　完善生态文明示范区创建制度体系

生态文明示范区建设，必须彻底改变以环境资源大量消耗为基础的发展模式，加快构建低碳绿色循环的生态经济体系。一是加快建立绿色生产和消费的法律制度和政策导向，推进技术创新，加快对传统产业进行产业生态化绿色化改造。二是加快发展节能环保产业、清洁生产产业、清洁能源产业，推动生态建设产业化，构建以绿色化、高新化、智能化为主要目标的新兴生态产业体系。三是加快生态环境服务功能的价值评估体系建设，将环境容量作为生产要素纳入国民经济中，建立健全节约资源保护环境的价格机制，使绿水青山真正变成金山银山。

目标责任体系是美丽中国建设的重要抓手。习近平总书记指出：“充分发挥党的领导和我国社会主义制度能集中力量办大事的政治优势，推动我国生态文明建设迈上新台阶。”要加快形成生态文明建设“党政同责”“一岗双责”和多部门齐抓共管的局面，形成守土有责、守土尽责、分工协作、共同发力的“大环保”工作格局。推动建立科学合理的考核评价体系和责任追究体系，建设生态环境保护铁军，建立健全生态文明制度体系，为美丽中国建设提供可靠保障。

当前，我国生态文明“四梁八柱”的制度体系已基本建立。要加强源头防控、过程管控和末端治理相衔接的制度体系建设，加快建立资源环境产权制度，建立市场化、多元化生态补偿机制；完善生态环境管理制度，健全耕地、森林、河流、湖泊休养生息制度；构建国土空间开发保护制度、环境监管体制机制，形成以治理体系和治理能力现代化为保障的生态文明制度体系，为系统化地将环境问题产生的原因、解决思路和办法等放在经济、政治、文化、社会中通盘考虑和谋划提供坚强的制度保障。

建立健全生态安全体系，筑牢美丽中国建设的风险防控基础。生态安全体系是美丽中国建设的底线，要把生态环境风险纳入常态化管理，系统构建全过程、多层级的生态环境风险防范体系。在遵循自然规律的基础上开发利用大自然，确保将人类活动控制在资源环境的承载能力之内，让大自然休养生息，确保实现生态安全、环境安全、资源安全、能源安全。

9.2.5 强化生态文明示范区建设的科技和人才支撑

(1) 生态文明建设基本路径需要科技推动

生态文明建设强调把绿色发展、循环发展、低碳发展作为基本路径。社会经济的发展必须建立在资源能够高效循环利用、生态环境受到严格保护的基础上。资源利用方式必须与生态文明建设相协调，形成节约资源和保护环境的空间格局、产业结构、生产方式，将绿色生产、清洁生产技术真正应用到实际生产过程中，实现资源的循环利用，污染的零排放。

与传统的农业文明、工业文明相比，生态文明对科技的要求更高。要想从根本上缓解经济发展与资源环境之间的矛盾，就必须构建高科技、能耗低、污染少的新型产业结构。只有推动科技创新，大力开发和推广节约、替代、循环利用资源和治理污染的先进适用技术，才能不断为生态文明建设提供科学依据和技术支撑。让生态文明不是空中楼阁，而是中华民族新的万里长城。生态文明建设中需要大量科学技术的参与及应用，如环境污染和生态破坏问题中，就需要利用生态修复技术来修复已破坏或污染的生态环境。

(2) 理清生态建设与科技发展的辩证关系十分重要

人类社会的发展与科学技术密切相关，科技的进步在人类对自然界和社会的改造中扮演了至关重要的角色。从农业文明到工业文明，再发展到当代社会的生态文明，我们不难发现，人类改造和征服自然界的方法多种多样，其中最为重要、影响最为深刻的手段就是科学技术的不断进步。原始文明时期，人们主要靠采集、打鱼和狩猎维持生存，敬畏自然。而后的农业文明时期，铁器、农具的使用使人们大量砍伐森林、开垦荒地，生产力得到了极大的提高，创造出了以四大古国为代表的古文明，但过度的开垦、放牧及砍伐使自然生态受到破坏，最终导致了其文明的衰落，如辉煌一时的楼兰古国，由于过度砍伐最终消失在沙漠之中。工业文明时期，机械化、电气化、自动化技术使生产力得到又一次飞跃，改变了传统的生产方式，人们在享受近代科技带来的成果时，并没有重视其造成的环境问题和生态问题，其中影响最严重的是八大公害事件，给人们的健康造成了很大的危害。

对于生态环境保护来说，科技是一把“双刃剑”。一方面，20 世纪以来的工业化发展对自然资源高强度、掠夺性地开发和使用，以及由此造成的严重生态破坏和环境污染，很大程度上是现代科技革命的推动造成的恶果。另一方面，科学技术在节约资源、保护生态、改善环境等方面，也不断发挥着越来越显著的作用。20 世纪的科技革命开启了传统工业文明时代。如今，也正是大量绿色技术的研发和应用，将开启生态工业文明的新时代。

（3）生态文明示范区创建需要科技支撑

人类利用科学技术发明了许多自然界本不存在的事物，提高了社会生产力和物质生活水平，实现了人类社会的空前繁荣和发展。但同时，科学技术在各个领域的广泛应用也造成了一定程度的环境污染、生态破坏和资源匮乏。尤其是核技术的滥用，可能会对人类生活的地球造成毁灭性的潜在威胁。因此，我们要科学地看待生态文明建设和科技的辩证关系，合理地运用现代科技手段造福生态环境。生态文明示范区建设需要科技的支撑作用。许多生态环境问题的解决都得益于科学技术的应用。如在杭州污染较严重的富春江、千岛湖流域内，采用生态治理技术，利用缓冲草地带和缓冲林带有机结合的方式，在控制面源污染的同时，还可以增加生物多样性和植被覆盖率，从而改善了区域生态环境。

（4）努力构建与生态文明建设相适应的绿色科技创新体系

构建绿色科技创新体系，强化生态文明建设的科技支撑。绿色发展和生态文明建设不仅需要开发利用先进实用的污染治理、资源高效利用和生态环保技术，还需要发展现代化绿色产业技术体系，提高生态产业化和产业生态化技术水平和能力。要把绿色化、生态化作为提升产业竞争力的技术基点。发展绿色智能制造技术，推动制造业向价值链高端攀升。推动能源应用向清洁、低碳转型。发展生态、绿色、高效、安全的现代农业技术，确保粮食安全、食品安全。发展资源高效利用和生态环保技术。发展智慧城市和数字社会技术，推动以人为本的新型城镇化的建设，推动绿色建筑、智慧城市、生态城市等领域关键技术大规模应用。加强重大灾害、公共安全等应急避险领域重大技术和产品攻关。在生态环境安全领域，形成由单一污染治理转向区域综合治理的系统技术解决方案。创新城乡人居生态环境规划与整治。绿色发展将带动广泛领域的科技创新，绿色科技创新将进一步引领新的绿色发展方式。未来要统筹制定中长期生态文明建设规划与中长期科技创新规划，确保生态文明建设的科技支撑。

推进绿色科技创新。加大绿色科技的投入和激励，加强信息平台建设，建立生态大数据平台，构建生态文明建设数据库，动态监测生态资源使用情况，为生态资源统计、编制自然资源资产负债表和自然资源管制提供科学依据。确保环保科学、生态科学和专门技术的有机结合以及实践中的切实运用，走绿色科技引领生态文明先行示范区建设的道路。

（5）完善并强化生态创建的人才支撑体系

以高校科研单位为依托，加强环保、林业、水力等相关领域学科的扶持力度，扩大培养范围和招生人数。加大力度开展生态文明建设的相关培训项目，普及生态文明理念和相关理论，开展生态产业园区规划、生态农业管理、美丽乡村建设等产业和规划的培训，从理论到实践，全方位为地方生态文明示范区建设提供可靠的人才和智力支持。

加强生态产业技术高端人才培养与引进，推进创新驱动发展。建设生态文明是一场涉及价值观念、空间格局、生产方式、生活方式以及发展格局的全方位系统工程，需要科技创新的助力。科技创新在发展循环经济、绿色产业、低碳技术与经济发展方式转变等方面起到关键支撑作用，是生态文明建设的重要动力。对于教育水平相对比较落后的省份，尤其针对生态产业技术高端人才相对比较缺乏的高校、科研单位、企业等相关部门不仅要大力引进生态产业技术高端优秀与领军人才，更重要的是调整高校及研究所的专业结构，大力培养博士、博士后等生态产业技术高端人才，提升自主创新能力，依靠创新驱动实现生态文明示范区建设、美丽中国建设的战略目标。

附录一 “绿水青山就是金山银山”实践创新基地管理规程（试行）

第一章 总则

第一条 “绿水青山就是金山银山”实践创新基地（以下简称“两山”基地）是践行习近平总书记“两山”理念的实践平台，旨在创新探索“两山”转化的制度实践和行动实践，总结典型经验模式并示范推广。为规范“两山”基地的建设和管理工作，制定本规程。

第二条 生态环境部鼓励市、县级人民政府及其他建设主体申报“两山”基地。申报地区应当以区域内具有较好基础的乡镇、村、小流域等为基本单元开展建设活动。

第三条 “两山”基地应当重点探索绿水青山转化为金山银山的有效路径和实践模式。建设活动应当坚持价值转化，注重实效；坚持统筹推进，注重过程；坚持因地制宜，突出特色；坚持机制探索，突出创新。

第二章 申报

第一条 具备下列条件的地区，可通过省级生态环境行政主管部门向生态环境部申报“两山”基地：

（一）编制“两山”基地建设实施方案，并由地方人民政府发布实施；

（二）生态环境优良，生态环境保护工作基础扎实；

（三）具有以乡镇、村或小流域为单元的“两山”转化典型案例；

（四）具有有效推动“两山”转化的体制机制；

（五）近三年中央生态环境保护督察、各类专项督查未发现重大问题，无重大生态环境破坏事件。

第二条　省级生态环境行政主管部门负责“两山”基地的预审和推荐申报工作，择优向生态环境部推荐。

第三条　省级生态环境行政主管部门在推荐申报前，应当对拟推荐地区予以公示，公示期为5个工作日。

对公示期间收到投诉和举报的问题，由省级生态环境行政主管部门组织调查核实。

第四条　省级生态环境行政主管部门向生态环境部提交的推荐地区申报材料主要包括：

（一）“两山”基地申报文件，包括申报函和对照申报条件提交的相应说明材料及证明文件；

（二）“两山”基地建设实施方案；

（三）省级生态环境行政主管部门预审意见及推荐文件。

第三章　遴选命名

第一条　生态环境部负责“两山”基地的遴选工作，组织专家对申报地区进行资料审核和现场核查。

第二条　遴选工作主要参照以下方面开展：

（一）申报材料齐全，申报内容真实；

（二）实施方案具有科学性、针对性、可操作性；

（三）生态环境保持优良，满足上级部门考核要求；

（四）“两山”转化成效显著，绿色发展水平逐步提高；

（五）“两山”制度探索具有创新性，保障措施有力；

（六）“两山”转化模式具有典型性、代表性和可推广性。

第三条　生态环境部对通过核查的地区进行审议，并在生态环境部网站、中国环境报对拟命名名单予以公示。公示期为7个工作日。

公众可以通过“12369”环保举报热线等方式反映公示地区存在的问题。对公示期间收到投诉和举报的问题，由生态环境部组织调查核实。

第四条　生态环境部对公示期间未收到投诉和举报的地区、投诉和举报问题经调查核实无问题或已完成整改的地区，按程序审议通过后发布公告，授予国家“绿水青山就是金山银山”实践创新基地称号。

第四章　建设实施

第一条　基地建设地区应当因地制宜加强“两山”转化路径探索，总结凝练特色模式，在全域范围内推广。

第二条　基地建设地区应当加强组织领导，建立实施方案的监督考核和长效管理机制。

第三条　基地建设地区应当加强建设任务和工程项目的推进落实，依据实施方案制订年度工作计划，总结年度工作进展并填报“两山”基地管理信息系统（以下简称管理系统）。

第四条　省级生态环境行政主管部门应当加强建设工作的监督管理，及时跟踪指导“两山”基地建设工作。

第五条　生态环境部对获得“两山”基地称号的地区，给予政策和项目资金倾斜。鼓励各地建立形式多样的“两山”基地建设激励机制。

第五章　评估管理

第一条　生态环境部对获得“两山”基地称号的地区实行动态管理，强化全过程监管，推动探索绿色可持续发展道路。

第二条　生态环境部制订“两山指数”评估指标及方法，发布《“两山指数”评估技术导则》，用于定量化表征“两山”基地建设成效，科学引导“两山”基地实践探索。获得“两山”基地称号满三年的地区应当及时在管理系统填报“两山指数”指标和实施方案推进情况。

第三条　生态环境部适时组织开展复核评估工作，并在管理系统公布复核评估情况。评估内容包括：

（一）实施方案推进落实情况；

（二）“两山指数”评估情况；

（三）“两山”转化经验模式典型性、代表性和可推广性。

第四条　生态环境部根据复核评估情况，及时向地方反馈意见建议。对评估结果较差的地区，提出整改要求，当地人民政府应当在限期内完成整改，并经省级生态环境行政主管部门将整改结果报送生态环境部备案。

第五条　对出现以下情形之一的地区，生态环境部撤销其“绿水青山就是金山银山”实践创新基地称号：

（一）中央生态环境保护督察、各类专项督查发现重大问题的；

（二）发生重、特大突发环境事件或生态破坏事件的；

（三）复核评估要求整改，但未能有效完成的；

（四）在评估过程中存在弄虚作假行为的。

第六条　参与“两山”基地管理的工作人员和专家，在评审、资料审核、现场核查、复核评估等工作中，必须坚持严谨、科学、务实、高效的工作作风，严格遵守中央八项规定精神，认真落实廉政责任和廉洁自律要求，自觉遵守相关工作程序和规范。

第六章　附则

第一条　本规程自印发之日起施行，由生态环境部负责解释。

附录二　国家生态文明建设示范市、县管理规程（修订版）

第一章　总则

第一条　国家生态文明建设示范市、县是以全面构建生态文化体系、生态经济体系、生态目标责任体系、生态文明制度体系、生态安全体系为重点，统筹推进“五位一体”总体布局，落实五大发展理念的示范样板。

第二条　为进一步规范国家生态文明建设示范市、县创建工作，促进示范创建申报、评估、命名及监督管理等工作科学化、规范化、制度化，制定本规程。

第三条　本规程适用于市、县两级国家生态文明建设示范创建工作的管理。市包括设区市、直辖市所辖区、地区、自治州、盟等地级行政区；县包括设区市的区、县级市、县、旗等县级行政区。

第四条　生态环境部鼓励各市、县创建国家生态文明建设示范市、县。创建工作坚持国家引导，地方自愿；党政组织，社会参与；因地制宜，突出特色；注重实效，持续推进。

对于创建工作在全国生态文明建设中发挥示范引领作用、达到相应建设标准并通过核查的市、县，生态环境部按程序授予相应的国家生态文明建设示范市、县称号。

第二章　规划实施

第一条　生态环境部制定并发布国家生态文明建设示范市、县建设指标和规划编制指南。开展国家生态文明建设示范市、县创建的地区（以下简称创建地区），应当参照规划编制指南，组织编制生态文明建设规划（以下简称规划）。

第二条　市级规划由生态环境部或委托省级生态环境行政主管部门组织评审；县级规划由省级生态环境行政主管部门组织评审。规划通过评审后，应由本级人民政府或同级人民代表大会（或其常务委员会）审议后颁布实施。

第三条　创建地区应当根据规划制订年度工作计划，明确工作责任，落实专项资金，建立规划实施的监督考核和长效管理机制。

第四条　创建地区应当在政府门户网站及时发布规划、计划、简报等创建工作信息。

第三章　申报

第一条　符合下列条件的创建地区人民政府可以向省级生态环境行政主管部门提出申报申请：

（一）市、县建设规划发布实施且处在有效期内；

（二）相关法律法规得到严格落实。党政领导干部生态环境损害责任追究、领导干部自然资源资产离任审计、自然资源资产负债表、生态环境损害赔偿、“三线一单”等制度保障工作按照国家和省级总体部署有效开展；

（三）经自查已达到国家生态文明建设示范市、县各项指标要求。

第二条　存在下列情况的地区不得申报：

（一）中央生态环境保护督察和生态环境部组织的各类专项督查中存在重大问题，且未按计划完成整改任务的；

（二）近三年未完成国家下达的生态环境质量、节能减排、排污许可证核发等生态环境保护重点工作任务的；

（三）近三年发生重特大突发环境事件或生态破坏事件、环境监测数据造假的；

（四）近三年群众信访举报的生态环境案件未及时办理、办结率低的；

（五）近三年国家重点生态功能区县域生态环境质量监测评价与考核结果为“一般变差”“明显变差”的。

第三条　省级生态环境行政主管部门应当按照国家生态文明建设示范市、县指标要求对申报地区进行预审，并在本部门网站公开市县申报情况、预审情况。

第四条　省级生态环境行政主管部门应当对拟推荐地区予以公示，公示期为5个工作日。对公示期间收到的投诉和举报问题，由省级生态环境行政主管部门组织调查核实。

第五条　省级生态环境行政主管部门应当根据预审情况、公示情况形成书面预审意见，将书面预审意见与信息公开情况一并上报生态环境部。

第六条　省级生态环境行政主管部门应当指导拟推荐地区填报材料，并严格把关。创建地区应当通过国家生态文明建设示范区管理信息平台，填报和提交有关数据及资料，包括：

（一）申报函；

（二）国家生态文明建设示范市、县创建工作报告；

（三）国家生态文明建设示范市、县创建技术报告（报告中应包括：第九、十条所列条件完成情况，近三年国家生态文明建设示范市、县建设指标完成情况）；

（四）指标完成情况的证明材料及其他必要佐证材料。

第四章　评估命名

第一条　生态环境部组织相关专家对创建地区进行技术评估，并形成评估意见。技术评估工作包括资料审核和现场核查。

第二条　资料审核主要包括：

（一）第九条、第十条所列条件；

（二）指标完成情况及相应证明材料的真实性、权威性、时效性；

（三）其他需要审核的内容。

第三条　现场核查主要包括：

（一）中央生态环境保护督察、生态环境部组织的各类专项督查问题整改落实情况；

（二）生态环境质量状况；

（三）环境治理设施建设和运行情况；

（四）绿色生产方式、生活方式践行情况；

（五）其他需要核查的内容。

第四条　技术评估过程中发现问题的，创建地区应当根据要求及时补充材料予以说明；问题重大的，终止本次申报，取消下一轮申报资格。

第五条　生态环境部根据技术评估情况进行审议，并在生态环境部网站、中国环境报上对拟命名地区予以公示。公示期为 7 个工作日。公众可以通过“12369”环保举报热线等方式反映公示地区存在的问题。对公示期间收到投诉和举报的问题，由生态环境部或省级生态环境行政主管部门组织调查核实。

第六条　公示期间未收到投诉和举报，或投诉和举报问题经查不属实、查无实据、经认定得到有效解决的地区，生态环境部按程序审议通过后发布公告，授予相应的国家生态文明建设示范市、县称号，有效期 3 年。

第五章　监督管理

第一条　获得国家生态文明建设示范市、县称号的地区应当持续深化创建工作，巩固提升创建成果，并逐年在国家生态文明建设示范区管理信息平台更新档案资料。

第二条　生态环境部对获得国家生态文明建设示范市、县称号命名的地区，给予政策和项目资金倾斜。鼓励各地建立形式多样的生态文明示范创建工作激励机制。

第三条　生态环境部对获得国家生态文明建设示范市、县称号的地区实行动态监督管理，可根据情况进行抽查。对公告满三年的地区参照建设指标进行复核（如建设指标发生调整，按调整后指标进行）。复核合格的创建地区，由生态环境部按程序公告，其国家生态文明建设示范市、县称号有效期延续 3 年。

第四条　获得国家生态文明建设示范市、县称号的地区，出现下列（一）、（二）情形之一的，生态环境部对该地区提出警告；出现下列（三）～（六）情形之一的，生态环境部撤销其相应称号。

（一）建设指标出现下降或倒退的；

（二）相关组织和制度保障工作开展不力的；

（三）发生重、特大突发环境事件或生态破坏事件的；因重大生态环境问题被生态环境部约谈、挂牌督办或实施区域限批的；

（四）生态环境质量出现明显下降的；

（五）被生态环境部警告，且未能在规定时限内完成整改的；

（六）未通过生态环境部组织复核的，或在复核过程中存在弄虚作假行为的。

第五条　已经获得国家生态文明建设示范市、县称号的地区行政区划发生重大调整的，国家生态文明建设示范市、县称号自行终止。

第六条　参与国家生态文明建设示范市、县管理的工作人员和专家，在审核、抽查、复核等工作中，必须严格遵守中央八项规定精神，认真落实廉洁自律要求和责任，坚持科学、务实、高效的工作作风，严格遵守相关工作程序和规范。构成违纪、违法或犯罪的，依纪依法追究责任。

第六章　附则

第一条　本规程自印发之日起开始施行，由生态环境部负责解释。

附录三　国家生态文明建设示范市、县建设指标（修订版）

领域	任务	序号	指标名称	单位	指标值	指标属性	备注
生态制度	（一）目标责任体系与制度建设	1	生态文明建设规划	—	制定实施	约束性	
		2	党委政府对生态文明建设重大目标任务研究部署情况	—	有效开展	约束性	
		3	生态文明建设工作占党政实绩考核的比例	%	≥20	约束性	
		4	河长制	—	全面实施	约束性	
		5	生态环境信息公开率	%	100	约束性	
		6	依法开展规划环境影响评价	% —	市:100 县:开展	市:约束性 县:参考性	
生态安全	（二）环境质量改善	7	环境空气质量 优良天数比例 $PM_{2.5}$浓度下降幅度	%	完成上级规定的考核任务;已达标地区保持稳定,未达标地区持续改善	约束性	
		8	水环境质量 水质达到或优于Ⅲ类比例提高幅度 劣Ⅴ类水体比例下降幅度 黑臭水体消除比例	%	完成上级规定的考核任务;已达标地区保持稳定,未达标地区持续改善	约束性	
		9	近岸海域水质优良(一、二类)比例	%	完成上级规定的考核任务;已达标地区保持稳定,未达标地区持续改善	约束性	示范市
	（三）生态系统保护	10	生态环境状况指数 干旱半干旱地区 其他地区	%	≥35 ≥60	约束性	

续表

领域	任务	序号	指标名称	单位	指标值	指标属性	备注
生态安全	（三）生态系统保护	11	林草覆盖率 山区 丘陵地区 平原地区 干旱半干旱地区 青藏高原地区	%	≥60 ≥40 ≥18 ≥35 ≥70	参考性	
		12	生物多样性保护 国家重点保护野生动植物保护率 外来物种入侵 特有性或指示性水生物种保持率	% — %	≥95 不明显 不降低	参考性	
		13	海岸生态修复 自然岸线修复长度 滨海湿地修复面积	km hm^2	完成上级管控目标	参考性	
	（四）环境风险防范	14	危险废物利用处置率	%	100	约束性	
		15	建设用地土壤污染风险管控和修复名录制度	—	建立	参考性	
		16	突发生态环境事件应急管理机制	—	建立	约束性	
生态空间	（五）空间格局优化	17	自然生态空间 生态保护红线 自然保护地	—	面积不减少，性质不改变，功能不降低	约束性	
		18	自然岸线保有率	%	完成上级管控目标	约束性	
		19	河湖岸线保护率	%	完成上级管控目标	参考性	
生态经济	（六）资源节约与利用	20	单位地区生产总值能耗	—	完成上级规定的目标任务；保持稳定或持续改善	约束性	
		21	单位地区生产总值用水量	—	完成上级规定的目标任务；保持稳定或持续改善	约束性	
		22	单位国内生产总值建设用地使用面积下降率	%	≥4.5	参考性	
		23	碳排放强度下降率	%	完成年度目标任务	约束性	示范市
		24	应当实施强制性清洁生产企业通过审核的比例	%	完成年度审核计划	参考性	示范市
	（七）产业循环发展	25	农业废弃物综合利用率 秸秆综合利用率 畜禽粪污综合利用率 农膜回收利用率	%	≥90 ≥75 ≥80	参考性	示范县
		26	一般工业固体废物综合利用率	%	≥80	参考性	

续表

领域	任务	序号	指标名称	单位	指标值	指标属性	备注
生态生活	（八）人居环境改善	27	集中式饮用水水源地水质优良比例	%	100	约束性	
		28	村镇饮用水卫生合格率	%	100	约束性	示范县
		29	城镇污水处理率	%	市≥95 县(区)≥85	约束性	
		30	城镇生活垃圾无害化处理率	%	市≥95 县(区)≥80	约束性	
		31	城镇人均公园绿地面积	m^2/人	≥15	参考性	示范市
		32	农村无害化卫生厕所普及率	%	完成上级规定的目标任务	约束性	示范县
	（九）生活方式绿色化	33	城镇新建绿色建筑比例	%	≥50	参考性	
		34	公共交通出行分担率	%	超、特大城市≥70 大城市≥60 中小城市≥50	参考性	示范市
		35	生活废弃物综合利用 城镇生活垃圾分类减量化行动 农村生活垃圾集中收集储运	—	实施	参考性	
		36	绿色产品市场占有率 节能家电市场占有率 在售用水器具中节水型器具占比 一次性消费品使用率	%	≥50 100 逐步下降	参考性	示范市
		37	政府绿色采购比例	%	≥80	约束性	
生态文化	（十）观念意识普及	38	党政领导干部参加生态文明培训的人数比例	%	100	参考性	
		39	公众对生态文明建设的满意度	%	≥80	参考性	
		40	公众对生态文明建设的参与度	%	≥80	参考性	

注：备注为示范市的指标考核市；备注为示范县的指标考核县；其他指标市、县均考核。

附录四　国家生态文明先行示范区建设目标体系

类别		指标名称	单位	标准值		
				基本值	目标值	变化率
经济发展质量	52	人均 GDP	万元			
	53	城乡居民收入比例	—			
	54	三次产业增加值比例	—			
	55	战略性新兴产业增加值占 GDP 比重	%			
	56	农产品中无公害、绿色、有机农产品种植面积比例	%			

续表

类别	指标名称		单位	标准值		
				基本值	目标值	变化率
资源能源节约利用	57	国土开发强度	%			
	58	耕地保有量	万公顷			
	59	单位建设用地生产总值	亿元/km^2			
	60	用水总量	亿立方米			
	61	水资源开发利用率	%			
	62	万元工业增加值用水量	t			
	63	农业灌溉水有效利用系数	—			
	64	非常规水资源利用率	%			
	65	GDP 能耗	吨标准煤/万元			
	66	GDP 二氧化碳排放量	t/万元			
	67	非化石能源占一次能源消费比重	%			
	68	能源消费总量	万吨标准煤			
	69	资源产出率	万元/t			
	70	矿产资源三率(开采回采、选矿回收、综合利用)	%			
	71	绿色矿山比例	%			
	72	工业固体废物综合利用率	%			
	73	新建绿色建筑比例	%			
	74	农作物秸秆综合利用率	%			
	75	主要再生资源回收利用率	%			
生态建设与环境保护	76	林地保有量	万公顷			
	77	森林覆盖率	%			
	78	森林蓄积量	万立方米			
	79	草原植被综合覆盖率	%			
	80	湿地保有量	万公顷			
	81	禁止开发区域面积	万公顷			
	82	水土流失面积	万公顷			
	83	新增沙化土地治理面积	万公顷			
	84	自然岸线保有率	%			
	85	人均公共绿地面积	%			
	86	主要污染物排放总量	%			
	87	空气质量指数(AQI)达到优良天数占比	%			
	88	水功能区水质达标率	%			
	89	城镇(乡)供水水源地水质达标率	%			
	90	城镇(乡)污水集中处理率	%			
	91	城镇(乡)生活垃圾无害化处理率	%			

续表

类别	指标名称		单位	标准值		
				基本值	目标值	变化率
生态文化培育	92	生态文明知识普及率	%			
	93	党政干部参加生态文明培训的比例	%			
	94	公共交通出行比例	%			
	95	二级及以上能效家电产品市场占有率	%			
	96	节水器具普及率	%			
	97	城区居住小区生活垃圾分类达标率	%			
	98	有关产品政府绿色采购比例	%			
体制机制建设	99	生态文明建设占党政绩效考核的比重	%			
	100	资源节约和生态环保投入占财政支出比例	%			
	101	研究与试验发展经费占 GDP 比重	%			
	102	环境信息公开率	%			

注：1. 建设地区可结合本地区实际和主体功能定位要求，适当增减指标，可以有申报地区的特色指标。
2. 人均 GDP 指标不适用于限制开发区、禁止开发区。

附录五　生态文明建设目标评价考核办法

第一章　总则

第一条　为了贯彻落实党的十八大和十八届三中、四中、五中、六中全会精神，加快绿色发展，推进生态文明建设，规范生态文明建设目标评价考核工作，根据有关党内法规和国家法律法规，制定本办法。

第二条　本办法适用于对各省、自治区、直辖市党委和政府生态文明建设目标的评价考核。

第三条　生态文明建设目标评价考核实行党政同责，地方党委和政府领导成员生态文明建设一岗双责，按照客观公正、科学规范、突出重点、注重实效、奖惩并举的原则进行。

第四条　生态文明建设目标评价考核在资源环境生态领域有关专项考核的基础上综合开展，采取评价和考核相结合的方式，实行年度评价、五年考核。

评价重点评估各地区上一年度生态文明建设进展总体情况，引导各地区落实生态文明建设相关工作，每年开展 1 次。考核主要考查各地区生态文明建设重点目标任务完成情况，强化省级党委和政府生态文明建设的主体责任，督促各地区自觉推进生态文明建设，每个五年规划期结束后开展 1 次。

第二章　评价

第一条　生态文明建设年度评价（以下简称年度评价）工作由国家统计局、国家发展改革委、环境保护部会同有关部门组织实施。

第二条　年度评价按照绿色发展指标体系实施，主要评估各地区资源利用、环境治理、环境质量、生态保护、增长质量、绿色生活、公众满意程度等方面的变化趋势和动态进展，生成各地区绿色发展指数。

绿色发展指标体系由国家统计局、国家发展改革委、生态环境部会同有关部门制定，可以根据国民经济和社会发展规划纲要以及生态文明建设进展情况作相应调整。

第三条　年度评价应当在每年 8 月底前完成。

第四条　年度评价结果应当向社会公布，并纳入生态文明建设目标考核。

第三章　考核

第一条　生态文明建设目标考核（以下简称目标考核）工作由国家发展改革委、环境保护部、中央组织部牵头，会同财政部、国土资源部、水利部、农业部、国家统计局、国家林业局、国家海洋局等部门组织实施。

第二条　目标考核内容主要包括国民经济和社会发展规划纲要中确定的资源环境约束性指标，以及党中央、国务院部署的生态文明建设重大目标任务完成情况，突出公众的获得感。考核目标体系由国家发展改革委、环境保护部会同有关部门制定，可以根据国民经济和社会发展规划纲要以及生态文明建设进展情况作相应调整。

有关部门应当根据国家生态文明建设的总体要求，结合各地区经济社会发展水平、资源环境禀赋等因素，将考核目标科学合理分解落实到各省、自治区、直辖市。

第三条　目标考核在五年规划期结束后的次年开展，并于 9 月底前完成。各省、自治区、直辖市党委和政府应当对照考核目标体系开展自查，在五年规划期结束次年的 6 月底前，向党中央、国务院报送生态文明建设目标任务完成情况自查报告，并抄送考核牵头部门。资源环境生态领域有关专项考核的实施部门应当在五年规划期结束次年的 6 月底前，将五年专项考核结果送考核牵头部门。

第四条　目标考核采用百分制评分和约束性指标完成情况等相结合的方法，考核结果划分为优秀、良好、合格、不合格四个等级。考核牵头部门汇总各地区考核实际得分以及有关情况，提出考核等级划分、考核结果处理等建议，并结合领导干部自然资源资产离任审计、领导干部环境保护责任离任审计、环境保护督察等结果，形成考核报告。

考核等级划分规则由考核牵头部门根据实际情况另行制定。

第五条　考核报告经党中央、国务院审定后向社会公布，考核结果作为各省、自治区、直辖市党政领导班子和领导干部综合考核评价、干部奖惩任免的重要依据。

对考核等级为优秀、生态文明建设工作成效突出的地区，给予通报表扬；对考核等级为不合格的地区，进行通报批评，并约谈其党政主要负责人，提出限期整改要求；对生态环境损害明显、责任事件多发地区的党政主要负责人和相关负责人（含已经调离、提拔、退休的），按照《党政领导干部生态环境损害责任追究办法（试行）》等规定，进行责任追究。

第四章　实施

第一条　国家发展改革委、环境保护部、中央组织部会同国家统计局等部门建立生态文明建设目标评价考核部际协作机制，研究评价考核工作重大问题，提出考核等级划分、考核结果处理等建议，讨论形成考核报告，报请党中央、国务院审定。

第二条　生态文明建设目标评价考核采用有关部门组织开展专项考核认定的数据、相关统计和监测数据，以及自然资源资产负债表数据成果，必要时评价考核牵头部门可以对专项考核等数据作进一步核实。

由重大自然灾害等非人为因素导致有关考核目标未完成的，经主管部门核实后，对有关地区相关考核指标得分进行综合判定。

第三条　有关部门和各地区应当切实加强生态文明建设领域统计和监测的人员、设备、科研、信息平台等基础能力建设，加大财政支持力度，增加指标调查频率，提高数据的科学性、准确性和一致性。

第五章　监督

第一条　参与评价考核工作的有关部门和机构应当严格执行工作纪律，坚持原则、实事求是，确保评价考核工作客观公正、依规有序开展。各省、自治区、直辖市不得篡改、伪造或者指使篡改、伪造相关统计和监测数据，对于存在上述问题并被查实的地区，考核等级确定为不合格。对徇私舞弊、瞒报谎报、篡改数据、伪造资料等造成评价考核结果失真失实的，由纪检监察机关和组织（人事）部门按照有关规定严肃追究有关单位和人员责任；涉嫌犯罪的，依法移送司法机关处理。

第二条　有关地区对考核结果和责任追究决定有异议的，可以向作出考核结果和责任追究决定的机关和部门提出书面申诉，有关机关和部门应当依据相关规定受理并进行处理。

第六章　附则

第一条　各省、自治区、直辖市党委和政府可以参照本办法，结合本地区实际，制定针对下一级党委和政府的生态文明建设目标评价考核办法。

第二条　本办法由国家发展改革委、环境保护部、中央组织部、国家统计局商有关部门负责解释。

第三条　本办法自 2016 年 12 月 2 日起施行。

附录六　生态环境损害赔偿制度改革方案

生态环境损害赔偿制度是生态文明制度体系的重要组成部分。党中央、国务院高度重视生态环境损害赔偿工作，党的十八届三中全会明确提出对造成生态环境损害的责任者严格实行赔偿制度。2015 年，中央办公厅、国务院办公厅印发《生态环境损害赔偿制度改革试点方案》（中办发〔2015〕57 号），在吉林等 7 个省市部署开展改革试点，取得明显成效。为进一步在全国范围内加快构建生态环境损害赔偿制度，在总结各地区改革试点实践经验基础上，制定本方案。

一、总体要求和目标

通过在全国范围内试行生态环境损害赔偿制度，进一步明确生态环境损害赔偿范围、责任主体、索赔主体、损害赔偿解决途径等，形成相应的鉴定评估管理和技术体系、资金保障和运行机制，逐步建立生态环境损害的修复和赔偿制度，加快推进生态文明建设。

自 2018 年 1 月 1 日起，在全国试行生态环境损害赔偿制度。到 2020 年，力争在全国范围内初步构建责任明确、途径畅通、技术规范、保障有力、赔偿到位、修复有效的生态环境损害赔偿制度。

二、工作原则

——依法推进，鼓励创新。按照相关法律法规规定，立足国情和地方实际，由易到难、稳妥有序开展生态环境损害赔偿制度改革工作。对法律未作规定的具体问题，根据需要提出政策和立法建议。

——环境有价，损害担责。体现环境资源生态功能价值，促使赔偿义务人对受损的生态环境进行修复。生态环境损害无法修复的，实施货币赔偿，用于替代修复。赔偿义务人因同一生态环境损害行为需承担行政责任或刑事责任的，不影响其依法承担生态环境损害赔偿责任。

——主动磋商，司法保障。生态环境损害发生后，赔偿权利人组织开展生态环境损害调查、鉴定评估、修复方案编制等工作，主动与赔偿义务人磋商。磋商未达成一致，赔偿权利人可依法提起诉讼。

——信息共享，公众监督。实施信息公开，推进政府及其职能部门共享生态环境损害赔偿信息。生态环境损害调查、鉴定评估、修复方案编制等工作中涉及公共利益的重大事项应当向社会公开，并邀请专家和利益相关的公民、法人、其他组织参与。

三、适用范围

本方案所称生态环境损害，是指因污染环境、破坏生态造成大气、地表水、地下水、土壤、森林等环境要素和植物、动物、微生物等生物要素的不利改变，以及上述要素构成的生态系统功能退化。

（一）有下列情形之一的，按本方案要求依法追究生态环境损害赔偿责任：

1. 发生较大及以上突发环境事件的；

2. 在国家和省级主体功能区规划中划定的重点生态功能区、禁止开发区发生环境污染、生态破坏事件的；

3.发生其他严重影响生态环境后果的。

各地区应根据实际情况，综合考虑造成的环境污染、生态破坏程度以及社会影响等因素，明确具体情形。

（二）以下情形不适用本方案：

1.涉及人身伤害、个人和集体财产损失要求赔偿的，适用侵权责任法等法律规定；

2.涉及海洋生态环境损害赔偿的，适用海洋环境保护法等法律及相关规定。

四、工作内容

（一）明确赔偿范围。生态环境损害赔偿范围包括清除污染费用、生态环境修复费用、生态环境修复期间服务功能的损失、生态环境功能永久性损害造成的损失以及生态环境损害赔偿调查、鉴定评估等合理费用。各地区可根据生态环境损害赔偿工作进展情况和需要，提出细化赔偿范围的建议。鼓励各地区开展环境健康损害赔偿探索性研究与实践。

（二）确定赔偿义务人。违反法律法规，造成生态环境损害的单位或个人，应当承担生态环境损害赔偿责任，做到应赔尽赔。现行民事法律和资源环境保护法律有相关免除或减轻生态环境损害赔偿责任规定的，按相应规定执行。各地区可根据需要扩大生态环境损害赔偿义务人范围，提出相关立法建议。

（三）明确赔偿权利人。国务院授权省级、市地级政府（包括直辖市所辖的区县级政府，下同）作为本行政区域内生态环境损害赔偿权利人。省域内跨市地的生态环境损害，由省级政府管辖；其他工作范围划分由省级政府根据本地区实际情况确定。省级、市地级政府可指定相关部门或机构负责生态环境损害赔偿具体工作。省级、市地级政府及其指定的部门或机构均有权提起诉讼。跨省域的生态环境损害，由生态环境损害地的相关省级政府协商开展生态环境损害赔偿工作。

在健全国家自然资源资产管理体制试点区，受委托的省级政府可指定统一行使全民所有自然资源资产所有者职责的部门负责生态环境损害赔偿具体工作；国务院直接行使全民所有自然资源资产所有权的，由受委托代行该所有权的部门作为赔偿权利人开展生态环境损害赔偿工作。

各省（自治区、直辖市）政府应当制定生态环境损害索赔启动条件、鉴定评估机构选定程序、信息公开等工作规定，明确国土资源、环境保护、住房城乡建设、水利、农业、林业等相关部门开展索赔工作的职责分工。建立对生态环境损害索赔行为的监督机制，赔偿权利人及其指定的相关部门或机构的负责人、工作人员在索赔工作中存在滥用职权、玩忽职守、徇私舞弊的，依纪依法追究责任；涉嫌犯罪的，移送司法机关。

对公民、法人和其他组织举报要求提起生态环境损害赔偿的，赔偿权利人及其指定的部门或机构应当及时研究处理和答复。

（四）开展赔偿磋商。经调查发现生态环境损害需要修复或赔偿的，赔偿权利人根据生态环境损害鉴定评估报告，就损害事实和程度、修复启动时间和期限、赔偿的责任承担方式和期限等具体问题与赔偿义务人进行磋商，统筹考虑修复方案技术可行性、成本效益最优化、赔偿义务人赔偿能力、第三方治理可行性等情况，达成赔偿协议。对经磋商达成的赔偿协议，可以依照民事诉讼法向人民法院申请司法确认。经司法确认的赔偿协议，赔偿义务人不履行或不完全履行的，赔偿权利人及其指定的部门或机构可向人民法院申请强制执行。磋商未达成一致的，赔偿权利人及其指定的部门或机构应当及时提起生态环境损害赔偿民事诉讼。

（五）完善赔偿诉讼规则。各地人民法院要按照有关法律规定、依托现有资源，由环境资源审判庭或指定专门法庭审理生态环境损害赔偿民事案件；根据赔偿义务人主观过错、经营状况等因素试行分期赔付，探索多样化责任承担方式。

各地人民法院要研究符合生态环境损害赔偿需要的诉前证据保全、先予执行、执行监督等制度；可根据试行情况，提出有关生态环境损害赔偿诉讼的立法和制定司法解释建议。鼓励法定的机关和符合条件的社会组织依法开展生态环境损害赔偿诉讼。

生态环境损害赔偿制度与环境公益诉讼之间衔接等问题，由最高人民法院商有关部门根据实际情况制定指导意见予以明确。

（六）加强生态环境修复与损害赔偿的执行和监督。赔偿权利人及其指定的部门或机构对磋商或诉讼后的生态环境修复效果进行评估，确保生态环境得到及时有效修复。生态环境损害赔偿款项使用情况、生态环境修复效果要向社会公开，接受公众监督。

（七）规范生态环境损害鉴定评估。各地区要加快推进生态环境损害鉴定评估专业力量建设，推动组建符合条件的专业评估队伍，尽快形成评估能力。研究制定鉴定评估管理制度和工作程序，保障独立开展生态环境损害鉴定评估，并做好与司法程序的衔接。为磋商提供鉴定意见的鉴定评估机构应当符合国家有关要求；为诉讼提供鉴定意见的鉴定评估机构应当遵守司法行政机关等的相关规定规范。

（八）加强生态环境损害赔偿资金管理。经磋商或诉讼确定赔偿义务人的，赔偿义务人应当根据磋商或判决要求，组织开展生态环境损害的修复。赔偿义务人无能力开展修复工作的，可以委托具备修复能力的社会第三方机构进行修复。修复资金由赔偿义务人向委托的社会第三方机构支付。赔偿义务人自行修复或委托修复的，赔偿权利人前期开展生态环境损害调查、鉴定评估、修复效果后评估等费用由赔偿义务人承担。

赔偿义务人造成的生态环境损害无法修复的，其赔偿资金作为政府非税收入，全额上缴同级国库，纳入预算管理。赔偿权利人及其指定的部门或机构根据磋商或判决要求，结合本区域生态环境损害情况开展替代修复。

五、保障措施

（一）落实改革责任。各省（自治区、直辖市）、市（地、州、盟）党委和政府要加强对生态环境损害赔偿制度改革的统一领导，及时制定本地区实施方案，明确改革任务和时限要求，大胆探索，扎实推进，确保各项改革措施落到实处。省（自治区、直辖市）政府成立生态环境损害赔偿制度改革工作领导小组。省级、市地级政府指定的部门或机构，要明确有关人员专门负责生态环境损害赔偿工作。国家自然资源资产管理体制试点部门要明确任务、细化责任。

吉林、江苏、山东、湖南、重庆、贵州、云南 7 个试点省市试点期间的实施方案可以结合试点情况和本方案要求进行调整完善。

各省（自治区、直辖市）在改革试行过程中，要及时总结经验，完善相关制度。自 2019 年起，每年 3 月底前将上年度本行政区域生态环境损害赔偿制度改革工作情况送环境保护部汇总后报告党中央、国务院。

（二）加强业务指导。环境保护部会同相关部门负责指导有关生态环境损害调查、鉴定评估、修复方案编制、修复效果后评估等业务工作。最高人民法院负责指导有关生态环境损害赔偿的审判工作。最高人民检察院负责指导有关生态环境损害赔偿的检察工作。司法部负责指导有关生态环境损害司法鉴定管理工作。财政部负责指导有关生态环境损害赔偿资金管理工作。国家卫生计生委、环境保护部对各地区环境健康问题开展调查研究或指导地方开展调查研究，加强环境与健康综合监测与风险评估。

（三）加快技术体系建设。国家建立健全统一的生态环境损害鉴定评估技术标准体系。环境保护部负责制定完善生态环境损害鉴定评估技术标准体系框架和技术总纲；会同相关部门出台或修订生态环境损害鉴定评估的专项技术规范；会同相关部门建立服务于生态环境损害鉴定评估的数据平台。相关部门针对基线确定、因果关系判定、损害数额量化等损害鉴定关键环节，组织加强关键技术与标准研究。

（四）做好经费保障。生态环境损害赔偿制度改革工作所需经费由同级财政予以安排。

（五）鼓励公众参与。不断创新公众参与方式，邀请专家和利益相关的公民、法人、其他组织参加生态环境修复或赔偿磋商工作。依法公开生态环境损害调查、鉴定评估、赔偿、诉讼裁判文书、生态环境修复效果报告等信息，保障公众知情权。

六、其他事项

2015 年印发的《生态环境损害赔偿制度改革试点方案》自 2018 年 1 月 1 日起废止。

附录七　农业绿色发展先行先试支撑体系建设管理办法（试行）

第一章　总则

第一条　为落实中办、国办《关于创新体制机制推进农业绿色发展的意见》，切实加强国家农业绿色发展先行区建设，制定本办法。

第二条　农业绿色发展先行先试支撑体系建设，是在国家农业绿色发展先行区已开展工作基础上，进一步建立和完善绿色农业技术体系、标准体系、产业体系、经营体系、政策体系和数字体系等六大体系，加快形成一批可复制可推广的典型模式，为深入推进全国农业绿色发展提供借鉴和支撑。

第三条　本办法适用于国家农业绿色发展先行区（以下简称“先行区”）。农业绿色发展先行先试支撑体系建设（以下简称“支撑体系建设”）以县为单位开展试验试点，省级和地市级先行区选择典型县（市、区）作为试点县。

第二章　总体要求

第一条　推进支撑体系建设，要牢固树立绿水青山就是金山银山理念，以绿色技术体系为核心、绿色标准体系为基础、绿色产业体系为关键、绿色经营体系为依托、绿色政策体系为保障、绿色数字体系为引领，推动形成不同生态类型地区的农业绿色发展整体解决方案，实现由数量导向转向质量导向，为不断满足人民群众对美好生活需要发挥积极作用。力争到 2025 年，支撑体系初步建成，农业绿色发展基础理论、科技支撑和政策保障水平明显提升，农业绿色发展由试验试点为主向示范推广转变。

第二条　支撑体系建设要遵循以下原则：

——坚持问题导向。针对试点县农业发展中水土资源过度消耗、农业面源污染、废弃物资源化利用水平低、产业化高耗低效等突出问题，通过开展综合性试验，找到破解制约农业绿色发展主要矛盾的有效途径。

——坚持科技引领。以科技创新集成和示范推广为动力，着力开展绿色导向技术模式的科研攻关，推动形成政产学研紧密结合的农业绿色科技支持体系。

——坚持统筹推进。发挥先行区优势，整合农业绿色发展政策、项目、资金、人才等各类资源，形成区域整体推进农业绿色发展的工作合力。

——坚持政策创新。创新先行先试支持政策，建立稳定的支持渠道，将先行区建设成为农业绿色技术试验区、绿色制度创新区、绿色发展固定观测点。

第三章　重点任务

第一条　建立和完善绿色农业技术体系。分品种开展技术创新集成，从试点县农业主导产业和主推品种出发，安排相对集中的种植区域或规模养殖场，开展绿色生产技术联合攻关，形成与当地资源环境承载力相适应的种养技术模式。分生产环节开展技术创新集成，突出投入品减量化、生产清洁化、废弃物资源化、产业模式生态化，打造全产业链农业绿色配套技术。分生态区域类型开展技术创新集成，按照东北、黄淮海、长江中下游、华南、西北及长城沿线、西南、青藏等区域特征，因地制宜创新区域性农业绿色发展关键技术和模式。

第二条　建立和完善绿色农业标准体系。加快制定一批资源节约型、环境友好型农业标准，健全提质导向的农业绿色标准体系。在生产领域，制定完善农产品产地环境、投入品质量安全、农兽药残留、农产品质量安全评价与检测等标准。建设绿色生产标准化集成示范基地，整县推动规模主体按标生产。在加工领域，制定完善农产品加工质量控制、绿色包装等标准。在流通领域，制定完善农产品安全贮存、鲜活农产品冷链运输以及物流信息管理等标准。

第三条　建立和完善绿色农业产业体系。大力发展种养结合、生态循环农业，扩大绿色、有机和地理标志农产品种养规模，大力培育农产品品牌，增加绿色优质农产品供给，提升绿色农产品质量和效益。开展绿色农产品产地加工，建设产地贮藏、预冷保鲜、分级包装、冷链物流设施。开发农业休闲观光、文化传承等多种功能，大力发展休闲观光、乡村民宿、康养基地等乡村休闲旅游产业，实现农村一二三产业融合发展。

第四条　建立和完善绿色农业经营体系。健全绿色农资经营网络，增加有机肥、新型生态肥料、低毒生物农药等绿色投入品供给。加大对新型农业经营主体绿色种养技术的培训，引导农民合作社、家庭农场、农业产业化龙头企业等主动推行绿色生产方式。扶持发展农业专业化服务组织，探索社会化服务新模式，为农民提供及时有效的绿色生产技术、装备和信息服务。推进“互联网＋”生态农业建设，实施农产品“出村进城”工程，培育和壮大农业电子商务主体，创新绿色农产品销售模式，实现绿色农产品优质优价。

第五条　建立和完善绿色农业政策体系。建立农业绿色发展稳定投入机制，健全以绿色生态为导向的补贴制度，加大对节水节肥节药、循环利用农业废弃物等的支持力度。加快农业绿色发展地方性法规制修订，出台农业负面清单等约束措施，严格限制浪费水资源、过量使用农业投入品、污染农业环境等行为。加强农产品质量安全监管，健全质量监测平台，推进农产品质量安全全程可追溯。

第六条　建立和完善绿色农业数字体系。将遥感、物联网、大数据等现代信息技术与农业绿色发展结合，对农作物生长发育、畜禽养殖和渔业生产对土壤、水等环境质量状况的影响进行长期跟踪监测和分析。加快数字农业建设，对推进农业生产过程全程精细化管理，提升农业发展信息化水平、智能化水平，为农业绿色发展的理论研究和实践创新积累数据支撑。

第四章　实施方式

第一条　编制建设方案。每个试点县编制三年支撑体系建设方案，分析制约当地农业绿色发展的突出问题，确定绿色发展技术应用试验和数据监测的具体内容和方式等，拟定年度工作计划。

第二条　明确年度任务。按照试点县支撑体系建设方案，省级农业农村部门与试点县人民政府通过签订年度任务书等多种形式，明确建设目标、工作内容、试验试点规模、评估考核要求等。

第三条　开展综合试验。针对制约农业绿色发展的突出问题，每个试点县安排 3～5 项绿色技术试验任务。针对主导产业，每个试点县划定 2 万亩以上种植面积、2 个以上养殖场、2 个以上农业产业化龙头企业，集中连片开展绿色种养技术应用试验。建设绿色生产标准化试验基地，组织编制技术标准，推动规模生产经营主体按标生产，建立绿色农业生产经营方式，完善绿色发展扶持政策。

第四条　建立长期固定观测试验站。每个试点县依托县农技推广、畜牧兽医等单位现有资源，建立农业绿色发展长期固定观测试验站。观测试验站实行站长负责制，由试点县人民政府负责同志担任站长，并组织实施。保障观测试验用地用房，购置植物、土壤、水等理化分析和气象观测等设施设备。明确监测点位、指标、方法和频次等，对资源利用、投入品使用、废弃物回收利用、农产品产出和价格、环境指标变化等情况进行监测、分析。省级农业农村科研单位要加强对观测试验站的工作指导。符合条件的观测试验站及时纳入国家农业科学观测体系。

第五条　总结农业绿色发展模式。试点县组织对支撑体系建设进行总结，提炼形成可复制可推广的农业绿色发展模式，每年年底前将农业绿色发展技术、案例等成果报农业农村部和省级农业农村部门。观测试验数据汇入国家农业科研数据系统。农业农村部总结汇编并向社会公开发布。

第六条　加强绩效评估。依据建设方案和年度任务，由省级农业农村部门对试点县支撑体系建设的目标任务完成情况进行年度绩效评估、三年综合评估，结果报农业农村部备案，作为后续支撑体系建设支持的重要依据。

第五章　支撑保障

第一条　推进农业绿色发展的资金项目向支撑体系建设重点倾斜。按照“大专项＋任务清单”管理方式，将支撑体系建设纳入任务清单，形成对支撑体系建设稳定的财政资金支持渠道。

第二条　试点县围绕试验试点内容，与涉农高校、省级以上科研院所、国家和省级现代农业产业技术体系等建立紧密的合作关系，组建专家团队，明确团队负责人，开展技术应用试验、固定观测试验站建设、政策研究、技术推广、产业培育等工作。

第三条　各级农业农村部门和先行区要利用报纸、电视等传统媒体和微信、微博、微视频等新媒体手段，广泛开展宣传引导，推动广大生产经营者增强农业绿色发展意识、主动采用绿色农业技术和生产经营方式，开展全民行动，营造支持农业绿色发展的良好氛围。

第六章　职责分工

第一条　按照“部级统筹、省市指导、县级负责”的原则，形成农业农村部统筹推进、省市农业农村部门具体指导、先行区试点县人民政府负责落实支撑体系建设的工作机制。

第二条　农业农村部由发展规划司牵头，会同计划财务司、乡村产业发展司、科技教育司、农产品质量安全监管司、种植业司、畜牧兽医局、渔业渔政局等相关司局成立支撑体系建设推进工作组，负责支撑体系建设的统筹安排、组织实施、政策支持和监测评估等工作。其中，发展规划司负责总体设计和组织推动；计划财务司负责统筹项目安排和建立稳定支持渠道；科技教育司负责统筹绿色科技创新与推广，将符合条件的农业绿色发展先行区观测试验站作为观测点纳入国家农业科学观测体系；农产品质量安全监管司负责绿色标准体系建设，推动对标达标；其他司局结合职能负责做好行业指导工作。农业农村部建立先行区联系指导工作机制，由农业农村部规划设计研究院、农业生态与资源保护总站、管理干部学院、农村社会事业发展中心及中国农业科学院农业资源与农业区划研究所、农业经济与发展研究所、农业环境与可持续发展研究所等有关部属单位分别联系各先行区试点县，加强工作指导，强化工作调度，及时研究提出支撑体系建设中需要解决的问题。

第三条　省级农业农村部门负责指导本省试点县支撑体系建设工作，运用规划编制、项目资金、技术支撑等手段，做好对支撑体系建设的管理、跟踪、监督和服务各项工作。

第四条　试点县人民政府是支撑体系建设的实施主体，要选准试验试点内容，落实试验试点区域，加强组织领导，做好统筹协调，创新政策支持，确保完成各项工作任务。

第七章　附则

第一条　本办法由农业农村部发展规划司负责解释。

第二条　本办法自发布之日起实施。

附录八　国家生态旅游示范区管理规程

第一章　总则

第一条　为规范国家生态旅游示范区申报、评估、验收、公告、批准和复核管理，推动我国生态旅游发展，推进生态文明建设，促进有关地区经济、社会和环境的协调进步，特制定本规程。

第二条　本规程所称国家生态旅游示范区（以下简称“示范区”），是指符合《国家生态旅游示范区建设与运营规范（GB/T 25362—2010）》（以下简称《规范》）相关规定并经一定程序认定的旅游区。

第三条　示范区创建应坚持保护第一、持续发展、分类指导、稳步推进、统筹协调、多方参与的原则；严格遵守国家或地方相关法律、法规和政策；以尊重自然为基础，以生态保护及生态教育为特征，培育生态旅游产品，规范生态旅游服务，积极塑造生态友好型旅游产业形象。

第四条　各级旅游、环境保护主管部门应将示范区建设作为重要内容纳入本地旅游发展规划与环境保护规划，创建地人民政府应当将示范区建设纳入本地国民经济和社会发展规划，并制定相应政策，在项目建设、资金扶持、线路编排、市场促销等方面重点支持示范区发展。

第五条　示范区的申报、评估、验收、公告、批准和复核工作由国家有关评定机构组织实施。

第六条　国家旅游局和环保部对示范区相关工作进行指导和监督。

第七条　各省（自治区、直辖市）旅游局（委）与环境保护厅（局）组织实施示范区的筛选、初评、推荐等工作，指导和监督示范区的建设和运营。

第二章　申报

第八条　示范区的申报，按照“单位自愿提出申请，省级旅游与环境保护主管部门联合组织申报，国家有关评定机构组织实施评估、考核、验收、批准和复核”的程序进行。

第九条　申报“国家生态旅游示范区”的单位，应具备以下基本条件：

（一）以良好的自然生态系统为主及与之协调的人文生态系统；

（二）具有明确的生态功能和生态保护对象；

（三）生态旅游发展理念与实践在全国具有较高的示范价值；

（四）具有明确的地域界限、管理机构和法人，原则上面积不少于 5 平方公里、不超过 300 平方公里，所有权与经营权明晰，多家经营时要有协议；

（五）根据《规范》及《国家生态旅游示范区建设与运营规范（GB/T 26362—2010）评分实施细则》（以下简称《评分实施细则》），自我评估达到国家生态旅游示范区标准；

（六）开业运营满 1 年及以上，近年无生态破坏重大事件，近 3 年无环境污染或旅游安全等重大事故。

第十条　满足以上第九条规定的基本条件的申报单位，向省级旅游与环境保护主管部门确定的机构提出申请。申报文件应包括以下内容：

（一）国家生态旅游示范区申报表；

（二）国家生态旅游示范区申报工作报告与技术报告；

（三）申报单位保障生态旅游可持续发展的承诺书；

（四）其他必要的证明材料。

第十一条　受理申报的机构自收到申报文件之日起 60 个工作日内，依据《规范》及《评分实施细则》，联合进行初评、筛选工作，对符合条件的申报单位，通过省级旅游和环境保护主管部门共同向国家有关评定机构推荐。

第三章　技术评估

第十二条　国家有关评定机构自接到申报文件（含初评意见）之日起 30 个工作日

内完成材料审核。对申报文件合格的单位，60个工作日内完成现场技术评估；申报文件不合格的，待其补充完善，重新提交。

第十三条　现场技术评估工作由国家有关评定机构组织的技术评估组完成，技术评估组由旅游、环境保护等相关领域专家和管理人员组成，成员不少于5人。现场评估前，技术评估组将委派专家进行暗访，暗访通过方可开展现场技术评估。

第十四条　现场技术评估工作内容主要包括：

（一）听取示范区申报单位汇报；

（二）核查申报文件及相关资料的真实性与科学性；

（三）实地考察申报单位，核查建设与运营示范效果，进行游客与社区居民调查或访谈；

（四）填写《国家生态旅游示范区评分表》，并与自评情况进行对比分析；

（五）填写《国家生态旅游示范区技术评估报告表》；

（六）向申报单位通报评估情况，提出整改意见和建议。

第十五条　国家有关评定机构应当在技术评估结束后30个工作日内，向省级旅游与环境保护主管部门和申报单位反馈书面评估意见；发现问题的，要求及时进行整改。

第四章　考核验收

第十六条　技术评估合格，或已按要求对技术评估发现的问题整改合格，并经省级旅游与环境保护主管部门确定的机构核实后，申报单位可通过省级旅游与环境保护主管部门向国家有关评定机构提出现场考核验收申请。

第十七条　国家有关评定机构收到考核验收申请后，在60个工作日内组织相关管理人员及专家开展考核验收。考核验收工作内容主要包括：

（一）听取申报工作或整改情况汇报；

（二）实地考察申报单位；

（三）检查整改意见的落实情况；

（四）填写《国家生态旅游示范区考核验收意见表》。

第五章　公示公告

第十八条　对达到标准并通过考核验收的申报单位，在相关网站进行公示，公示期不少于7个工作日。对公示期间收到的投诉和举报问题，国家有关评定机构应当进行现场核查，也可委托省级旅游与环境保护主管部门进行核查，作出相应决定。

第十九条　对公示期间未收到投诉和举报，或投诉和举报问题经调查核实、整改完善的单位，授予“国家生态旅游示范区”称号，并颁发证书及标牌。

第六章　复核管理

第二十条　对示范区实行“动态管理、能进能退”的复核管理机制。

第二十一条　已授予称号的示范区每年11月底前将本年度工作总结和下年度工作计划报国家、省级旅游与环境保护主管部门备案。工作总结应着重分析示范区在生态旅游发展、规划建设、运营管理、环境保护等方面的具体实践。

第二十二条　对已授予称号的示范区每3年组织一次复核。复核工作由国家有关评定机构统一组织实施，各省（自治区、直辖市）旅游与环境保护主管部门配合。

第二十三条　复核工作程序为：

（一）成立复核工作组。复核工作组应由相关领域专家和管理人员组成，人数不少于5人。

（二）材料审阅与现场考核。依据《规范》及《评分实施细则》，审阅书面材料与考查现场，评估示范区生态旅游实践情况。

（三）形成复核意见。复核工作组根据评估结果，填写《国家生态旅游示范区复核意见表》。

第二十四条　对复核结果达不到《规范》规定1700分的示范区，直接取消其称号；复核结果介于1700（含）～1799分的示范区，提出限期整改要求。

第二十五条　对示范区有下列情形之一的，可不经复核程序，直接撤销其“国家生态旅游示范区”称号。

（一）严重违背生态旅游发展理念，已基本丧失示范及推广价值；

（二）发生重特大突发生态环境事件或安全、消防、食品卫生等重大责任事故，经查明示范区负有主要责任；

（三）在经营过程中有造成重大负面影响的消费者投诉，经查实后未按期整改落实；

（四）有其他严重违规违法行为。

第二十六条　国家有关评定机构对复核情况予以公开通报。被取消称号的示范区，自取消之日起3年后方可重新申报。

第七章　附则

第二十七条　各省（自治区、直辖市）可参照本规程，自行制定省级生态旅游示范区管理规程，推进省级生态旅游示范区发展。

第二十八条　本规程由国家旅游局、环境保护部共同负责解释。

第二十九条　本规程自发布之日起施行。

附录九　云南省创建生态文明建设排头兵促进条例

（2020年5月12日云南省第十三届人民代表大会第三次会议通过）

第一章　总则

第一条　为了推进生态文明建设，筑牢国家西南生态安全屏障，维护生物安全和生态安全，践行绿水青山就是金山银山的理念，推动绿色循环低碳发展，实现人与自然和谐共生，满足人民日益增长的优美生态环境需要，努力把云南建设成为全国生态文明建设排头兵、中国最美丽省份，根据有关法律、法规，结合本省实际，制定本条例。

第二条　本省行政区域内创建生态文明建设排头兵的相关活动，适用本条例。

本条例所称生态文明建设排头兵，是指以习近平生态文明思想为指导，把生态文明建设放在突出的战略位置，融入经济建设、政治建设、文化建设、社会建设各方面和全过程，建立健全生态文明体系，全面提升全社会的生态文明意识，弘扬民族优秀生态文化，推动我省生态文明建设达到全国领先水平。

第三条　生态文明建设应当坚持党的领导，贯彻落实创新、协调、绿色、开放、共享的发展理念，尊重自然、顺应自然、保护自然，坚持生态惠民、生态利民、生态为民，坚持节约优先、保护优先、自然恢复为主的方针，遵循科学规划、区域统筹、分类指导、整体推进、社会参与、共建共享的原则。

第四条　省人民政府负责全省创建生态文明建设排头兵工作，建立生态文明建设联席会议制度和督察制度，统筹协调解决生态文明建设重大问题。

州（市）、县（市、区）和乡（镇）人民政府负责本行政区域生态文明建设工作。

县级以上人民政府发展改革部门作为生态文明建设综合协调机构，具体负责生态文明建设的指导、协调和监督管理；其他有关部门按照各自职责做好生态文明建设工作。

第五条　各级人民政府应当处理好生态文明建设与人民群众生产、生活的关系，保障人民群众合法权益和生命健康安全，提升人民群众在生态文明建设中的获得感、幸福感、安全感。

第六条　县级以上人民政府应当构建以生态价值观念为准则的生态文化体系，普及生态文明知识，倡导生态文明行为，弘扬生态文化，提高全民生态文明素质。

第七条　生态文明建设是全社会的共同责任，鼓励和引导公民、法人和其他组织参与生态文明建设，并保障其享有知情权、参与权和监督权。

企业和其他生产经营者应当遵守生态文明建设法律、法规，实施生态环境保护措施，承担生态环境保护企业主体责任。

第二章　规划与建设

第八条　县级以上人民政府应当将生态文明建设纳入国民经济和社会发展规划及年度计划。

第九条　省人民政府负责编制全省生态文明建设排头兵规划并组织实施。

州（市）人民政府根据全省生态文明建设排头兵规划编制本行政区域生态文明建设规划并组织实施。

县（市、区）人民政府根据上级的规划编制本行政区域生态文明建设行动计划并组织实施。

第十条　县级以上人民政府应当建立健全国土空间规划和用途统筹协调管控制度，统筹划定落实生态保护红线、永久基本农田、城镇开发边界，落实主体功能区战略，科学布局生产、生活、生态空间，严守城镇、农业、生态空间，规范空间开发秩序和强度，提高空间资源利用效率和综合承载能力。

第十一条　各级人民政府应当落实生态保护红线主体责任，建立生态保护红线管控和激励约束机制，健全生态保护红线的调整机制，将生态保护红线作为有关规划编制和政府决策的重要依据。

第十二条　各级人民政府应当根据资源环境承载能力，合理规划城镇功能布局，减少对自然生态的干扰和损害，保持城镇特色风貌，改善城镇人居环境，建设美丽城镇。

各级人民政府应当加强乡村规划管理，改善农村基础设施、公共服务设施和人居环境，实施乡村振兴、扶贫开发，推动农村特色产业发展和农民增收致富，建设美丽乡村。

第十三条　县级以上人民政府应当组织开展生态文明建设示范创建活动，建立生态文明建设教育基地，开展爱国卫生运动，并与文明城市、园林城市、卫生城市等创建活动相结合。

第三章　保护与治理

第十四条　县级以上人民政府应当建立和完善源头预防、过程控制、损害赔偿、责任追究的生态环境保护体系，健全生态保护和修复制度，统筹山水林田湖草一体化保护和修复，完善污染防治区域联动机制。

县级以上人民政府应当建立和完善自然资源统一调查、评价、监测制度，健全自然资源监管体制。

第十五条　县级以上人民政府应当加强本行政区域内生物多样性保护，完善生物多样性保护网络，防治外来物种入侵，对具有代表性的自然生态系统区域和珍稀、濒危、特有野生动植物自然分布区域予以重点保护。

县级以上人民政府应当健全执法管理体制，明确执法责任主体，落实执法管理责任，加强协调配合，加大监督检查和责任追究力度，加强对动物防疫活动的管理，依法保护野生动物资源，全面禁止和惩治非法野生动物交易行为，革除滥食野生动物的陋习，防范、打击边境地区野生动物及其制品走私和非法贸易行为。

第十六条　省人民政府应当构建以国家公园为主体的自然保护地体系，健全国家公园保护制度的执行机制，规范保护地分类管理，保护自然生态系统的原真性、完整性。

第十七条　县级以上人民政府应当加强森林资源保护与管理，加大退耕还林力度，开展国土绿化，保护古树名木，加强森林火灾和林业有害生物防控，提高森林覆盖率及生态系统质量和稳定性。

第十八条　县级以上人民政府应当加强草原保护与治理，实行基本草原保护制度，建立退化草原修复机制，实施退化草原禁牧、休牧和划区轮牧，加大退牧还草和岩溶地区草地治理力度。

第十九条　县级以上人民政府应当加强湿地保护与修复，建立湿地保护管理体系，实行湿地面积总量管控，严格湿地用途管理。

第二十条　县级以上人民政府应当加强耕地保护和管理，坚守耕地红线和永久基本农田控制线，严控新增建设占用耕地，严格落实耕地占补平衡，加强耕地数量、质量、生态保护。

第二十一条　县级以上人民政府应当划定并公告水土流失重点预防区和治理区，因地制宜采取有利于保护水土资源、实施生态修复等各种措施，预防和治理水土流失。

石漠化地区的人民政府应当持续推进石漠化综合治理工程，把石漠化治理与退耕还林、防护林种植、水土保持、人畜饮水工程等相结合，改善区域生态环境。

第二十二条　县级以上人民政府应当组织开展气候资源调查和气候承载力、气候资源可开发利用潜力评估，确定气候资源多样性保护重点，合理规划产业布局、产业聚集区和重点建设工程项目，对脆弱气候区域采取限制开发量、修复气候环境等保护措施。

第二十三条　县级以上人民政府应当严格执行水环境质量、水污染物排放等标准，加强水污染防治、监测和饮用水水源地保护；处理好水资源开发与保护关系，以水定需、量水而行、因水制宜，促进水环境质量持续改善。

第二十四条　实行省、州（市）、县（市、区）、乡（镇）、村五级河（湖）长制。各级河（湖）长应当落实河（湖）长制的各项工作制度，按照职责分工组织实施河（湖）管理保护工作。

省人民政府生态环境部门应当会同有关部门建立重要江河、湖泊流域水环境保护联合协调机制，实行统一规划、统一标准、统一监测、统一防治。

第二十五条　县级以上人民政府应当加强对工业、燃煤、机动车、扬尘等污染源的综合防治，实行重点大气污染物排放总量控制制度，推行区域大气污染联合防治，控制、削减大气污染物排放量。

第二十六条　县级以上人民政府应当加强土壤污染防治、风险管控和修复，实施农用地分类管理和建设用地准入管理。州（市）人民政府生态环境部门应当制定本行政区域内土壤污染重点监管单位名录，并向社会公开。

第二十七条　各级人民政府应当调整优化农业产业结构，加大农业面源污染防治力度，鼓励使用高效、低毒、低残留农药，扩大有机肥施用，落实畜禽水产养殖污染防治责任，推进标准化养殖和植物病虫害绿色防控。

第二十八条　县级以上人民政府应当加强固体废物污染、噪声污染、光污染防治，完善管理制度，促进固体废物综合利用和无害化处置，防止或者减少对人民群众生产、生活和健康的影响。

县级以上人民政府应当采取有效措施，加强放射性污染防治，建立放射性污染监测制度，预防发生可能导致放射性污染的各类事故。

第二十九条　省人民政府应当制定生活垃圾分类实施方案，推进生活垃圾减量化、资源化、无害化处理处置。各级人民政府应当落实生活垃圾分类的目标任务、配套政策、具体措施，加快建立分类投放、收集、运输、处置的垃圾处理系统。

第三十条　各级人民政府应当采取措施，推进厕所革命，科学规划、合理布局城乡公厕、旅游厕所，加大对现有城乡公厕、旅游厕所和农村无害化卫生户厕的改造、管理力度，推进多元化建设运营模式和公厕云平台建设。

第三十一条　县级以上人民政府应当加强城乡公益性节地生态安葬设施建设，建立节地生态安葬奖补制度，推行节地生态安葬方式，对铁路、公路、河道沿线和水源保护区、风景旅游区、开发区、城镇周边等范围的散埋乱葬坟墓进行综合治理。

第三十二条　县级以上人民政府应当建立突发环境事件应对机制，指导督促企业事业单位制定突发环境事件应急预案，依法公开相关信息，及时启动应急处置措施，防止或者减少突发环境事件对人民群众生产、生活和健康的影响。

县级以上人民政府应当建立环境风险管理的长效机制，鼓励化学原料、化学制品和产生有毒有害物质的高环境风险企业投保环境污染责任保险。

第四章　促进绿色发展

第三十三条　县级以上人民政府应当贯彻高质量发展要求，坚持开放型、创新型和高端化、信息化、绿色化产业发展导向，改造提升传统产业，培育壮大重点支柱产业，发展战略性新兴产业、现代服务业，构建云南特色现代产业体系。

第三十四条　县级以上人民政府应当统筹建立清洁低碳、安全高效的能源体系，推进绿色能源开发利用、全产业链发展，科学规划并有序开发利用水能、太阳能、风能、生物质能、地热能等可再生能源，发展清洁载能产业，促进能源产业高质量发展。

第三十五条　县级以上人民政府应当建立农业绿色发展推进机制，发展绿色有机生产基地，健全农产品质量安全标准体系和绿色食品安全追溯体系，促进绿色食品产业发展。

第三十六条　县级以上人民政府应当科学发展生物制造、生物化工等产业，鼓励支持中药材绿色化、生态化、规范化种植加工和中药饮片发展，发展高端医疗产业集群；规划建设集健康、养生、养老、休闲、旅游等功能于一体的康养基地。

第三十七条　县级以上人民政府应当把绿色发展理念贯彻到交通基础设施建设、运营和养护全过程，提升交通基础设施、运输装备和运输组织的绿色技术水平，推进集约运输、绿色运输和交通循环经济建设。

县级以上人民政府应当建设立体化、智能化城市交通网络，鼓励节能与新能源交通运输工具的应用。

第三十八条　县级以上人民政府应当加强旅游市场监管，合理规划促进全域旅游发展，鼓励发展生态旅游、乡村旅游，推进旅游开发与生态保护深度融合。

第三十九条　县级以上人民政府应当建立全面覆盖、科学规范、管理严格的资源总量管理和全面节约制度，加强重点用能单位能耗在线监测，鼓励企业开展节能、节水等技术改造和技术研发，开发节能环保型产品，加强节能环保新技术应用推广。

第四十条　县级以上人民政府应当建立矿产资源节约集约开发机制，推进绿色矿山建设，建立矿山地质环境保护和土地复垦制度，指导、监督矿业权人依法保护矿山环境，履行矿山地质环境保护和土地复垦义务。

第四十一条　县级以上人民政府应当按照减量化、再利用、资源化原则推进循环经济发展，构建循环型工业、循环型农业、循环型服务业体系。

各类开发区、产业园区、高新技术园区管理机构应当加强园区循环化改造，开展园区产业废物交换利用、能量梯级利用、水循环利用和污染物集中处理。

第四十二条　各级人民政府应当完善再生资源回收利用体系建设，建立统一收集、专类回收和集中定点处理制度，推进餐厨废弃物、建筑废弃物、农林废弃物资源化利用，推进再生资源回收和利用行业规范发展。鼓励社会资本投资废弃物收集、处理和资源化利用。

第四十三条　省人民政府应当建立和完善生态保护补偿机制，科学制定补偿标准，推动森林、湖泊、河流、湿地、耕地、草原等重点领域和禁止开发区域、重点生态功能区等重要区域生态保护补偿全覆盖，完善生态保护成效与资金分配挂钩的激励约束机制，逐步实行多元化生态保护补偿。

第四十四条　县级以上人民政府应当采取措施推进绿色消费，加强对绿色产品标准、认证、标识的监管；鼓励消费者购买和使用高效节能节水节材产品，不使用或者减少使用一次性用品；鼓励生产者简化产品包装，避免过度包装造成的资源浪费和环境污染。

国家机关、事业单位和团体组织在进行政府采购时应当按照国家有关规定优先采购或者强制采购节能产品、环境标志产品。

第四十五条　县级以上人民政府应当推动绿色建筑发展，推广新型建造方式，推进既有建筑节能改造，建立和完善第三方评价认定制度，实行绿色装配式建筑技术与产品评价评估认定、绿色建材质量追溯制度，鼓励使用绿色建材、新型墙体材料、节能设备和节水器具。

第四十六条　各级人民政府应当弘扬民族优秀生态文化，支持体现民族传统建筑风格的生态旅游村、特色小镇、特色村寨的建设和保护，推进建设民族传统文化生态保护区，实施民族文化遗产保护工程。

各级人民政府应当支持民族生态文化的合理开发利用，打造民族生态文化品牌，鼓励开发具有民族生态文化特色的传统工艺品、服饰、器皿等商品。

第五章　促进社会参与

第四十七条　各级人民政府应当建立健全生态文明建设社会参与机制，完善信息公开制度，鼓励和引导公民、法人和其他组织对生态文明建设提出意见建议，进行监督。

对涉及公众权益和公共利益的生态文明建设重大决策或者可能对生态环境产生重大影响的建设项目，有关部门在决策前应当听取公众意见。

第四十八条　各级各类学校、教育培训机构应当把生态文明建设纳入教育、培训的内容，编印、制作具有地方特色的生态文明建设读本、多媒体资料。

报刊、广播、电视和网络等媒体应当加强生态文明建设宣传和舆论引导，开展形式多样的公益性宣传。

工会、共青团、妇联、科协、基层群众性自治组织、社会组织应当参与生态文明建设的宣传、普及、引导等工作。鼓励志愿者参与生态文明建设的宣传教育、社会实践等活动。

第四十九条　公民、法人和其他组织都有义务保护生态环境和自然资源，有权对污染环境、破坏生态、损害自然资源的行为进行制止和举报。

第五十条　鼓励和引导公民、法人和其他组织践行生态文明理念，自觉增强生态保护和公共卫生安全意识，在衣、食、住、行、游等方面倡导文明健康、绿色环保的生活方式和消费方式。

鼓励村（居）民委员会、社区、住宅小区的村规民约或者自治公约规定生态文明建设自律内容，倡导绿色生活。

第六章　保障与监督

第五十一条　县级以上人民政府应当建立健全生态文明建设资金保障机制，将生态文明建设工作经费纳入本级财政预算；鼓励社会资本参与生态文明建设。

省级财政应当完善能源节约和资源循环利用、保护生态环境、生态功能区转移支付和城乡人居环境综合整治等方面的财政投入、分配、监督和绩效评价机制。

第五十二条　省人民政府应当健全自然资源产权制度和资源有偿使用制度的执行机制，探索建立用能权、碳排放权、排污权、水权交易制度，推行环境污染第三方治理。

鼓励金融机构发展绿色信贷、绿色保险、绿色债券等绿色金融业务。

第五十三条　省人民政府应当建立生态文明建设领域科学技术人才引进和培养机制，支持生态文明建设领域人才开展科学技术研究、开发、推广和应用，加快生态文明建设领域人才队伍建设。

鼓励和支持高等院校、科研机构、相关企业加强生态文明建设领域的人才培养和科学技术研究、开发、成果转化。

第五十四条　省人民政府应当组织建立生态文明建设信息平台，加强相关数据共享共用，定期公布生态文明建设相关信息，推动全省信息化建设与生态文明建设深度融合，发挥大数据在生态文明建设中的监测、预测、保护、服务等作用。

第五十五条　省、州（市）人民政府应当将生态文明建设评价考核纳入高质量发展综合绩效评价体系，强化环境保护、自然资源管控、节能减排等约束性指标管理，落实政府监管责任。

县级以上人民政府应当建立健全生态环境监测和评价制度，推进生态环境保护综合行政执法。

第五十六条　县级以上人民政府应当落实生态环境损害责任终身追究制，建立完善领导干部自然资源资产离任（任中）审计制度，对依法属于审计监督对象、负有自然资源资产管理和生态环境保护责任的主要负责人进行自然资源资产离任（任中）审计。

第五十七条　县级以上人民政府应当加强对所属部门和下级人民政府开展生态文明建设工作的监督检查，督促有关部门和地区履行生态文明建设职责，完成生态文明建设目标。

第五十八条　县级以上人民政府应当每年向本级人民代表大会及其常务委员会报告生态文明建设工作，依法接受监督。

县级以上人民代表大会及其常务委员会应当加强对生态文明建设工作的监督，检查督促生态文明建设工作推进落实情况。

第五十九条　对生态文明建设工作中做出显著成绩的单位和个人，县级以上人民政府应当按照国家和省有关规定予以表彰或者奖励。

第六十条　县级以上人民政府生态环境部门和其他负有生态环境保护监督管理职责的部门应当将企业事业单位和其他生产经营者的环境违法信息记入社会诚信档案，对其环境信用等级进行评价，及时公开环境信用信息。

第六十一条　检察机关、负有生态环境保护监督管理职责的部门及其他机关、社会组织、企业事业单位应当支持符合法定条件的社会组织对污染环境、破坏生态，损害社会公共利益的行为依法提起环境公益诉讼。

第七章　法律责任

第六十二条　国家机关及其工作人员未履行本条例规定职责或者有其他滥用职权、玩忽职守、徇私舞弊行为的，由有关部门或者监察机关责令改正，对直接负责的主管人员和其他直接责任人员依法给予处分；构成犯罪的，依法追究刑事责任。

第六十三条　因污染环境、破坏生态造成生态环境损害的，应当依法承担生态环境损害赔偿责任；构成犯罪的，依法追究刑事责任。

第六十四条　违反本条例规定的其他行为，依照有关法律、法规的规定予以处罚。

第八章　附则

第六十五条　省人民政府应当根据本条例制定实施细则。

第六十六条　本条例自 2020 年 7 月 1 日起施行。

参考文献

[1] 敖以深. 高原山地城市现代化路径选择：贵阳生态文明城市建设的实践与转型 [J]. 社科纵横，2017，32 (2)：78-82.

[2] 本刊编辑部. 国家生态文明先行示范区建设方案发布 [J]. 中国能源，2013，35 (12)：1.

[3] 北京林业大学生态文明研究中心 ECCI 课题组，严耕. 中国省级生态文明建设评价报告 [J]. 中国行政管理，2009 (11).

[4] 鲍云樵. 我国能源和节能形势及对策措施 [J]. 西南石油大学学报，2008，11 (1)：1-4.

[5] 陈燕. 哈尼族梯田旅游的文化之美 [J]. 黑龙江民族丛刊，2008 (2)：154-158.

[6] 陈燕. 哈尼族梯田文化的内涵、成因与特点 [J]. 贵州民族研究，2007，27 (4)：105-109.

[7] 陈红卫，陈蓉. 策应生态文明建设的盐城水利发展对策 [J]. 人民长江，2013，44 (S1)：197-200.

[8] 陈红卫. 盐城市水生态文明建设的探索与实践 [A]. 中国水利学会. 科技创新与水利改革——中国水利学会 2014 学术年会论文集（上册）[C]. 北京：中国水利学会，2014：5.

[9] 陈红卫. 盐城市实行最严格水资源管理制度的实践与思考 [J]. 中国水利，2011 (7)：42-44.

[10] 陈健春. 推进生态文明 建设美丽海南 [N]. 海南日报，2013-02-19 (A06).

[11] 陈胜东，孔凡斌. 江西省生态文明建设评价体系研究：指标体系和评价方法 [J]. 鄱阳湖学刊，2015 (4)：39.

[12] 陈向国. 权威解读 十八届五中全会“绿色发展”理念——张勇：生态文明建设是一场深远的、全方位的、系统性的绿色变革 [J]. 节能与环保，2015 (12)：22-26.

[13] 陈延斌，周斌. 新中国成立以来中国共产党对生态文明建设的探索 [J]. 中州学刊，2015 (3)：83-89.

[14] 陈倩倩. 当代西方生态运动的政治哲学研究 [D]. 南京：东南大学，2011 (12).

[15] 曹蕾. 区域生态文明建设评价指标体系及建模研究 [D]. 上海：华东师范大学，2014.

[16] 曹执令. 区域农业可持续发展指标体系的构建与评价——以衡阳市为例 [J]. 经济地理，2012 (8)：113-116.

[17] 成金华，陈军，易杏花. 矿区生态文明评价指标体系研究 [J]. 中国人口·资源与环境，2013，23 (2)：1-10.

[18] 程启月. 评测指标权重确定的结构熵权法 [J]. 系统工程理论与实践，2010 (7)：1225-1228.

[19] 程湘清. 生态文明建设的成功实验 [J]. 生态文化，2010 (1)：14.

[20] 崔如波. 生态文明建设的基本路径 [J]. 重庆行政，2008，10 (6)：89-91.

[21] 窦筱艳. 二十世纪末近 15 年青海湖生态环境变化和生态恢复研究 [D]. 长沙：湖南大学，2005.

[22] 邓荣霖. 生态文明建设的青海启示 [J]. 人民论坛，2014 (36)：74.

[23] 杜宇，刘俊昌. 生态文明建设评价指标体系研究 [J]. 科学管理研究，2009，27 (3)：60-63.

[24] 杜鹰. 中国可持续发展 20 年回顾与展望 [J]. 中国科学院院刊，2012，27 (3)：269-273.

[25] 段小莉. 生态文明规划建设的框架构想 [J]. 产业与科技论坛，2007，21 (6)：6-10.

[26] 冯洁. 加快创新示范区建设促进生态文明建设发展对策思考 [J]. 时代金融，2016 (21)：254，256.

[27] 付在毅，许学工. 区域生态风险评价 [J]. 地球科学进展，2001 (2)：267-271.

[28] 樊杰. 我国主体功能区的科学基础 [J]. 地理科学与环境学报，2008，23 (2)：177-184.

[29] 高立士. 西双版纳傣族的历史与文化 [M]. 昆明：云南民族出版社，1992，5.

[30] 高立士. 西双版纳傣族传统灌溉与环保研究 [M]. 昆明：云南民族出版社，1999.

[31] 高立士. 西双版纳傣族竹楼文化 [J]. 德宏师范高等专科学校学报，2007 (1)：1-5.

[32] 高云霞，朱秋菊. 元阳哈尼族梯田文化与生态文明建设 [J]. 西南林业大学学报（社会科学），2017，1 (3)：21-24.

[33] 郭殿雄. 青海生态文明建设路径探析 [J]. 青海师范大学学报（哲学社会科学版），2015，37 (4)：48-52.

[34] 郭迷. 中国农业绿色发展指标体系构建及评价研究 [D]. 北京：北京林业大学，2011.

[35] 郭秀清. 党领导生态文明建设的新理念、新目标、新举措 [J]. 大连干部学刊，2015，31 (12)：43-46.

[36] 郭秀清. 以绿色发展理念开启生态文明建设新征程 [J]. 中共银川市委党校学报，2016 (4)：73-76.

[37] 郭秀清. 以绿色发展理念引领生态文明建设 [J]. 江南论坛，2016 (2)：31-32.

[38] 谷树忠，胡咏君，周洪. 生态文明建设的科学内涵与基本路径 [J]. 资源科学，2013，35 (1)：2-13.

[39] 国家环境保护局. 中国环境保护 21 世纪议程 [M]. 北京：中国环境科学出版社，1995.

[40] 国家社科基金重大项目"我国资源环境问题的区域差异和生态文明指标体系研究"首席专家中国地质大学（武汉）教授成金华. 科学构建生态文明评价指标体系 [N]. 光明日报，2013-02-06 (011).

[41] 宫克. 世界八大公害事件与绿色 GDP [J]. 沈阳大学学报，2005，17 (4)：3-6，11.

[42] IUD 中国政务舆情监测中心. 贵州十年唱响生态文明好声音 [J]. 领导决策信息，2018 (28)：28-31.

[43] 黄惠昆. 从越人到泰人 [M]. 昆明：云南民族出版社，1992.

[44] 黄健. 系统推进杭州生态文明建设 [N]. 杭州日报，2015-05-25 (10).

[45] 黄娟，王惠中，孙兆海，吴云波. 江苏生态文明建设指标体系研究 [J]. 环境科学与管理，2011，36 (12)：157-161.

[46] 黄莉新. 积极争创国家生态文明建设示范市 精心描绘"美丽中国"的无锡画卷 [J]. 群众，2013 (9)：43-45.

[47] 侯方玲，耿雷华，赵志轩，陈晓燕，盖永伟. 盐城市水生态文明城市建设方案编制及体会 [J]. 水利发展研究，2015，15 (8)：30-35.

[48] 韩晶，蓝庆新. 中国工业绿化度测算及影响因素研究 [J]. 中国人口资源与环境，2013 (5)：101-107.

[49] 何天祥，廖杰，魏晓. 城市生态文明综合评价指标体系的构建 [J]. 经济地理，2011，31 (11)：1897-1900.

[50] 胡嵩，孙翔，熊舒，等. 国家生态文明建设试点示范区指标合理性探讨 [J]. 城市环境与城市生态，2014 (3)：13-16.

[51] 胡锦涛. 高举中国特色社会主义伟大旗帜为夺取全面建设小康社会新胜利而奋斗 [M]. 北京：人民出版社，2007：20.

[52] 胡锦涛. 在省部级主要领导干部提高构建社会主义和谐社会能力专题研讨班上的讲话 [M]. 北京：人民出版社，2005：14.

[53] 胡锦涛. 在中央人口资源环境工作座谈会上的讲话 [M]. 北京：人民出版社，2004：2.

[54] 胡锦涛. 大力推进生态文明建设 实现中华民族永续发展 [J]. 城市规划通讯，2012 (22)：1.

[55] 胡锦涛. 大力推进生态文明建设 [J]. 国土绿化，2012 (11)：1.

[56] 洪大用. 关于中国环境问题和生态文明建设的新思考 [J]. 探索与争鸣，2013 (10)：2，4-10.

[57] 候德贤. 浅析自然科学对人类文明发展的作用 [J]. 山西高等学校社会科学学报，1997 (3)：41-42.

[58] 江应梁. 傣族史 [M]. 成都：四川民族出版社，1983：189.

[59] 江泽民. 论科学技术 [M]. 北京：中央文献出版社，2001：51.

[60] 江泽民. 在中央人口资源环境工作座谈会上的讲话 [M]. 国家环境保护总局、中共中央文献研究室. 新时期环境保护重要文献选编 [M]. 北京：中央文献出版社、中国环境科学出版社，2001：630.

[61] 苏州西部生态城管委会. 践行绿色发展理念 建设生态文明高地 [J]. 群众，2016 (8)：49-50.

[62] 贾学军. 从生态伦理观到生态学马克思主义——论西方生态哲学研究范式的转变 [J]. 理论与现代化，2015 (5)：66-71.

[63] 金书秦，魏珣，王军霞. 发达国家控制农业面源污染经验借鉴 [J]. 环境保护，2009 (20)：74-75.

[64] 康蕊. 我国生态文明建设评价指标体系的对比研究 [D]. 北京：北京林业大学，2012.

[65] 康沛竹，艾四林. 毛泽东水利建设思想探析 [J]. 毛泽东思想研究，2002 (1).

[66] 孔雷，刘文国，张良，等. 县域生态文明建设评价指标体系的构建研究——以普洱市为例 [J]. 林业经济，2016 (3).

[67] 李铭基. 漫谈“黑纳”与冬耕栖佟 [J]. 景洪农业参考资料（打印稿），1962，27.

[68] 李昆声. 云南在亚洲栽培稻起源研究中地位 [J]. 云南社会科学，1981（1）.

[69] 李亮. 基于生态旅游下海南国际旅游岛的深度开发研究 [J]. 中国商贸，2012（35）：145-146.

[70] 李思瑾. 生态文明建设的“中国窗口”[J]. 当代贵州，2018（26）.

[71] 李晴梅. 山东省生态文明建设评价及对策研究 [D]. 济南：山东师范大学，2015.

[72] 李悦. 基于我国资源环境问题区域差异的生态文明评价指标体系研究 [D]. 武汉：中国地质大学，2015.

[73] 李学军. 对生态文明建设思想的几点认识 [J]. 攀登，2009，28（2）：59-61.

[74] 李宇军. 发达国家生态文明建设经验 [J]. 政策瞭望，2010（6）：50.

[75] 李丹. 中国古代生态哲学思想初探 [D]. 武汉：华中师范大学，2007.

[76] 李育华. 东西方生态思想比较 [J]. 延安大学学报（社会科学版），2004（5）：9-11.

[77] 李军，等. 走向生态文明新时代的科学指南学——习近平同志生态文明建设重要论述 [M]. 北京：中国人民大学版社，2015.

[78] 刘刚. 发展的选择——社会文化变迁途程中的云南民族集团 [M]. 昆明：云南民族出版社，1996：196.

[79] 刘雯雯. 经济、社会与环境：“三位一体”的生态文明发展观——江苏生态文明建设研究述评 [J]. 重庆广播电视大学学报，2016，28（4）：18-23.

[80] 刘运权，王夺. 福建生物质能源产业的发展思路与对策 [J]. 能源与环境，2011（4）：5-7，10.

[81] 刘业业，崔兆杰，于斐. 园区生态文明建设水平评价指标体系 [J]. 环境科学与技术，2015（12）：276-282.

[82] 刘新卫. 长江三角洲典型县域农业生态环境质量评价 [J]. 系统工程理论与实践，2005（6）：133-138.

[83] 刘薇. 生态文明建设的基本理论及国内外研究现状述评 [J]. 生态经济，2013，9（2）：33-38.

[84] 刘培哲，等. 可持续发展理论与中国 21 世纪议程 [M]. 北京：气象出版社，2001.

[85] 廖小军. 抢抓机遇争先作为 构建“百姓富、生态美”的新宁德 [N]. 福建日报，2014-06-13（3）.

[86] 林孟涛，胡世明. 福建新能源产业发展路径与现实选择 [J]. 莆田学院学报，2012，19（4）：42-47.

[87] 林永健. 推进生态文明建设 努力建设美丽福建 [N]. 福建日报，2013-01-08（013）.

[88] 罗利民，朱榛国，陈红卫. 盐城盐龙湖工程建设的探索与实践 [J]. 中国水利，2013（14）：14-17.

[89] 蓝庆新，彭一然，冯科. 城市生态文明建设评价指标体系构建及评价方法研究——基于北上广深四城市的实证分析 [J]. 财经问题研究，2013（9）：98-106.

[90] 陆壮丽，谭静. 广西农业绿色化发展水平评价指标体系的构建 [J]. 农业网络信息，2016（11）：12-15.

[91] 马日翟. 西双版纳傣族水稻栽培和水利灌溉在家族公社向农村公社过渡和国家起源中的作用 [J]. 贵州民族研究，1989（3）.

[92] 马洪波. 青海在生态文明建设上的独特优势 [J]. 青海科技，2015（3）：26-27.

[93] 马文斌，杨莉华，文传浩. 生态文明示范区评价指标体系及其测度 [J]. 统计与决策，2012（6）：39-42.

[94] 马健芬. 生态文明及其实现途径 [J]. 中共山西省委党校学报，2008，31（5）：113-115.

[95] 孟曙初. 新农村建设的遵义实践 [N]. 遵义日报，2015-11-07（001）.

[96] 毛明芳. 生态技术本质的多维审视 [J]. 武汉理工大学学报（社会科学版），2009，22（5）：99-104.

[97] 宁芳，王磊. 煤矿企业生态文明建设评价分析及应用 [J]. 中国煤炭，2015，41（2）：24-29.

[98] 钮小杰. 重点生态功能区生态文明建设社会经济评价指标体系研究 [D]. 昆明：云南大学，2015.

[99] 牛文元. 中国可持续发展的理论与实践 [C] //2012 年可持续发展 20 年学术研讨会，2012.

[100] 庞少静. 湖州创新生态文明建设的实践与借鉴 [J]. 环境与可持续发展，2016，41（2）：150-153.

[101] 彭斯震，孙新章. 全球可持续发展报告：背景、进展与有关建议 [J]. 中国人口·资源与环境，2014，24（12）：1-5.

[102] 彭光华，孙振钧，吴文良. 生态科学的内涵、本质与作用——纪念生态科学创立 140 年 [J]. 自然辩证法通讯，2007（1）：53-59，111.

［103］ 青海湖流域生态环境保护与修复编辑委员会.青海湖流域生态环境保护与修复［M］.西宁：青海人民出版社，2008.

［104］ 钱中客.绿色经济，贵州的选择［N］.贵州日报，2018-07-11（004）.

［105］ 秦伟山，张义丰，袁境.生态文明城市评价指标体系与水平测度［J］.资源科学，2013，35（8）：1677-1684.

［106］ 邱建辉.生态文明示范区建设与评价研究［D］.天津：河北工业大学，2014.

［107］ 成金华，陈军，易杏花.矿区生态文明评价指标体系研究［J］.中国人口·资源与环境，2013，23（2）：1-10.

［108］ 人民论坛与青海省委党校联合课题组，陶建群，武伟生，马洪波，王志远.建设生态文明的“青海实践”［J］.人民论坛，2014（36）：70-73.

［109］ 施生旭.生态文明先行示范区建设的水平评价与改进对策——福建省的案例研究［J］.东南学术，2015（5）：67-73.

［110］ 史军超.对元阳哈尼族梯田申报世界遗产的调查研究［A］.云南民族学会哈尼族研究委员会.哈尼族文化论丛（第二辑）［C］.昆明：云南民族出版社，2002.

［111］ 生态文明建设的“湖州样本”［J］.浙江经济，2014（6）：38-39.

［112］ 宋宇晶.浙江生态文明制度建设研究［D］.杭州：浙江农林大学，2015.

［113］ 宋洪远，金书秦，张灿强.强化农业资源环境保护推进农村生态文明建设［J］.湖南农业大学学报（社会科学版），2016，7（5）：33-40.

［114］ 苏小明.生态文明建设的杭州特色与经验［J］.山西高等学校社会科学学报，2012，24（7）：12-17.

［115］ 苏小明.生态文明制度建设的浙江实践与创新［J］.观察与思考，2014（4）：54-59.

［116］ 隋军.大力推进生态文明 努力打造绿色宁德［N］.闽东日报，2015-06-05（A01）.

［117］ 省人民政府办公厅关于印发贵州省城镇污水处理设施建设三年行动方案（2018—2020年）和贵州省城镇生活垃圾无害化处理设施建设三年行动方案（2018—2020年）的通知［J］.贵州省人民政府公报，2018（10）：42-53.

［118］ 沈满洪，程华，陆根尧.生态文明建设与区域经济协调发展战略研究［M］.北京：科学出版社，2012.

［119］ 舒基元，杨峥.环境安全的新挑战：经济全球化下环境污染转移［J］.中国人口·资源与环境，2003，13（3）：48-50.

［120］ 孙新章，王兰英，姜艺，等.以全球视野推进生态文明建设［J］.中国人口·资源与环境，2013，23（7）：9-12.

［121］ “十八大”报告：大力推进生态文明建设［J］.建设科技，2013（8）：10-11.

［122］ 王晓军，朱强.“美丽中国”目标指导下恩施州创建生态文明示范区建设的问题及对策［J］.贵州民族研究，2018，39（8）：189-192.

［123］ 王明初.以国际旅游岛建设为总抓手谱写美丽中国海南篇——海南“十三五”生态文明建设的调研和建议［N］.福建日报，2015-12-07.

［124］ 王毅武，高盈盈.论生态文明与绿色崛起——以海南国际旅游岛建设为例［J］.海南大学学报（人文社会科学版），2012，30（6）：122-126.

［125］ 王祖强，刘磊.生态文明建设的机制和路径——浙江践行“两山”重要思想的启示［J］.毛泽东邓小平理论研究，2016（9）：39-44，91-92.

［126］ 王祖强，刘磊.水资源环境治理的机理与路径研究——基于浙江省的经验分析［J］.上海经济研究，2016（4）：54-61.

［127］ 王晓琴.遵义市社会主义新农村建设路径探讨［D］.遵义：遵义医学院，2010.

［128］ 王文清.生态文明建设评价指标体系研究［J］.江汉学术，2011（5）：16-19.

[129] 王宏斌.西方发达国家建设生态文明的实践、成就及其困境 [J].马克思主义研究，2011 (3)：71-75.

[130] 王辉.中国生态文明建设的理论渊源与路径分析 [J].吉林化工学院学报，2012，23 (8)：45-48.

[131] 王学俭，宫长瑞.建国以来我国生态文明建设的历程及其启示 [J].林业经济，2010 (1)：34-37.

[132] 王晓萌.1992年联合国环境与发展大会 [OL].中国网，china.com.cn.html，2012-06-12 (10).

[133] 王耀华.西方生态哲学与《老子》生态智慧比较研究 [J].湖南科技学院学报，2006 (1)：90-92.

[134] 王毅，苏利阳.解决环境问题亟需创建生态文明制度体系 [J].环境保护，2014，6：23-27.

[135] 魏晓双.中国省域生态文明建设评价研究 [D].北京：北京林业大学，2013.

[136] 吴成航.息烽县生态文明建设情况、存在的问题及建议 [J].工业，2015 (4)：10-11.

[137] 夏宝龙.美丽乡村建设的浙江实践 [J].求是，2014 (5)：6-8.

[138] 肖晓春，王颖凌，刘亢.海南省生态文明建设现状及对策研究 [J].经济研究导刊，2016 (2)：65-67.

[139] 谢松明，吴细玲.三明市生态文明建设的思考 [J].三明学院学报，2013，30 (1)：6-10.

[140] 辛元戎.打响保护青海湖生态的持久战——青海湖流域生态环境保护与治理纪略 [N].青海日报，2015-06-29.

[141] 徐震.把握内涵深入推进绿色、生态、美丽浙江建设 [J].环境保护，2013，41 (17)：52-54.

[142] 徐震.浙江全方位推进生态文明建设 [J].今日浙江，2013 (1)：50-51.

[143] 徐燕，周华荣.初论我国生态环境质量评价研究进展 [J].干旱区地理，2003 (2)：166-172.

[144] 徐冬青.生态文明建设的国际经验及我国的政策取向 [J].世界经济与政治论坛，2013 (6)：153-161.

[145] 徐海红.生态与文明的融合及实现基础——学习党的十八大报告关于大力推进生态文明建设的思考 [J].盐城师范学院学报（人文社会科学版），2013，33 (3)：1-7.

[146] 徐再荣.1992年联合国环境与发展大会评析 [J].史学月刊，2006 (6)：62-68.

[147] 许津荣.牢固树立绿色发展理念 推动江苏生态文明建设再上新台阶 [J].中国生态文明，2016 (1)：14-17.

[148] 薛宣.无锡市全国水生态文明城市建设实践与思考 [A].河海大学、贵州省水利学会.2017（第五届）中国水生态大会论文集 [C].河海大学、贵州省水利学会：北京沃特咨询有限公司，2017：4.

[149] 薛进军，赵忠秀.中国低碳经济发展报告（2013）[M].北京：社会科学文献出版社，2013：34-52.

[150] 郇庆治，申森，崔静静，张传泉.新型工业化、城镇化与生态文明建设——以福建省三明市为例 [J].环境教育，2013 (12)：67-72.

[151] 郇庆治.三重理论视野下的生态文明建设示范区研究 [J].北京行政学院学报.

[152] 解振华.深入学习贯彻党的“十八大”精神，加快落实生态文明建设战略部署 [J].中国科学院院刊，2013，28 (2)：132-138.

[153] 解秋凤.东西方生态伦理思想与生态文明建设 [D].泰安：山东农业大学，2010.

[154] 杨知勇，李子贤，秦家华.云南少数民族生活志 [M].昆明：云南民族出版社，1992.

[155] 杨红娟，夏莹，官波.少数民族地区生态文明建设评价指标体系构建——以云南省为例 [J].生态经济.

[156] 杨马林.毛泽东与南水北调 [J].长江建设，2003 (6).

[157] 杨东平.中国环境的危机与转机 [M].北京：社会科学文献出版社，2008.

[158] 叶文建.潮起海西扬帆厦门——厦门经济特区全力推进生态文明建设纪实 [N].中国环境报，2011-03-02.

[159] 叶谦吉，罗必良.生态农业发展的战略问题 [J]，西南农业大学学报，1987，1：1-8.

[160] 余晓青，郑振宇.福建生态文明建设的路径选择 [J].长春理工大学学报（社会科学版），2015，28 (8)：13-18，34.

[161] 岳世平.厦门经济特区生态文明建设的成就与经验总结 [J].厦门特区党校学报，2013 (6)：22-26.

[162] 姚平伟.安丘市农业可持续发展指标体系构建与评价 [J].山地农业生物学报，2007 (2)：156-160.

[163] 易杏花，成金华，陈军.生态文明评价指标体系研究综述 [J].统计与决策，2013 (18)：32-36.

[164] 袁涌波.国外生态文明建设经验 [J].今日浙江，2010 (11)：28.

[165] 张琳杰. 贵州生态文明先行示范区建设创新路径与对策建议 [J]. 当代经济，2017 (2)：60-62.

[166] 张海虎. 三江源：青海生态文明建设的主战场 [N]. 青海日报，2015-05-14 (005).

[167] 张颖，钞振华，杨永顺，徐维新，马赫. 基于 PSR 模型的青海湖流域生态环境保护效果评价 [J]. 草业科学，2016，33 (5)：851-860.

[168] 张欢，成金华，陈军，等. 中国省域生态文明建设差异分析 [J]. 中国人口・资源与环境，2014，24 (6)：22-29.

[169] 张景奇，孙萍，徐建. 我国城市生态文明建设研究述评 [J]. 经济地理，2014，34 (8)：137-142.

[170] 张乃明，冯志宏. 农业可持续发展研究 [M]. 北京：中国农业科技出版社，2000：29-43.

[171] 张乃明，张丽，赵宏，等. 农业绿色发展评价指标体系的构建与应用 [J]. 生态经济，2018 (11)：21-24，46.

[172] 张乃明，张丽，卢维宏，等. 区域绿色发展评价指标体系研究与应用 [J]. 生态经济，2019 (12)：185-189.

[173] 张兰英，张宗柯. 国内外生态文明建设经验初探 [J]. 福州党校学报，2013 (5)：44-47.

[174] 张广文. 坚持绿色发展理念 推进生态文明建设 [J]. 经济技术协作信息，2016 (20)：1.

[175] 张德祥. 从世界八大公害事件看环境保护在重要性 [J]. 杭氧科技，2002 (3-4)：56-59.

[176] 张高丽. 大力推进生态文明 努力建设美丽中国 [J]. 环境保护，2014，42 (Z1)：10-16.

[177] 张修玉. 中国古代生态哲学思想对当今社会生态文明建设的启示 [A]. 中国环境科学学会. 2010 中国环境科学学会学术年会论文集（第一卷）[C]. 中国环境科学学会，2010：5.

[178] 张忠跃. 东西方生态哲学观比较 [J]. 长春师范学院学报，2012，31 (10)：14-15.

[179] 中共云南省委党校中国特色社会主义理论体系研究中心. 推进生态文明建设 加快建设美丽云南 [N]. 云南日报，2018-03-20 (011).

[180] 《中国能源》编辑部. 国家生态文明先行示范区建设方案发布 [J]. 中国能源，2013，35 (12)：1.

[181] 中共中央国务院关于加快推进生态文明建设的意见 [J]. 水资源开发与管理，2015 (3)：1-7.

[182] 中共中央文献研究室. 江泽民论有中国特色社会主义（专题摘编）[M]. 北京：中央文献出版社，2002：281.

[183] 中国工程院，环境保护部. 中国环境宏观战略研究：综合报告卷 [M]. 北京：中国环境科学出版社，2011.

[184] 中华人民共和国环境保护部. 全国生态文明意识调查报告 [N]. 中国环境报，2014-03-25.

[185] 诸锡斌. 傣族传统水稻育秧技术探考 [A]. 中国少数民族科技史研究 [C]. 呼和浩特：内蒙古人民出版社，1992.

[186] 赵世林，伍琼华. 傣族文化志 [M]. 昆明：云南民族出版社，1997：17.

[187] 赵超，鲁瑞洁，李金凤. 青海湖流域土地沙漠化及表土粒度特征 [J]. 中国沙漠，2015，35 (2)：276-283.

[188] 赵鹏. 为了天更蓝水更绿——福建生态文明示范区建设纪实 [N]. 人民日报，2016-03-10.

[189] 赵好战. 县域生态文明建设评价指标体系构建技术研究——以石家庄市为例 [D]. 北京：北京林业大学，2014.

[190] 赵西三. 生态文明视角下我国的产业结构调整 [J]. 生态经济，2010，23 (10)：43-47.

[191] 赵树迪. 毛泽东生态文明思想的当代启示 [J]. 湖南科技大学学报（社会科学版），2010，13 (3)：10-16.

[192] 中共中央文献研究室. 邓小平年谱（1975—1997）[M]. 北京：中央文献出版社，2004：882.

[193] 赵芳. 生态文明建设评价指标体系构建与实证研究 [D]. 北京：中国林业科学研究院，2010.

[194] 郑军田，陈红卫. 盐城市严格水资源管理实践与探索 [J]. 水资源研究，2012，33 (4)：6-8.

[195] 郑少春. 福建省建设生态文明问题的思考 [J]. 中共福建省委党校学报，2014 (6)：69-76.

[196] 钟培培. 福建建设生态省：打出生态与民生双赢好牌 [N]. 福建日报，2014-03-27.

[197] 周娅莎，朱满德，刘超. 农业可持续发展评价指标体系设计研究 [J]. 安徽农业科学，2007 (24)：7694-7696.

[198] 朱成全，蒋北. 基于 HDI 的生态文明指标的理论构建和实证检验 [J]. 自然辩证法研究，2009 (8).

[199] 朱松丽. 李俊峰，生态文明评价指标体系研究 [J]. 世界环境，2010 (1).

[200] 朱兆良，David Norse，孙波. 中国农业面源污染控制对策 [M]. 北京：中国环境科学出版社，2006.

[201] 周宏春. 试论生态文明建设的理论与实践 [J]. 生态经济，2017 (4).

[202] 祝福恩. 生态文明建设是中国共产党执政理念的科学化、时代化 [J]. 黑龙江社会科学，2011 (1)：13-15.

[203] 占光. 论斯德哥尔摩人类环境会议对中国环境在影响 [J]. 当代世界，2010，1：2-73.

[204] 邹宪荣，吴子锦. 一次总结世界环境发展的盛会（上）——纪念斯德哥尔摩人类环境会议十周年特别会议 [J]. 环境保护，1982 (9)：28-30.

[205] 祖婉慧. 从文学作品看东西方生态哲学观的异同 [J]. 青年文学家，2014 (6)：184.

[206] Paynter I，Genest D，Saenz E，et al. Quality assessment of terrestrial laser scanner ecosystem observations using pulse trajectories [J]. IEEE Transactions on Geoscience & Remote Sensing，2018 (99)：1-10.

[207] Saaty T L. Analytic hierarchy process [M]. NewYork：John Wiley & Sons，Ltd，2001：19-28.

[208] Sven Erik JÃ，rgensen. The application of ecological indicators to assess the ecological condition of a lake [J]. Lakes & Reservoirs Research & Management，1995，1 (3)：177-182.

[209] Xu F L，Lam K C，Zhao Z Y，et al. Marine coastal ecosystem health assessment：A case study of the Tolo-Harbour，Hong Kong，China [J]. Ecological Modelling，2004，173 (4)：355-370.